Linow

Aufgaben zur angewandten technischen Thermodynamik

Sven Linow

Aufgaben zur angewandten technischen Thermodynamik

HANSER

Der Autor:
Prof. Dr.-Ing. Sven Linow, Hochschule Darmstadt

Print-ISBN: 978-3-446-47413-0
E-Book-ISBN: 978-3-446-47837-4

Bibliografische Information der Deutschen Nationalbibliothek:
Die Deutsche Nationalbibliothek verzeichnet diese Publikation in der Deutschen Nationalbibliografie; detaillierte bibliografische Daten sind im Internet unter *http://dnb.d-nb.de* abrufbar.

www.hanser-fachbuch.de
Lektorat: Julia Stepp
Herstellung: Melanie Zinsler
Coverkonzept: Marc Müller-Bremer, *www.rebranding.de*, Munich
Covergestaltung: Max Kostopoulos
Titelmotiv: © gettyimages.de/weltreisendertj
Satz: Eberl & Koesel Studio GmbH, Kempten
Druck und Bindung: CPI books GmbH, Leck
Printed in Germany

Inhalt

1 Einführung

Die Thermodynamik ist kein einfaches Fach. Zumeist wird sie erst in einem höheren Semester gelehrt, scheint dann ganz neue Anforderungen und Konzepte einzuführen, benutzt viele neue Begriffe und verlangt ernsthaften Einsatz beim Lernen. Gerade beim Einstieg gibt es sehr viele Möglichkeiten, zu straucheln oder eines der vielen grundlegenden Konzepte erst einmal nicht verstanden zu haben.

Gleichzeitig verändern sich Studium und unser Lernverhalten gerade deutlich: Digitale und virtuelle Werkzeuge sind wichtige Elemente, die an vielen Stellen wie selbstverständlich ihren Platz gefunden haben und die daher zunehmend in die Lehre eingebunden werden. Die gesellschaftlichen Anforderungen an gute Lehre sind in Bewegung, und wir erwarten heute, dass Absolvent:innen befähigt sind, direkt in inter- und transdisziplinären Teams und Projekten zu arbeiten. Damit verschiebt sich der Fokus von etabliertem Wissen hin zu fachlichen und überfachlichen Kompetenzen.

Hinzu kommt die fühlbare und schnelle Umgestaltung unserer Lebenswelt und unserer Energieinfrastruktur

- durch die gemeinsam wirkenden Kräfte digitaler Wirtschaftsformen (die auch zukünftig Energie benötigen),
- durch das absehbare Ende oder den freiwilligen Ausstieg aus fossilen Energieträgern und die damit verbundene Energiewende,
- durch den regionalen und globalen Klimawandel und seine Auswirkungen auf unsere Lebenswelt und auf energetische Bedürfnisse

sowie daraus folgende Veränderungen in Produktionsprozessen und Lieferketten, Warenangeboten und Bedürfnissen. Diese Aspekte sollten sich in der Lehre im genutzten Kontext widerspiegeln.

Diese drei großen Aspekte waren die Leitplanken für die Entwicklung meines Lehrbuches *Angewandte technische Thermodynamik* (ISBN 978-3-446-47034-7), das 2022 im Carl Hanser Verlag erschienen ist. Die vorliegenden *Aufgaben zur angewandten technischen Thermodynamik* sind die ideale Ergänzung zum Lehrbuch, können jedoch auch unabhängig davon eingesetzt werden. Als Aufgabensammlung erklärt dieses Buch konsequenterweise nur wenig. Deshalb wird an den entsprechenden Stellen mit dem Kürzel „Lehrbuch“ auf weiterführende Erläuterungen verwiesen.

1.1 Zum Arbeiten mit diesem Buch

Ziel Ihrer Arbeit mit diesem Buch sollte nicht sein, die Aufgaben einfach nur entlang der Musterlösung durchzurechnen, denn dann ist die Gefahr groß, dass Sie an allen schwierigen Stellen direkt zur Musterlösung blättern, ohne selbst aktiv zu werden. Beim Studium technischer Fächer – und damit auch beim Studium der Thermodynamik – kommen mehrere aufeinander aufbauende Lernstufen (Level) zum Einsatz:

1. **Die Konzepte selbst sicher verstehen (Level 1):** Sie haben ein Konzept dann sicher verstanden, wenn Sie es anderen spontan erklären können. Dies üben Sie hier durch die Beantwortung von Fragen.
2. **Einfache Aufgaben lösen, bei denen der Lösungsweg eindeutig ist (Level 2):** Auf dieser Lernstufe geht es darum, das grundlegende Handwerkszeug korrekt verwenden zu können. Wenn Sie z. B. einen Engländer benutzen sollen, dann müssen Sie wissen, wie ein Engländer aussieht, was Sie damit machen und wie Sie ihn richtig ansetzen. Dies üben Sie, übertragen auf die Werkzeuge der Thermodynamik, auf Level 2.
3. **Komplexe Probleme bearbeiten (Level 3):** Hier ist nicht vorgegeben, welches Werkzeug Sie benutzen müssen, um zum Erfolg zu kommen. In diesem Fall versuchen Sie im ersten Schritt, sicher zu einer eigenen Beschreibung des Problems zu gelangen, also Konzepte anzuwenden, um dann selbst festzulegen, welche Werkzeuge Sie für die Lösung verwenden wollen.

Durch all diese Lernstufen (Level) zieht sich als verbindendes Element das Verstehen wichtiger technischer Probleme sowie typischer technischer Anlagen und Prozesse. Es handelt sich dabei um Probleme, Anlagen und Prozesse, die in der Thermodynamik im Fokus stehen, d. h., Sie erlernen wichtige grundlegende Eigenschaften dieser Prozesse und Anlagen. Dieser Kontext ist wichtig, damit Sie die Qualität Ihrer eigenen Ergebnisse selbst bewerten können („Kann das Ergebnis jetzt stimmen?"). Diese verbindenden Elemente beantworten die Frage, **wozu** Sie dies lernen.

In diesem Aufgabenbuch sind die Inhalte der Thermodynamik in folgende sieben Themenbereiche aufgeteilt:

- Thermodynamische Grundlagen (Kapitel 2)
- Homogene Stoffe beschreiben (Kapitel 3)
- Gemische (Kapitel 4)
- Feuchte Luft (Kapitel 5)
- Vergleichs- und Kreisprozesse (Kapitel 6)
- Chemische Reaktionen (Kapitel 7)
- Wärmeübertragung (Kapitel 8)

Jedes Kapitel fokussiert sich auf einen Themenbereich und folgt dieser Logik der drei Lernstufen (Level). Dafür ist jedes Kapitel in folgende drei Abschnitte gegliedert:

1. **Konzepte und Definitionen (Level 1):** Die Beantwortung der Fragen, die sich mit wichtigen Konzepten und Definitionen beschäftigen, gehen Sie am besten im Team, also mit Ihrer Lerngruppe, an.

2. **Rechenaufgaben (Level 2):** Die Aufgaben rechnen Sie idealerweise allein durch.
3. **Komplexere Probleme (Level 3):** Bei den komplexeren Problemen können Sie in Ihrer Lerngruppe diskutieren, wie Sie am besten vorgehen, also gemeinsam den Lösungsweg festlegen. Das eigentliche Rechnen erledigen Sie dann wieder allein.

Nutzen Sie daher alle Abschnitte der Kapitel. Es gibt keine Abkürzung!

Die benötigten Stoffdaten sind oft nicht angegeben. Diese finden Sie in jedem guten Lehrbuch zur Thermodynamik und für dieses Buch unter *plus.hanser-fachbuch.de.* Ein Lernziel dieses Buches ist es, dass Sie sich das von Ihnen verwendete Lehrbuch aktiv als Werkzeugkasten aneignen. Mein Lehrbuch ist hier die Referenz, denn sämtliche Gleichungen und Stoffwerte sind daraus entnommen. Alle wichtigen Konzepte, Begriffe, Symbole und Konstanten sind dort definiert.

Das Buch besteht aus zwei Teilen. Teil I enthält das Lernmaterial und Teil II die Lösungen. Der im Buch enthaltene Lösungsteil beschränkt sich auf die komplexen Probleme (Level 3), deren Lösungswege auf ausführliche Weise erläutert werden. Zu den Fragen (Level 1) gibt es ganz bewusst keine Musterlösungen. Bei Bedarf können Sie die Antworten in Ihrem Lehrbuch nachschlagen. Die Lösungen zu den Rechenaufgaben (Level 2) sind unter *plus.hanser-fachbuch.de* zu finden. Zudem finden Sie dort Stoffwerte, die beim Lösen der Aufgaben unterstützen, und die im Buch enthaltenen Diagramme in einem größeren Format. Im Lehrbuch finden Sie darüber hinaus weitere nützliche Stoffwerte sowie Hinweise, wie Sie an Stoffwertdiagramme herankommen. Weitere Erläuterungen zu den Lösungen finden Sie in Abschnitt 1.2.

Fehler?!

Ja, ich habe viel Aufwand betrieben, damit dieses Buch keine Fehler enthält. Doch die Wahrscheinlichkeit ist hoch, dass ich nicht (ganz) erfolgreich war. Bitte teilen Sie dem Verlag oder mir mit, wenn Sie etwas Verbesserungswürdiges finden. Zudem möchte ich die Inhalte gerne aktuell halten. Falls es weitere Auflagen geben wird, kann ich mir daher gut vorstellen, darin nicht nur Korrekturen vorzunehmen, sondern das Buch auch um zusätzliche Problemstellungen zu aktuellen Entwicklungen und Themen zu erweitern.

1.2 Dieses Buch zielt auf Ihre Kompetenzen

Es gibt einen großen Unterschied zwischen Wissen und Kompetenzen. Dieses Arbeitsbuch und das dazugehörige Lehrbuch setzen den Fokus auf Ihren Kompetenzerwerb. Der Unterschied wird deutlich, wenn wir uns die Ziele, die mit Kompetenzen, und die, die mit Wissen verbunden sind, ansehen: Wissen und Wissensvermittlung zielt auf das Einhalten von vorgegebenen Prozessen und Abläufen. Es gibt eine klare Hierarchie und eine klare Richtung. Kompetenzen zielen auf Eigenständigkeit und gemeinsame Erkenntnisse, wie Tabelle 1.1 zusammenfasst.

Kompetenzen in Lehrbüchern zu vermitteln ist nicht ganz einfach, da ein Buch nur eine Richtung hat. Damit Sie diesem Buch mehr als nur Wissen entnehmen können, habe ich mich ganz bewusst für die Aufteilung der Kapitel in Lernstufen (Level), für die Verwendung möglichst realer Probleme aus der aktuellen technischen Diskussion und für den Versuch, Probleme so zu gestalten, dass mehrere Lösungswege zum Ziel führen, entschieden. Darüber hinaus finden Sie in Abschnitt 1.5 eine Anregung, wie Sie eigene Probleme gestalten können (Level 4).

Tabelle 1.1 Die Unterschiede zwischen Wissen und Kompetenz (Quelle: *https://robm.me.uk/2021/08/competence-not-literacy*)

Wissen	Kompetenz
passiv, Vorgaben von oben	aktiv, Entwicklung von unten
Lösen künstlicher Probleme (Aufgaben)	Lösen von Problemen der realen Welt
ein (festgelegter) Blick auf die Welt	viele unterschiedliche Perspektiven
Es sollen Konsument:innen geschaffen werden.	Menschen sollen dazu angeregt werden, selbst kreative Urheber:innen zu sein.
vorgegebene (externe) Motivation	Anregung zu eigener Motivation
Prozesse einhalten	Ergebnisse selbst erzeugen

Lösungen zu den Aufgaben dieses Buches

Dieser Fokus auf Kompetenzen und auf das tiefere Verstehen der Methoden hat zur Folge, dass die Lösungen in diesem Buch teils viel Raum einnehmen:

1. **Konzepte und Definitionen (Level 1):** Ich habe mich ganz bewusst dafür entschieden, dass es zu den Fragen keine Musterlösungen gibt. Wenn Sie unsicher sind, dann schauen Sie in Ihr Lehrbuch oder fragen andere Menschen, bis Sie die Frage selbst beantworten können. Die Fragen sind also als Anregung für die Diskussion in Ihrer Lerngruppe gedacht.
2. **Rechenaufgaben (Level 2):** Musterlösungen zu den Aufgaben finden Sie unter *plus.hanser-fachbuch.de*. Dies ist schlichtweg dadurch begründet, dass ich das Buch nicht unnötig aufblähen wollte, da der Lösungsweg in der Regel naheliegend sein sollte, d. h., Sie sollten die Musterlösung eigentlich nicht benötigen.
3. **Komplexere Probleme (Level 3):** Zu allen Problemstellungen ist eine ausführlich diskutierte Lösung in Teil II des Buches enthalten. Hierbei handelt es sich oft eher um Lösungsvorschläge, da Sie das Ziel häufig auch auf anderen Wegen erreichen könnten. Im Fokus der Lösungsvorschläge steht dabei das Warum: Warum verwende ich diese Gleichung? Darf ich jene Gleichung hier verwenden? Wie genau wird mein Ergebnis sein? Die Problemstellungen sind bewusst so gestaltet, dass Sie auf Schwierigkeiten stoßen oder dass es mehrere Lösungswege gibt. Manchmal fehlen auch Informationen, sodass Sie improvisieren müssen. Ich habe versucht, interessante und - zumindest für mich - spannende aktuelle Fragestellungen für die Probleme zu verwenden. So ergibt sich die Möglichkeit, dass Sie auf dem Weg zu Ihrem Ergebnis reale Fragen beantworten können, wodurch Ihnen die Probleme und ihre möglichen Lösungswege hoffentlich noch lange in Erinnerung bleiben werden.

■ 1.3 Lernen - von der Aufgabe zum Problem

Lernen für eine Prüfung unterscheidet sich vom selbstbestimmten freien Lernen:

- Die Prüfung hat ein fixes Datum (Sie müssen zum Zeitpunkt X optimal vorbereitet sein), ein klares Ziel (= Bestehen der Prüfung und idealerweise eine gute Note erreichen) und in der Regel klar definierte Prüfungsthemen. Wenn Sie ein Studium oder eine Ausbildung absolvieren, werden Sie in regelmäßigen Abständen geprüft. Darauf müssen Sie sich stets vorbereiten. Dieses Buch soll Sie dabei unterstützen.[1]
- Freies Lernen verfolgt andere Ziele. Wir machen es in unserer Freizeit, aber auch im Beruf. Auch hier gibt es Momente, in denen wir gut vorbereitet sein sollten oder in denen uns die Arbeit gut von der Hand gehen muss, da uns das Ergebnis am Herzen liegt. Im besten Fall können Sie die Motivation und Freude des freien Lernens mit in die Prüfungsvorbereitung nehmen. Dies gelingt eher, wenn Sie das Thema persönlich interessiert und Sie neugierig auf die Ergebnisse sind.

Ein Ansatz für erfolgreiches Lernen beginnt mit Interesse und Begeisterung für das Fach. Lesch und Forstner[2] nennen dies *„Romantik“*. Diese erste Phase des Lernens lässt sich mit dem Schlagwort „Entdecken“ beschreiben und geht z. B. mit folgenden Gedanken einher: „Wow, das alles kann man mit Thermodynamik machen!?[3] Welche anderen (aktuellen/drängenden/wichtigen) Themen kann ich damit noch bearbeiten? Welche überraschenden Erkenntnisse über meine Welt bekomme ich dadurch?“ Diese Phase kann im besten Fall das Interesse erzeugen, das wir benötigen, um leicht und mit Freude bis zur Prüfung durchzukommen.[4]

Zentral für die zweite Phase ist die notwendige Präzisierung, die durch das Aneignen der fachlichen Basis, der Begriffe und Definitionen sowie der speziellen Methoden und zentralen Vorgehensweisen erfolgt. In den Technikwissenschaften zielen Methoden immer darauf ab, quantitative Aussagen treffen und diese quantitativen Aussagen ganz konkret auf die Welt beziehen zu können. Diese Phase benötigt Disziplin. Damit wir diese Disziplin gerne aufbringen, ist Neugier und Begeisterung für das Fach aus der ersten Phase erforderlich. Gemeint ist damit Ihre intrinsische Motivation.[5]

Leider kommt dann - Zack - die Prüfung und - Zack - müssen Sie sich schon dem nächsten Fach widmen. Eigentlich könnten Sie in der nun anschließenden dritten Phase - ausgehend von der frisch angeeigneten Basis an Kompetenzen - frei eigene Themen untersuchen und dabei Ihre Kenntnisse erweitern, vertiefen und verallgemeinern. Dies wäre Level 4 in der bereits eingeführten Taxonomie der Lernstufen: Wenn Sie selbst herausfinden wollen, wie etwas funktioniert, dann lernen Sie spielerisch, mit Spaß und am wirksamsten. Doch leider sieht das unsere enge Studiengangs-Planung nicht vor ...

---

1) Ich bin da ganz eigennützig. Mir bereitet es große Freude, gute Prüfungen zu lesen oder abzunehmen.

2) *Lesch, H./Forstner, U.:* Wie Bildung gelingt. Ein Gespräch. WGB, Darmstadt 2021

3) Thermodynamik steht für ein beliebiges Fach, das Sie gerade lernen.

4) Diese Beschreibung setzt natürlich voraus, dass wir (ich und Sie) uns begeistern und neugierig machen lassen wollen, also empfänglich dafür sind.

5) Falls Studieren nur ein notwendiges Übel, eine Art freudloser Verrichtung ist, dann braucht es einen anderen Antrieb für die immer notwendige Disziplin. Woher Sie diesen Antrieb dann bekommen können? Das überlasse ich Ihnen ...

Was Sie aus diesem Abschnitt mitnehmen sollten: Da Disziplin besser gelingt, wenn wir wissen wofür, sollten wir dieses „Wofür" gleich zu Beginn für uns herausfinden.

1.4 Herangehensweise: Wie bearbeite ich Aufgaben und Probleme lösungsorientiert?

Um Aufgaben und Probleme lösungsorientiert bearbeiten zu können, benötigen wir eine Methode, mit der wir zielgerichtet loslegen können. Einfach auf die Klausur zu starren und Panik zu bekommen, ist keine gute Idee. Allein deshalb lohnt es sich, geordnet und in kleinen Schritten loszulegen. Eine Möglichkeit nach George Pólya[6] ist folgende:

1. Ich verstehe die Aufgabenstellung: Was wird gefragt?
2. Ich mache einen Plan: Dazu versuche ich, einen Weg zu definieren, wie ich mit einzelnen Teilschritten zum Ziel komme. Ich zerlege das Problem in einzelne Aufgaben, für die ich z. B. jeweils geeignete Gleichungen aufstelle.
3. Ich führe den Plan aus.
4. Ich schaue mir Lösung und Lösungsweg an und reflektiere sie.

Das klingt erst einmal offensichtlich und einfach, doch in der Umsetzung ist es das häufig nicht. Pólya war Mathematiker und dachte vorrangig an komplexe Probleme, d. h., einige seiner Ideen sind erst für das Verfassen einer Abschlussarbeit wirklich von Bedeutung, doch viele können wir auch schon für die Vorbereitung auf eine Thermo-Prüfung nutzen.

Aufgabenstellung verstehen: Der erste Schritt ist, auch in einer Prüfungssituation, ausgesprochen wichtig. Scheitern kann oft auf diesen Schritt zurückgeführt werden. Zum ersten Schritt gibt es mit Fokus auf die Aufgabenstellung einige zentrale Leitfragen:

- Was soll ich ganz konkret herausfinden oder berechnen? Oft lässt sich dies konkreter fassen als die Frage danach, was die Unbekannte ist, was die Randbedingungen sind und was die bekannten Daten sind.
- Kann ich die Aufgabenstellung mit meinen eigenen Worten beschreiben?
- Verstehe ich alle Begriffe aus der Aufgabenstellung?
- Enthält die Aufgabenstellung alle benötigten Informationen, um eine Lösung zu finden? Falls nicht: Woher könnte ich diese Informationen jetzt bekommen?
- Gibt es eine Darstellung oder ein Diagramm, mit dem ich die Aufgabenstellung gut erfassen kann? Gibt es das Diagramm schon oder soll ich selbst eines anfertigen?
- Muss ich noch Fragen stellen, um die Aufgabenstellung zu verstehen?

Gerade in der Prüfungssituation müssen Sie klären, was von Ihnen erwartet wird. Nehmen Sie sich die Zeit dafür.

---

[6] *Pólya, G.: How to solve it.* Princeton University Press 1945. Siehe auch: *https://en.wikipedia.org/wiki/How_to_Solve_It*

Plan aufstellen: Der zweite Schritt ist zentral, denn hier zeigen Sie, dass Sie sich die Methoden angeeignet haben. Wenn die Aufgabenstellung bereits aus vielen detaillierten Teilaufgaben besteht, dann wurde ein wesentlicher Teil dieses Schritts bereits für Sie erledigt und Sie müssen vorrangig den Plan verstehen, der Sie zum Ziel führen will. Oft genügt es zum Bestehen, nur die ersten leichteren Schritte umzusetzen. Wenn Sie nicht bis zum Schluss dabeibleiben, entgeht Ihnen bei realen Problemen allerdings leider der Clou des Problems.

Gerade bei Prüfungen, in denen ein Problem als Aufgabenstellung verwendet wird oder bei denen die qualitative Bewertung eine wichtige Rolle spielt, steht Ihr eigener Plan weit im Vordergrund der Bewertung. Kompetenten Expert:innen stehen viele robuste Ansätze zur Verfügung, mit denen sie auf unterschiedlichen Wegen zum Ziel gelangen können. Für Sie als Noviz:innen ist dies oft der schwierigste Teil. Leider kommt die Expertise erst durch häufiges eigenständiges Lösen von Problemen (die vorangehend bereits genannte Disziplin).

Für das Absolvieren einer Thermodynamik-Prüfung sind folgende Strategien besonders hilfreich:

- Stellen Sie eine geordnete Liste mit sinnvollen (aufeinander aufbauenden) Schritten auf.
- Fertigen Sie eine Skizze an, die den Prozess/die Anlage/den Gegenstand und die Aufgabenstellung abbildet.
- Stellen Sie Gleichungen auf, mit denen das System oder der Prozess beschrieben werden, und untersuchen Sie, ob das Ziel mit diesen Gleichungen erreicht werden kann. (Spoiler: Das geht in Thermo fast immer.)
- Gehen Sie von hinten nach vorne vor (Was bedeutet es für das System, wenn ich das Ziel bereits erreicht hätte?) oder starten Sie in der Mitte.
- Eliminieren Sie mögliche Vorgehensweisen (Wenn ideales Gas nicht eingesetzt werden kann, darf ich dann ein h-s Diagramm verwenden?).
- Was weiß ich über das System oder den Prozess? Wo erwarte ich das Ziel? Warum?
- Kenne ich ein ähnliches Problem? Was davon kann ich auf das vorliegende Problem übertragen und was nicht?
- Welche mir bekannten Probleme haben dieselben Unbekannten? Kann und darf ich diese nutzen oder übertragen?
- Kann ich das Problem anders formulieren, also so, dass es mir zugänglicher wird?

Für all diese Strategien (und die vielen anderen) ist Ihre Kenntnis und Erfahrung erforderlich.

Plan ausführen: Beim Ausführen des Plans muss jeder Schritt überprüft werden: Ist der Schritt richtig ausgeführt? Ist das Ergebnis richtig? Ist das Ergebnis für die Zielerreichung sinnvoll? Dieser Teil kann recht einfach ablaufen, wenn der Plan in Ordnung war. Leider kann es passieren, dass wir mittendrin feststellen, dass der Plan in eine Sackgasse führt. Dann müssen wir mit dem Wissen und der Erfahrung, die wir bis hierher gesammelt haben, wieder zurückgehen und einen neuen Plan aufstellen. Dieses Buch enthält Musterlösungen, die bewusst eine Sackgasse aufzeigen.

Ergebnis reflektieren: Kann ich das Ergebnis überprüfen? Ist der ermittelte Wert sinnvoll und richtig? Ist die Argumentation (also z. B. die Kette der verwendeten Formeln) richtig? Kann ich das Ergebnis (im Rückblick) auch anders erhalten oder abschätzen? In der Prüfung zeigen Sie an dieser Stelle, ob Sie einordnen können, was Sie gerade berechnet haben. Gerade wenn Sie in eine Sackgasse gelaufen sind oder sich auf dem Weg verrechnet haben (was durchaus vorkommt), dann zeigen Sie jetzt Ihren Überblick und Ihre Kompetenz. Dieser Schritt ist bei der Vorbereitung besonders wichtig: Warum hat meine Vorgehensweise so gut geklappt? Was habe ich richtig gemacht und was kann ich woanders vielleicht wieder verwenden?

Ich möchte mehr wissen!

Wenn Sie als Student:in mehr über lösungsorientiertes Arbeiten erfahren möchten, dann sei Ihnen der Wikipedia-Eintrag oder das Buch von George Pólya empfohlen. Wer sich in die Themen Didaktik und Prüfungsgestaltung einlesen will, findet im Buch von Biggs und Tang sowie in dem von Lesch und Forstner hilfreiche Informationen.

Biggs, J./Tang, C.: Teaching for Quality Learning at University. McGraw Hill, Maidenhead 2021

Lesch H./Forstner, U.: Wie Bildung gelingt. Ein Gespräch. WGB, Darmstadt 2021

Pólya, G.: How to solve it. Princeton University Press 1945. Siehe auch: *https://en.wikipedia.org/wiki/How_to_Solve_It*

Als gute Ingenieur:innen werden Sie weitere Strategien brauchen, mit denen Sie arbeiten können. Einiges wird Ihnen dann (als Expertise) ganz einfach von der Hand gehen, aber anderes wird nach wie vor neu und ungewohnt sein. Für diese Fälle brauchen Sie gute Problemlösungsstrategien - zumindest, wenn Sie mit Freude arbeiten und gerne Verantwortung übernehmen wollen.

In den Technikwissenschaften zerlegen wir Probleme in eine Reihe von Elementen und Einzelschritten (= der Plan). Ein wesentlicher Grund hierfür ist, dass sich dann ganz viele einzelne dieser Elemente auf diese Weise wie eine Aufgabe lösen lassen und dass es so für das einzelne Element nur eine richtige Antwort gibt. Trotzdem bleibt die Herausforderung bestehen, das Problem in seiner Gesamtheit zu lösen. Dies bleibt deutlich, denn unser Plan ist einer von mehreren unterschiedlichen Lösungswegen, die (das ist die Eigenschaft eines Problems) zu unterschiedlichen Lösungen führen können. Hinzu kommt, dass jede Bewertung letztendlich subjektiv ist und z. B. kritisch von den dafür verwendeten Kriterien abhängt.

Fazit: Aufgaben lösen zu können (Level 2), ist ein wichtiges Lernziel. Doch gleichzeitig genügen Aufgaben nicht, denn sie bereiten uns nicht darauf vor, Probleme zu lösen (Level 3). Dies ist jedoch von entscheidender Bedeutung, da zumindest die guten und besser bezahlten Ingenieur:innen wissen, wie sie Probleme angehen.

1.5 Level 4: Eigene Aufgaben erzeugen

Wenn Sie nach dem Durcharbeiten dieses Buches den Eindruck haben, dass es nicht genug Aufgaben oder Probleme enthält, dann können Sie sich jederzeit eigene ausdenken. Der Nachteil ist, dass Sie die Musterlösung nirgends nachschlagen können und Sie daher nicht mit absoluter Sicherheit wissen, ob das Ergebnis richtig ist. Genau dies ist übrigens auch mein Problem beim Verfassen dieses Buches.

Der Vorteil ist, dass Sie sich viel intensiver mit dem Thema auseinandersetzen müssen, denn plötzlich zählt es richtig! Da Sie vermutlich noch nie eigene Aufgabenstellungen erzeugt haben, gebe ich Ihnen im Folgenden meine Erfahrungen weiter.

Rechenaufgaben (Level 2): Aufgaben sind recht einfach zu erzeugen, denn es geht darum, eine Methode konkret anzuwenden. Sie könnten vorhandene Aufgaben verwenden und darin z. B. folgende Parameter variieren:

- Verwendung eines anderen Stoffs: Wasserstoff statt Luft, Alkohol statt flüssigen Wassers usw.
- Verwendung anderer Abmessungen: Variieren Sie Volumen, Masse, Durchmesser, Oberfläche, Temperatur usw. und probieren Sie aus, was dies für einen Einfluss hat.
- Verwendung eines ähnlichen Beispiels: Betrachten Sie z. B. einen anderen Stausee oder rechnen Sie eine ähnliche Gasturbine durch.

Dabei bleibt der Lösungsweg gleich oder zumindest ähnlich. Gleichzeitig bekommen Sie ein gutes Gefühl dafür, wie sich diese Variationen auf das Ergebnis auswirken. Auf Level 2 werden Sie kritisch Ihren Lösungsweg durchgehen, um zu schauen, ob alles in Ordnung ist. Sie sollten Ihr Ergebnis unbedingt auf Plausibilität hin prüfen. Die von mir verwendeten Quellen können Ihnen eine kleine Anregung geben, wo Sie die benötigten Daten gegebenenfalls selbst finden können.

Probleme (Level 3): Das Vorgehen für Probleme ist ähnlich, aber gleichzeitig herausfordernder, denn jetzt suchen Sie selbst nach einem Lösungsweg. Sie benötigen dafür Folgendes:

- Sie müssen zunächst eine eigene Fragestellung finden. Diese sollten Sie aus Ihrem eigenen Interesse heraus entwickeln. Gute Quellen für Ihre eigenen Fragestellungen sind aktuelle Medienberichte oder Technikmuseen. Die Frage „Warum genau funktioniert das so?“ ist ein idealer Startpunkt. Oder Ihr „Cranky Uncle“ (*https://crankyuncle.com*) nervt mal wieder und Sie wollen ihm beweisen, was er für einen Bullshit[7] verzapft.
- Außerdem benötigen Sie reale Daten. Das Internet bietet sehr viel Material. Insbesondere Wikipedia ist als Einstieg oft gut geeignet. In meinem Lehrbuch finden Sie sehr viele Hinweise, wo Sie Stoffwerte und spezielle Eigenschaften recherchieren können. Unterschätzen Sie den Aufwand nicht, den Sie für die Datenrecherche betreiben müssen. Damit ist schnell die eine oder andere Stunde vergangen. Doch diese Suche hilft Ihnen ganz konkret beim Lernen, denn Sie eignen sich so nebenbei viele grundlegende Konzepte an bzw. vertiefen diese.

[7] Zur Einordnung von Bullshit verweise ich auf folgendes Buch: *Frankfurt, H. G.:* Bullshit. Suhrkamp, Frankfurt 2020

- Planen Sie viel Geduld für die Suche nach dem Lösungsweg ein. Der Lösungsweg ist auf Level 3 nicht mehr klar, und es kann Ihnen gut passieren, dass Sie in Sackgassen laufen. Diese Sackgassen selbst zu erkennen ist großartig für Ihr Lernerlebnis.
- Führen Sie regelmäßig kritische Abschätzungen durch, um (Zwischen-)Ergebnisse zu überprüfen (Kann das so angehen?). Solche Fragen bauen im Hintergrund Ihre Kompetenzen auf, denn dafür nutzen Sie Ihre bisher erlangten Fähigkeiten.

Sehr hilfreich ist auch eine geordnete Fehlersuche, insbesondere wenn Ihnen das Ergebnis seltsam vorkommt:

1. Habe ich die richtigen Werte verwendet?
2. Habe ich richtig gerechnet?
3. Habe ich die Zustände wirklich richtig beschrieben?
4. Durfte ich diese Gleichung hier verwenden? Gilt jene Gleichung an dieser Stelle?
5. Habe ich einen wichtigen Effekt übersehen?
6. Unterbrechen Sie die Arbeit, indem Sie spazieren gehen, Freunde treffen oder eine Nacht drüber schlafen.

Wenn Sie sich eigene Aufgaben oder Probleme ausdenken, ist der Nutzen für Sie sehr hoch. Aus dem trockenen und abstrakten Lehrbuchwissen wird mit einem Mal Ihre ganz persönliche Erfahrung. Vieles stellt sich Ihnen plötzlich ganz anders dar. Wo vorher ein Abgrund gähnte, werden Zusammenhänge offensichtlich. Sie selbst verknüpfen Ihr Wissen mit Ihren dabei schnell wachsenden Kompetenzen. Wenn etwas klappt, gewinnen Sie echtes Selbstbewusstsein.

Methodisch gesehen befinden Sie sich an dieser Stelle im Bereich der (Wieder-)Entdeckung Ihres Interesses am Thema (die schon erwähnte „Romantik") und zugleich in Phase 3, in der es um die Aneignung Ihrer Disziplin geht. Das ist gerade am Anfang durchaus mühsam, da Sie die Sicherheit von vorgegebenen Aufgaben bewusst verlassen. Doch es ist auch ein echter Schritt hin zu Ihrer Selbstermächtigung, die durch spielerische Aneignung, durch eigenes Entdecken und Forschen sowie durch zumindest phasenweise vorhandene Freude (Flow) entsteht.

Spätestens in Ihrer Abschlussarbeit sollten Sie diese Fähigkeiten besitzen, daher dürfen Sie damit jetzt schon beginnen. Ich wünsche Ihnen viel Erfolg dabei!

1.6 Danksagung

Dieses Arbeitsbuch ist auf Anregung von Volker Herzberg aus dem Carl Hanser Verlag entstanden. Ihm, dem gesamten Verlagsteam und insbesondere seiner Nachfolgerin Julia Stepp sowie Tim Borck danke ich sehr für das Vertrauen, die Sorgfalt und die großartige Unterstützung bei diesem Projekt.

Die Anregungen für die Probleme, Aufgaben und Fragen kommen in erster Linie von meinen Student:innen der Hochschule Darmstadt. Ihnen, insbesondere wenn Sie mir Fragen stellen, wenn Sie sich trauen, offenzulegen, wo sie Dinge nicht verstehen, und wenn Sie mir

Anregungen gegeben haben, gilt mein großer Dank. Weitere Anregungen für Problemstellungen kommen aus interessanten Abschlussarbeiten, die ich betreuen durfte.

Eine zusätzliche Quelle für Inhalte sind Diskussionen in der Nachbarschaft, spannende Projekte an der Hochschule Darmstadt und in der Stadt, zu denen ich beitragen darf, Fragen und Ideen engagierter Menschen, die eine gute Zukunft gestalten wollen, aber auch technische Diskussionen der letzten Jahrzehnte. Einige der Beispiele in diesem Buch geben Antworten auf Eure wichtigen Fragen. Diese Themen aufzunehmen, sie in die Sprache meiner Disziplin zu übersetzen und zu zeigen, wie sie gut beantwortet werden können, bzw. zu zeigen, wie zukünftige Ingenieur:innen sie möglicherweise beantworten werden, ist mein Weg, mich für Eure Ideen und Anregungen zu bedanken.

Lukas Fischer hat für dieses Buch die meisten Problemlösungen akribisch nachgerechnet. Dafür danke ich ihm sehr herzlich.

Ohne die Unterstützung und das Interesse meiner Familie wäre ein Projekt wie dieses nicht möglich. Ihr ertragt all die Rahmenbedingungen, die solch ein Projekt mit sich bringt: Interesse für seltsame Themen, abseitige Diskussionen beim Abendessen, Stapel von Büchern und Papier. Ich danke Euch für Eure Unterstützung sowie für den Raum und die Zeit, die ich in dieses Projekt stecken konnte.

Und Ihnen, liebe Nutzer:innen dieses Büchleins, danke ich für das Vertrauen. Ich wünsche Ihnen ganz viel Erfolg bei der Prüfung und viel Spaß mit der Thermodynamik!

Darmstadt im Juli 2023

Sven Linow

TEIL I
Aufgaben

Teil I dieses Arbeitsbuches enthält Aufgaben zu allen wesentlichen Inhalten, die üblicherweise in Thermodynamik-Kursen gelehrt werden. Der Aufbau folgt meinem Lehrbuch *Angewandte technische Thermodynamik* (ISBN 978-3-446-47034-7), auf das im Laufe dieses Buches mit dem Kürzel „Lehrbuch" verwiesen wird. Die Übungen sind in folgende thematische Blöcke gegliedert:

Kapitel 2 Das Lernmaterial in Kapitel 2 soll Sie in die Lage versetzen, die essenziellen Grundlagen der technischen Thermodynamik zu verstehen und zu nutzen. Dies ist die Grundlage für alle weiteren Kapitel.

Kapitel 3 In Kapitel 3 erfahren Sie, wie Sie Stoffe im Allgemeinen und Fluide im Speziellen beschreiben können. Hierbei geht es insbesondere um den Umgang mit realen Fluiden und den dafür verwendeten Diagrammen sowie insbesondere um den Spezialfall des idealen Gases.

Kapitel 4 In Kapitel 4 eignen Sie sich an, wie sie Gemische charakterisieren.

Kapitel 5 In Kapitel 5 lernen Sie, feuchte Luft zu beschreiben und technische Probleme zu lösen, bei denen Eigenschaften feuchter Luft angewendet werden.

Kapitel 6 In Kapitel 6 erfahren Sie, wie Sie Kreis- und Vergleichsprozesse für Motoren, Dampfturbinen und Kältemaschinen nutzen können.

Kapitel 7 In Kapitel 7 lernen Sie, chemische Reaktionen und im Speziellen die Verbrennung zu beschreiben.

Kapitel 8 In Kapitel 8 lernen Sie, die stationäre Wärmeübertragung zu beschreiben und die speziellen Werkzeuge auf technische Probleme anzuwenden.

Sehr viele Lehrbücher und Kurse unterteilen die Inhalte der Thermodynamik auf diese Weise, sodass die Struktur des Buches allgemein verwendbar ist und Ihnen sofort Orientierung verschafft.

Innerhalb der Kapitel sind die Aufgaben nach Lernstufen (Level) sortiert. In Abschnitt 1.1 und Abschnitt 1.2 wird erläutert, was unter Lernstufen (Level) zu verstehen ist. Folgende Level kommen pro Kapitel zum Einsatz:

Level 1 Auf Level 1 geht es darum, die wichtigen Konzepte der Thermodynamik sicher zu verstehen. Deshalb enthalten diese Abschnitte Fragen zu genau diesen Konzepten.

Level 2 Auf Level 2 werden Aufgaben gelöst, bei denen der benötigte Lösungsweg eindeutig ist.

Level 3 Auf Level 3 werden komplexere Probleme bearbeitet, bei denen oft mehrere Wege zu einer Lösung führen.

Wenn Sie die Fragen auf Level 1 sicher beantworten können und die Rechenaufgaben auf Level 2 gelöst haben, dann bietet Ihnen die Bearbeitung der Probleme auf Level 3 die Möglichkeit, mehrere Themen und Ebenen miteinander zu verknüpfen. Gehen Sie also geordnet vor und arbeiten die jeweiligen Abschnitte chronologisch durch.

2 Thermodynamische Grundlagen

An den Grundlagen führt kein Weg vorbei. Energie und Entropie, Arbeit verrichten und Wärme übertragen, ein System und sein Zustand sowie Zustandsänderungen sind Kernbegriffe, die wir benötigen, um zu verstehen, was die Thermodynamik ausmacht oder wofür wir ihre Methoden nutzen können. In diesem Kapitel trainieren Sie die Fähigkeit, thermodynamische Grundlagen zu erläutern, und üben das Rechnen mit zentralen Gleichungen. Die Aufgaben, die benötigten Gleichungen und die verwendeten Symbole beziehen sich auf Teil I, „Grundlagen“, des Lehrbuches. Die hier vermittelten Inhalte ziehen sich durch alle anderen Themen und Aspekte der Thermodynamik und werden dort immer wieder benötigt.

2.1 Konzepte und Definitionen

Typischerweise scheitern Student:innen in Prüfungen daran, dass sie die grundlegenden Konzepte nicht verstanden haben. Dadurch fällt es ihnen schwer, das Ziel der Aufgaben zu verstehen oder sicher die passenden Methoden zu finden, um die Aufgabe zu lösen.

Bevor Sie sich in den folgenden Abschnitten den Rechenaufgaben (Level 2) und dem Lösen komplexer Probleme (Level 3) widmen, geht es in diesem Abschnitt zunächst einmal darum, anhand von Fragen (Level 1) zu überprüfen, ob Sie die zentralen Konzepte und Begriffe schon sicher verstehen. Am besten ist es, wenn Sie ohne Zuhilfenahme des Lehrbuches, aber mit der Unterstützung Ihrer Lerngruppe loslegen und erst nach Beantwortung der

Fragen kritisch prüfen, ob Ihre Ideen richtig sind. Schreiben Sie Ihre Antworten und Definitionen auf, denn erst, wenn Sie diese formulieren, werden die Ideen für Sie wirklich greifbar und zudem überprüfbar.

Frage 2.1: Zustand oder Zustandsänderung?

Zustand und Zustandsänderung sind **die** Kernkonzepte der Thermodynamik und es sind **zwei**. Beschreiben Sie, was der Unterschied ist.

Frage 2.2: Prozessgröße oder Zustandsgröße?

Jede Größe in der Thermodynamik ist entweder eine Zustandsgröße oder eine Prozessgröße. Sie ist niemals beides. Eine Größe wechselt niemals einfach so diese Kategorien. Beschreiben Sie, was ist was? Finden Sie möglichst viele Beispiele.

Frage 2.3: Extensiv, intensiv, molar, spezifisch oder volumetrisch?

Jede thermodynamische Größe können wir den Kategorien extensiv, intensiv, spezifisch, molar oder volumetrisch zuordnen. Viele können wir einfach umrechnen (also z. B. von spezifisch nach volumetrisch) und einige können wir nicht umrechnen (Temperatur). Erklären Sie, wozu wir diese Konzepte benötigen und wann wir die unterschiedlichen Kategorien jeweils verwenden.

Frage 2.4: Druck

Wie ist der Druck definiert und was ist seine Verbindung in die Mechanik?

Frage 2.5: Ideales Gas

Was ist die Definition eines idealen Gases?

Frage 2.6: Arbeit, Wärme und Energie

Arbeit, Wärme und Energie sind drei unterschiedliche Konzepte, obwohl wir sie alle drei in Joule angeben. Was sind die Unterschiede?

Frage 2.7: Heizwert und Brennwert

Was sind die Definitionen der beiden Zustandsgrößen Heizwert und Brennwert? Sind sie extensive, intensive, spezifische, volumetrische oder molare Größen?

Frage 2.8: Leistung oder Arbeit?

Die beiden Begriffe Leistung und Arbeit meinen nicht dasselbe. Was ist der Unterschied?

Frage 2.9: Enthalpie und innere Energie

Was beschreibt die innere Energie und was die Enthalpie? Wie können Sie die beiden ineinander umrechnen?

Frage 2.10: Energie, Entropie und Dissipation

Die drei Konzepte Energie, Entropie und Dissipation gehören zusammen. Doch was genau beschreiben sie jeweils? Was sind die relevanten Unterschiede zwischen ihnen? Und wie genau gehören sie zusammen, d. h., was verbindet sie?

Frage 2.11: Temperatur oder Wärme?

Versuchen Sie, die Temperatur zu definieren, und grenzen Sie diese von Wärme ab.

Frage 2.12: Wärmekapazität

Was ist die Definition der Wärmekapazität? Was ist die spezifische Wärmekapazität?

Frage 2.13: Die Hauptsätze der Thermodynamik

Welche Hauptsätze der Thermodynamik gibt es? Wie lauten sie? Was beschreiben sie jeweils genau?

Frage 2.14: Zustandsänderungen

Definieren Sie die relevanten Zustandsänderungen Isobar, Isochor, Isotherm, Isentrop und Isenthalp. Finden Sie jeweils zumindest ein Beispiel aus Ihrem täglichen Leben.

Überprüfen Sie, was Sie gut hinbekommen haben und was nicht. Seien Sie kritisch und hinterfragen Sie sich genau. Klären Sie die Fragen, die Sie sich dabei gestellt haben.

2.2 Rechenaufgaben

Die in diesem Abschnitt enthaltenen Aufgaben (Level 2) sind auf eine Gleichung oder wenige miteinander verbundene Methoden fokussiert. Ausführliche Musterlösungen zu den Aufgaben finden Sie unter *plus.hanser-fachbuch.de*. Bitte sehen Sie sich diese nur dann an, wenn Sie wirklich nicht weiterkommen. Diskutieren Sie stattdessen mit Ihren Kommiliton:innen oder tauschen Sie sich idealerweise in Ihrer Lerngruppe aus.

Aufgabe 2.1: Dusche

Durch Linows Dusche fließen in 30 s 3,8 l Wasser. Das Wasser strömt mit 10 °C aus der städtischen Leitung in einen Durchlauferhitzer und hat 35 °C am Duschkopf. Der Durchlauferhitzer hat einen Wirkungsgrad von 98 %.

a) Berechnen Sie den benötigten Wärmestrom an das Wasser.

b) Berechnen Sie die benötigte Wärme für eine 10-minütige Dusche.

c) Wie viel Elektrizität benötigt eine 10-minütige Dusche?

d) Was ist die Fließgeschwindigkeit des Wassers in einem gängigen Kupferrohr mit einem Innendurchmesser von etwa 13 mm beim Duschen?

Aufgabe 2.2: Wasserstoff-Speicher

Wasserstoff-Speicher für das Eigenheim bestehen aus Flaschenbündeln. So ein Bündel setzt sich aus zwölf miteinander verbundenen Flaschen zusammen. Jede Flasche hat ein Volumen von 50 l und einen Nenndruck von 300 bar bei 25 °C. Es können bis zu drei Bündel als ein Speicher aufgestellt werden.

Berechnen Sie unter der Annahme des idealen Gases

a) das gesamte Volumen der drei Bündel,

b) die darin maximal speicherbare Masse an Wasserstoff,

c) die maximal gespeicherte Stoffmenge und

d) die im Wasserstoff als Heizwert gespeicherte Energie.

Aufgabe 2.3: Pkw

Mein erster Pkw war ein VW Passat erster Baureihe mit einem Leergewicht von 680 kg und einer Tankfüllung von 50 l Benzin. Ich wog damals 70 kg. Der Wirkungsgrad des Motors lag bei 25 % (Tank to Wheel).

Berechnen Sie

a) welche chemische Energie (Heizwert) in einem vollen Tank enthalten ist,

b) welche maximale Höhe bei absolut reibungsfreier Fahrt erreicht werden könnte und

c) welche maximale Geschwindigkeit bei reibungsfreier Fahrt möglich wäre.

d) Reflektieren Sie, warum Sie welche Masse für das Benzin angesetzt haben.

Aufgabe 2.4: Argon-Tank

Auf dem Gelände der Darmstädter Glühlampenfabrik befindet sich ein Tank für Argon. Der Tank hat ein Volumen von 12,50 m^3. An einem Sommerabend nach Schichtende beträgt die Temperatur des Gases 43 °C und der Druck 49,6 bar. Bis in den frühen Morgen kühlt das Gas auf 14,5 °C ab.

Berechnen Sie für das Argon

a) die Masse und das Volumen bei Normbedingung,

b) die übertragene Wärme beim Abkühlen und

c) die damit verbundene Entropieänderung.

d) Wessen Entropie ändert sich dabei?

Aufgabe 2.5: Nudeln kochen

Während Sie daheim Nudeln kochen, stellen sich Ihnen viele thermodynamische Fragen. In Ihrer Küche beträgt die Temperatur 20 °C. Sie bereiten 1,0 kg Pasta zu. Dazu verwenden Sie 3,0 l Wasser, und der Topf wiegt 2,1 kg. Ihre Internetrecherche ergibt als spezifische Wärmekapazität für Nudeln 1,8 kJ kg^{-1} K^{-1} und für den Stahl 1.4301 etwa 0,51 kJ kg^{-1} K^{-1}.

Beantworten Sie folgende Fragen:

a) Welche Wärme führen Sie zu?

b) Welche Entropie erzeugen Sie?

c) Welche Temperatur stellt sich ein, wenn Sie die Nudeln in das siedende Wasser geben und den Topf hierbei vernachlässigen?

d) Warum dürfen Sie den Topf vernachlässigen?

Aufgabe 2.6: Bewässerungslandbau

Bauer Linow benötigt zukünftig eine Bewässerung. Aktuell fehlen ihm in Südhessen etwa 250 mm Niederschlag im Sommer (Mai bis September), die er auf seinen 25 ha Sonderlandbau ausgleichen muss. Dazu kann er das Wasser in 75 m Tiefe sicher aus einem Grundwasserleiter entnehmen. Die schicke neue Bewässerungsmaschine spritzt das Wasser 10 m hoch, 50 m weit und dabei gleichmäßig über das Land. Die Pumpe hat einen Wirkungsgrad von 80 %. Der Druckverlust in den Leitungen beträgt 1,2 bar.

Berechnen Sie folgende Aufgaben:

a) Welches Volumen an Wasser wird benötigt?

b) Wie hoch muss das Wasser gefördert werden, um den Druckverlust mit auszugleichen?

c) Welche Arbeit muss die Pumpe verrichten?

d) Welche Leistung muss die Pumpe mindestens haben?

e) Welche Menge an Elektrizität benötigt Bauer Linow dafür im Jahr?

Aufgabe 2.7: PSK Geesthacht

Über das Pumpspeicherkraftwerk in Geesthacht lesen wir bei Wikipedia:

„Über drei Rohrleitungen sind drei Sätze aus je einer Pumpe und einer Turbine mit dem etwa 80 m höher gelegenen Speichersee verbunden. Die Turbinen haben eine Leistung von je 40 MW, insgesamt also 120 MW, die Pumpen von je 32 MW. Insgesamt hat der Speichersee ein Volumen von 3 800 000 m³, davon sind 3 300 000 m³ nutzbar. Der bei Geesthacht direkt an der Bundesstraße 5 gelegene Speichersee wird direkt aus der Elbe gespeist. Seine Wasseroberfläche liegt bei vollem Becken auf 90,6 m über NN, das Absenkziel auf 76,6 m über NN. Die von der Staustufe Geesthacht aufgestaute Elbe dient als Unterbecken. Dieses hat einen Speicherraum von 8 210 000 m³. Die mittlere Fallhöhe beträgt 83 m.“[1]

a) Bestimmen Sie damit den Volumenstrom bei Nennleistung einer Pumpe und einer Turbine. Beide haben einen Wirkungsgrad von 90 %.

b) Wie lange kann das Kraftwerk bei Nennleistung Elektrizität produzieren?

[1] *https://de.wikipedia.org/wiki/Pumpspeicherkraftwerk_Geesthacht*

c) Wie lange dauert es, das Oberbecken bei Nennleistung zu füllen?

d) Welche potentielle Energie ist maximal im Oberbecken gespeichert?

Aufgabe 2.8: Systemgrenzen

Benennen Sie für die angegebenen Systeme jeweils die Eigenschaft aller Systemgrenzen, und begründen Sie Ihre Festlegung:

a) Aufgabe 2.1: Wasserrohr in der Wand

b) Aufgabe 2.2: Schlauch der Dusche

c) Aufgabe 2.2: Wasserstoff-Druckflasche

d) Aufgabe 2.4: Argon-Tank

e) Aufgabe 2.5: das Innere des Nudeltopfes

f) Aufgabe 2.5: das Wasser im Nudeltopf

g) Aufgabe 2.5: die Nudeln vor dem Kochen

h) Aufgabe 2.6: der Wasserstrahl

Aufgabe 2.9: Zustandsänderungen

Benennen Sie für die angegebenen Prozesse jeweils die Zustandsänderung und begründen Sie Ihre Festlegung:

a) Aufgabe 2.1: Das Wasser fließt durch den Durchlauferhitzer.

b) Aufgabe 2.1: Das Wasser fließt durch den Duschkopf.

c) Aufgabe 2.2: Wasserstoff beim Befüllen des Speichers

d) Aufgabe 2.4: Argon im Tank bei Temperaturänderung der Umgebung

e) Aufgabe 2.5: das Wasser im Topf beim Erhitzen

f) Aufgabe 2.6: Das Wasser fließt durch die Pumpe.

Aufgabe 2.10: Lüftung

Durch ein glattes gerades Lüftungsrohr mit 20 cm Durchmesser und 50 m Länge fließt ein Luftstrom mit der Geschwindigkeit von 10 m s^{-1}. Die Umgebungsbedingungen sind 1,0 bar und 22 °C.

a) Welches Luftvolumen fließt pro Stunde durch das Rohr?

b) Welche Luftmasse fließt pro Stunde durch das Rohr?

c) Wie hoch ist der Druckverlust im Rohr?

d) Welche Leistung müsste ein Lüfter mindestens aufweisen, um den Luftstrom zu erzeugen? Der Druckverlustbeiwert der Ausströmöffnung des Rohres beträgt 1,0.

e) Welche Leistung wird nur im Rohr dissipiert?

f) Welchen Entropiestrom erzeugt der Luftstrom im Rohr?

g) Wie ändert sich der Leistungsbedarf des Lüfters, falls die Geschwindigkeit des Luftstroms auf 14 m s^{-1} erhöht wird?

2.3 Komplexere Probleme

Die Abbildung zeigt das Walchensee-Kraftwerk. In diesem Kraftwerk geschehen sehr viele Dinge, die wir gut mit den grundlegenden Konzepten der Thermodynamik beschreiben können. Die Übungen gehen in diesem Abschnitt stückweise in Level 3 über, d. h., aus den Aufgaben werden Problemstellungen. Der Lösungsweg ist hier nicht immer offensichtlich, und unterschiedliche Themen werden miteinander verbunden. Die ausführlichen Lösungen finden Sie in Teil II des Buches. Bitte sehen Sie sich diese nur dann an, wenn Sie wirklich nicht mehr weiterkommen und auch Ihre Lerngruppe ratlos ist. Sobald Sie die Problemstellung bearbeitet haben, können und sollten Sie sich die Musterlösung selbstverständlich ansehen und mit der eigenen vergleichen.

Problem 2.1: Was ist 1 Gt Kohlendioxid?

Bei der Diskussion um Klimaschutz (also das Ende der Emission von Treibhausgasen) und bei negativen Emissionen von Kohlendioxid (also das aktive Entfernen von Kohlendioxid aus der Atmosphäre) wird mit unvorstellbaren Größenordnungen gearbeitet. Ziel der Problemstellung ist es, dies für uns fassbarer zu machen.

a) Was ist 1 Gt in kg?

b) Die Müritz ist Deutschlands zweitgrößter See und hat ein Volumen von 0,7 km^3. Welche Masse an Wasser befindet sich in der Müritz?

c) Welches Volumen nimmt 1 Gt Kohlendioxid bei Normbedingung ein?

d) Welche Stoffmenge entspricht 1 Gt Kohlendioxid?

e) Bei der Verbrennung von reinem Kohlenstoff (z. B. Grafit oder Anthrazit) ist die Stoffmenge an Kohlendioxid gleich der Stoffmenge an Kohlenstoff. Welche Masse an reinem Kohlenstoff ist in 1 Gt Kohlendioxid enthalten?

f) Anthrazit hat eine Dichte von 1700 kg m^{-3}. Welches Volumen nimmt dieser Kohlenstoff als aufgeschütteter Kegel ein? Was sind die Abmessungen des Kegels?

g) Der vierachsige Schüttgutwaggon (Typ FALNS) der DB ist 13,5 m lang und kann maximal 70 m^3 oder 65 t aufnehmen. Wie viele Waggons benötigt man, um den Kohlenstoff aus f) zu transportieren, und wie lang ist der Güterzug?

Haben Sie eine andere Idee, wie Sie 1 Gt Kohlendioxid für Ihre Umgebung und Ihre Mitmenschen fassbar machen können? Versuchen Sie, diese umzusetzen.

Problem 2.2: Heißluftballon

Sie wollen einen romantischen Abend im Ballon verbringen. Ihr neuer Ballon hat einschließlich der gesamten Zuladung (Sie, Ihr Lieblingsmensch, Champagner, Gläser, Wolldecke, Erdbeeren) ein Gewicht von 469 kg. Laut Betriebsanleitung ist er kugelförmig und hat einen Durchmesser von 15,2 m. Damit der Ballon aufsteigen kann, muss er (also Korb mit Zuladung, Hülle und Füllung) leichter sein als die Luft, die er verdrängt. Dazu wird der Luft im Ballon so lange Wärme zugeführt, bis durch die Temperaturdifferenz zwischen Umgebungsluft und Luft im Ballon die Luftmasse in der Hülle ausreichend klein wird.

a) Welche Wärme müssen Sie mindestens der Luft im Ballon zuführen, um an einem lauen Septemberabend mit 17 °C Lufttemperatur und 1040 mbar Luftdruck am Startplatz abzuheben?

b) Was ist eine realistischere Wärmemenge, die Sie dem Ballon zuführen müssen? Begründen Sie Ihre Antwort.

Problem 2.3: Mischbatterie und Entropieerzeugung

Durch Linows Dusche fließen in 30 s 3,8 l Wasser. Das Wasser strömt mit 10 °C aus der Zuleitung in einen Durchlauferhitzer und hat 35 °C am Duschkopf. Der Durchlauferhitzer hat einen Wirkungsgrad von 98 %. Berechnen Sie folgende Problemstellungen:

a) Welche Entropie wird beim Duschen erzeugt?

Um den Befall mit Legionellen zu vermeiden, wird die Vorlauftemperatur im Durchlauferhitzer auf 60 °C umgestellt und erst in der Mischbatterie die bisherige Temperatur und der bisherige Durchfluss eingestellt.

b) Welche elektrische Leistung wird jetzt benötigt und welche Entropie wird nun beim Duschen erzeugt?

c) Warum verändern sich Teile des Ergebnisses und andere nicht?

Problem 2.4: Produktionshalle

In einer Produktionshalle befinden sich eine Presse, ein Ofen und einige weitere Maschinen, die gesamte Produktion läuft vollkontinuierlich. Die Luft in der Halle wird über Deckenventilatoren gut durchmischt und hat eine Temperatur von 20 °C. Der Luftdruck beträgt 1 bar. Beiträge zur Wärmebilanz der Halle geben folgende Elemente:

1. Ein Durchlaufofen mit seinem Wärmeverlust an die Halle:
   - Der Ofen selbst ist gut isoliert. Er hat daher etwa 300 W m^{-2} Wärmeverluste über alle seine Seitenwände, seine Oberseite und seinen Boden. Er ist 2,6 m breit, 11,8 m lang und 3,2 m hoch. Aufgrund der Luftführung tritt keine Wärme durch die Ein- und Auslassöffnung aus.
   - Durch den Ofen läuft eine Förderkette (eine Art Fließband). Diese Kette wird im Ofen aufgeheizt und unter dem Ofen in der Halle zurückgeführt. Dort kühlt die Kette wieder ab und gibt Wärme an die Halle ab. Die spezifische Wärmekapazität der Kette beträgt etwa $c_{p,Nikrotal\,80/20}$ = 0,46 kJ kg^{-1} K^{-1}.
   - Die 2,0 m breite Förderkette läuft mit einer Geschwindigkeit von c_{Kette} = 36 m h^{-1}. Sie ist aus Chrom-Nickel Stahl (Nikrotal) und hat ein Flächengewicht von m/A = 22,5 kg m^{-2}. Die Kette kommt mit 180 °C aus dem Ofen und kühlt auf Hallentemperatur ab, bevor sie wieder in den Ofen eintritt.
   - Das Produkt, das im Ofen bearbeitet wird, sind Sinter-Metall-Teile (Eisenwerkstoff, $c_{p,Sinterwerkstoff}$ = 0,53 kJ kg^{-1} K^{-1}).
   - Ein Teil wiegt 300 g und nimmt 200 cm^2 Fläche auf der Kette ein. Die Kette ist vollgestellt mit diesen Teilen.
   - Auch die Teile kommen mit 180 °C aus dem Ofen und kühlen in der Halle ab.
2. Diverse Elektromotoren, Roboter, Aktuatoren usw.: Im Mittel beträgt der Verbrauch dieser Aggregate 1250 kWh Elektrizität am Tag. Die von den Geräten verrichtete Arbeit wird am Ende in Wärme umgewandelt, die die Hallenluft aufheizt.
3. Eine Presse: Dort wird jedes Teil gepresst, bevor es in den Ofen gelangt. Je Pressvorgang benötigt die Presse 0,007 kWh.
4. Das Rohmaterial kommt mit der Außentemperatur in die Halle und verlässt die Halle mit der Hallentemperatur (die aktuelle Außentemperatur beträgt −10 °C).
5. Bei einer Umgebungstemperatur von −10 °C messen Sie von außen einen mittleren Wärmedurchgang (Wand und Dach) von 45 W m^{-2}. Dies ist der auf die Fläche bezogene Wärmeverlust der Halle an die Umgebung. Die gesamte Oberfläche der Halle - d. h. alle Wände und das Dach - liegt bei 1232 m^2. Den Hallenboden können wir als adiabat ansetzen.

Gehen Sie wie folgt vor:

a) Fertigen Sie eine Skizze der Produktionshalle an und tragen Sie alle Wärmeströme und Wärmequellen ein. Was ist Ihr System und was ist das für eine Systemgrenze?

b) Bestimmen Sie alle Wärmeströme.

c) Benötigt die Halle bei −10 °C Außentemperatur eine Zusatzheizung?

d) Welche Luftmenge (Volumenstrom) an Außenluft wird bei −10 °C Außentemperatur benötigt, um die Temperatur der Halle konstant zu halten?

Problem 2.5: Meeresspiegelanstieg

Zu den absehbaren Folgen des Klimawandels gehört, dass die Eiskappen in Grönland und der Westantarktis abschmelzen können. Zusammen würden sie etwa 12 m Meeresspiegelanstieg verursachen. Historisch wurden bei schnellem Klimawandel schon Raten von bis zu 10 m Anstieg in 100 Jahren beobachtet.

a) Bestimmen Sie für einen Anstieg von 5 m in 100 Jahren den mittleren Massenstrom an Wasser, der in die Ozeane strömt, unter Vernachlässigung der Wärmeausdehnung der Ozeane.

b) Welchen mittleren Wärmestrom benötigen wir, um diesen Massenstrom an Wasser zu erzeugen? Gletschereis hat typischerweise eine Temperatur von etwa −30 °C.

c) Woher kommt dieser Wärmestrom, und wie bekommen Sie diesen in das Eis? Es handelt sich um eine offene Frage. Gegebenenfalls recherchieren Sie die Reflektivität (der Fachbegriff ist hier „Albedo") von Schnee, Eis und Wasser.

d) Schätzen Sie die Wärmeausdehnung der Ozeane bei einer mittleren Temperaturveränderung der Oberfläche von 1 K: Wie verändert sich dadurch der Meeresspiegel? Ozeane haben einen mittleren Salzgehalt von 35 g pro kg Wasser. Bild 2.1 liefert weitere Daten.

Daten zu Meerwasser sind z. B. in folgenden Quellen zu finden:

- *https://www.geographynotes.com/oceanography/temperature-of-oceanic-water-oceans-geography/2626*
- *Sharqawy, M. H./Lienhard, J. H./Zubair, S. M.:* Thermophysical properties of seawater: a review of existing correlations and data. In: Desalination and Water Treatment 16, 2010, pp. 354-380

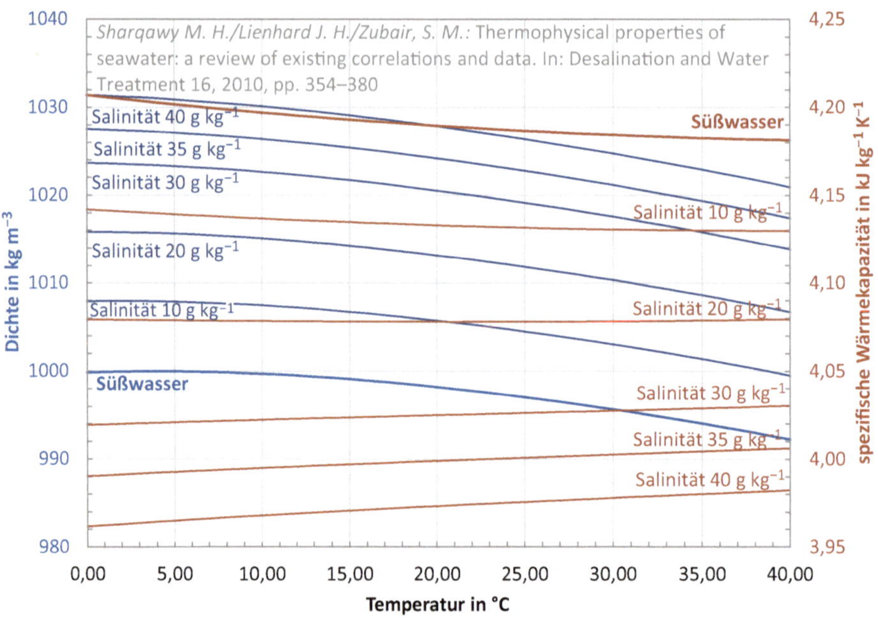

Bild 2.1 Dichte und spezifische Wärmekapazität von Meerwasser unterschiedlichen Salzgehalts

Problem 2.6: Ammoniak als Wasserstoff-Speicher

Eine politische Vision ist, dass wir in Zukunft von großen Mengen günstigen Wasserstoffs versorgt werden, der aus weit entfernten Regionen nach Deutschland importiert wird. Bereits in der Umsetzungsphase ist der Gedanke, den Wasserstoff als Ammoniak zu importieren. Dabei ist der gedachte Weg wie folgt:

- Elektrizität wird in besonders bevorzugten Regionen kostengünstig erzeugt. So ist die über das Jahr gemittelte solare Einstrahlung in der Sahara etwa 2- bis 2,2-mal höher als in Deutschland *(https://globalsolaratlas.info/map)*, und auch beim Wind gibt es noch Regionen mit einem höheren Potenzial als die schon ziemlich gute deutsche Bucht (*https://globalwindatlas.info/en*).
- Aus dieser Elektrizität wird dann Wasserstoff erzeugt. Aktuell erreichen großtechnische Anlagen etwa 60 % Konversionseffizienz. Theoretisch sind bis zu 70 % denkbar. Es finden sich also 60 % der elektrischen Energie als chemische Energie des Wasserstoffs wieder. Der Bezug ist der Heizwert.
- In einer Luftverflüssigungsanlage wird Stickstoff erzeugt.
- Anschließend werden Wasserstoff und Stickstoff in einer Prozessanlage nach dem Haber-Bosch-Verfahren zusammen zu Ammoniak umgewandelt. Es werden je drei Moleküle Wasserstoff und ein Molekül Stickstoff benötigt, um zwei Moleküle Ammoniak zu erzeugen. Hier werden etwa 2,7 MJ je kg Ammoniak für die elektrisch betriebenen Aggregate (die Verdichter, Kältemaschinen und die Bereitstellung des Stickstoffs) benötigt.
- Flüssiges Ammoniak kann nun entweder unter Druck (bis 50 °C genügen 20 bar) oder bei niedriger Temperatur (−35 °C bei 1 bar) gelagert und transportiert werden.
- Für den Seetransport werden typischerweise etwa 0,4 MJ t^{-1} SM^{-1} benötigt. Der Wert ist etwas höher als der für Erdöl, da Kühlung oder Drucktanks den Aufwand erhöhen.
- Das angelandete Ammoniak wird sodann bei Bedarf wieder in Wasserstoff und Stickstoff getrennt. Dies ist ein thermischer Prozess, der etwa 4,2 MJ je kg Ammoniak an thermischer Energie benötigt. Der Brennstoff dafür ist ein Teil des eingeführten Ammoniaks.
- Jetzt kann der Wasserstoff entweder in einer Gasturbine (40 %) oder in einem GuD-Grundlast-Kraftwerk (60 %) wieder in Elektrizität umgewandelt werden.
- Soll der Wasserstoff in Brennstoffzellen eingesetzt werden, dann muss er zusätzlich sehr gründlich von Ammoniak gereinigt werden. Dies kostet zusätzlich ca. 0,5 MJ je kg Ammoniak an Elektrizität.

Die meisten dieser technischen Elemente sind heute verfügbar und viele davon auch gut ausentwickelt. Das heißt, wir können getrost abschätzen, wie effizient diese Technik sein wird. Dafür nutzen wir eine konkrete Anwendung (hier die 10-minütige Dusche aus Aufgabe 2.1) und die dafür benötigte Elektrizität von E_{Nutz} = 2,262 kWh.

a) Bestimmen Sie die Masse und den chemischen Energiegehalt des Wasserstoffs, der als Brennstoff eines GuD-Kraftwerkes diese elektrische Nutzenergie erzeugt.

b) Bestimmen Sie die Masse und den chemischen Energiegehalt des angelandeten Ammoniaks, mit dem der Wasserstoff für a) erzeugt wird. Gehen Sie davon aus, dass die thermische Energie für den Prozess aus dem Ammoniak erzeugt wird.

c) Bestimmen Sie die Masse und den chemischen Energiegehalt des in das Seeschiff gefüllten Ammoniaks, um das Ammoniak aus b) anlanden zu können. Gehen Sie von einem Seeweg von 8000 Seemeilen von Lüderitz (Namibia) bis Wilhelmshaven (Deutschland) aus. Gehen Sie davon aus, dass das Seeschiff mit Ammoniak angetrieben wird.

d) Bestimmen Sie die benötigte Elektrizität, um das Ammoniak aus c) zu erzeugen. Alle benötigten Prozesse werden elektrisch betrieben.

3 Homogene Stoffe beschreiben

Dieses Kapitel enthält Übungen zu grundlegenden Beschreibungen homogener Stoffe, insbesondere von Fluiden. Homogen bedeutet hier, dass es sich nicht um Gemische mehrerer Stoffe, sondern nur um einen Stoff, also z. B. reines Eisen oder reines Wasser, handelt. Es geht hier darum, den Umgang mit Phasen- und Stoffwertdiagrammen sowie Siedetabellen zu erlernen. Dies sind die relevanten Werkzeuge und Datensammlungen, mit denen wir die Zustandsgrößen realer Fluide erhalten. Als zweites wird hier der Umgang mit dem Modell des idealen Gases vertieft. Die Übungen dieses Kapitels beziehen sich auf Kapitel 6, „Stoffe beschreiben“, und Kapitel 7, „Zustandsänderungen des idealen Gases“ in Teil II, „Stoffe beschreiben“, des Lehrbuches.

3.1 Konzepte und Definitionen

Bevor Sie sich in den folgenden Abschnitten den Rechenaufgaben (Level 2) und dem Lösen komplexer Probleme (Level 3) widmen, geht es in diesem Abschnitt zunächst einmal darum, anhand von Fragen (Level 1) zu überprüfen, ob Sie die zentralen Konzepte und Begriffe schon sicher verstehen. Am besten ist es, wenn Sie ohne Zuhilfenahme des Lehrbuches, aber mit der Unterstützung Ihrer Lerngruppe loslegen und erst nach Beantwortung der Fragen kritisch prüfen, ob Ihre Ideen richtig sind. Schreiben Sie Ihre Antworten und Definitionen auf, denn erst, wenn Sie diese formulieren, werden die Ideen wirklich greifbar und zudem überprüfbar.

Frage 3.1: Phasen und Phasenübergänge

Rekapitulieren Sie die relevanten Phasen und Phasenübergänge homogener Stoffe. Skizzieren Sie dafür ein p-T Diagramm und erklären Sie darin Phasen und Phasenübergänge.

Die Konvention für die Benennung der Diagramme ist hier durchgehend: Zuerst ist die y-Achse und dann die x-Achse angegeben, in diesem Fall also das $p(T)$ über T Diagramm. Dabei bedeutet $p(T)$ Druck als Funktion der Temperatur T.

Frage 3.2: Reiner Stoff, reine Phase, ideales Gas

Die drei Konzepte klingen ähnlich, Sie sollten diese jedoch nicht durcheinanderbringen. Doch was genau sind die Unterschiede?

Frage 3.3: Phasengrenzen

Woran erkennen wir eine Phasengrenze? Wie verändern sich Zustandsgrößen an den Phasengrenzen?

Frage 3.4: Zustandsgrößen und Phasen

Welche Zustandsgrößen variieren nur wenig über die Phasen? Welche Zustandsgrößen ändern ihren Wert sprunghaft (unstetig) an Phasengrenzen? Wann ist das wichtig?

Frage 3.5: Mischphasen

Erklären Sie, was es mit den Mischphasen Nassdampf, Sublimationsbereich und Eismatsch auf sich hat. Was macht sie besonders? Wodurch sind diese Mischphasen gegenüber den reinen Phasen abgegrenzt?

Nassdampf ist die Mischphase, die uns in der technischen Thermodynamik am häufigsten begegnet. Der Sublimationsbereich ist in einigen Anwendungen (z. B. Trockeneis) von Bedeutung. Für Eismatsch gibt es bislang nur wenige relevante technische Nutzungen.

Frage 3.6: Dampfgehalt

Warum taucht im Nassdampfbereich plötzlich eine weitere Zustandsgröße x (dies ist der Dampfgehalt) auf? Warum können wir diese Zustandsgröße nicht ignorieren? Wofür können wir sie nutzen?

Frage 3.7: Siede- oder Sättigungstabellen

Wozu dienen Siede- und Sättigungstabellen? Was beschreiben diese Tabellen ganz konkret, d. h., was genau geben die darin tabellierten Zustandsgrößen an? Wofür können Sie diese Tabellen nicht verwenden?

Frage 3.8: Wasser

Nennen Sie möglichst viele Eigenschaften, die Wasser zu einem untypischen Stoff machen. Hinweis: Wasser ist ungewöhnlich im Vergleich zu „normalen" Stoffen (Eisen, Gold, Aluminium etc.) oder zu Stoffen ähnlicher Zusammensetzung (Methan, Methanol etc.).

Frage 3.9: Zustandsänderung

Erklären Sie für die technisch relevanten Zustandsänderungen isobar, isochor, isotherm, isentrop sowie isenthalp jeweils, wie sich diese in einem realen Fluid und im idealen Gas verhalten. Unterscheiden Sie dabei zwischen Zustandsänderungen ohne und mit Phasenübergang.

Überprüfen Sie, was Sie gut hinbekommen haben und was nicht. Seien Sie kritisch und hinterfragen Sie sich genau. Klären Sie die Fragen, die Sie sich dabei gestellt haben.

3.2 Rechenaufgaben

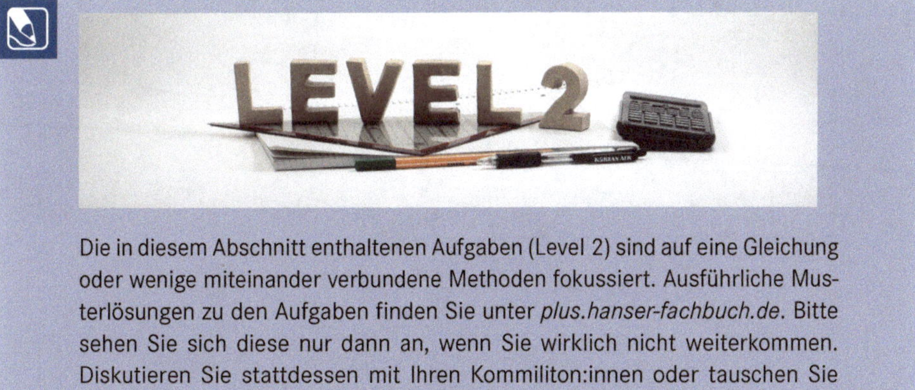

Die in diesem Abschnitt enthaltenen Aufgaben (Level 2) sind auf eine Gleichung oder wenige miteinander verbundene Methoden fokussiert. Ausführliche Musterlösungen zu den Aufgaben finden Sie unter *plus.hanser-fachbuch.de*. Bitte sehen Sie sich diese nur dann an, wenn Sie wirklich nicht weiterkommen. Diskutieren Sie stattdessen mit Ihren Kommiliton:innen oder tauschen Sie sich idealerweise in Ihrer Lerngruppe aus.

Aufgabe 3.1: Diagramme lesen können

In Bild 3.1 finden Sie ein unbeschriftetes log p-h Diagramm. Beschriften Sie dieses vollständig. Tragen Sie insbesondere folgende Begriffe ein (soweit dies möglich ist): Gas, Flüssigkeit, kritischer Punkt, Nassdampf, Sättigungslinie, Siedelinie, Sublimationslinie, Soliduslinie, Liquiduslinie, Tripellinie sowie überkritisches Fluid.

Aufgabe 3.2: Ideale Fluide

Tragen Sie in das log p-h Diagramm (Bild 3.1) auch die Bereiche ein, in denen die Modelle des idealen Gases und der idealen Flüssigkeit in guter Genauigkeit gelten (falls diese Bereiche im Diagramm zu finden sind).

Aufgabe 3.3: Isenthalpen

Wie verlaufen die Isenthalpen in dem log p-h Diagramm (Bild 3.1) grundsätzlich? Zeichnen Sie einige ein.

Aufgabe 3.4: Diagramme beschreiben

Skizzieren Sie aus dem Kopf ein T-s Diagramm, ein h-s Diagramm, ein log p-h Diagramm und ein T-p Diagramm. Nutzen Sie z. B. die Daten aus Bild 3.1 zur Orientierung.

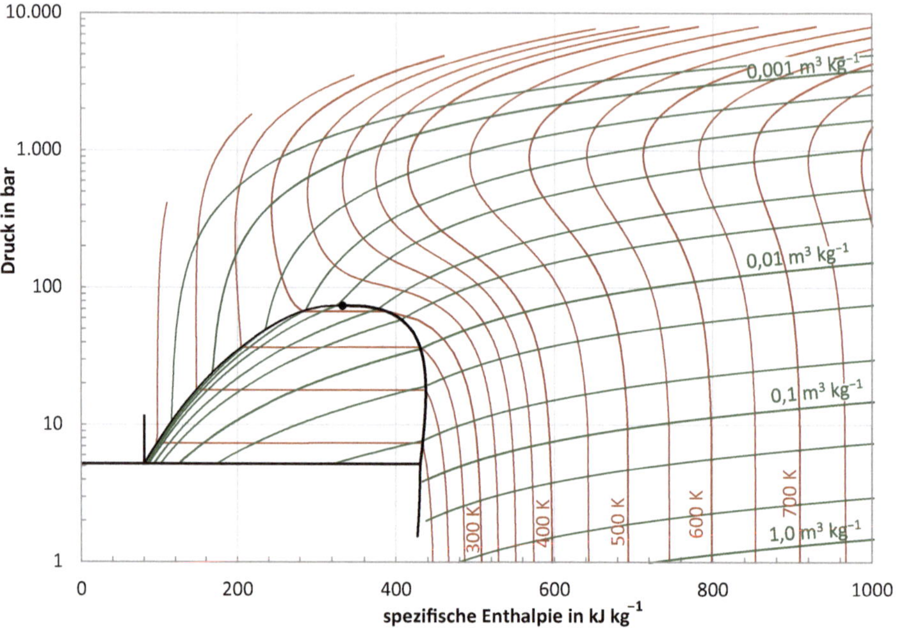

Bild 3.1 Ein unbeschriftetes log p-h Diagramm von Kohlendioxid

Aufgabe 3.5: Siedetabelle nutzen

Suchen Sie sich eine Siedetabelle von Wasser. Im Lehrbuch und unter *plus.hanser-fachbuch.de* finden Sie Siedetabellen in der Druckdarstellung und in der Temperaturdarstellung.

a) Bestimmen Sie die Verdampfungsenthalpie $r(220\,°C)$, das spezifische Volumen des Dampfes $v_D(220\,°C,\ x = 0{,}76)$, die spezifische Enthalpie $h(100\,°C,\ x = 0{,}23)$, den Druck $p(220\,°C,\ x = 0{,}76)$ und die Temperatur $T(p = 87\ \text{bar},\ x = 0{,}76)$ aus der Tabelle.

b) Bestimmen Sie diese Werte aus einem Stoffwertediagramm für Wasser (h-s oder T-s Diagramm).

c) Versuchen Sie - soweit dies möglich ist - diese Werte auch für einen anderen Stoff aus einer Siedetabelle oder einem Stoffwertediagramm zu ermitteln. Ammoniak eignet sich hierzu gut.

Aufgabe 3.6: Ideales Gas abgrenzen

In Tabelle 3.1 finden Sie eine Reihe von Zuständen.

a) Ermitteln Sie jeweils die Phase. Falls die Phase gasförmig ist, ermitteln Sie, ob das Modell des idealen Gases geeignet ist. Falls die Phase flüssig ist, ermitteln Sie, ob das Modell der idealen Flüssigkeit geeignet ist. Begründen Sie Ihre Entscheidung.

b) Schreiben Sie einen Satz an Regeln nieder: Wann benutzen Sie das Modell des idealen Gases und wann nicht? Was benutzen Sie, wenn Sie das Modell nicht verwenden können?

Tabelle 3.1 Zustände für Aufgabe 3.6: Welche Zustände sind ideales Gas?

Stoff	p	T	v	h	Phase	Begründung
Kohlendioxid	1 bar	273 K				
Kohlendioxid	10 bar	300 K				
Kohlendioxid	100 bar	300 K				
Wasserstoff	500 Pa	30 K				
Wasserstoff	500 bar	30 °C				
Luft	2 bar		1,0 $m^3\,kg^{-1}$			
Luft		100 °C	100 $m^3\,kg^{-1}$			
Ammoniak	2 bar		1,0 $m^3\,kg^{-1}$			
Ammoniak		100 °C	100 $m^3\,kg^{-1}$			
Dichlormethan	1 bar	25 °C				
R32	10 bar	0 °C				

Aufgabe 3.7: Zustandsänderungen

In Tabelle 3.2 finden Sie eine Reihe von Zustandsänderungen.

a) Ermitteln Sie die Phasen des Start- und des Zielzustandes aller Zustandsänderungen.

b) Legen Sie jeweils fest, ob Sie die Zustandsänderungen als ideales Gas oder als reales Fluid beschreiben.

c) Bestimmen Sie damit die jeweils fehlenden Werte.

Tabelle 3.2 Zustandsänderungen für Aufgabe 3.7

Stoff	Zustand 1	Zustand 2	ZÄ	Phasen	Δh	Δu	Δs
Wasser	1 bar, 20 °C	120 °C	isobar				
Wasser	1 bar, 200 °C	500 °C	isochor				
Wasser	10 bar, 10 °C	-50 °C	isobar				
Wasser	25 bar, 20 °C		isentrop		500 kJ kg^{-1}		
Ammoniak	1 bar, -40 °C	25 bar	isochor				
Ammoniak	4 bar, 20 °C	60 bar	isentrop				
Ammoniak	4 bar, 20 °C		isentrop		500 kJ kg^{-1}		
Ammoniak	1 bar	50 bar, 10 °C	isotherm				
Wasserstoff	1 bar, 0 °C	Siedepunkt	isobar				

Aufgabe 3.8: Isentropenexponent

Recherchieren Sie die Isentropenexponenten von den Edelgasen He, Ar und Kr, von einigen zweiatomigen Molekülen wie N_2, O_2, CO und H_2, von einigen dreiatomigen Molekülen wie H_2O, CO_2 und HCN sowie von Molekülen mit mehr Atomen wie NH_3, CH_4, C_2H_6 usw.

Formulieren Sie aus den Beobachtungen eine Regel.

Finden Sie eine Erklärung für Ihre Regel (z. B. in der Literatur).

Aufgabe 3.9: Isentropenexponent und spezielle Gaskonstante

Berechnen Sie die fehlenden Größen für die Gase aus Tabelle 3.3.

Tabelle 3.3 Daten für Aufgabe 3.9: Isentropenexponent

Gas	Formel	R_{Gas}	c_p	c_v	κ
Siliziumtetrafluorid	SiF_4		73,6 kJ kmol^{-1} K^{-1}		
Schwefelhexafluorid	SF_6		97 kJ kmol^{-1} K^{-1}		
Propan	C_3H_8		73,60 kJ kmol^{-1} K^{-1}		
Tetrafluormethan	CF_4		61,05 kJ kmol^{-1} K^{-1}		
R116, Hexafluorethan	C_2F_6		106,1 kJ kmol^{-1} K^{-1}		
Uranhexafluorid	UF_6				analog SF_6

Aufgabe 3.10: Kompressor gegen Ventil

In der Darmstädter Glühlampenfabrik wird die Belüftung mit guter alter Technik umgesetzt: Ein großer Verdichter saugt Umgebungsluft an und erzeugt 0,1 atü. Der Verdichter läuft immer, und der Luftstrom wird dann manuell mit einem Ventil geregelt, zumindest falls belüftet werden soll. Hinter dem offenen Ventil wird dort bei 0,06 atü ein Luftstrom von 3200 m^3 h^{-1} gemessen. Bestimmen Sie für 12 °C und 997 mbar die Zustandsgrößen p, v, T vor und nach dem Ventil sowie Δh und Δs.

Achtung! Solche Systeme sind zwar früher mal Standard gewesen, aber zugleich echte Energievernichtungsmaschinen. Das kann weg! Heutzutage sind drehzahlgeregelte Verdichter üblich, die direkt den benötigten Luftstrom erzeugen, wenn er benötigt wird.

Aufgabe 3.11: Argon verdichten

Ein Produkt aus der Luftverflüssigung ist Argon. Dieses Argon soll auf 220 bar verdichtet werden, um es in gängige Transport- und Lagerbehälter zu füllen. Bestimmen Sie für eine Verdichteranlage mit einem isentropen Wirkungsgrad von 0,77 die spezifische Arbeit und Wärme der polytropen Zustandsänderung. Das Argon strömt mit Normbedingung in den Verdichter.

Aufgabe 3.12: Zustandsänderung und Pfad

Sie verfügen über 500 m^3 Argon bei Standardbedingung. Dieses Gas soll bei 10 bar ein Volumen von 75 m^3 einnehmen.

a) Berechnen Sie die sich einstellenden Temperaturen sowie die benötigte Volumenänderungsarbeit und die benötigte Wärme für folgende in dieser Reihenfolge stattfindende Zustandsänderungen: → isochore Kompression auf 10 bar und → isobare Kompression auf 75 m^3.

b) Berechnen Sie die sich einstellenden Temperaturen sowie die benötigte Volumenänderungsarbeit und die benötigte Wärme für folgende in dieser Reihenfolge stattfindende Zustandsänderungen: → isobare Kompression auf 75 m^3 und → isochore Kompression auf 10 bar.

c) Berechnen Sie die sich einstellenden Temperaturen sowie die benötigte Volumenänderungsarbeit und die benötigte Wärme für folgende in dieser Reihenfolge stattfindende Zustandsänderungen: → isotherme Kompression auf 10 bar und → isobare Kompression auf 75 m^3.

d) Berechnen Sie die benötigte Volumenänderungsarbeit und die benötigte Wärme für die polytrope Zustandsänderung auf 10 bar und 75 m^3.

e) Zeichnen Sie alle vier Pfade unter Nutzung der bis hierher bestimmten Daten in ein p-v Diagramm und ein T-s Diagramm ein.

f) Vergleichen Sie die vier Arbeiten und die vier Wärmen: Was bleibt gleich?

g) Diskutieren Sie, wo die Verwendung des Modells des idealen Gases kritisch wird.

3.3 Komplexere Probleme

Die Übungen gehen in diesem Abschnitt stückweise in Level 3 über, d.h., aus den Aufgaben werden Problemstellungen. Der Lösungsweg ist hier nicht immer offensichtlich, und unterschiedliche Themen werden miteinander verbunden. Die ausführlichen Lösungen finden Sie in Teil II des Buches. Bitte sehen Sie sich diese nur dann an, wenn Sie wirklich nicht mehr weiterkommen und auch Ihre Lerngruppe ratlos ist. Sobald Sie die Problemstellung bearbeitet haben, können und sollten Sie sich die Musterlösung selbstverständlich ansehen und mit der eigenen vergleichen.

Problem 3.1: Carbon Capture and Storage (CCS)

Um Kohlendioxid aus Kohlekraftwerken oder Zementfabriken nicht mehr in die Atmosphäre abzugeben, wird vorgeschlagen, es aus dem Abgas zu entfernen und geologisch zu lagern. Dieses Verfahren nennt sich Carbon Capture and Storage (CCS). In dieser Problemstellung sehen wir uns den Weg des Kohlendioxids an, nachdem es aus dem Abgas abgeschieden und gereinigt wurde. Unser Startpunkt ist reines Kohlendioxid (CO_2) bei Normbedingung direkt nach dem Abscheiden.

Zuerst muss das CO_2 von der Quelle aus zu geeigneten Lagerstätten transportiert werden. Aufgrund der typischen Massenströme großer Emissionsquellen sind dafür Pipelines zu bevorzugen. Für den Transport in einer Pipeline wird das CO_2 von Normbedingung auf 100 bar und 25 °C gebracht. Der dafür benötigte Verdichter ist zweistufig ausgeführt und besitzt eine Zwischenkühlung. Beide Verdichterstufen haben ein Druckverhältnis von $\Pi = 10$.

Nutzen Sie das h-s Diagramm aus Bild 3.2 oder ein anderes geeignetes Zustandsdiagramm für folgende Schritte:

a) Skizzieren Sie den idealen Verdichtungsprozess (mit einer Zwischenkühlung bei 10 bar), der von der Normbedingung zum Zustand in der Pipeline führt, und lesen Sie die relevanten Daten ab.

b) Bestimmen Sie die für den Verdichtungsprozess notwendige spezifische Arbeit und spezifische Wärme mit den Daten aus dem Diagramm.

c) Bestimmen Sie unter der Annahme, Kohlendioxid wäre ein ideales Gas, die benötigte spezifische Arbeit und spezifische Wärme, um das Kohlendioxid von Normbedingung auf den Zustand in der Pipeline zu verdichten.

Geeignete Lagerstätten, z.B. in Norddeutschland, liegen in ca. 3000 m Tiefe. Dort unten beträgt der Druck etwa 800 bar und die Temperatur etwa 100 °C.

d) Tragen Sie den Zustand des Lagers in das T-s Diagramm ein. Bestimmen Sie die benötigte spezifische Arbeit und Wärme, um das Kohlendioxid aus der Pipeline in das Lager zu pressen.

Der ursprüngliche Nutzen entsteht durch das Verbrennen von Kohlenstoff zu Kohlendioxid. Der Heizwert von Kohlenstoff beträgt 32 MJ kg^{-1}. Jetzt stellt sich die Frage, ob der Aufwand für Transport und Einlagern groß ist.

e) Bestimmen Sie, wie sich die spezifische Arbeit der Kompression (von Normbedingung bis ins geologische Lager, als Aufwand) im Verhältnis zum Nutzen (Heizwert) verhält.

f) Diskutieren Sie, ob man mit der frei werdenden Wärme aus den Prozessen noch etwas anfangen könnte.

Ein Lernziel ist es, zu verstehen, warum Kohlendioxid grundsätzlich bei einem Druck oberhalb des kritischen Drucks transportiert wird. Erst dadurch wird die Gefahr von Kondensation oder Verdampfen größerer Massen an Kohlendioxid vermieden. Dies muss vermieden werden, da sonst die Gefahr besteht, dass der Druck in der Pipeline schnell zu- oder abnimmt.

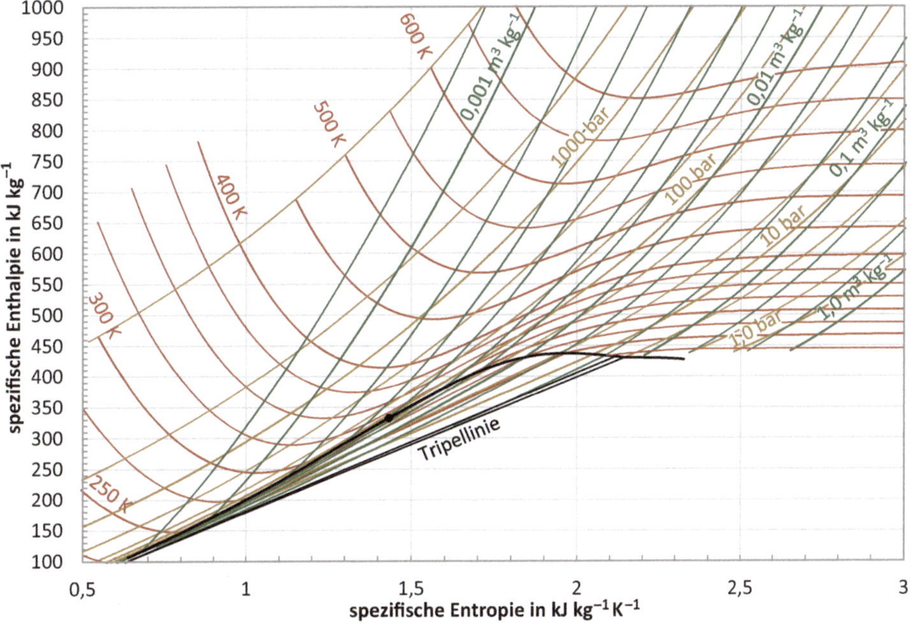

Bild 3.2 h-s Diagramm von Kohlendioxid

Problem 3.2: Wasserstoff-Pipeline

In naher Zukunft wollen wir in Deutschland grünen Wasserstoff als Energieträger einsetzen. Der Wasserstoff muss dazu erst einmal erzeugt werden. In dieser Problemstellung sehen wir uns eine technisch und politisch recht einfach zu realisierende Vorgehensweise an. Schottland bietet ein großes Potenzial für Windkraft, sodass dort grüner Wasserstoff elektrolytisch erzeugt werden kann. Ein Teil dieses Wasserstoffs könnte über eine Pipeline nach Deutschland transportiert werden. Diese Pipeline untersuchen wir hier.

Eine direkte Pipeline von Aberdeen nach Wilhelmshaven wäre 1025 km lang. Ausgeführt wird sie als innen (nahezu) ideal glattes Rohr und mit einem freien Durchmesser von 1008 mm. Die Geschwindigkeit in der Pipeline soll 5 m s^{-1} nicht übersteigen, um möglichst wenig Staub aufzuwirbeln. Der Nenndruck der Pipeline in Aberdeen beträgt 150 bar.

a) Bestimmen Sie das Volumen der Pipeline, den Nennvolumenstrom in Aberdeen und den Nennenergiestrom (bezogen auf den Heizwert von Wasserstoff). Dafür müssen Sie den Druckverlust in der Pipeline abschätzen.

b) Diskutieren Sie Ihren in a) gewählten Lösungsweg: Welchen Einfluss haben die Annahmen, die Sie treffen mussten? Welchen Fehler haben Sie vermutlich gemacht? Wie kommen Sie zu einer konsistenten Lösung?

c) Bestimmen Sie die benötigte Nennleistung des Kompressors und der Gaskühlung in Aberdeen. Dieser Kompressor verdichtet das Gas von minimal 15 bar auf 150 bar und hat einen isentropen Wirkungsgrad von 0,85. Das Gas soll mit nicht mehr als 30 °C in die Pipeline strömen.

d) Welcher Anteil des Wasserstoffs wird für den Transport durch die Pipeline insgesamt benötigt? Starten Sie mit Wasserstoff bei Normbedingung (die Elektrolyse) und nehmen Sie an, dass die Verdichter, die den Wasserstoff verdichten, jeweils von Gasturbinen mit einem thermischen Wirkungsgrad von 38 % angetrieben werden.

Problem 3.3: Bleed-Air

Der Luftdruck in der Kabine eines modernen Passagierflugzeugs wird im Flug so eingestellt, dass es zu keinen gesundheitlichen Belastungen der Passagiere kommt. Dafür wird etwa der Druck in 2000 m Höhe oder minimal $p_K = 0{,}795$ bar eingestellt. Gleichzeitig soll eine angenehme Kabinentemperatur von $T_K = 295$ K erreicht werden. Die Reiseflughöhe ist $z = 11\,000$ m, und damit sind die mittleren Umgebungsbedingungen des Flugzeugs (Normatmosphäre) $T_u = 217$ K, $p_u = 0{,}227$ bar und $\rho_u = 0{,}3648$ kg m^{-3}.

Kalte Umgebungsluft bei niedrigem Druck muss also verdichtet und temperiert werden, um die Kabine zu füllen. Diese technische Problemstellung wird klassischerweise so gelöst, dass die Kabinenluft als sogenannte Zapfluft oder „Bleed-Air" aus der Gasturbine zwischen Verdichter und Brennkammer entnommen wird. An dieser Stelle hat der Verdichter seine maximale Verdichtung erreicht. Wir nehmen als Druckverhältnis bei Reiseflughöhe $\Pi = 20$ an.

Wir legen fest, dass Zustand 1 die Umgebung in 11 000 m Höhe bezeichnet, Zustand 2 den Ausgang des Verdichters, wo die Zapfluft entnommen wird, und Zustand 3 die Luft bei Kabinendruck. Wir nehmen an, dass die Verdichtung $1 \rightarrow 2$ in der Gasturbine ideal ist und dass das Verdichterverhältnis der Gasturbine den Druck p_2 nach dem Verdichter festlegt. Die Expansion der Luft auf Kabinendruck $2 \rightarrow 3$ erfolgt über einen nicht weiter bekannten Prozess, d. h., wir nehmen ihn als polytrop an.

a) Bestimmen Sie die fehlenden Zustandsgrößen von Zustand 1 und Zustand 2 sowie die Zustandsgrößen von Zustand 3 bei Kabinendruck und Kabinentemperatur.
b) Berechnen Sie die spezifische Arbeit und spezifische Wärme für die Versorgung der Kabine über Zapfluft bei polytroper Expansion 2 → 3.
c) Berechnen Sie die spezifische Arbeit und spezifische Wärme für die Versorgung der Kabine über Zapfluft bei isenthalper Expansion 2 → 4 und anschließender isobarer Wärmeübertragung 4 → 3.
d) Berechnen Sie die spezifische Arbeit und Wärme für eine direkte Kompression der Umgebungsluft auf Kabinendruck 1 → 3.
e) Tatsächlich wird der Prozess nicht ablaufen, wie in 3.4d) beschrieben. Stattdessen wird die Umgebungsluft auf Kabinendruck komprimiert und im Anschluss temperiert. Berechnen Sie auch für diesen Prozess die spezifische Arbeit und Wärme.
f) Vergleichen Sie die Prozesse. Welcher ist energetisch am günstigsten?

Problem 3.4: Wasserstoff-Tankstelle

Zum Winterfahrplan 2022/23 wurde auf dem Gelände des Industrieparks Höchst die erste Wasserstofftankstelle für Nahverkehrszüge in Betrieb genommen[1]. Diese Tankstelle versorgt 27 Nahverkehrs-Triebwagenzüge, die nicht elektrifizierte Strecken im Nordwesten von Frankfurt befahren.

Jeder Zug verfügt über zwei Tanks mit einer Kapazität von 130 kg Wasserstoff und einem Nenndruck von 350 bar. Damit hat so ein Zug eine Reichweite von 1000 km und muss alle zwei Tage betankt werden. Die Triebwagenzüge wandeln den Wasserstoff über Brennstoffzellen in Elektrizität um, die entweder direkt genutzt wird oder über Batterien zwischengespeichert werden kann.

In der Tankstelle verdichtet ein dreistufiger Kompressor den Wasserstoff aus dem 10 bar Werksnetz auf 600 bar. Anschließend wird der Wasserstoff in der Tankstelle in einem 500 bar Tank zwischengelagert.

Der Wasserstoff stammt aus einer Chloralkali-Anlage auf dem Werksgelände des Industrieparks. Für Notfälle ist zusätzlich ein 5 MW Elektrolyseur installiert – falls die Chloralkali-Anlage ausfällt oder in Wartung ist.

Verwenden Sie das h-s Diagramm für Wasserstoff aus Bild 3.3 oder ein anderes geeignetes Stoffwertediagramm.

a) Welches Volumen haben die beiden Tanks der Züge?
b) Welches Volumen hat der 500 bar Lagertank, falls er einen Tagesbedarf fassen soll?
c) Tragen Sie einen zweistufigen Verdichtungsprozess mit Zwischenkühlung in das h-s Diagramm ein und bestimmen Sie so die benötigte Arbeit und Wärme, um den Tank zu füllen.
d) Die Kompressoreinheit hat eine Leistungsaufnahme von 2 MW. Wie lang läuft sie am Tag?
e) Der Wasserstoff wird beim Fließen in den Lagertank gedrosselt. Was ist das für eine Zustandsänderung? Wie verändert sich dabei die Temperatur des Wasserstoffs?

---

[1] *https://www.infraserv.com/de/unternehmen/nachhaltigkeit/wasserstoffversorgung-brennstoffzellenzuege*

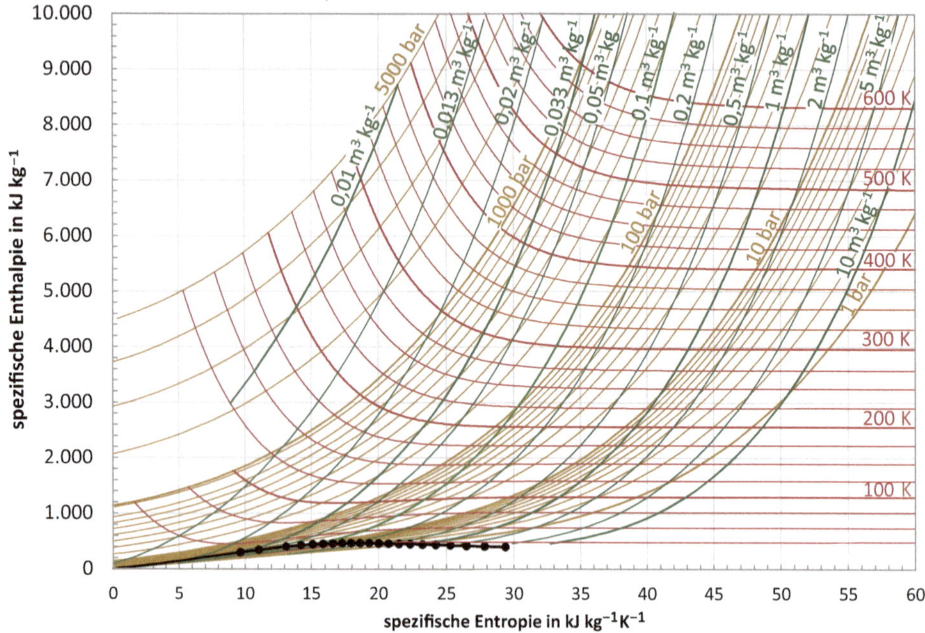

Bild 3.3 h-s Diagramm von Wasserstoff

Problem 3.5: Eisenbahnunglück

Am 17.11.2022 stießen auf der Bahnstrecke Hannover-Berlin nahe Gifhorn zwei Güterzüge zusammen. Einer dieser Züge transportierte Propan in etwa 25 Waggons. Allein um die Unfallstelle zu sichern und die umgestürzten Waggons sicher für eine Bergung zu entleeren, wurde fast eine Woche benötigt. Hier versuchen wir zu verstehen, warum das so war.

Die beteiligten Waggons waren vom Typ ZAGS mit Sonnenschutz. Jeder dieser vierachsigen Waggons ist 17,9 m lang, hat ein Eigengewicht von 34 t und ein maximales Achsgewicht von 22,5 t. Das Ladevolumen beträgt 110 m³ und die maximal zulässige Temperatur der Ladung beträgt 50 °C. An dem Tag des Unfalls lag die Temperatur an der Unfallstelle etwa bei 5 °C.

a) Ermitteln Sie die relevanten Zustandsgrößen für die Füllung eines Tankwaggons. Die Daten können Sie z. B. aus Bild 3.4 ablesen.

b) Welche Zustandsänderung läuft bei einer eher kleinen Leckage ab? Wie werden sich (qualitativ) Druck und Temperatur in dem Tank über die Zeit verändern? In welchem Diagramm lässt sich der Prozess besonderes gut darstellen und lassen sich die Zustandsgrößen besonders gut ablesen? Begründen Sie.

c) In der Strömungsmechanik erfahren wir, dass in dem Leck maximal Schallgeschwindigkeit erreicht werden kann. Diese tritt mit

$$\frac{p_{Umgebung}}{p_{krit}} = \left(\frac{2}{\kappa+1}\right)^{\frac{\kappa}{\kappa-1}}$$

auf, wenn das kritische Druckverhältnis unterschritten wird.

Bestimmen Sie das Verhältnis für den Tank und schätzen Sie damit die Größe des Lecks ab, falls der Druck im Tank (bei gleichbleibender Umgebungstemperatur) bis 63 h 12 min konstant bleibt und dann abfällt und für den Fall, dass das Leck von reinem Gas durchströmt wird.

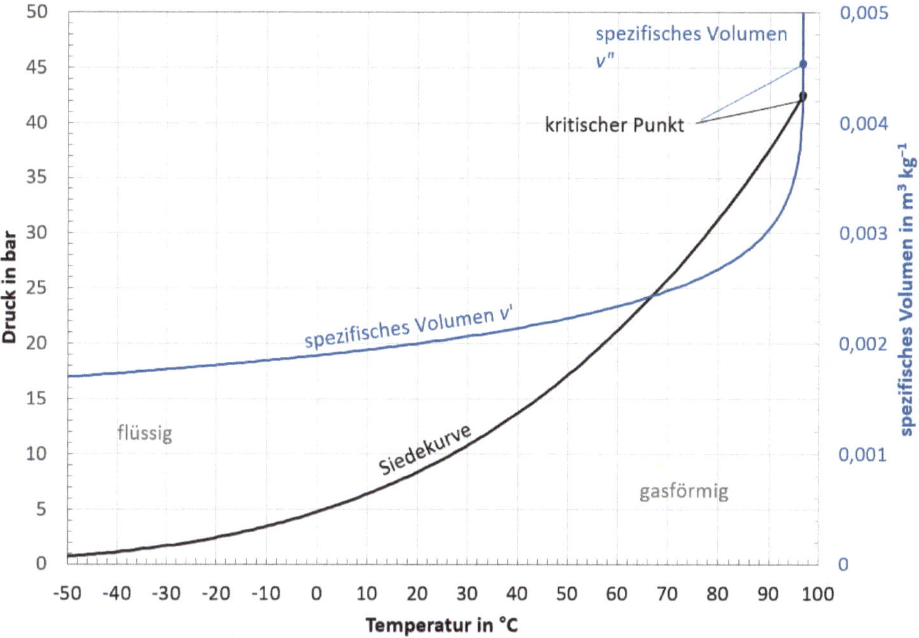

Bild 3.4 p-T Diagramm für Propan (R290): Zusätzlich ist das spezifische Volumen auf der Siedelinie eingetragen.

Problem 3.6: Aufräumen und entsorgen

Sie sind technischer Leiter eines frisch erworbenen neuen Standortes Ihres Unternehmens. Hinten in der Produktionshalle stehen elf alte Flaschenbündel, bei denen unklar ist, welches Gas sich darin befindet, und die aufgrund fehlender TÜV-Marken auch voll nicht transportiert werden dürfen. Alle Bündel sind voll, und es handelt sich um Brenngase, da die Druckmindereranschlüsse ein Linksgewinde haben. Es lässt sich recherchieren, dass es sich um 200 bar Bündel handelt (der angegebene Flaschendruck bezieht sich auf 15 °C Umgebungstemperatur). Jedes Bündel besteht aus zwölf Flaschen, und das gesamte Bündel wiegt leer 790 kg. Ihre Aufgabe ist es, zu klären, welches Gas sich in den Bündeln befindet und ob das Gas einfach vor Ort abgelassen werden kann. Das Wiegen eines der Bündel ergibt eine Masse von 930 kg.

a) Bestimmen Sie aus den Angaben alle Eigenschaften des Gases und machen Sie einen Vorschlag, was es sein könnte.

Die Möglichkeiten sind erstickend, entzündlich und giftig. Daher führen Sie als nächsten Schritt eine Messung der spezifischen Wärmekapazität durch. Dazu verwenden Sie einen kleinen, sehr effizienten Kompressor mit einem Druckverhältnis von 2:1. Bei einer Einlasstemperatur von 15 °C und einem Einlassdruck von 1,0 bar messen Sie als Austrittstemperatur 91 °C.

b) Bestimmen Sie aus diesen Angaben die weiteren möglichen Stoffeigenschaften.

c) Schränken Sie Ihre Liste ein. Welches Gas wird es vermutlich sein?

Problem 3.7: Was kostet Druckluft?

Druckluft ist in vielen Werkstätten und Betrieben einfach verfügbar. Wir wollen hier ganz grob abschätzen, was diese Druckluft kostet. Um Druckluft bereitzustellen, wird Umgebungsluft angesogen, zuerst gefiltert, dann verdichtet, gekühlt, getrocknet, gegebenenfalls entölt und in einem Tank gelagert. Von dort strömt sie dann bei Bedarf durch Rohrleitungen zum Einsatzort. Typische Verwendungen sind Reinigung, Antriebe in Maschinen, Steuerung von Anlagen, Lackieren und Kühlen.

Unsere konkrete Anlage (alle Angaben bei Nennleistung und für eine Umgebungsbedingung von 1,0 bar und 15 °C) besteht aus diesen Elementen:

- einem Filter mit einem Druckverlust von 10 mbar
- einem Kompressor mit einem Druckverhältnis von 10 und einem isentropen Wirkungsgrad von 0,82
- einem Ölfilter mit einem Druckverlust von 0,3 bar
- einer integrierten Kühlung und Trocknung, bei der die Luft auf 3 °C abgekühlt wird und in der das Kondenswasser abschieden werden kann: Diese Vorrichtung hat einen Druckverlust von 0,5 bar. Die Leistungsziffer der Kältemaschine beträgt bei dieser Umgebungsbedingung $\varepsilon = 3{,}3$, d. h., es wird 1,0 kWh Elektrizität benötigt, um 2,3 kWh Wärme aus der Druckluft zu entnehmen.

Die Leckrate der gesamten Anlage beträgt aktuell 1,0 $Nm^3\,h^{-1}$. Der Tank fasst 2,5 m^3. Es werden im Schnitt 50 $Nm^3\,d^{-1}$ an Druckluft benötigt. Der Kompressor wird über eine Zweipunktregelung zu- und abgeschaltet: Bei 9 bar Druck im Tank springt der Kompressor an und bei 11 bar geht er aus (in diesem Bereich ist der Wirkungsgrad des Kompressors etwa konstant).

Gehen Sie wie folgt vor:

a) Fertigen Sie eine Skizze der Anlage und all ihrer Aggregate. Tragen Sie alle gegebenen und benötigten Zustandsgrößen an den entsprechenden Positionen ein.

b) Bestimmen Sie den spezifischen Leistungsbedarf des Kompressors.

c) Bestimmen Sie die abzuführende spezifische Wärme und den spezifischen Leistungsbedarf der Kältemaschine.

d) Wie ändert sich die spezifische Enthalpie der Luft entlang der Zustände von Umgebung bis zum Tank?

e) Wie oft am Tag springt der Kompressor im Mittel an? Wie viel Elektrizität benötigt die Druckluft pro Tag?

Problem 3.8: Erdgaspipeline warten

Wenn an einer Erdgaspipeline gearbeitet werden soll, dann muss zuerst das Erdgas aus der Pipeline entnommen werden. Pipelines sind in Segmente unterteilt, die mittels Schieber voneinander getrennt werden können. Falls an einem solchen Segment gearbeitet werden soll, wird zur Vorbereitung zuerst der Druck durch Entnahme der angeschlossenen Verbraucher auf den zulässigen Minimaldruck abgesenkt. Dann wird das Segment von allen Zuleitungen und Verbrauchern getrennt. Die Verbraucher werden im besten Fall aus einer redundanten zweiten Leitung weiter versorgt. Für die eigentliche Belüftung der Pipeline muss das restliche Gas aus der Pipeline heraus. Üblich erfolgt dies durch *Venting* oder *Flaring*: *Venting* bedeutet, dass das Gas direkt in die Umgebung abgelassen wird. *Flaring* bedeutet, dass das Gas mittels einer Fackel verbrannt wird. Beide Praktiken sollen in Zukunft vermieden werden, da das beim *Flaring* freigesetzte Kohlendioxid und deutlich mehr noch das beim *Venting* freigesetzte Methan Treibhausgase sind. *Venting* und *Flaring* setzen einen deutlichen Überdruck in der Leitung voraus, damit das Erdgas von allein ausströmt. Dieser kann gegebenenfalls durch Spülen mit Stickstoff erreicht werden.

Aufwendig, aber mit geringerer Emission ist der Einsatz eines mobilen Verdichters, der das Erdgas aus dem zu entleerenden Abschnitt in einen Nachbarabschnitt pumpt. Typischerweise kann so ein Verdichter bis zu einem Restdruck von 1 bar sinnvoll abpumpen und typischerweise zweistufig auf den Druck im Nachbarabschnitt verdichten. Nehmen Sie einen mittleren isentropen Wirkungsgrad des Verdichters von 80 % an. Aus Sicherheitsgründen darf sich in der Leitung kein zündfähiges Gemisch aus Luft und Erdgas bilden. Der verbliebene Restdruck wird daher z. B. mit Stickstoff ausgeblasen.

In unserem Beispiel betrachten wir ein Segment einer Hauptpipeline mit dem Innendurchmesser von 50 cm, einer Länge von 18,7 km und einem Nenndruck von 80 bar. Der zulässige Restdruck im Segment beträgt 15 bar.

a) Bestimmen Sie die Masse des Erdgases in der Pipeline, die entsorgt werden muss, sowie den aktuellen Marktwert des Gases.

b) Falls das Erdgas über einen mobilen Verdichter aus diesem Segment in eines der Nachbarsegmente gepumpt werden soll: Welche Arbeit muss dafür verrichtet werden? Welche Wärme muss dann abgeführt werden? Beginnen Sie, indem Sie die beiden Grenzfälle minimaler und maximaler Druck beschreiben. Schätzen Sie damit den Aufwand.

c) Falls der Verdichter mit einem mobilen Gasmotor angetrieben wird: Welcher Anteil des Gases wird dann für das Pumpen benötigt (thermischer Wirkungsgrad des Gasmotors: 36 %)?

d) Welche Leistung wird benötigt, damit der wesentliche Anteil des Gases an einem Tag entfernt werden kann?

e) Welche Fragen ergeben sich hier? Welche zusätzlichen Annahmen benötigen Sie?

4 Gemische

In diesem Kapitel finden Sie Übungen zu Werkzeugen, die für das Beschreiben von Gemischen eingesetzt werden. Die Inhalte dieses Kapitels beziehen sich auf Kapitel 8, „Gemische“, in Teil II, „Stoffe beschreiben“, des Lehrbuches. Im Vordergrund stehen Zustandsgrößen, mit denen Gemische beschrieben werden, also Massenanteile, Volumenanteile, Stoffmengenanteile, sowie die Mischungsentropie. Dabei geht es darum, diese zu ermitteln, ineinander umzurechnen und eigentlich damit sinnvolle Probleme zu lösen. Da wir Gemische oft im Zusammenhang mit chemischen Reaktionen nutzen, hierfür aber an dieser Stelle noch nicht die notwendigen Konzepte eingeführt wurden, finden Sie in Kapitel 7, „Chemische Reaktionen“, dieses Buches Aufgaben, bei denen Gemische und chemische Reaktionen in Kombination auftreten.

4.1 Konzepte und Definitionen

Bevor Sie sich in den folgenden Abschnitten den Rechenaufgaben (Level 2) und dem Lösen komplexer Probleme (Level 3) widmen, geht es in diesem Abschnitt zunächst einmal darum, anhand von Fragen (Level 1) zu überprüfen, ob Sie die zentralen Konzepte und Begriffe schon sicher verstehen. Am besten ist es, wenn Sie ohne Zuhilfenahme des Lehrbuches, aber mit der Unterstützung Ihrer Lerngruppe loslegen und erst nach Beantwortung der Fragen kritisch prüfen, ob Ihre Ideen richtig sind. Schreiben Sie Ihre Antworten und Definitionen auf, denn erst, wenn Sie diese formulieren, werden die Ideen wirklich greifbar und zudem überprüfbar.

Frage 4.1: Gemische und Komponenten

Definieren Sie die beiden Begriffe Gemisch und Komponente.

Frage 4.2: Reiner Stoff

Entwickeln Sie eine Definition, die „reiner Stoff“ klar von einem Gemisch abgrenzt.

Diese Unterscheidung soll natürlich ohne Verwendung der beiden Begriffe selbst erfolgen, denn „Reine Stoffe kommen in Gemischen vor“ ist nicht hilfreich und damit nicht gemeint.

Frage 4.3: Ideales Gas

Ist ein ideales Gas ein Gemisch, ein reiner Stoff oder etwas Anderes? Erklären Sie die Unterschiede.

Frage 4.4: Teilchen, Stoffmenge und Stoffmengenanteil

Wie benutzen wir die Konzepte Teilchen, Stoffmenge und Stoffmengenanteil, um Gemische zu beschreiben?

Frage 4.5: Massenanteil, Volumenanteil und Stoffmengenanteil

Wie hängen die drei Beschreibungen Massenanteil, Volumenanteil und Stoffmengenanteil voneinander ab? Wie lassen sich diese drei Konzepte gegeneinander abgrenzen? Für die Antwort können Sie auch Gleichungen nutzen.

Frage 4.6: Volumenanteile und Druckanteile addieren

Wann dürfen Sie Volumenanteile oder Druckanteile addieren und wann dürfen Sie das nicht? Volumenanteile nennen wir auch Raumanteile. Druckanteile nennen wir meist Partialdrücke.

Frage 4.7: Mischungsentropie

Definieren Sie die Mischungsentropie, ohne dafür eine Gleichung zu verwenden. Welche Rolle spielt die Mischungsentropie und wann wird sie relevant?

Frage 4.8: Gemische entmischen

Ist das Mischen reversibel? Welchen Aufwand müssen Sie aufbringen? Ganz konkret: Warum braucht Aschenputtel die Hilfe der Täubchen, um rechtzeitig auf den Ball zu kommen?

Frage 4.9: Reales Fluid versus ideales Gas

Was bleibt gleich und was ändert sich, wenn Sie ein Gemisch als reales Fluid beschreiben oder wenn Sie es als ideales Gas beschreiben? Worauf müssen Sie also achten?

Überprüfen Sie, was Sie gut hinbekommen haben und was nicht. Seien Sie kritisch und hinterfragen Sie sich genau. Klären Sie die Fragen, die Sie sich dabei gestellt haben.

4.2 Rechenaufgaben

Die in diesem Abschnitt enthaltenen Aufgaben (Level 2) sind auf eine Gleichung oder wenige miteinander verbundene Methoden fokussiert. Ausführliche Musterlösungen zu den Aufgaben finden Sie unter *plus.hanser-fachbuch.de*. Bitte sehen Sie sich diese nur dann an, wenn Sie wirklich nicht weiterkommen. Diskutieren Sie stattdessen mit Ihren Kommiliton:innen oder tauschen Sie sich idealerweise in Ihrer Lerngruppe aus.

Aufgabe 4.1: Schnaps

Die Destille Linow führt den Schädelspalter im Angebot: Das sind 33 Vol.-% Aqua dest. (also destilliertes reines H_2O), der Rest ist Ethanol. Berechnen Sie die Stoffmengen- und Massenanteile. Welche Annahme müssen Sie dafür treffen oder welche zusätzliche Information benötigen Sie dafür?

Aufgabe 4.2: R290 (Propan)

Die Explosionsgrenzen von R290 (Propan) in Luft befinden sich bei 2,1 % (mager) und 9,5 % (fett). Die minimale Zündtemperatur bei etwa stöchiometrischer Mischung beträgt 480 °C. Dann befinden sich 4 % Propan in der Luft. Bestimmen Sie die Zusammensetzung der Mischung von Luft (21 % Sauerstoff und 79 % Stickstoff) mit Propan an der unteren und an der oberen Explosionsgrenze als Volumenanteile und als Massenanteile.

Aufgabe 4.3: Aluminium-Legierung

Die Legierung EN AW 6060 (oder AlMgSi0,5 oder 3.3206) ist eine aushärtbare Legierung für das Strangpressen. In Tabelle 4.1 finden Sie die vereinfachte Zusammensetzung der Legierung. Bestimmen Sie die Stoffmengenanteile der Legierung.

Tabelle 4.1 Vereinfachte Zusammensetzung der Legierung EN AW 6060 nach DIN EN 573-3: Es fehlen Cr mit 0,05 %, Cu, Mn, Ti mit 0,1 % sowie Zn mit 0,15 %.

Element	Symbol	Molmasse	Massenanteil in %
Silizium	Si		0,3 bis 0,6
Eisen	Fe		0,1 bis 0,3
Magnesium	Mg		0,35 bis 0,6
Aluminium	Al		Rest

Aufgabe 4.4: Rostfreier Stahl

Die Legierung 1.4301 (auch X5CrNi18-10 oder AISI 304) ist ein gängiger rostfreier Stahl für übliche Anwendungen. Die Zusammensetzung ist in Tabelle 4.2 angegeben. Bestimmen Sie die Stoffmengenanteile der Legierungsbestandteile und die spezifische Wärmekapazität.

Tabelle 4.2 Chemische Zusammensetzung von 1.4301 in (nach DIN EN 10088-3)

Element	Symbol	Molmasse	$c_{p,i}$	Massenanteil in %
Kohlenstoff	C		700 J kg^{-1} K^{-1}	0,07
Silizium	Si		703 J kg^{-1} K^{-1}	1,00
Mangan	Mn		479 J kg^{-1} K^{-1}	2,00
Phosphor	P		686 J kg^{-1} K^{-1}	0,045
Schwefel	S		736 J kg^{-1} K^{-1}	0,030
Chrom	Cr		449 J kg^{-1} K^{-1}	17,5 bis 19,5
Nickel	Ni		444 J kg^{-1} K^{-1}	8,0 bis 10,5
Stickstoff	N		1040 J kg^{-1} K^{-1}	0,10
Eisen	Fe		500 J kg^{-1} K^{-1}	Rest

Aufgabe 4.5: Fensterglas

Fensterglas bzw. besser Architekturglas wird typischerweise aus einer Schmelze mit der in Tabelle 4.3 gegebenen Zusammensetzung hergestellt.

Bei metallischen Legierungen wird die Zusammensetzung über die Massenanteile der Elemente angegeben (siehe Tabelle 4.1 und Tabelle 4.2). Bei Keramiken und Gläsern hingegen wird die Zusammensetzung über die im Glas enthaltenen Oxide dargestellt (siehe Tabelle 4.3).

a) Bestimmen Sie die Masse für eine Scheibe mit l = 6000 mm, b = 3200 mm und d = 6 mm und der Dichte des Glases von ρ = 2200 kg m^{-3}. Die Abmessung 6 m · 3,2 m ist für die Ausbringung moderner Floatglaslinien üblich.

b) Bestimmen Sie die Molmassen der Oxide.

c) Bestimmen Sie die Massen der Oxide und die Massenanteile in der Glasscheibe.

d) Bestimmen Sie die Stoffmengen der Oxide und die Stoffmengenanteile in der Glasscheibe.

e) Bestimmen Sie die Atommassen aller Atome, die Stoffmengen und die Stoffmengenanteile der einzelnen Atome in der Glasscheibe.

Tabelle 4.3 Zusammensetzung von Fensterglas: Massenanteile der Oxide

Oxid	Formel	Massenanteil μ
Siliziumdioxid	SiO_2	72,0%
Aluminiumoxid	Al_2O_3	0,6%
Schwefeltrioxid	SO_3	0,7%
Kalziumoxid	CaO	10,0%
Magnesiumoxid	MgO	2,5%
Natriumoxid	Na_2O	14,2%

Aufgabe 4.6: Erdgas mit Wasserstoff anreichern

Erdgas kann absehbar maximal mit 10% Wasserstoff versehen werden. Bei höherer Wasserstoffkonzentration verändern sich die technischen Eigenschaften des Gases so sehr, dass eine Umstellung relevanter Anlagen auf allen Ebenen des Gasnetzes notwendig wird. In dieser Aufgabe geht es um mit Wasserstoff angereichertes Erdgas mit einer Zusammensetzung von y_{H2} = 0,08, y_{C2H6} = 0,034, y_{N2} = 0,02; der Rest ist CH_4.

Bestimmen Sie die folgenden Größen für einen Normkubikmeter:

a) die Stoffmenge und die partiellen Stoffmengen

b) die Massenanteile, die Masse und die molare Masse

c) die Partialvolumen und die Raumanteile

d) die Partialdrücke

e) die Teildichten und die Dichte der Mischung

f) die Wärmekapazität

g) den Heizwert

h) die Mischungsentropie gegenüber den reinen Komponenten

■ 4.3 Komplexere Probleme

Die Abbildung zeigt das Fraunhofer'sche Werk für hochwertige optische Gläser in Benediktbeuern und steht beispielhaft für aufwendigere Gemische. Die Übungen gehen in diesem Abschnitt stückweise in Level 3 über, d. h., aus den Aufgaben werden Problemstellungen. Der Lösungsweg ist hier nicht immer offensichtlich, und unterschiedliche Themen werden miteinander verbunden. Die ausführlichen Lösungen finden Sie in Teil II des Buches. Bitte sehen Sie sich diese nur dann an, wenn Sie wirklich nicht mehr weiterkommen und auch Ihre Lerngruppe ratlos ist. Sobald Sie die Problemstellung bearbeitet haben, können und sollten Sie sich die Musterlösung selbstverständlich ansehen und mit der eigenen vergleichen.

Problem 4.1: Schrott

In einer Produktion werden alle Abfälle aus Refraktärmetallen gemeinsam in einer Kiste gesammelt. Wenn die Kiste voll ist, wird sie zum Recycling gegeben. Dort wird sie analysiert aufbereitet und anhand der verwertbaren Massen der reinen Elemente abgerechnet. Diesmal ergibt die Analyse Folgendes:

- 31,54 kg Tantal (c_p = 140 J kg^{-1} K^{-1})
- 12,21 kg Niob (c_p = 24,6 kJ kmol^{-1} K^{-1}, T_{SMP} = 2740 K)
- 102,54 kg Molybdän (c_p = 24,06 kJ kmol^{-1} K^{-1})
- 85,40 kg Wolfram (c_p = 138 J kg^{-1} K^{-1})
- 0,62 kg Osmium (c_p = 130 J kg^{-1} K^{-1})

Berechnen Sie die durch das Mischen vernichtete Arbeit. Dazu bestimmen Sie

a) die Massenbrüche,

b) die Stoffmengen und Stoffmengenanteile,

c) die durch die Mischung erzeugte Entropie und die so vernichtete Arbeit.

Für das Recycling wird die Mischung zumindest teilweise aufgeschmolzen. Die Herstellung der Halbzeuge aus reinen Metallen erfolgt dann entweder über Schmelzen oder (z. B. bei Wolfram) über Sintern. Bestimmen Sie die benötigte Energie, um die Mischung auf den Schmelzpunkt von Niob zu bringen. Hiermit schätzen wir den Energieaufwand für das Auftrennen der Mischung in ihre Bestandteile ab.

d) Bestimmen Sie die spezifische Wärmekapazität des Gemischs,

e) die benötigte Wärme, um den Schrott auf die Schmelztemperatur von Niob zu bringen, sowie

f) die benötigte Schmelzwärme, um die Schmelze zu erzeugen.

g) Wie genau ist Ihr Ergebnis? Wie könnte es genauer gemacht werden?

Problem 4.2: Rezeptur für das Fensterglas

Architekturglas wird nicht aus Elementen oder den im Glas enthaltenen Oxiden aufgeschmolzen, sondern vorrangig aus natürlich vorkommenden Rohstoffen. In Tabelle 4.4 finden Sie eine Aufstellung von Rohstoffen, die für das Architekturglas-Rezept aus Aufgabe 4.5 in Abschnitt 4.2 angewendet werden könnten.

Die Rohstoffe werden batchweise gewogen und dann intensiv vermischt, bevor sie auf die Schmelze gelegt werden. Dort schmelzen sie und reagieren dabei zum Teil miteinander. Dabei wird alles, was mit Luft reagiert oder bei hoher Temperatur gasförmig wird, auch verbrennen und in das Abgas verschwinden. Bei den Rohstoffen in Tabelle 4.4 betrifft dies insbesondere die Karbonate, bei denen der Kohlenstoff als CO_2 aus der Schmelze verschwindet, und das Kristallwasser.

a) Ihre Aufgabe ist es, ein passendes Rezept für das Architekturglas nach Tabelle 4.3 zu erarbeiten.

b) Welcher Massenanteil der Rohstoffe findet sich im Glas wieder (Ausbeute)?

Tabelle 4.4 Wichtige Rohstoffe für die Glasherstellung: Der Punkt (·) trennt Bestandteile, die erst gemeinsam den Rohstoff ergeben.

Name	Formel	*M*	Oxid	Ausbeute
Quarzsand	SiO_2			
Korund	Al_2O_3			
Kalziumkarbonat	$CaCO_3$			
Soda	$Na_2CO_3 \cdot 10\ H_2O$			
Dolomit	$CaO \cdot MgO \cdot 2\ CO_2$			
Feldspat	$K_2O \cdot Al_2O_3 \cdot 6\ SiO_2$			
Pottasche	K_2CO_3			
Kalumit	$2\ CaO \cdot MgO \cdot 2\ SiO_2$			
Gips	$CaSO_4 \cdot 2\ H_2O$			

Problem 4.3: Meerwasser entsalzen

Der größte Teil des frei zugänglichen Wassers im System Erde ist Meerwasser. Das gesamte Wasser in den Ozeanen der Erde wiegt etwa $1{,}37 \cdot 10^{21}$ kg. Der mittlere Salzgehalt der Ozeane beträgt 35 g kg^{-1} Wasser. Diesen Wert nennen wir auch die Salinität. In Tabelle 4.5 sind die Konzentrationen der wichtigsten Bestandteile zusammengetragen sowie die von einigen interessanten Spurenstoffen.

Wenn Meerwasser verdunstet, dann fällen abhängig von ihrer Löslichkeit nach und nach unterschiedliche Salze aus, während andere Salze noch in Lösung bleiben. Zuerst fällen Carbonate und Anhydrit (Gips) aus, dann NaCl (unser Speisesalz) und zuletzt KaCl, d. h., es kommt am Grund von ungestörten Verdunstungsbecken zu einer Bildung von Schichten.

Diskutierte Nutzungen von Meerwasser sind folgende:

- **Wasserstoff:** Um Wasserstoff über Elektrolyse zu erzeugen, werden 9 kg reines Wasser für 1 kg Wasserstoff benötigt. Hierfür muss in trockenen sonnigen Regionen Meerwasser entsalzt werden.
- **Trinkwasser:** Trinkbares Wasser für die Landwirtschaft, die Industrie und die Versorgung von Menschen lässt sich über Meerwasserentsalzung herstellen.
- **Lithium:** Die Reserven und Ressourcen von Lithium an Land sind begrenzt, sodass langfristig zusätzliche Quellen benötigt werden. Meerwasser wäre eine solche mögliche Quelle.
- **Uran:** Auch die energetisch sinnvoll extrahierbaren Reserven und Ressourcen von Uran neigen sich deutlich absehbar einem Ende zu. Meerwasser wird daher als zukünftige Quelle für Uran untersucht.
- **Düngemittel:** Kalium und Phosphor sind essenziell für das Pflanzenwachstum, und die industrielle Landwirtschaft ist auf einen stetigen Nachschub von beiden angewiesen.

Hier sehen wir uns einige dieser Möglichkeiten mit unseren thermodynamischen Methoden an. Dazu gehen wir jeweils von Meerwasser mit 25 °C aus.

a) Bestimmen Sie den minimalen energetischen Aufwand über die Mischungsentropie, um 1 m^3 Meerwasser zu entsalzen.

b) Wie sähe eine ganz einfache Entsalzungsanlage über Sieden aus und welchen spezifischen energetischen Aufwand für die Entsalzung von Meerwasser würde sie benötigen?

Wenn Sie mehr darüber erfahren möchten, dann sehen Sie sich Methoden zur Meerwasserentsalzung an. Insbesondere *Multi-Stage Flash Distillation* ist thermodynamisch spannend, da diese Methode durch geschickte Prozessführung die Verdampfungsenthalpie im System hält. So wird der spezifische Energiebedarf auf beeindruckende Weise verringert. ■

c) Wie viel Lithium befindet sich im Ozean, und welches Volumen an Meerwasser wird mindestens benötigt, um 1 t Lithiumchlorid (LiCl) daraus zu gewinnen?

d) Welche minimale Arbeit benötigen wir, um 1 t LiCl aus dem Ozean zu gewinnen?

e) Lohnt es sich energetisch, Uran aus Meerwasser zu gewinnen? Nur das Isotop ^{235}U wird in Kernreaktoren für die Erzeugung von Wärme eingesetzt. Uran besteht zu 0,72 % aus ^{235}U. Der Rest ist ^{238}U. Die nutzbare, bei der Kernspaltung frei werdende Wärme für ^{235}U beträgt 76 TJ kg^{-1}.

Tabelle 4.5 Konzentration der wichtigsten nicht gasförmigen Bestandteile von Meerwasser bei einer Salinität von 35: Stoffmengenanteil n_x und Massenanteil μ_x beziehen sich jeweils auf die Masse des reinen Wassers.

Stoff	Ion	n_x in mol kg^{-1}	μ_x in g kg^{-1}	Molmasse
Lithium	Li^+	0,000026	0,00018	6,941
Natrium	Na^+	0,48616	11,1768	22,99
Kalium	Ka^+	0,01058	0,4137	39,10
Magnesium	MG^{2+}	0,05475	1,3307	24,31
Kalzium	Ca^{2+}	0,01065	0,4268	40,08
Strontium	Sr^{2+}	0,00009	0,0079	87,62
Bor	$B(OH)_3$	0,00033	0,0204	61,83
Bor	$B(OH)_4^-$	0,00010	0,0079	78,84
Kohlenstoff (Carbonat)	HCO_3^-	0,00183	0,1117	61,02
Kohlenstoff (Carbonat)	CO_3^{2-}	0,00027	0,0162	60,01
Hydroxyl	OH^-	0,00001	0,0002	17,01
Schwefel	SO_4^{2-}	0,02927	2,8117	96,07
Fluor	F^-	0,00007	0,0013	19,00
Chlor	Cl^-	0,56576	20,0579	35,45
Brom	Br^-	0,0087	0,0695	79,90
Uran (Dioxid)	UO_2^{2+}	$14 \cdot 10^{-9}$	$3,7 \cdot 10^{-6}$	270,02
Summe		1,169	36,45	

Dickson, A. G./Goyet, C. (Hrsg.): Handbook of methods for the analysis of the various parameters of the carbon dioxide system in sea water. 2. ORNL/CDIAC-74

Problem 4.4: Carbon Capture and Storage

Die Entnahme von Kohlendioxid aus der Atmosphäre ist politisch längst beschlossen. Richtig losgehen soll es ab etwa 2050. Wir sehen uns in dieser Problemstellung an, welchen Aufwand es dafür braucht. In Problem 3.1 in Abschnitt 3.3 haben wir die minimal benötigte Arbeit abgeschätzt, um Kohlendioxid einzulagern. Bisher fehlt uns noch die notwendige Arbeit, um das Kohlendioxid zuerst einmal aus dem Rauchgas abzuscheiden. Das sehen wir uns hier an:

a) Was ist der spezifische minimale Aufwand, um 1 t Kohlendioxid aus Luft abzuscheiden?

b) Was ist der spezifische minimale Aufwand, um 1 t Kohlendioxid aus dem Rauchgas einer Zementfabrik abzuscheiden? In diesem Rauchgas liegt die Konzentration etwa bei 25 % CO_2.

c) Welchen minimalen Aufwand benötigen wir, um die atmosphärische Konzentration von Kohlendioxid auf 350 ppm festzulegen? Wie viel Kohlendioxid muss dafür der Atmosphäre entnommen werden? Diese Zahl müssen Sie recherchieren.

Inhaltlich bietet dieses Problem viele Möglichkeiten, über Mischungsentropie nachzudenken, und darüber, wie sie sinnvoll berechnet werden kann. Negative Emissionen sind ein spannendes und zukünftig bedeutsames Thema. Falls Sie mehr darüber erfahren wollen, bietet sich z. B. folgende Quelle als Einstieg ins Thema an:

Linow, S./Bijma, J./Gerhards, C./Hickler, T./Kammann, C./Reichelt, F./Scheffran, J.: Kurzimpuls - Perspektiven auf negative CO_2-Emissionen. In: Diskussionsbeiträge der Scientists for Future, 12, 2022. *https://doi.org/10.5281/zenodo.7392348*

5 Feuchte Luft

In diesem Kapitel vertiefen Sie konkret die Grundlagen zum Beschreiben von feuchter Luft in technischen Anwendungen und in erweiterten Fragestellungen. Die Übungen dieses Kapitels beziehen sich auf Kapitel 9, „Feuchte Luft“, in Teil II, „Stoffe beschreiben“, des Lehrbuches.

■ 5.1 Konzepte und Begriffe verstehen

Bevor Sie sich in den folgenden Abschnitten den Rechenaufgaben (Level 2) und dem Lösen komplexer Probleme (Level 3) widmen, geht es in diesem Abschnitt zunächst einmal darum, anhand von Fragen (Level 1) zu überprüfen, ob Sie die zentralen Konzepte und Begriffe schon sicher verstehen. Am besten ist es, wenn Sie ohne Zuhilfenahme des Lehrbuches, aber mit der Unterstützung Ihrer Lerngruppe loslegen und erst nach Beantwortung der Fragen kritisch prüfen, ob Ihre Ideen richtig sind. Schreiben Sie Ihre Antworten und Definitionen auf, denn erst, wenn Sie diese formulieren, werden die Ideen wirklich greifbar und zudem überprüfbar.

Frage 5.1: Nassdampf oder feuchte Luft

Was sind die zentralen Unterschiede zwischen Nassdampf und feuchter Luft? Was bleibt vergleichbar zwischen diesen beiden Themen?

Frage 5.2: Dampfgehalt

Warum gibt es sowohl den absoluten als auch den relativen Dampfgehalt bzw. sowohl die relative Feuchte als auch den Wassergehalt? Was genau beschreiben diese Zustandsgrößen? Wie können Sie sie ineinander umrechnen?

Frage 5.3: Feuchte Luft

Finden Sie Beispiele aus Ihrer persönlichen Erfahrungswelt zu ungesättigter, gesättigter und übersättigter feuchter Luft und beschreiben Sie diese möglichst auch mit Fachbegriffen.

Frage 5.4: Sättigungsdruck

Beschreiben Sie die Bedeutung des Sättigungsdrucks von Wasser. Können Sie in der Sauna ersticken?

Frage 5.5: Sättigungsdruck und Umgebung

Wie verändert sich der Sättigungsdruck bei isothermen Prozessen (Verdichten oder Expandieren)?

Frage 5.6: h-x Diagramm skizzieren

Skizzieren Sie aus dem Kopf ein h-x Diagramm. Wodurch unterscheiden sich die Bereiche des Diagramms? Wie verlaufen die relevanten Isolinien?

Frage 5.7: h-x Diagramm erklären

Erklären Sie jemandem, der das h-x Diagramm nicht kennt, den Zweck des h-x Diagramms.

Frage 5.8: Enthalpie feuchter Luft

Warum ist die spezifische Enthalpie der feuchten Luft eine zentrale Größe für die Beschreibung feuchter Luft?

Frage 5.9: Kühlgrenztemperatur

Was beschreibt die Kühlgrenztemperatur? Wofür wird sie verwendet? Wie können Sie sie ermitteln?

Frage 5.10: Wetter

Beschreiben Sie Wetterphänomene (kleinräumige und großräumige, je mehr, desto besser), die nur durch Eigenschaften feuchter Luft stattfinden.

Überprüfen Sie, was Sie gut hinbekommen haben und was nicht. Seien Sie kritisch und hinterfragen Sie sich genau. Klären Sie die Fragen, die Sie sich dabei gestellt haben.

5.2 Rechenaufgaben

Die in diesem Abschnitt enthaltenen Aufgaben (Level 2) sind auf eine Gleichung oder wenige miteinander verbundene Methoden fokussiert. Ausführliche Musterlösungen zu den Aufgaben finden Sie unter *plus.hanser-fachbuch.de*. Bitte sehen Sie sich diese nur dann an, wenn Sie wirklich nicht weiterkommen. Diskutieren Sie stattdessen mit Ihren Kommiliton:innen oder tauschen Sie sich idealerweise in Ihrer Lerngruppe aus.

Aufgabe 5.1: Luftfeuchtigkeit

Bestimmen Sie für diese Angaben und bei 1 bar Umgebungsdruck jeweils die absolute Feuchte:

- −15 °C, 90 % Luftfeuchte
- +5 °C, 80 % Luftfeuchte
- +35 °C, 60 % Luftfeuchte

Sie können die Werte in Bild 5.1 ablesen. Sie sollen sie jedoch berechnen.

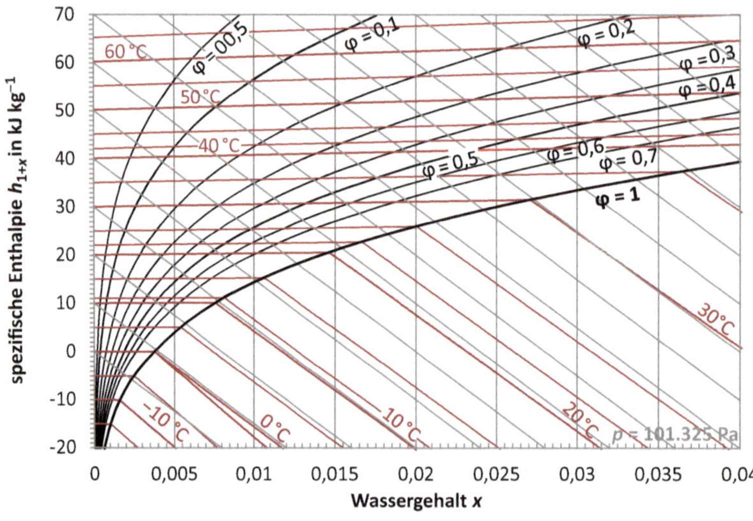

Bild 5.1 h-x Diagramm für feuchte Luft bei einem Druck von 1,0 bar

Aufgabe 5.2: Klimatisieren

Die Darmstädter Glühlampenfabrik klimatisiert ihren Produktionsbereich. An einem Sommertag mit 987 mbar Luftdruck, 32 °C und 72 % Luftfeuchtigkeit werden 7500 $m^3\ h^{-1}$ Luft angesogen und auf 22 °C und 60 % Luftfeuchtigkeit gekühlt.

a) Welcher Massenstrom an Wasser wird der Luft entnommen?

b) Welche Kühlleistung benötigen Sie minimal?

Sie können diese Aufgabe über das h-x Diagramm in Bild 5.1 oder rechnerisch lösen. Gehen Sie beide Wege.

Aufgabe 5.3: Trocknen

In einer Druckmaschine werden pro Stunde beim anschließenden Trocknen der Druckfarbe 32 l Wasser über Heißluft abgeführt. Die Luft wird in der Halle bei 1000 mbar, 18 °C und 70 % Luftfeuchtigkeit angesogen. Sie hat 50 °C, wenn sie über das Papier strömt. Welchen Massenstrom an Luft benötigen Sie minimal? Sie können diese Aufgabe über das h-x Diagramm in Bild 5.1 oder rechnerisch lösen. Gehen Sie beide Wege.

Aufgabe 5.4: Sauna

Wie verändert sich die spezifische Wärmekapazität der Luft nach einem Aufguss? Rechnen Sie konkret mit einem Volumen der Sauna von 12 m^3. Die Luft in der Sauna hatte vor dem Aufguss 95 °C bei 890 mbar Luftdruck. Sie haben beherzt 250 ml Wasser auf den Ofen gekippt.

Aufgabe 5.5: Zustände

Ergänzen Sie die fehlenden Angaben in Tabelle 5.1. Bevor Sie die Enthalpie oder andere Stoffwerte aus einem h-x Diagramm ablesen, berechnen Sie diese, soweit möglich.

Tabelle 5.1 Eine Liste von Zuständen für Aufgabe 5.5: Ergänzen Sie die fehlenden Daten.

p	T	V	φ	x	m_{Luft}	m_{H2O}	h_{1+x}
1 bar	25 °C	1 m^3	0,75				
1 bar	50 °C				92 kg	1,0 kg	
1 bar	−10 °C				92 kg	1,0 kg	
1 bar	−10 °C	25 m^3		0,002			
0,7 bar	50 °C			0,07		2 kg	
0,5 bar	60 °C	1000 m^3	0,75				
0,5 bar	60 °C	1000 m^3		0,22			
0,3 bar	2 °C				0	1,0 kg	

Aufgabe 5.6: Zustandsänderungen

Ergänzen Sie die fehlenden Angaben zu den Zustandsänderungen aus Tabelle 5.2.

Tabelle 5.2 Eine Liste von Zustandsänderungen (ZÄ) für Aufgabe 5.6: Ergänzen Sie die fehlenden Daten.

ZÄ	p_1	p_2	T_1	T_2	x_1	x_2	h_1	h_2
isobar	1,0 bar		25 °C	75 °C	0,01			
isobar	1,0 bar		36 °C	12 °C	0,03			
isochor	1,0 bar	0,3 bar	25 °C		0,10			
isotherm	1,0 bar	0,3 bar	25 °C		0,10			
isobar	1,0 bar				0,01		200 kJ kg^{-1}	300 kJ kg^{-1}
isentrop	1,0 bar	9,0 bar	12 °C		0,02			
isenthalp	2,5 bar	1,0 bar	40 °C		0,04			

Aufgabe 5.7: Luftströme mischen

Bestimmen Sie die fehlenden Angaben für die Mischungen aus Tabelle 5.3. Nutzen Sie ein h-x Diagramm und berechnen Sie die Werte.

Tabelle 5.3 Eine Liste von Luftströmen 1 und 2, deren Zustand nach dem Mischen bestimmt werden soll

p	Strom 1	T_1	x_1	ϕ_1	Strom 2	T_2	x_2	φ_2
1,0 bar	10 kg s^{-1}	60 °C		10%	10 kg s^{-1}	30 °C		70%
1,0 bar	10 kg s^{-1}	-10 °C	0,0001		10 kg s^{-1}	50 °C	0,0001	
1,0 bar	10 kg s^{-1}		0,005	50%	10 kg s^{-1}		0,035	50%
1,0 bar	2 kg s^{-1}	10 °C	0,02		10 kg s^{-1}	50 °C	0,02	
1,0 bar	10 kg s^{-1}	0 °C		1	5 kg s^{-1}	35 °C	0,035	

Aufgabe 5.8: Barometrische Höhenformel

Bestimmen Sie den Luftdruck für folgende Höhen: 1500 m (Kabine eines Flugzeugs), −500 m (am Toten Meer), 8848 m (höchster Berg) und 5137 m (der Ararat, wo Noahs Arche auf Grund lief).

5.3 Komplexere Probleme

Die Abbildung zeigt eine Bö über dem Engelschhoek vor Terschelling. Sie enthält feuchte Luft mit Wasser in allen Aggregatzuständen. Die Übungen gehen in diesem Abschnitt stückweise in Level 3 über, d. h., aus den Aufgaben werden Problemstellungen. Der Lösungsweg ist hier nicht immer offensichtlich, und unterschiedliche Themen werden miteinander verbunden. Die ausführlichen Lösungen finden Sie in Teil II des Buches. Bitte sehen Sie sich diese nur dann an, wenn Sie wirklich nicht mehr weiterkommen und auch Ihre Lerngruppe ratlos ist. Sobald Sie die Problemstellung bearbeitet haben, können und sollten Sie sich die Musterlösung selbstverständlich ansehen und mit der eigenen vergleichen.

Problem 5.1: Klimatisierung

Ein Innenraum in einem Gebäude soll zukünftig klimatisiert werden, d. h., Temperatur und Luftfeuchtigkeit sollen beide aktiv eingestellt werden. Vorgesehen ist ein Arbeitspunkt im menschlichen Wohlfühlbereich mit einer optimalen Raumtemperatur von 22,0 °C bei 50 % Luftfeuchtigkeit. Der Wohlfühlbereich (21 °C bis 25 °C und 30 bis 60 % Luftfeuchtigkeit) soll immer eingehalten werden. Benötigt wird für den Raum ein Luftstrom von 3600 $m^3\ h^{-1}$. Die Umgebungsluft kann im Winter mit minimal −12 °C in Kombination mit minimal 40 % Luftfeuchte und im Sommer mit maximal 42 °C und maximal 70 % Luftfeuchte vorliegen. Der Luftdruck wird durchgängig mit 1,013 bar angesetzt. Sie können also z. B. das h-x Diagramm aus Bild 5.2 für die Lösung verwenden.

a) Legen Sie die benötigten Prozesse fest, mit denen die Luft im Winter bei Minimalbedingung bereitgestellt werden kann. Verwenden Sie dazu ideale Zustandsänderungen. Bestimmen Sie die spezifische übertragene Wärme.

b) Legen Sie die benötigten Prozesse fest, mit denen die Luft im Sommer bei Maximalbedingung bereitgestellt werden kann. Verwenden Sie auch dazu ideale Zustandsänderungen. Bestimmen Sie die spezifische übertragene Wärme.

c) Bestimmen Sie für die Minimalbedingung im Winter den benötigten Luftvolumenstrom am Einlass und die dafür benötigte (maximale) Heizleistung.

d) Bestimmen Sie für die Maximalbedingung im Sommer den benötigten Luftvolumenstrom am Einlass sowie die dann benötigte maximale Kühl- und die Heizleistungen.

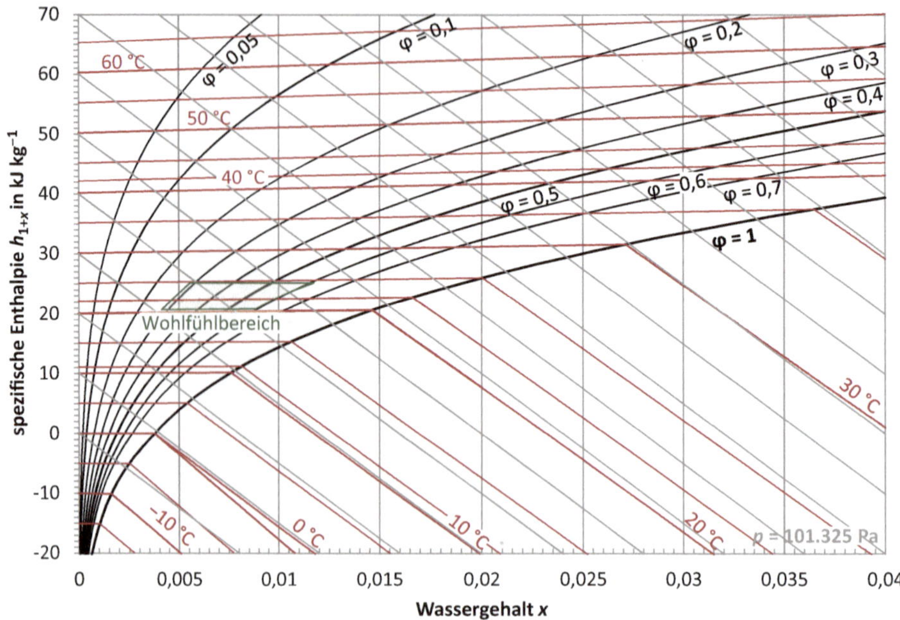

Bild 5.2 h-x Diagramm für feuchte Luft bei einem Druck von 1,013 bar: Der menschliche Wohlfühlbereich ist eingezeichnet.

Problem 5.2: Lacktrocknung

Die Lackierung von Pkw-Komponenten stellt besonders hohe Anforderungen an den Prozess. Einerseits soll der Lack über die vorgesehene Lebensdauer des Pkw seine Funktion erfüllen, wobei ihm Wind und Wetter, UV-Strahlung, Sand, Insekten sowie gegebenenfalls Meersalz oder technische Emissionen wenig anhaben sollen. Viel herausfordernder ist jedoch das Verlangen, dass der Lack perfekt glänzend, frei von Fehlstellen, Kratzern oder Gebrauchsspuren die Endkunden erreicht und diesen Zustand dann auch möglichst lange erhält. Dies lässt sich im Lackierprozess nur durch peinlichsten Fokus auf Reinheit und Staubfreiheit erreichen. Auch in der anschließenden Montage des Pkw und bei seinem Transport zum Endkunden muss fanatisch auf den Schutz des Lacks geachtet werden.

Pulverlack, Bandbeschichtung oder Sprühkabinen, wie sie sonst den Stand der Technik darstellen, entfallen daher. Typisch wird heute die gesamte Karosserie in den Lack eingetaucht und im Anschluss ausgehärtet. Dabei verlässt die Karosserie den Reinraum höchster Ansprüche erst, nachdem der ausgehärtete Lack mit weiteren Schutzschichten versehen wurde.

Die früher üblichen Infrarotstrecken zur Lacktrocknung wurden inzwischen zumeist durch trockene kühle Luft ersetzt, um die Belastungen für den Lack zu minimieren: Die Luft für die Trocknung wird sehr stark getrocknet, indem sie auf z. B. −20 °C abgekühlt wird. Anschließend wird sie auf 40 °C erwärmt und über Filter, wie sie für die Halbleiterindustrie typisch sind, auf die vom Lack benötigte Reinheit gebracht. Sanft umströmt sie nun den zu trocknenden Lack und nimmt das Lösemittel Wasser auf.

a) Bestimmen Sie für eine Fabrik, die sich 800 m über dem Meeresspiegel befindet, den Wassergehalt der zugeführten Luft bei −20 °C.

b) Welche spezifische Wassermasse kann die Luft in dem hier skizzierten Prozess maximal abführen?

c) Welche spezifischen Wärmemengen müssen bei dem Prozess übertragen werden, wenn die Luft im Kreis geführt wird?

d) Welcher minimale spezifische Energiebedarf für das Trocknen ergibt sich?

e) Welche Möglichkeiten gibt es, den Prozess energetisch zu verbessern?

Problem 5.3: Brennwert ausnutzen

Die Darmstädter Glühlampenfabrik hat auf ihrem Werksgelände eine eigene Gasturbine stehen. Diese Gasturbine hat eine elektrische Nennleistung von 11,0 MW bei einer Heizrate von 11,0 MJ/kWh. Das Abgas der Gasturbine tritt mit 490 °C aus. Es stehen 42,0 kg s^{-1} an Gasturbinen-Abgas zur Verfügung. Mit dem Abgas wird in einem Wärmetauscher zusätzlich Heißdampf erzeugt. Dabei wird das Abgas auf 120 °C abgekühlt und über einen Schornstein an die Umgebung abgegeben. Dieses Abgas soll zukünftig weiter auf 50 °C abgekühlt werden, um Raumwärme für die Verwaltungsgebäude bereitzustellen.

a) Bestimmen Sie den Wassergehalt des Abgases, falls die Gasturbine mit Erdgas und alternativ mit Wasserstoff beheizt wird.

b) Dürfen wir das Abgas der Gasturbine als „feuchte Luft“ modellieren?

c) Welchen Wärmestrom können Sie dem Abgas für die Heizung entnehmen? Gehen Sie von einem Tag mit 10 °C und hoher Luftfeuchtigkeit aus.

Problem 5.4: Stausee

Die Haditha-Talsperre im Irak besteht aus einem Damm, mit dem der Euphrat um maximal 57 m zu einem etwa 500 km^2 großen See aufgestaut werden kann. Es sind insgesamt sechs Turbinen mit jeweils einer Nennleistung von 110 MW Elektrizität vorhanden. Direkt am Stausee wird im Jahresmittel eine solare Einstrahlung von 18,8 MJ m^{-2} pro Tag bei einer mittleren Temperatur von 23 °C angegeben (*https://globalsolaratlas.info*). Die mittlere Windgeschwindigkeit in 100 m über Grund beträgt etwa 6,6 m s^{-1} (*https://globalwindatlas.info*).

Konkret im Juli liegt dort die Temperatur zwischen 31 °C und 43 °C, die Luftfeuchtigkeit beträgt im Mittel 16 % und die mittlere Windgeschwindigkeit am Boden liegt bei 20 km h^{-1} bei einem mittleren Luftdruck von 999 mbar (*https://www.weather-atlas.com*). Als mittlere solare Einstrahlung im Juli schätzen wir 26 MJ m^{-2} pro Tag ab. Berechnen Sie Folgendes für einen Tag im Juli:

a) Welche Wärme wird dem Stausee an einem Tag zugeführt?

b) Bestimmen Sie die Kühlgrenztemperatur für den Stausee.

c) Welcher mittlere Wärmestrom steht für die Verdunstung von Wasser zur Verfügung?

d) Wie viel Wasser verdunstet pro Tag?

e) Welche elektrische Leistung können wir daher nicht erzeugen?

f) Diskutieren Sie, was mit der Wärme passiert. Kühlt der Stausee die Atmosphäre?

Problem 5.5: Das ausgetrocknete Mittelmeer

Afrika schiebt sich langsam auf Europa zu, sodass das Mittelmeer dabei immer kleiner wird. Bereits einmal vor etwa 5 bis 6 Millionen Jahren wurde das Mittelmeer durch diesen Prozess vollständig vom Atlantischen Ozean abgetrennt. Dadurch trocknete das Mittelmeer teilweise nahezu vollständig aus, d. h., der Wasserspiegel sank sehr weit ab, möglicherweise bis auf −3000 m. Die Wassertemperatur in diesem eingeschlossenen Meer war mit deutlich über 35 °C ausgesprochen hoch und der Wasserspiegel sank zeitweise mit mehr als 2 mm je Tag. Diese außerordentliche Situation sehen wir uns näher an. Als Hilfsmittel steht in Bild 5.3 ein h-x Diagramm für den erwarteten Luftdruck am Grund des ausgetrockneten Mittelmeeres bereit.

a) Warum können Sie das h-x Diagramm bei 1,0 bar nicht verwenden?

b) Bestimmen Sie den Luftdruck in −3000 m Tiefe.

c) Welche Temperatur stellt sich dort ein?

d) Welche Temperatur hat ein Fallwind, der am heutigen Ufer (0 m) mit 25 °C und einer relativen Feuchte von 50 % startet?

e) Was ist der Sättigungsdruck von Wasserdampf an der Oberfläche des Rest-Mittelmeeres?

f) Bestimmen Sie die Kühlgrenztemperatur des Fallwindes aus c), wenn er unten auf das Meer trifft und er mit einer relativen Feuchte von 50 % oben gestartet ist.

g) Welche zusätzliche Wassermenge kann der Fallwind aus c) maximal aus dem Mittelmeer nach oben ans heutige Ufer transportieren? Klären Sie zuerst, von welchen Parametern das abhängt.

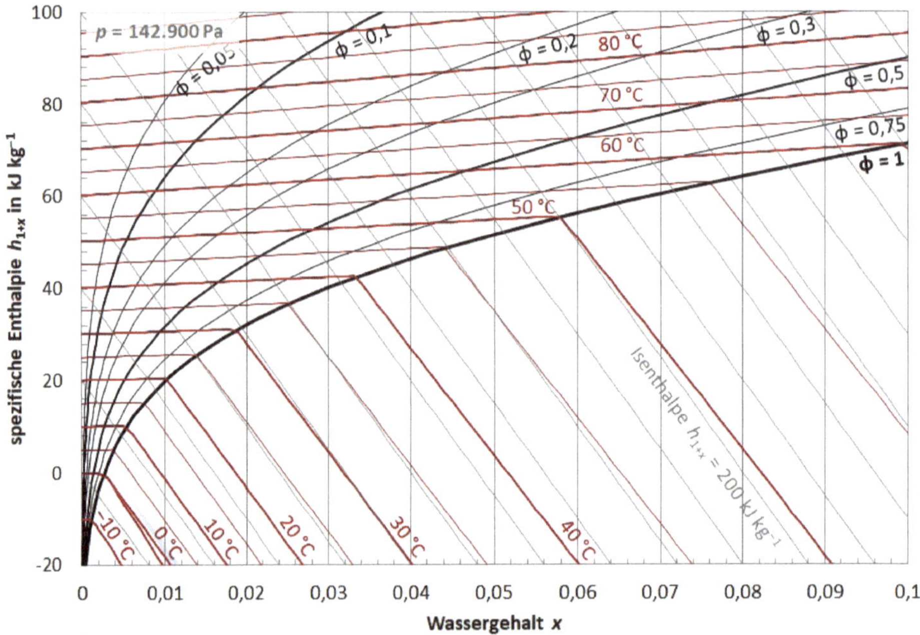

Bild 5.3 h-x Diagramm für den erwarteten Luftdruck in 3000 m unter Normal Null

Es gibt viel Literatur zu diesem Thema. Die *Messinian Salinity Crisis* ist ein komplexes und spannendes geologisches Ereignis. Für die weitergehende Beschreibung werden neben der Geologie auch Thermodynamik, Chemie und Meteorologie benötigt. Als Einstieg sind z. B. folgende Quellen zu empfehlen:

- *Halliday, T.:* Urwelten. Eine Reise durch die ausgestorbenen Ökosysteme der Erdgeschichte. Kapitel 3. Carl Hanser Verlag, München 2022
- *Murphy, L. N./Kirk-Davidoff, D. B./Mahowald, N./Otto-Bliesner, B. L.:* A numerical study of the climate response to lowered Mediterranean sea level during the messinian salinity crisis. In: Paleogeography, Paleoclimatology, Paleoecology, 279, 2009, pp. 41-59

6 Vergleichsprozesse und Kreisprozesse

Dieses Kapitel enthält Übungen zum Aneignen von Vergleichsprozessen. Damit werden Motoren und Antriebe, wie Otto-Motor, Diesel-Motor, Gasturbine und Dampfturbine, aber auch Kältemaschine und Wärmepumpe beschrieben. Vergleichsprozesse stellen in vielen Thermodynamik-Veranstaltungen das zentrale Lernziel dar - unter anderem, weil sie sehr schöne kompetenzorientierte Prüfungen ermöglichen. Spezialformen und komplexere Aufbauten spezieller Anlagen werden in diesem Kapitel ausgeklammert. Der Fokus liegt darauf, die wesentlichen Vergleichsprozesse aktiv anwenden zu können. Die Übungen dieses Kapitels beziehen sich auf Kapitel 11, „Vergleichsprozesse des idealen Gases“ und Kapitel 12, „Kreisprozesse mit Phasenwechsel“, in Teil III, „Kreisprozesse“, des Lehrbuches.

6.1 Konzepte und Definitionen

Bevor Sie sich in den folgenden Abschnitten den Rechenaufgaben (Level 2) und dem Lösen komplexer Probleme (Level 3) widmen, geht es in diesem Abschnitt zunächst einmal darum, anhand von Fragen (Level 1) zu überprüfen, ob Sie die zentralen Konzepte und Begriffe schon sicher verstehen. Am besten ist es, wenn Sie ohne Zuhilfenahme des Lehrbuches, aber mit der Unterstützung Ihrer Lerngruppe loslegen und erst nach Beantwortung der Fragen kritisch prüfen, ob Ihre Ideen richtig sind. Schreiben Sie Ihre Antworten und Definitionen auf, denn erst, wenn Sie diese formulieren, werden die Ideen wirklich greifbar und zudem überprüfbar.

Frage 6.1: Kreisprozess

Was ist ein Kreisprozess? Liefern Sie eine Definition. Was beschreiben Kreisprozesse? Wozu brauchen wir sie?

Frage 6.2: Kreisprozess oder Vergleichsprozess?

Was sind die Unterschiede zwischen Kreisprozessen und Vergleichsprozessen?

Frage 6.3: Rechts- oder linkslaufend?

Warum ist die Richtung eines Kreisprozesses wichtig? Wie ist diese Richtung (rechtslaufend oder linkslaufend) konkret definiert? Was ist der zentrale Unterschied zwischen den beiden Richtungen im Kreisprozess?

Frage 6.4: Vergleichsprozesse des realen Gases

Welche Annahmen und Festlegungen verwenden wir für den Übergang vom Kreisprozess zum Vergleichsprozess, wenn wir zugleich die realen Zustandswerte des Arbeitsfluides verwenden?

Für Frage 6.5 und Frage 6.6 sowie Frage 6.11 bis Frage 6.13 ist es besonders hilfreich, wenn Sie die Sachverhalte einer Person zu erklären, die nicht im Thema steckt.

Frage 6.5: Vergleichsprozess für Dampfturbinen

Beschreiben Sie aus dem Kopf den Vergleichsprozess für Dampfturbinen. Fertigen Sie dafür Skizzen an. Welche Stoffe können im Dampfkreislauf eingesetzt werden?

Frage 6.6: Vergleichsprozess für Kältemaschinen

Beschreiben Sie aus dem Kopf den Vergleichsprozess für Kältemaschinen. Fertigen Sie dafür Skizzen an. Welche Stoffe können im Kältemittelkreislauf eingesetzt werden?

Frage 6.7: Kältemaschine versus Wärmepumpen

Was ist anders bei Kältemaschinen und Wärmepumpen und was ist gleich? Finden Sie möglichst viele Punkte für beides. Diskutieren Sie den Vergleichsprozess.

Frage 6.8: Wirkungsgrad und Leistung von Dampfturbinen

Wie lässt sich der Wirkungsgrad einer Dampfturbine steigern? Wie lässt sich die Leistung einer Dampfturbine steigern? Welche technischen Grenzen gibt es hierfür? Gibt es Synergieeffekte zwischen Leistung und Wirkungsgrad?

Frage 6.9: Wirkungsgrad und Leistung von Kältemaschinen

Wie lässt sich die Leistungsziffer einer Kältemaschine steigern? Wie lässt sich die Leistung einer Kältemaschine steigern? Welche technischen Grenzen gibt es hierfür? Gibt es Synergieeffekte zwischen Leistung und Wirkungsgrad?

Frage 6.10: Vergleichsprozesse des idealen Gases

Welche Annahmen und Festlegungen verwenden wir für den Übergang vom Kreisprozess zum Vergleichsprozess, wenn wir das Arbeitsfluid mit dem Modell des idealen Gases beschreiben?

Frage 6.11: Vergleichsprozess für Gasturbinen

Beschreiben Sie aus dem Kopf den Vergleichsprozess für einfache Gasturbinen. Fertigen Sie Skizzen dafür an.

Frage 6.12: Vergleichsprozess für Otto-Motoren

Beschreiben Sie aus dem Kopf den Vergleichsprozess für Kolbenmotoren nach dem Otto-Prinzip. Fertigen Sie Skizzen dafür an.

Frage 6.13: Vergleichsprozess für Diesel-Motoren

Beschreiben Sie aus dem Kopf den Vergleichsprozess für Kolbenmotoren nach dem Diesel-Prinzip. Fertigen Sie Skizzen dafür an.

Frage 6.14: Kompressor und Turbolader

Was genau machen Kompressor und Turbolader bei einem Kolbenmotor? Was strömt alles durch sie hindurch und wozu? Wie sind sie mit den jeweiligen Kreis- und Vergleichsprozessen verbunden?

Frage 6.15: Carnot, Erikson und Stirling

Erklären Sie, warum der Carnot-, der Erikson- und der Stirling-Vergleichsprozess von theoretischer Bedeutung sind und warum sie dies auch absehbar bleiben. Anders gefragt: Warum setzen wir Antriebe nach diesen Vergleichsprozessen nicht großtechnisch ein?

Frage 6.16: Wirkungsgrad und Leistung von Gasturbinen

Wie lässt sich der Wirkungsgrad einer Gasturbine steigern? Wie lässt sich die Leistung einer Gasturbine steigern? Welche technischen Grenzen gibt es dafür? Gibt es Synergieeffekte zwischen Leistung und Wirkungsgrad?

Frage 6.17: Wirkungsgrad und Leistung von Otto-Motoren

Wie lässt sich der Wirkungsgrad eines Otto-Motors steigern? Wie lässt sich die Leistung eines Otto-Motors steigern? Welche technischen Grenzen gibt es dafür? Gibt es Synergieeffekte zwischen Leistung und Wirkungsgrad?

Frage 6.18: Wirkungsgrad und Leistung von Diesel-Motoren

Wie lässt sich der Wirkungsgrad eines Diesel-Motors steigern? Wie lässt sich die Leistung eines Diesel-Motors steigern? Welche technischen Grenzen gibt es dafür? Gibt es Synergieeffekte zwischen Leistung und Wirkungsgrad?

Überprüfen Sie, was Sie gut hinbekommen haben und was nicht. Seien Sie kritisch und hinterfragen Sie sich genau. Klären Sie die Fragen, die Sie sich dabei gestellt haben.

6.2 Rechenaufgaben

Auch für Kapitel 6 ließen sich reine Rechenaufgaben stricken, aber das Schöne an diesem Themenfeld ist, dass wir uns an reale Objekte herantasten können. Fast alles, was Sie in diesem Abschnitt an Rechenkunst benötigen, haben Sie vorher schon gelernt und ausprobiert. Umgekehrt gilt: Falls Sie hier noch unsicher sind, was Sie unter Zuständen und Zustandsänderungen realer oder idealer Gase verstehen sollen und wie sich diese voneinander unterscheiden, dann sollten Sie zuerst die notwendigen Grundlagen festigen, damit Sie hier nicht an den Rechenaufgaben scheitern.

Für die ersten Schritte finden Sie in diesem Abschnitt einige Aufgaben aus der Kategorie „gegeben ist, gesucht wird". Ausführliche Musterlösungen zu den Aufgaben finden Sie unter *plus.hanser-fachbuch.de*. Bitte sehen Sie sich diese nur dann an, wenn Sie wirklich nicht weiterkommen. Diskutieren Sie stattdessen mit Ihren Kommiliton:innen oder tauschen Sie sich idealerweise in Ihrer Lerngruppe aus.

Aufgabe 6.1: Joule-Vergleichsprozess

Bestimmen Sie für einen Joule-Vergleichsprozess, der durch die folgenden Daten aufgespannt ist, die fehlenden Größen der Zustände (p, v, T):

- Umgebungsbedingung: 0,7 bar und 2 °C
- maximale Turbineneintrittstemperatur: 1320 °C
- Abgastemperatur: 480 °C
- angesaugter Volumenstrom: 24 $m^3\ s^{-1}$

Berechnen Sie daraus den Wirkungsgrad, den zugeführten Wärmestrom und die abgegebene mechanische Leistung. Bestimmen Sie auch den Arbeitspunkt maximaler Leistung und den dazugehörigen Vergleichsprozess. Wie ändert sich der Wirkungsgrad?

Aufgabe 6.2: Otto-Vergleichsprozess

Bestimmen Sie für einen Otto-Vergleichsprozess, der durch die folgenden Daten aufgespannt wird, alle fehlenden Größen der Zustände des Vergleichsprozesses (p, v, T):

- Umgebungsbedingung: 1,0 bar und 15 °C
- Hubraum: 4,0 l
- Verdichtung: 6,3; 2300 U min^{-1}; ΔT_{23} = 1700 K

Berechnen Sie die zugeführte Wärme und die abgegebene Leistung sowie den Wirkungsgrad.

Aufgabe 6.3: Diesel-Vergleichsprozess

Bestimmen Sie für einen Diesel-Vergleichsprozess, der durch die folgenden Daten aufgespannt wird, alle fehlenden Größen der Zustände des Vergleichsprozesses (p, v, T):

- Umgebungsbedingung: 0,8 bar und 10 °C
- Hubraum: 2,5 l
- Verdichtung: 19; 1800 U min^{-1}; φ = 2,1

Berechnen Sie die zugeführte Wärme und die abgegebene Leistung sowie den Wirkungsgrad.

Aufgabe 6.4: Dampfturbine

Bestimmen Sie für eine Dampfturbine mit den gegebenen Daten die Zustände des Vergleichsprozesses, den Wirkungsgrad und den Massenstrom des Wassers. Tragen Sie den Vergleichsprozess in ein T-s und ein h-s Diagramm von Wasser ein. Die technischen Eigenschaften sind folgende:

- 46 bar und 450 °C am Turbineneinlass
- 27 °C am Kondensator
- Nennleistung: 44 MW

Aufgabe 6.5: Kältemaschine

Der Vergleichsprozess einer Kältemaschine für das Kältemittel R600a ist durch Zustand 1 (p_1 = 1,2 bar, ϑ_1 = 5 °C) und Zustand 3 (p_3 = 12 bar, ϑ_3 = 55 °C) festgelegt.

a) Tragen Sie den Vergleichsprozess in ein log p-h Diagramm von R600a ein.

b) Bestimmen Sie die Leistungsziffer.

c) Geben Sie für eine Kompressorleistung von 3,2 kW den Kühlwärmestrom und den Abwärmestrom an.

d) Bestimmen Sie auch den Massenstrom an Kältemittel.

6.3 Komplexere Probleme

Eine große Herausforderung für unsere regenerative Zukunft ist der Antrieb von ozeangehenden Schiffen. In den Technikwissenschaften werden Methanol und Ammoniak als möglicher Treibstoff für Verbrennungsmotoren diskutiert.

Die Übungen gehen in diesem Abschnitt stückweise in Level 3 über, d. h., aus den Aufgaben werden Problemstellungen. Der Lösungsweg ist hier nicht immer offensichtlich, und unterschiedliche Themen werden miteinander verbunden. Die ausführlichen Lösungen finden Sie in Teil II des Buches. Bitte sehen Sie sich diese nur dann an, wenn Sie wirklich nicht mehr weiterkommen und auch Ihre Lerngruppe ratlos ist. Sobald Sie die Problemstellung bearbeitet haben, können und sollten Sie sich die Musterlösung selbstverständlich ansehen und mit der eigenen vergleichen.

Problem 6.1: Rolls-Royce Merlin

Der Rolls-Royce Merlin ist ein 12-Zylinder-Verbrennungsmotor für den Einsatz in Flugzeugen. Er stand zeitlich und technisch im direkten Wettbewerb mit dem DB 601a. Der DB 601a ist das ausführlich diskutierte Beispiel eines Otto-Motors im Lehrbuch. Auch der Merlin verfügt über vier Ventile je Zylinder (Quattro) und einen Kompressor. Er verzichtet allerdings bewusst auf die Einspritzung des Benzins in den Zylinder (Injection). Ursprünglich war der Merlin wie der DB 601a für 87-Oktan-Standardbenzin konstruiert. Um die zunehmende Verfügbarkeit von 100-Oktan-Benzin nutzen zu können, wurde der Kompressor stetig weiterentwickelt und so die Leistungsfähigkeit des Motors gesteigert.

Wir sehen uns konkret den Merlin 61 mit folgenden Eigenschaften an:

- 12 Zylinder; Durchmesser 137 mm, Hub 152 mm; Kompressionsverhältnis $\varepsilon = 6{,}0$
- Benzin: 100 Oktan
- Kompressor: zweistufig, zwei Gänge, die automatisch mit der Höhe oder gegebenenfalls durch den Piloten (als Boost) geschaltet werden; Zwischenkühler für die angesaugte Luft zwischen Kompressor und Motoreinlass
- Druckverhältnis des Kompressors beim Start auf Meereshöhe: 2,7
- Getriebe zwischen Motor und Propeller mit einer Übersetzung von 0,42 : 1

Die Leistung beträgt bei 3000 Umdrehungen pro Minute des Motors:

- beim Start (1,0 bar, 15 °C): 962 kW
- in 3740 m Flughöhe und mit Kompressor im niedrigeren Gang: 1,167 kW
- in 7200 m Flughöhe und mit Kompressor im höheren Gang: 1,178 kW
- spezifischer Kraftstoffverbrauch μ = 260 g kWh^{-1} am Boden (Flugbenzin hat eine Dichte von 720 kg m^{-3}.)

Ein Kraftstoff mit 100 Oktan wird bei etwa 400 °C selbst zünden, der mit 87 Oktan etwa ab 340 °C.

a) Bestimmen Sie die Volumen V_H, V_1 und V_2.

b) Für welche maximale Umgebungstemperatur bei 1,0 bar Umgebungsdruck ist die Verdichtung des Motors bei Benzin mit 87 Oktan theoretisch vorgesehen? Welche maximale Verdichtung ε_{max} wäre dann für das 100-Oktan-Benzin möglich?

c) Welche Kraftstoffmenge und welche Wärme werden am Boden und bei den beiden angegebenen Flughöhen je Zündung zugeführt?

d) Bestimmen Sie Druck, Temperatur und spezifisches Volumen für den Vergleichsprozess beim Start.

e) Bestimmen Sie den Wirkungsgrad des Vergleichsprozesses und den Luftmassenstrom durch den Motor.

f) Warum spielt der Einsatz von 100 Oktan Benzin eine Rolle für den Einsatz des Kompressors?

Mehr Daten zu diesem Motor finden Sie unter *https://en.wikipedia.org/wiki/Rolls-Royce_Merlin* sowie auf speziellen Webseiten. Die verwendeten Daten zum Kompressor habe ich z. B. aus *https://aircraftinvestigation.info/airplanes/RR_Merlin_24.html* entnommen.

Mit den gegebenen Daten ließen sich noch viele weitere Eigenschaften des Motors untersuchen. Lassen Sie sich inspirieren und bohren Sie nach. Oder wenden Sie sich nun Ihrem eigenen Lieblingsmotor zu.

Problem 6.2: Diesellokomotive für Lhasa Hauptbahnhof

Für den Betrieb des Bahnhofes in Lhasa (autonomes Gebiet Tibet der VR China) an der neu gebauten Eisenbahnstrecke von dort nach Zentralchina werden Rangierloks beschafft. Es handelt sich um einen bewährten Typ, der in Shanghai, Shenyang oder Peking problemlos ganze Reisezüge rangieren kann. Der Hersteller gibt folgende Daten an, die er auf seinem Werksgelände (in Shenyang bei −20 °C und 980 mbar, etwa 100 m über NN) gemessen hat:

- 8-Zylinder-Viertakter-Reihenmotor
- Druckverhältnis: Π_{12} = 58,2
- Leistung P = 880 kW bei 1800 Umdrehungen pro Minute
- Wirkungsgrad des Vergleichsprozesses: η = 0,52
- Hubraum: 40 l

Berechnen Sie unter Verwendung des Diesel-Vergleichsprozesses und für Werksbedingungen folgende Problemstellungen:

a) Bestimmen Sie das Verdichterverhältnis ε.

b) Bestimmen Sie die Volumen V_1 und V_2.

c) Bestimmen Sie die Luftmasse in einem Zylinder.

d) Bestimmen Sie die zugeführte Wärme je Zylinder und je Zyklus.

e) Bestimmen Sie die Temperatur und den Druck für alle vier Zustände des Vergleichsprozesses.

f) Kontrollieren Sie Ihr Ergebnis. Bestimmen Sie alle vier spezifischen übertragenen Wärmen und berechnen Sie daraus den Wirkungsgrad.

g) Welche Schwierigkeit erwarten Sie beim Einsatz in Lhasa (3600 m über NN)?

h) Bestimmen Sie dazu die Luftmasse im Zylinder für eine Umgebungstemperatur von 0 °C und den ortsüblichen Luftdruck von 0,65 bar. Was ändert sich damit?

Problem 6.3: TP400-D6

Der Airbus A400M ist ein Militärtransporter, der von vier TP400-D6-Triebwerken angetrieben wird. Wir können folgende Daten für das Triebwerk recherchieren:

- maximale Leistung: 8251 kW (kurzfristig beim Start), 7971 kW (dauerhaft)
- maximales Druckverhältnis: 25
- maximaler Luftmassenstrom: 26,3 kg s^{-1}
- maximale Einlasstemperatur in die Turbine: 1200 °C
- maximale Flughöhe: 44 000 ft
- spezifischer Brennstoffverbrauch im Flug (in cruise): 210 g kWh^{-1}
- Hochdruckverdichter: sechs Stufen, $\Pi = 7$ (angetrieben von einer einstufigen Turbine), maximal 18 396 min^{-1}
- Mitteldruckverdichter: fünf Stufen, $\Pi = 3{,}5$ (angetrieben von einer einstufigen Turbine), maximal 10 390 min^{-1}
- Propeller $d = 5{,}334$ m (angetrieben von einer dreistufigen Turbine über ein Getriebe mit einer Untersetzung von 1: 9,929), maximal 864 min^{-1}

Wir sehen uns den Vergleichsprozess für dieses Triebwerk genauer an:

a) Bestimmen Sie den realen Wirkungsgrad des Triebwerkes im Flug.

b) Geben Sie den Vergleichsprozess des Triebwerkes am Boden bei 1 bar und 15 °C einmal für das maximale Druckverhältnis und einmal für die maximale Leistung des Triebwerkes an.

c) Bestimmen Sie die Wirkungsgrade der beiden Vergleichsprozesse.

d) Wie groß ist der Luftmassenstrom bei maximalem Druckverhältnis für den Start am Boden aus dem Vergleichsprozess?

e) Wie groß ist der Luftmassenstrom bei maximalem Druckverhältnis auf maximaler Flughöhe?

f) Welche Leistung kann das Triebwerk in maximaler Flughöhe erreichen?

g) Welche Machzahl erreichen die Blattspitzen des Propellers am Boden und auf maximaler Flughöhe?

Problem 6.4: Argon-Gasturbine

Der Wirkungsgrad des Joule-Vergleichsprozesses steigt mit dem Isentropenexponenten κ des Arbeitsfluides an. Aus diesem Grund wurde vorgeschlagen, eine Gasturbine statt mit Umgebungsluft (κ = 1,40) mit Argon als Arbeitsgas zu betreiben (κ = 1,66). Wir bewerten diese Idee.

Unsere Beispielturbine arbeitet an dem Punkt, an dem die maximale Leistung erzeugt wird. Bei dem Druckverhältnis von Π = 18 und **Luft** als Arbeitsgas ist damit der Wirkungsgrad des Joule-Vergleichsprozesses η = 0,5621. Bei einer Ansaugtemperatur von T_1 = 25 °C sind die Temperaturen T_2 = 680,9 K und T_3 = 1555 K.

a) Bestimmen Sie den Wirkungsgrad des Joule-Vergleichsprozesses für das Erzeugen maximaler Leistung, ein Druckverhältnis von Π = 18 und **Argon** als Arbeitsgas. Bestimmen Sie auch die Temperaturen T_2 und T_3 für eine Ansaugtemperatur von T_1 = 25 °C.

b) Warum kann die Gasturbine für Argon so nicht gebaut werden?

c) Wie kann bei konstantem Druckverhältnis die Temperatur T_2 durch eine zwischengeschaltete zusätzliche Zustandsänderung auf die minimal mögliche Umgebungstemperatur von $T_{2.2}$ abgesenkt werden? Welche Zustandsänderung wäre für diese Abkühlung ideal (also welche Zustandsgröße sollte sich zwischen 2 und 3 nicht ändern)?

d) Welche Temperatur T_2* wird tatsächlich benötigt, um bei gleicher spezifischer Wärmezufuhr q_{23} wie bei der Turbine mit Luft eine Einlasstemperatur in die Turbine von T_3 = 1550 K zu ermöglichen? Kann diese Temperatur technisch erreicht werden? Tragen Sie die Zustandsänderungen 1 → 2 → 3 → 4 und 1 → 2 → 2* → 3* → 4* → 1 (also mit Zwischenkühlung) - soweit technisch umsetzbar - in ein T-s Diagramm ein.

Da das so technisch nicht möglich und auch nicht sinnvoll ist, planen wir die Gasturbine neu:

e) Bestimmen Sie den Wirkungsgrad des Joule-Vergleichsprozesses für die Erzeugung maximaler Leistung mit Argon als Arbeitsgas und mit der gleichen Turbineneintrittstemperatur T_3. Bestimmen Sie das Druckverhältnis Π und den für die Turbine bei 200 MW Leistung benötigten Argon-Volumenstrom.

f) Die Gasturbine mit Argon als Arbeitsgas soll durch eine stöchiometrische Wasserstoff-/Sauerstoffverbrennung beheizt werden. Bestimmen Sie den für die Erzeugung des Wärmestroms benötigten Brennstoffmassenstrom.

Falls Sie auch chemische Reaktionen üben wollen, eignen sich folgende Problemstellungen:

g) Bestimmen Sie die Zusammensetzung des Abgases in der Turbine und berechnen Sie für das Abgas den Isentropenexponenten κ.

h) Wie verändert sich die bereitgestellte Leistung der Turbine (Zustandsänderung 3 → 4) durch die Verwendung der Stoffwerte des realen Abgases?

i) Das Wasser muss ja wieder aus dem Arbeitsgas entfernt werden. Wie kann Wasser nach der Turbine aus dem Arbeitsgas abgeschieden werden? An welchem Punkt erfolgt das Abscheiden? Führt das Abscheiden zu einer Veränderung der Zustandsänderungen im Vergleichsprozess?

Problem 6.5: Parabolrinnen-Kraftwerk Andasol 3

Inzwischen gibt es eine ganze Reihe von Solar-Kraftwerken, bei denen über eine Dampfturbine Elektrizität erzeugt wird. Wir sehen uns ein solches Kraftwerk hier an. Das Kraftwerk Andasol 3 in Spanien nutzt große Parabolrinnen-Spiegel, die das Licht der Sonne auf Empfängerrohre konzentrieren. In diesen Rohren fließt ein Thermoöl, mit dem die Wärme eingesammelt wird. Für das Kraftwerk werden 624 Kollektoren mit einer Aperturfläche von jeweils 817 m^2 verwendet. Das Thermoöl fließt mit etwa 293 °C in die Kollektoren und mit 393 °C zurück. Thermoöl kann bis etwa 420 °C verwendet werden. Danach beginnt es zu zerfallen (cracken).

Als Dampfturbine wird eine 50-MW-Turbine mit 100 bar Druck verwendet. Der Kondensator wird über einen Nasskühlturm gekühlt. Zusätzlich ist ein Speicher eingebaut, mit dem Wärme in flüssigem Salz für bis zu 7,5 h Betrieb des Kraftwerkes bei Nennleistung gespeichert werden kann. Eingesetzt wird ein Gemisch aus Kaliumnitrat 40 % (NO_3K) und Natriumnitrat 60 % (NO_3Na). Dieses Gemisch hat einen Schmelzpunkt von 222 °C und ist bis 590 °C thermisch stabil. Darüber zersetzt es sich. Die Dichte beträgt 1790 kg m^{-3} und die spezifische Wärmekapazität 1,55 kJ kg^{-1} K^{-1}.

a) Führen Sie Buch: Welche Informationen sind nicht gegeben und welche Annahmen benötigen Sie zusätzlich, um dieses Problem bearbeiten zu können?
b) Legen Sie einen geeigneten Vergleichsprozess für die Abnahmebedingung der Anlage aus (1,0 bar, 15 °C).
c) Bestimmen Sie den Wirkungsgrad und den Dampfmassenstrom aus dem Vergleichsprozess.
d) Optimieren Sie den Dampfprozess durch Zwischenüberhitzung.
e) Dimensionieren Sie die Zwischenspeicher.

Weitere Informationen zum Kraftwerk und zur Technologie finden Sie z. B. unter *https://solarpaces.nrel.gov/project/andasol-3*.

Problem 6.6: Kohlekraftwerk Maasflakte 3

Das moderne Kohlekraftwerk Maasflakte 3 hat eine elektrische Leistung von netto 1069 MW (die das Kraftwerk bei Nennleistung in das Netz einspeist) bzw. brutto 1113 MW (die der Generator erzeugt). Dieses Kraftwerk gehört zur gleichen 1100-MW-Klasse wie Block 4 des Kraftwerkes Datteln und der ehemals geplante Block 6 des Kraftwerkes Staudinger. Aufgrund seiner Kühlung mit Meerwasser erreicht es laut Hersteller einen Wirkungsgrad von 47 %. Der Dampf strömt mit 285 bar und 600 °C in die Hochdruckturbine und mit 60 bar und 620 °C in die Niederdruckturbine.

a) Tragen Sie den (zweistufigen) Kreisprozess in ein h-s und ein T-s Diagramm ein.
b) Bestimmen Sie den theoretischen Wirkungsgrad des Vergleichsprozesses.
c) Welche isentropen Wirkungsgrade dürfen die Turbinen maximal aufweisen, um den angegebenen Wirkungsgrad einhalten zu können? Gehen Sie von einem verlustfreien Generator aus. Skizzieren Sie Zustandsänderungen der beiden Turbinen im T-s und h-s Diagramm.
d) Bestimmen Sie den Massenstrom des Wassers und den Volumenstrom des Dampfes vor den Turbinen.

Diese Problemstellung entstand aus meiner Ungläubigkeit ob des hohen angegebenen Wirkungsgrades. Ich wollte also schlichtweg der Frage „Kann das angehen?“ nachgehen.

Problem 6.7: Druckluftspeicher

Luft aus der Atmosphäre kann durch Kompression (Verdichter) und spätere Expansion über eine Turbine zur Speicherung von elektrischer Energie verwendet werden. Der (imaginäre) Druckluftspeicher besteht aus einer großen Kaverne in einem Salzstock. Die Kaverne ist etwa zylindrisch. Die Höhe beträgt h = 400 m und der Durchmesser d = 45 m. Das untere Ende des Zylinders (die Sohle) befindet sich in 1000 m Tiefe. Es kann im Speicher maximal ein Druck von 87 bar aufgebaut werden. Der minimale Druck soll 21 bar nicht unterschreiten.

Die mittlere Temperatur des Salzstocks beträgt 22 °C. Im Jahresmittel liegt die Temperatur der Luft am Einlass des Verdichters bei 12 °C. Die Luft im Speicher darf maximal 40 °C aufweisen.

a) Wie groß ist die Differenz der Luftmasse zwischen minimalem und maximalem Druck der Kaverne - also die Kapazität des Speichers?

b) Welche Energie kann maximal gespeichert werden? Bestimmen Sie dazu die Differenz der inneren Energie und der Enthalpie der gespeicherten Luft in der Kaverne und derselben Luftmasse außerhalb der Kaverne. Welche der beiden Differenzen beschreibt besser die nutzbare Energie?

c) Der Speicher soll mit einem konstanten Massenstrom innerhalb von 8 h befüllt werden. Wie groß ist der Massenstrom an Luft dann?

d) Die Umgebungsluft wird mit einem Verdichter auf den Druck im Speicher komprimiert. Der Verdichter hat einen isentropen Wirkungsgrad von 0,78. Bestimmen Sie die Arbeit, die der Verdichter verrichtet, die Arbeit, die der Luft zugeführt wird, und die Wärme, die der Luft entnommen werden muss, um die Kaverne vollständig mit Umgebungsluft zu füllen.

e) Die Wärme aus der Verdichtung wird in einem separaten Wärmespeicher zwischengespeichert. Dieser besteht aus Schamotte und kann daher bis auf sehr hohe Temperaturen aufgeheizt werden. Welche Temperatur kann er maximal erreichen?

f) Der Wärmespeicher soll die gesamte Wärme zwischenspeichern. Bestimmen Sie das Gewicht des Speichers mit der Temperatur aus e) und sein Volumen, falls 30 % des Volumens des Speichers aus Luftkanälen besteht.

Daten von Schamotte: ρ = 2,0 kg m^{-3}, c_p = 850 J kg^{-1} K^{-1}

Problem 6.8: Lokales Wärmenetz

Ihre Aufgabe ist es, eine Großwärmepumpe für eine Quartiersbeheizung auszulegen. Die im Bau befindliche Jefferson-Siedlung in Darmstadt wird zukünftig maximal 40 MW Wärmebedarf haben. Sie soll über ein Nahwärmenetz versorgt werden. Jedes einzelne Gebäude der Siedlung bekommt einen eigenen Heizkreis, der über einen Wärmetauscher aus dem Nahwärmenetz versorgt wird. Damit in den Gebäuden jeweils eine Vorlauftemperatur

(= das, was in die Heizung fließt) von 45 °C sichergestellt wird, ist die Vorlauftemperatur des Nahwärmenetzes auf 50 °C festgelegt.

Das Nahwärmenetz wird vom Wärmepumpenkreislauf über einen Wärmetauscher versorgt. Zwischen Wärmepumpenkreislauf und Nahwärmekreislauf wird eine Temperaturdifferenz von 2 K benötigt, damit die Wärme übertragen werden kann. Die Wärme wird aus Geothermie bezogen. Diese geothermische Wärme hat eine Temperatur von +5 °C. Auch die geothermische Wärme wird über einen Wärmetauscher an den Wärmepumpenkreislauf übergeben und hier wird ebenfalls eine Temperaturdifferenz von 2 K benötigt, damit die Wärme übertragen werden kann. Das Kältemittel in der Wärmepumpe ist Ammoniak.

a) Machen Sie eine Skizze von der Wärmepumpe, ihren Aggregaten, den Wärmetauschern und den insgesamt vier über Wärmetauscher verbundenen Wärmekreisen (Geothermie, die Wärmepumpe, das Nahwärmenetz und der Heizkreis in den Häusern). Tragen Sie alle Temperaturen ein, die hier gegeben wurden und die daraus folgen.

b) Wo befinden sich die Zustände **(1)** und **(3)** des Vergleichsprozesses in Ihrer Skizze (der Vergleichsprozess beschreibt die Wärmepumpe)? Welche Temperaturen haben diese Zustände?

c) Tragen Sie einen technisch richtigen idealen Vergleichsprozess in das log p-h Diagramm ein. Dafür müssen Sie die Drücke des Kältemittels in den Zuständen festlegen.

d) Tabellieren Sie Druck, Temperatur und spezifische Enthalpie aller Zustände des Vergleichsprozesses.

e) Bestimmen Sie die Leistungsziffer für den Vergleichsprozess.

f) Bestimmen Sie den Massenstrom des Kältemittels bei Nennleistung und die benötigte elektrische Anschlussleistung.

Falls die Anlage ihre Wärme aus der Umgebungsluft beziehen soll, gelten folgende Randbedingungen: Die Lufttemperatur kann nachts bis −20 °C abkühlen. Ein Luft-Ammoniak-Wärmetauscher benötigt eine Temperaturdifferenz von 10 K, damit die Wärme übertragen werden kann.

g) Bestimmen Sie die neue Leistungsziffer und den neuen elektrischen Leistungsbedarf bei Nennleistung.

Um kalte Nächte überbrücken zu können, soll zusätzlich ein Wärmespeicher vorgesehen werden, der gegebenenfalls 12 h lang 10 MW Heizleistung bei 50 °C Vorlauftemperatur bereitstellt.

h) Machen Sie eine grobe überschlägige Dimensionierung des Wärmespeichers mit dem Speichermedium Wasser. Welche technischen Probleme müssten Sie dafür lösen?

Problem 6.9: Ammoniakabscheidung

Im Haber-Bosch-Prozess wird aus Wasserstoff und Stickstoff unter Druck und bei hoher Temperatur Ammoniak erzeugt. Ammoniak ist dann der Ausgangsstoff für Düngemittel, Sprengstoff und viele weitere chemische Produkte. Der Kern des Haber-Bosch-Prozesses ist ein Katalysator, an dem bei hohem Druck und hoher Temperatur die chemische Reaktion ablaufen kann. Es handelt sich um einen stationären Fließprozess, bei dem kontinuierlich die Rohstoffe zugeführt werden und kontinuierlich Ammoniak entnommen wird. Das für dieses Problem verwendete vereinfachte Anlagenkonzept ist in Bild 6.1 dargestellt.

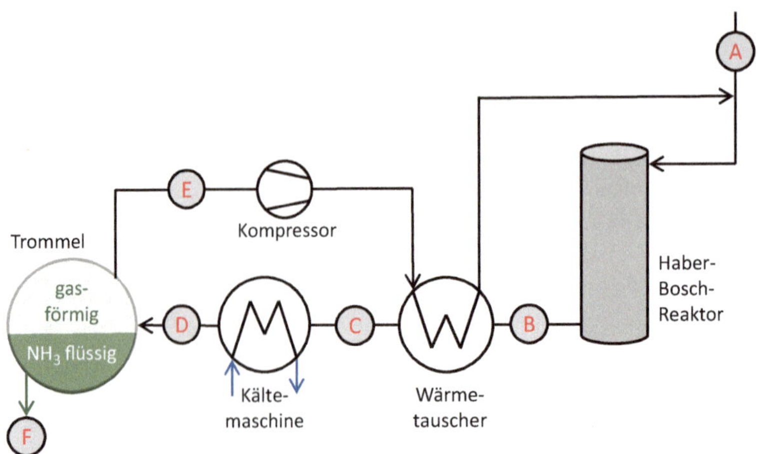

Bild 6.1 Für das Problem verwendeter Aufbau des Haber-Bosch-Prozesses mit den relevanten Zuständen

Das gemischte Prozessgas aus einem Teil Stickstoff und drei Teilen Wasserstoff wird in einem mehrstufigen Kompressor auf 150 bar verdichtet und fließt so in den Reaktor **(A)** (Bild 6.1). Im Haber-Bosch-Reaktor findet die chemische Reaktion an einem Katalysator bei etwa 400 °C und 150 bar statt. Der Katalysator besteht üblicherweise aus Eisen. Rhodium wäre deutlich besser geeignet, ist aber unverhältnismäßig teurer. Die ablaufende chemische Reaktion ist folgende:

$$N_2 + 3 \cdot H_2 = 2 \cdot NH_3$$

Es werden üblicherweise etwa 15 % der Prozessgase am Katalysator umgewandelt. Die Reaktion läuft also nicht vollständig ab. Das Gas wird nach dem Haber-Bosch-Reaktor **(B)** zuerst über einen Gas-Gas-Wärmetauscher, der das zurückfließende, vom Ammoniak befreite Prozessgas erwärmt, abgekühlt und hat im Zustand **(C)** 20 °C. Anschließend wird das Prozessgas über eine Kältemaschine in einem Kondensator weiter auf −25 °C abgekühlt **(D)** und strömt so in eine Trommel. Dort kann das flüssige Ammoniak bei −25 °C entnommen werden. Das nicht umgewandelte und gasförmige Prozessgas **(E)** fließt zurück. Typischerweise verliert das Gas durch die einzelnen Aggregate (von A bis E) etwa 10 bar an Druck, sodass der eingezeichnete Kompressor das Gas von 140 bar auf 150 bar verdichtet, damit es wieder in den Reaktor strömen kann.

Typische Anlagen haben eine Nennausbringung von 2000 t d^{-1}.

Die eingesetzte Kältemaschine ist groß und verwendet auch Ammoniak als Kältemittel. Reale Kältemaschinen dieser Größenordnung sind häufig keine einfachen einstufigen Kompressions-Kältemaschinen mehr, aber das vernachlässigen wir einfach. Ammoniak hingegen ist das Kältemittel der Wahl: Es ist günstig und eines der besten Kältemittel für diesen Einsatz. Die molare spezifische Wärmekapazität von flüssigem Ammoniak beträgt 78 kJ $kmol^{-1}$ K^{-1}.

Die Fragen gliedern sich in drei Bereiche. Zuerst geht es in a) bis c) ganz konkret um den Vergleichsprozess. Dann analysieren wir in d) und e) den Leistungsbedarf der Anlage, der hier erstaunlich schwierig zu bestimmen ist. Dieser Teil ist eine gute Wiederholung zum

Thema Zustandsgleichung des idealen Gases und Wärme. Abschließend sehen wir uns in f) und g) die Kompression im Detail an - mit dem Ziel, Zustandsänderungen des idealen Gases und des realen Gases gegeneinander abzugrenzen.

a) Tragen Sie einen funktionierenden Kältekreislauf für eine einfache Kompressionskältemaschine (linkslaufender Clausius-Rankine-Vergleichsprozess) in ein log p-h Diagramm für Ammoniak ein.

b) Bestimmen Sie die Zustandsgrößen Druck, Temperatur und spezifische Enthalpie für alle Zustände des Vergleichsprozesses.

c) Was ist die Leistungsziffer des Vergleichsprozesses?

d) Warum wird das Prozessgas mit dem Ammoniak im Kondensator (C → D) sehr weit (üblicherweise bis auf -25 °C) abgekühlt?

e) Welche Kühlleistung muss die Kältemaschine bereitstellen, um die typische Leistung einer Haber-Bosch-Anlage abzukühlen?

f) Welcher Massenstrom an Kältemittel wird benötigt?

g) Welche Leistung würde der Kompressor für die Kompression des Ammoniaks benötigen, wenn wir dieses als ideales Gas in der Zustandsänderung ansehen? Welcher Wert ergibt sich für das reale Gas?

h) Welche Wärmemenge muss der Kältemaschine entnommen werden?

7 Chemische Reaktionen

In der technischen Thermodynamik wird nur ein Ausschnitt aus dem sehr großen Themenbereich der chemischen Reaktionen betrachtet. Dieses Kapitel bietet Lernmaterial für diesen Themenausschnitt, der sich auf die Verbrennungsrechnung sowie die dafür notwendigen Grundlagen der Chemie beschränkt. Die Inhalte dieses Kapitels beziehen sich auf Kapitel 13, „Einige Grundlagen zur Chemie", und Kapitel 14, „Technische Verbrennung", in Teil IV, „Chemische Reaktionen", des Lehrbuches.

■ 7.1 Konzepte und Definitionen

Bevor Sie sich in den folgenden Abschnitten den Rechenaufgaben (Level 2) und dem Lösen komplexer Probleme (Level 3) widmen, geht es in diesem Abschnitt zunächst einmal darum, anhand von Fragen (Level 1) zu überprüfen, ob Sie die zentralen Konzepte und Begriffe schon sicher verstehen. Am besten ist es, wenn Sie ohne Zuhilfenahme des Lehrbuches, aber mit der Unterstützung Ihrer Lerngruppe loslegen und erst nach Beantwortung der Fragen kritisch prüfen, ob Ihre Ideen richtig sind. Schreiben Sie Ihre Antworten und Definitionen auf, denn erst, wenn Sie diese formulieren, werden die Ideen wirklich greifbar und zudem überprüfbar.

Frage 7.1: Atom und Molekül

Was sind Gemeinsamkeiten und was sind wichtige Unterschiede zwischen den Konzepten *Atom* und *Molekül*? Was genau beschreibt *Atom* und was genau beschreibt *Molekül*?

Frage 7.2: Molekulare und metallische Bindung

Was unterscheidet die metallische von der molekularen Bindung in Festkörpern? Findet sich die metallische Bindung auch in Gasen? Findet sich die molekulare Bindung auch in Gasen?

Frage 7.3: Beispiele

Finden Sie jeweils einige gute Beispiele für Moleküle, Metalle und Keramiken. Diskutieren Sie, wie die jeweiligen Bindungsformen die Eigenschaften Ihrer Beispiele festlegen.

Frage 7.4: Chemische Reaktion

Was passiert in chemischen Reaktionen? Welche Zustandsgrößen bleiben erhalten und welche verändern sich?

Frage 7.5: Reaktionsgleichung

Erklären Sie, wie Sie eine solche Reaktionsgleichung aufbauen. Was beschreibt die Reaktionsgleichung? Geben Sie ein nicht zu einfaches Beispiel.

Frage 7.6: Verbrennungsreaktion

Verbrennungsreaktionen sind eine spezielle Form von chemischen Reaktionen. Wie sind Verbrennungsreaktionen definiert?

Frage 7.7: Sauerstoffbedarf

Wie ermitteln Sie den Sauerstoffbedarf einer Verbrennungsreaktion? Welche Daten benötigen Sie für die Berechnung?

Frage 7.8: Luftbedarf

Wie bestimmen Sie den Luftbedarf einer Verbrennungsreaktion?

Frage 7.9: Thermischer Apparat

Beschreiben Sie einen technischen Prozess, der mit dem Modell des thermischen Apparats beschrieben werden kann.

Frage 7.10: Brennstoffzelle

Wie unterscheiden sich die Prozesse in einer Brennstoffzelle von denen bei einer Verbrennungsreaktion? Geben Sie mehrere grundlegende Unterschiede an.

Überprüfen Sie, was Sie gut hinbekommen haben und was nicht. Seien Sie kritisch und hinterfragen Sie sich genau. Klären Sie die Fragen, die Sie sich dabei gestellt haben.

7.2 Rechenaufgaben

Die in diesem Abschnitt enthaltenen Aufgaben (Level 2) sind auf eine Gleichung oder wenige miteinander verbundene Methoden fokussiert. Ausführliche Musterlösungen zu den Aufgaben finden Sie unter *plus.hanser-fachbuch.de*. Bitte sehen Sie sich diese nur dann an, wenn Sie wirklich nicht weiterkommen. Diskutieren Sie stattdessen mit Ihren Kommiliton:innen oder tauschen Sie sich idealerweise in Ihrer Lerngruppe aus.

Aufgabe 7.1: Brennwert und Heizwert

Berechnen Sie den Brennwert und den Heizwert folgender Brennstoffgemische:

a) 23 % Methanol (CH_2OH), 18 % Isopropanol (C_3H_9OH), der Rest ist Toluol (C_7H_8)

b) 32 % Kohlenmonoxid (CO), 7 % Wasserstoff (H_2), der Rest ist Stickstoff (N_2)

Aufgabe 7.2: Sauerstoffbedarf

Berechnen Sie den Sauerstoffbedarf für folgende Brennstoffe:

a) Toluol (C_6H_5-CH_3): Bild 7.1 zeigt die Struktur.

b) Glukose ($C_6H_{12}O_6$): Bild 7.2 zeigt die Struktur.

c) 23 % Methanol (CH_2OH), 18 % Isopropanol (C_3H_9OH), der Rest ist Toluol (C_7H_8)

d) 32 % Kohlenmonoxid (CO), 7 % Wasserstoff (H_2), der Rest ist Stickstoff (N_2)

Bild 7.1
Ein Modell des Toluol-Moleküls: Die Kohlenstoffatome sind schwarz und die Wasserstoffatome weiß.

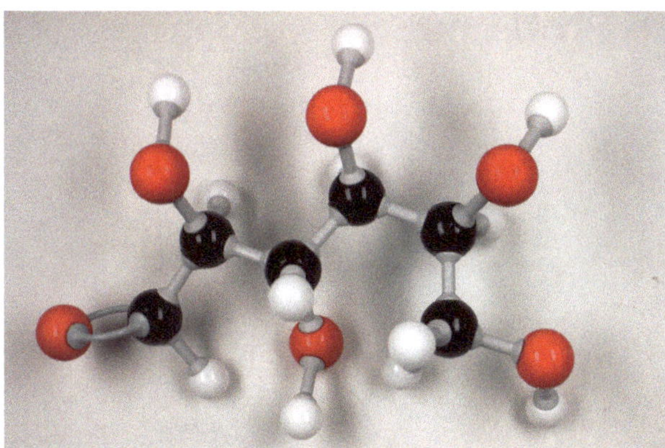

Bild 7.2
Ein Modell des Glukose-Moleküls: Die Kohlenstoffatome sind schwarz, die Wasserstoffatome weiß und die Sauerstoffatome rot. Die Summenformel ist $C_6H_{12}O_6$.

Aufgabe 7.3: Luftbedarf

Berechnen Sie den Luftbedarf für die Brennstoffe aus Aufgabe 7.2.

Aufgabe 7.4: Luftzahl

Welche Luftzahl liegt bei den folgenden Brennstoffen für 1 m^3 Brennstoff und 10 m^3 Luft vor?

a) Toluol (C_7H_8)

b) Glukose ($C_6H_{12}O_6$)

c) Erdgas L (90 % Methan, CH_4, 10 % Stickstoff, N_2)

d) 23 % Methanol (CH_2OH), 18 % Isopropanol (C_3H_9OH), der Rest ist Toluol (C_7H_8)

e) 32 % Kohlenmonoxid (CO), 7 % Wasserstoff (H_2), der Rest ist Stickstoff (N_2)

Aufgabe 7.5: Spezifischer Luftbedarf und Abgas

Bestimmen Sie für die gegebenen Elementaranalysen den spezifischen Luftbedarf und das spezifische Abgas:

a) Kohlenstoff: 0,76; Wasserstoff: 0,08; Schwefel: 0,13; Sauerstoff: 0,03

b) Kohlenstoff: 0,82; Wasserstoff: 0,06; Schwefel: 0; Sauerstoff: 0,12

c) Kohlenstoff: 0; Wasserstoff: 0,15; Schwefel: 0,82; Sauerstoff: 0,03

Aufgabe 7.6: Adiabate Verbrennungstemperatur

Bestimmen Sie die adiabate Verbrennungstemperatur für folgende Gemische:

a) Wasserstoff (H_2) und einer Luftzahl von 2,0

b) Methan (CH_4) bei einer Luftzahl von 1,7

c) Darmstädter Stadtgas (48 % H_2, 16 % CH_4, 12 % N_2, 24 % CO) bei einer Luftzahl von 1,5

7.3 Komplexere Probleme

Die Übungen gehen in diesem Abschnitt stückweise in Level 3 über, d. h., aus den Aufgaben werden Problemstellungen. Der Lösungsweg ist hier nicht immer offensichtlich, und unterschiedliche Themen werden miteinander verbunden. Die ausführlichen Lösungen finden Sie in Teil II des Buches. Bitte sehen Sie sich diese nur dann an, wenn Sie wirklich nicht mehr weiterkommen und auch Ihre Lerngruppe ratlos ist. Sobald Sie die Problemstellung bearbeitet haben, können und sollten Sie sich die Musterlösung selbstverständlich ansehen und mit der eigenen vergleichen.

Problem 7.1: Oxyfuel

Berechnen Sie die Stoffeigenschaften des Abgases einer Oxyfuel-Verbrennung mit Methan bei einem Massenstrom von 200 g s^{-1} des Methans. Oxyfuel bedeutet, dass nicht Luft, sondern reiner Sauerstoff eingesetzt wird.

a) Berechnen Sie den stöchiometrischen Sauerstoffbedarf bei Normbedingung.

b) Bestimmen Sie den benötigten Massenstrom an Sauerstoff bei stöchiometrischer Verbrennung.

c) Bestimmen Sie die Zusammensetzung und den Volumenstrom des Abgases bei Normbedingung.

d) Bestimmen Sie den Volumenstrom und den Massenstrom des Abgases bei 1000 °C und Normdruck.

e) Bestimmen Sie c_p und κ des Abgasstroms bei 1000 °C.

f) Was wäre die theoretische adiabate Verbrennungstemperatur?

Problem 7.2: Schutzgasatmosphäre

Für einen industriellen Prozess, der unter Schutzgasatmosphäre abläuft, wird reiner Stickstoff zugegeben. Das Abgas strömt dann mit der Zusammensetzung aus Tabelle 7.1 aus der Prozesskammer. In Tabelle 7.1 finden Sie auch weitere hilfreiche Daten. Der Abgasstrom hat einen Volumenstrom von 1200 $m^3\ h^{-1}$ bei einer Temperatur von 125 °C und einem Druck von 1,1 bar.

a) Bestimmen Sie die Stoffmengenanteile.

b) Bestimmen Sie die Massenanteile.

c) Bestimmen Sie den Heizwert der Mischung.

d) Bestimmen Sie die spezifische Wärmekapazität der Mischung.

e) Bestimmen Sie den Massenstrom des Gases.

f) Bestimmen Sie den bei der Verbrennung mit Luft entstehenden Wärmestrom.

g) Bestimmen Sie den benötigten Wärmestrom, um das Gas auf 220 °C vorzuheizen.

Tabelle 7.1 Daten des Abgasstroms aus dem Schutzgasprozess

Gas i	Formel	r_i	$H_{l,i}$ in MJ kg^{-1}	M_i in kg $kmol^{-1}$	$c_{p,i}$ in J $kg^{-1}\ K^{-1}$
Phenol	C_6H_5OH	0,0190	32,4	94,11	1430
Kohlenmonoxid	CO	0,0064	10,1	28,01	1045
Toluol	C_7H_8	0,0165	41,0	92,14	1860
Stickstoff	N_2	0,9581	0	28,03	1039

Problem 7.3: Katalytische Abgasreinigung

Das Prozessgas aus Problem 7.2 soll katalytisch nachverbrannt werden, damit keine Schadgase an die Umgebung abgegeben werden. Der Hersteller des Katalysators gibt an, dass die optimale Umsetzung bei einem Luftverhältnis von 1,27 und einer Temperatur des zuströmenden Gases von minimal 220 °C erfolgt. Legen Sie den Katalysator für folgende Bedingungen aus:

a) Berechnen Sie den Volumenstrom des Prozessgases bei Normbedingung.

b) Berechnen Sie den Mindestsauerstoffbedarf des Prozessgasstroms.

c) Berechnen Sie den zuzuführenden Luftstrom bei Normbedingung.

d) Bestimmen Sie die Zusammensetzung des Abgases.

e) Bestimmen Sie die spezifische Wärmekapazität des Abgases.

f) Bestimmen Sie die durch die chemische Reaktion im Katalysator erreichte Erhöhung der Temperatur des Abgases unter adiabater Bedingung.

g) Wie können die Gasströme geführt werden, um eine möglichst geringe elektrische Vorheizung der Gase zu benötigen? Benötigen Sie dann im stationären Betrieb eine elektrische Zuheizung?

Problem 7.4: Wasserstoff-Direktverbrenner

Eine große Hoffnung der Verbrenner-Fans unter den Pkw-Nutzern ist der Wasserstoff-Direktverbrenner. Dieses Thema sehen wir uns hier an. Ganz konkret untersuchen wir, welche Auswirkung es hat, statt Benzin zukünftig Wasserstoff zu verbrennen:

- Der Motor ist mit einem Turbolader mit Zwischenkühlung versehen, sodass die Luft im Zylinder im Zustand **(1)** des Vergleichsprozesses mit 40 °C und 3 bar vorliegt.
- Der Motor hat ein Verdichtungsverhältnis von $\varepsilon = 10$.

Für den Überblick benennen wir die Zustände in Anlehnung an den Vergleichsprozess:

- **(1):** Luft im Zylinder vor der Verdichtung
- **(2):** Gas im Zylinder nach der Verdichtung
- **(A):** Abgas im Zylinder nach der chemischen Reaktion, aber bevor die Reaktionswärme berücksichtigt ist
- **(3):** Abgas, nachdem die Reaktionswärme das Gas erwärmt hat

Gehen Sie folgendermaßen vor:

a) Bestimmen Sie den Zustand **(2)** im Zylinder vor der Zündung.

b) Stellen Sie die Verbrennungsgleichung für Benzin bei stöchiometrischer Mischung auf. Sie können z. B. C_9H_{20} als Ersatzbrennstoff verwenden. Wie verändert sich die Stoffmenge und damit der Druck im Zylinder vom Zustand **(2)** zum Zustand **(A)**?

c) Stellen Sie die Verbrennungsgleichung mit Wasserstoff bei stöchiometrischer Mischung auf. Wie verändert sich die Stoffmenge und damit der Druck im Zylinder vom Zustand **(2)** zum Zustand **(A)**?

d) Schätzen Sie nun die Temperaturerhöhung und damit die Druckerhöhung bei Benzin ab, die sich dadurch ergibt, dass die Wärme aus der chemischen Reaktion adiabat dem Abgas im Zustand **(A)** zugeführt wird. Hier bietet es sich an, mit mittleren spezifischen Wärmekapazitäten zu rechnen.

e) Führen Sie die Berechnung aus d) auch für Wasserstoff durch.

f) Falls bei der Umstellung auf Wasserstoff die gleiche spezifische Wärme zugeführt werden kann wie bei Benzin, was ändert sich dann am Ergebnis für Wasserstoff?

g) Nutzen Sie die Daten zu den Gemischen, um die spezifische Verdichtungsarbeit für beide Brennstoffe in der Zustandsänderung $1 \rightarrow 2$ zu berechnen.

h) Welche spezifische Expansionsarbeit können die Abgase in der Zustandsänderung $3 \rightarrow 4$ verrichten?

i) Was machen wir jetzt mit diesen Daten? Welche Schlüsse lassen sich ziehen?

Die adiabate Verbrennungstemperatur für die stöchiometrische Mischung und die isobar ablaufende chemische Reaktion ausgehend von Standardbedingung beträgt für Benzin $\Delta T = 2120$ K und für Wasserstoff $\Delta T = 2235$ K. Die mittleren spezifischen Wärmekapazitäten für den benötigten Temperaturbereich finden Sie unter *plus.hanser-fachbuch.de*.

8 Wärmeübertragung

Die Themen dieses Kapitels sind zum einen die Wärmeübertragung, wozu die Wärmeleitung, die konvektive Wärmeübertragung in strömenden Fluiden sowie der Wärmetransport mittels Strahlung gehören, und zum anderen der Wärmedurchgang. Die Übungen dieses Kapitels beziehen sich auf Teil V, „Wärmeübertragung“, des Lehrbuches.

8.1 Konzepte und Definitionen

Bevor Sie sich in den folgenden Abschnitten den Rechenaufgaben (Level 2) und dem Lösen komplexer Probleme (Level 3) widmen, geht es in diesem Abschnitt zunächst einmal darum, anhand von Fragen (Level 1) zu überprüfen, ob Sie die zentralen Konzepte und Begriffe schon sicher verstehen. Am besten ist es, wenn Sie ohne Zuhilfenahme des Lehrbuches, aber mit der Unterstützung Ihrer Lerngruppe loslegen und erst nach Beantwortung der Fragen kritisch prüfen, ob Ihre Ideen richtig sind. Schreiben Sie Ihre Antworten und Definitionen auf, denn erst, wenn Sie diese selbst ausformulieren, werden die Ideen wirklich greifbar und zudem überprüfbar.

Frage 8.1: Wärmeleitfähigkeit

Was beschreibt die Wärmeleitfähigkeit genau? Wovon hängt die Wärmeleitfähigkeit ab? Geben Sie mehrere Parameter oder Variablen an. Erstellen Sie eine grobe Einteilung gängiger Materialien nach ihrer Wärmeleitfähigkeit.

Frage 8.2: Optimale Wärmeleitung

Wie gelingt es, eine besonders hohe oder eine besonders niedrige Wärmeleitung zu erreichen? Wofür benötigen Sie dieses Wissen?

Frage 8.3: Wärmeleitwiderstand und Wärmeleitfähigkeit

Es gibt den Wärmeleitwiderstand und die Wärmeleitfähigkeit. Wozu gibt es die beiden Größen und was genau unterscheidet sie?

Frage 8.4: Wärmeleitung

Welche Größen bleiben bei der stationären Wärmeleitung durch mehrere Schichten hindurch konstant?

Frage 8.5: Grenzen des Modells

Beschreiben Sie die Grenzen des Modells für die stationäre Wärmeleitung. Welche Effekte sind nicht enthalten?

Frage 8.6: Wärmeleitung und Konvektion

Beschreiben Sie den Beitrag der Wärmeleitung zur Konvektion. Wo findet bei der Konvektion eine Wärmeleitung statt?

Frage 8.7: Grenzschicht

Was ist eine Grenzschicht? Wo finden Sie sie? Wie entsteht sie und welche Bedeutung hat sie?

Frage 8.8: Frei oder erzwungen?

Was ist der Unterschied zwischen freier und erzwungener Konvektion? Woran erkennen Sie, welche der beiden Varianten gerade vorliegt? Gibt es Mischformen? Welche Bedeutung hat dies?

Frage 8.9: Dimensionslose Größen

Was genau beschreiben die dimensionslosen Größen Prantl-Zahl, Graßhoff-Zahl, Nußelt-Zahl, Rayleigh-Zahl und Reynolds-Zahl?

Frage 8.10: Grenzen des Modells

Beschreiben Sie die Grenzen des Modells für die stationäre konvektive Wärmeübertragung. Welche Effekte sind nicht enthalten?

Frage 8.11: Strahlung

Welche Oberflächen senden Strahlung aus? Was ist das für Strahlung? Kann man diese Strahlung messen, fühlen und/oder sehen?

Frage 8.12: Strahlung beschreiben

Was beschreiben die Planck'sche Gleichung, das Wien'sches Verschiebungsgesetz und das Stefan-Boltzmann-Gesetz für eine Strahlung? Was genau beschreiben diese drei Gleichungen jeweils?

Frage 8.13: Strahlung trifft Materie

Wie reagiert Strahlung auf Materie? Gilt dort auch Energieerhaltung? Wie äußert sich das?

Frage 8.14: Grenzen des Modells

Beschreiben Sie die Grenzen des Modells für die Strahlungswärmeübertragung. Welche Effekte sind nicht enthalten?

Frage 8.15: Wärmedurchgang

Was genau beschreibt der Wärmedurchgang? Wie lässt sich der Wärmedurchgang maximieren oder minimieren?

Frage 8.16: Regenerator versus Rekuperator

Was ist ein Regenerator und was ist ein Rekuperator? Wofür setzen Sie diese jeweils ein?

Frage 8.17: Wärmetauscher

Was sind die Vor- und Nachteile der gängigen Formen von Wärmetauschern?

Überprüfen Sie, was Sie gut hinbekommen haben und was nicht. Seien Sie kritisch und hinterfragen Sie sich genau. Klären Sie die Fragen, die Sie sich dabei gestellt haben.

8.2 Rechenaufgaben

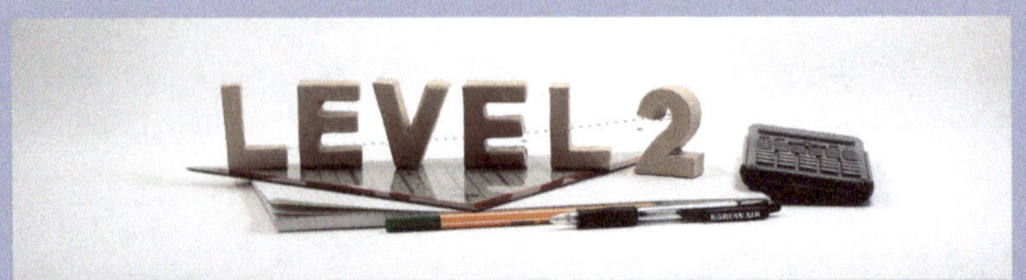

Die in diesem Abschnitt enthaltenen Aufgaben (Level 2) sind auf eine Gleichung oder wenige miteinander verbundene Methoden fokussiert. Ausführliche Musterlösungen zu diesen Aufgaben finden Sie unter *plus.hanser-fachbuch.de*. Bitte sehen Sie sich diese nur dann an, wenn Sie wirklich nicht weiterkommen. Diskutieren Sie stattdessen mit Ihren Kommiliton:innen oder tauschen Sie sich idealerweise in Ihrer Lerngruppe aus.

Aufgabe 8.1: Heißer Fußboden

Durch eine 30 cm dicke ebene Stahlbetondecke fließt ein Wärmestrom von 460 W m^{-2} und die Oberseite der Decke hat eine Temperatur von 55 °C.

a) Welche Temperaturdifferenz besteht zwischen Unter- und Oberseite?

b) Welche Temperaturdifferenz besteht, falls dies ein Zylinder mit einem Außendurchmesser von 1,2 m ist?

c) Welcher Wärmestrom stellt sich ein, wenn die Decke unterhalb zusätzlich mit 20 cm Steinwolle isoliert wird?

Aufgabe 8.2: Weltenzerstörer

Die Echsenmenschen haben als ultimative Planetenzerstörerwaffe eine Vorrichtung, mit der sie ihre sogenannten Rumkugeln verschießen. Ein Kern aus Plutonium mit 25 km Radius ist in eine 25 km dicke Grafitschicht eingehüllt. Die Rumkugel strahlt im Einsatz außen mit 1,5 W m^{-2} Wärme ab und trifft typischerweise mit 10 000 km h^{-1} auf ihr Ziel, einen bis dahin bewohnten Planeten, der sich beharrlich der Herrschaft der Echsenmenschen widersetzt.

a) Berechnen Sie die Oberflächentemperatur im Flug (nur Strahlung).

b) Welche Temperaturen stellen sich bei stationärer Wärmeleitung an der Oberfläche des Plutoniums ein? Gehen Sie beherzt davon aus, dass sich die Wärmeleitung mit der Temperatur nicht deutlich ändert.

c) Welche Temperatur liegt im Kern vor? (Das Plutonium ist die Quelle des Wärmestroms und erzeugt diesen homogen über sein gesamtes Volumen.)

Aufgabe 8.3: Eis

Der Woog ist ein wichtiges Gewässer in Darmstadt und manchmal friert er auch zu.

a) Berechnen Sie den auf die Fläche bezogenen Wärmestrom für eine 2 cm dicke Eisschicht und −0,6 °C Oberflächentemperatur des Eises.

b) In 1,2 m Tiefe hat der Woog jetzt im Winter +4 °C. Welcher Wärmestrom fließt im Wasser?

c) Warum rechnen Sie in b) mit stationärer Wärmeleitung?

d) Mit welcher Geschwindigkeit bildet sich neues Eis?

Aufgabe 8.4: Schwimmbad bei Wind

Ein Schwimmbad mit l = 50 m Bahn und b = 20 m Breite soll konstant auf 24 °C gehalten werden. Welche Heizleistung wird benötigt, um diese Forderung in einer Nacht mit 10 °C und 6 m s^{-1} Windgeschwindigkeit zu erfüllen? Der Wind weht quer zum Becken.

Berechnen Sie dafür

a) den Wärmeverlust durch freie Konvektion,

b) den Wärmeverlust durch erzwungene Konvektion und

c) den Wärmestrom.

Aufgaben 8.5: Schwimmbad und sternklare Nacht

Neben Konvektion trägt auch Strahlung zum Wärmeverlust im Schwimmbad bei.

a) Berechnen Sie zusätzlich den Wärmeverlust aus Strahlung für das Schwimmbad aus Aufgabe 8.4. Wasser hat eine Emissivität von 0,95, und der klare Himmel hat eine Temperatur von +5 °C.

b) Bei welcher Wellenlänge liegt das Maximum der Strahlung?

c) Bestimmen Sie auch den Entropiestrom.

Aufgabe 8.6: Heißer Draht

Über den Hof der Darmstädter Glühlampenfabrik ist ein Heizdraht mit 6 mm Durchmesser und 4,90 m Länge gespannt. Der Draht ist aus Kanthal A. Zu besonderen Anlässen und in der Vorweihnachtszeit wird der Draht elektrisch auf 900 °C erwärmt.

a) Welche Wärmemenge gibt der Draht an einem windstillen Abend mit −2 °C konvektiv ab?

b) Welche Wärmemenge gibt er durch Strahlung ab?

Aufgabe 8.7: Sonne

Die Sonne hat einen Durchmesser von 1 393 000 km. Sie kann recht gut als schwarzer Strahler mit 5778 K Oberflächentemperatur angenommen werden.

a) Berechnen Sie die spezifische Flächenleistung an der Oberfläche der Sonne.

b) Als Umgebungstemperatur der Sonne kann die Mikrowellenhintergrundstrahlung bei 3 K angenommen werden. Hat diese eine Bedeutung?

c) Was ist die gesamte abgestrahlte Leistung der Sonne?

Aufgabe 8.8: Fensterscheibe

Bestimmen Sie für eine moderne dreifach verglaste Scheibe die Wärmedurchgangszahl. Die Glasscheiben sind 3 mm stark. Die Zwischenräume haben 12 mm und sind mit Argon gefüllt. Die Scheibe hat 1,0 m mal 1,0 m.

8.3 Komplexere Probleme

Die Übungen gehen in diesem Abschnitt stückweise in Level 3 über, d. h., aus den Aufgaben werden Problemstellungen. Der Lösungsweg ist hier nicht immer offensichtlich, und unterschiedliche Themen werden miteinander verbunden. Die ausführlichen Lösungen finden Sie in Teil II des Buches. Bitte sehen Sie sich diese nur dann an, wenn Sie wirklich nicht mehr weiterkommen und auch Ihre Lerngruppe ratlos ist. Sobald Sie die Problemstellung bearbeitet haben, können und sollten Sie sich die Musterlösung selbstverständlich ansehen und mit der eigenen vergleichen.

Problem 8.1: Zwischenspeicher

Sie planen für eine Prozessanlage einen Kühlkreislauf. Der Kühlkreislauf enthält einen größeren Tank als Zwischenspeicher. Ihre Vorgaben sind folgende:

- Der Tank soll maximal 10 m^3 Wasser fassen und minimal 2 m^3.
- Das Wasser erreicht den Tank gekühlt mit 5 °C.
- Bei der Entnahme aus dem Tank darf das Wasser maximal 8 °C haben.
- An einem sonnigen, warmen Tag kann die Temperatur in der Halle, in der der Tank steht, bis zu 35 °C erreichen.
- Der Tank wird mit 3 mm starken Stahlblech aus 1.4301 mit $\lambda = 15\ W\ m^{-1}\ K^{-1}$ gefertigt. Er wird von außen mit einer 50 mm starken Schicht aus extrudiertem Polystyrolschaum (XPS) mit $\lambda = 0{,}03\ W\ m^{-1}\ K^{-1}$ isoliert. Diese Isolierung wird zusätzlich von außen mit Paneelen aus 2 mm starkem Polypropylen (PP) $\lambda = 0{,}22\ W\ m^{-1}\ K^{-1}$ vor mechanischen Schäden geschützt.

Rechnen Sie unter der Annahme, dass die Luft im Tank keine Wärme leitet und keine Wärme speichert und dass das Polypropylen außen die Temperatur des Raumes annimmt. **Hinweis:** Wir kümmern uns hier nicht um den konvektiven Wärmeübergang.

a) Warum können Sie die Annahmen bezüglich der Luft so treffen?
b) Was ist die günstigste Form für den Tank in Bezug auf eine Minimierung der Wärmeleitung?
c) Was ist der optimale Durchmesser für einen zylindrischen Tank?
d) Müssen Sie dieses Problem mit zylindrischer Geometrie lösen?
e) Wie hoch ist der Wärmestrom durch die Wand des Tanks bei maximaler Temperaturdifferenz?
f) Welche Temperatur liegt zwischen PP und XPS bzw. zwischen XPS und Stahl vor?
g) Das Wasser verweilt maximal 2 h im Tank. Benötigen Sie die Isolierung aus XPS?
h) Was wäre die benötigte Dicke der Isolierung an XPS für einen Zeitraum von 24 h?

Problem 8.2: Todesstern

In mehreren Filmen der Reihe „Krieg der Sterne" kommt ein Raumschiff vor, das Todesstern genannt wird. Dies ist ein im Wesentlichen kugelförmiges Raumschiff mit ca. 200 km Durchmesser und ca. 10^{19} kg Masse (vorrangig Stahl oder ein vergleichbares Material). Im Inneren des Raumschiffs befindet sich ein Reaktor, der eine ausreichende Leistung aufbringt, um alle 3 min einen Laserstrahl zu erzeugen. Dieser Laser ist die Hauptbewaffnung, da er sehr große Raumschiffe zerstören kann. Dieser Laser soll auch einen Planeten zerstören können. Dann strahlt der Laser über einen Zeitraum von einigen Minuten insgesamt so viel Energie ab, wie unsere Sonne innerhalb einer Woche abstrahlt. Die Leuchtkraft unserer Sonne beträgt aktuell $3{,}846 \cdot 10^{26}$ W.

Wir gehen jetzt davon aus, dass im „Krieg der Sterne"-Universum alle unsere physikalischen Gesetze gelten. Des Weiteren nehmen wir an, dass die Energie für den Laser von einem Kernspaltungsreaktor im Inneren des Raumschiffs erzeugt wird, der Uran ^{235}U als Brennstoff verwendet. Bei vollständiger Kernspaltung kann ^{235}U eine spezifische Wärme von 78 TW kg^{-1} freisetzen. Da das Raumschiff auch mit sehr viel Personal und Technik vollgestopft ist, besteht wenig Raum für Energiespeicher.

a) Was ist für das Raumschiff eine realistische Umgebungstemperatur für den Carnot-Kreislauf? Welche Temperatur stellt sich aufgrund der Umgebung des Raumschiffs minimal auf seiner Oberfläche ein?
b) Bestimmen Sie die benötigte Nennleistung des Reaktors und seinen Wirkungsgrad für die Erzeugung von elektrischer Energie. Wir gehen davon aus, dass neuartige Materialien einen Carnot-Kreislauf mit T_{zu} = 2000 °C ermöglichen.
c) Bestimmen Sie auch den Brennstoffbedarf an ^{235}U.
d) Bestimmen Sie die Oberflächentemperatur des Todessterns bei Nennleistung des Reaktors unter der Annahme, dass die abzugebende Abwärme des Reaktors dort an die Umgebung abgestrahlt wird.
e) Sehen Sie geeignete zusätzliche Kühlelemente vor, falls Ihre Temperatur zu hoch ist (Stahl schmilzt bei 1550 °C; zwischen Reaktor und Oberfläche sind umfangreiche Quartiere für Mannschaften vorgesehen). Wie müssten diese in sinnvoller Weise gestaltet sein?

Problem 8.3: Brennt es im Container?

Sie stehen gerade am Bahngleis und ein Güterzug voller Waggons mit Standardcontainern rollt vorbei. Zufällig haben Sie die notwendigen Messgeräte dabei und bestimmen daher Folgendes:

- Die Geschwindigkeit des Zuges beträgt 80 km h^{-1}.
- Alle Container haben auf ihrer Oberfläche die Umgebungstemperatur von 18 °C. Nur ein Container hat auf der Oberfläche 61 °C.

Die Abmessung von Standardcontainern beträgt 8' · 8' · 20' (Abmessungen in Fuß).

a) Bestimmen Sie den Wärmestrom vom Container an die Umgebung. Gehen Sie dabei davon aus, dass der Container die Wärme nur über die vom Fahrtwind direkt bestrichenen Flächen (Dach und die langen Seitenwände) abgibt.

b) Warum können Sie die Annahmen so treffen? Welchen Fehler machen Sie dadurch?

c) Der Container steht nun auf seinem Waggon frei im Bahnhof. Leider können Sie die Oberflächentemperatur jetzt nicht messen. Bestimmen Sie die Temperatur der freien Wände bei konstantem Wärmestrom.

d) Welcher zusätzliche Wärmestrom wird von dem Container über Strahlung abgegeben? Beachten Sie, dass Sie gegebenenfalls neu über die relevanten Flächen nachdenken müssen und noch eine Emissivität ermitteln sollten.

Problem 8.4: Klausur schreiben?

Das Gebäude C12 der Hochschule Darmstadt ist ein in die Jahre gekommenes Provisorium. Im ersten Stock befinden sich die Hörsäle. Darüber befindet sich ein leicht isoliertes Flachdach, das mit schwarzer Teerpappe abgedichtet ist. An einem schönen, klaren und wolkenlosen Sommertag schreiben 60 Studierende im Hörsaal 111 die Thermo-2-Klausur. Der Hörsaal ist etwa quadratisch, hat eine Fläche von 144 m^2 und eine Höhe von 4 m.

Die mittlere Abwärme eines Studierenden bei Bearbeitung der (schweren) Klausur beträgt 150 W. Die Sonne steht mit α = 50° über dem Horizont und zum Zeitpunkt der Klausur erreichen 60 % der solaren Einstrahlung (von 1367 W m^{-2} außerhalb der Atmosphäre) den Erdboden. Die Temperatur bei Beginn der Klausur beträgt draußen wie drinnen 28 °C. Der Luftdruck ist 1010 mbar. Es weht ein leichtes Lüftchen mit c = 2 m s^{-1}. Als Temperatur der Dachoberfläche (Dachpappe, schwarz, ε = 0,9) messen wir 67 °C.

a) Bestimmen Sie den auf die Dachfläche einstrahlenden spezifischen (auf die Fläche bezogenen) Wärmestrom. Fertigen Sie zur Veranschaulichung eine Skizze an.

b) Welchen Wärmestrom absorbiert das Dach?

c) Welchen Wärmestrom strahlt das Dach an die Umgebung ab?

d) Welchen Wärmestrom gibt das Dach durch Konvektion an die Umgebung ab?

e) Welcher Wärmestrom fließt über das Dach in den Raum (falls sich die Temperatur des Daches nicht ändert)?

f) Welchen Wärmestrom fügen die Studierenden dem Raum zu?

g) Welche Temperaturerhöhung der Luft im Raum erfolgt durch den zugeführten Wärmestrom vom Dach und von den Studierenden und ohne Luftaustausch mit der Umgebung?

Problem 8.5: Drehrohrofen

Große Drehrohröfen werden in einigen industriellen Prozessen - aktuell vorrangig bei der Zementherstellung - verwendet. Andere keramische Prozesse oder Verfahren, wie etwa die Direktreduktion von Eisenerz, lassen sich auch in solchen Öfen darstellen.

Ein Drehrohrofen besteht aus dem besagten Rohr, das nahezu waagerecht angeordnet wird. Typische Abmessungen des Rohres aus Stahl sind einige 10 m Länge und einige Meter Durchmesser. Das Rohr ist am oberen und unteren Ende gelagert und wird dort angetrieben. Zwischen dem oberen und dem unteren Ende ist das Rohr frei in der Umgebung. Abhängig von seiner Masse kann es weitere Lager geben.

Am oberen Ende wird der Rohstoff zugegeben, während am unteren Ende das fertige Produkt entnommen und der Ofen beheizt wird. Durch die Rotation des Rohres wandern die Rohstoffe langsam durch den Ofen und werden stetig durchmischt. Innen ist der Ofen als Isolierung und als mechanischer Schutz des Stahlrohres mit feuerfestem Material ausgemauert.

Diese Problemstellung ist von den Rennöfen der Fa. Krupp inspiriert, in denen seinerzeit Eisen direkt reduziert wurde. Der einzelne Ofen war 50 m lang. Er hatte einen Außendurchmesser von 5,0 m und einen Innendurchmesser von 3,6 m. Die Ofenauskleidung bestand im Inneren aus einem Material hoher Dichte und mit hohem Schmelzpunkt, das der Temperatur von 1200 °C und der reduzierenden Atmosphäre standhielt (Dicke 0,3 m, Magnesit P10, λ = 3,8 W m^{-1} K^{-1}). Zwischen dem Stahlrohr und dieser Innenauskleidung befand sich noch eine Schicht aus Feuerleichtstein (Dicke 0,4 m, Typ L28, λ = 0,36 W m^{-1} K^{-1}).

Wir rechnen mit einer Umgebungsbedingung von 1,0 bar und 10 °C.

a) Der Drehrohrofen weist im Betrieb und bei Windstille außen eine geschätzt um 80 K höhere Temperatur auf als die Umgebungsluft. Bestimmen Sie den Wärmestrom.

b) Schätzen Sie den Wärmestrom durch den Feuerleichtstein ab.

c) Wie gehen Sie mit den Ergebnissen aus a) und b) um?

d) Haben Sie die Strahlung jetzt vernachlässigen dürfen? Bestimmen Sie den brutto abgestrahlten Wärmestrom der Innenseite des Ofens im Betrieb.

e) Welcher Massenstrom an Steinkohle wird benötigt, um die Wärmeverluste des Ofens auszugleichen?

f) Die Öfen stehen in Nordsüdrichtung. Welcher Wärmestrom würde sich bei Ostwind (Sturm, Windstärke 8 oder 20 m s^{-1}) und −6 °C Umgebungstemperatur einstellen?

Problem 8.6: Klausur im Zelt

Für die Corona-Zeit hat die Hochschule Darmstadt ein Zelt aufgestellt, in dem Klausuren mit bis zu 100 Student:innen geschrieben werden konnten. Das Zelt hatte eine Grundfläche von 25 m auf 35 m, die Seitenwände waren 3 m hoch und das Dach hatte eine Dachneigung von 20°. Als Seitenwände waren einfache Plastikpaneele mit Fenstern aus Akrylglas verbaut und das Dach war eine einfache Zeltplane.

Welche Heizleistung benötigt das Zelt bei 0 °C Außentemperatur und Windstille, damit drinnen 18 °C erreicht werden?

a) Bestimmen Sie die weiteren benötigten Angaben.

b) Bestimmen Sie dazu eine Wärmedurchgangszahl für die Seitenwände.

c) Bestimmen Sie dazu eine Wärmedurchgangszahl für das Dach.

d) Welcher Wärmebedarf ergibt sich dann?

e) Ist das Ergebnis bis hierhin geeignet, um die Heizung zu dimensionieren?

f) Schätzen Sie für einen Wind von 10 m s^{-1} entlang der Längsrichtung des Zeltes den Heizbedarf ab.

Problem 8.7: Fenster stehen unter Denkmalschutz

Gerade stellen wir mit großer Begeisterung all die schönen Gebäude aus den frühen 1960ern unter Denkmalschutz, die aus Beton und sehr vielen großen, einfach verglasten Fenstern mit Alu-Rahmen bestehen. Denkmalschutz bedeutet, dass diese Gebäude nicht energetisch ertüchtigt werden dürfen, wenn dies ihren Charakter beeinträchtigt. Das sehen wir uns konkret für vollständig aus Glas bestehende Außenflächen an. Dies machen wir mit unseren Methoden. Wir sehen dafür nicht in die Normen oder Bautabellen, in denen solche Dinge ansonsten festgelegt sind.

Da diese einfach verglasten Fenster im Winter ausgesprochen kalte und damit zugige Oberflächen darstellen, ist es üblich, jeweils Heizkörper vor diese Fensterflächen zu stellen. Durch die hohe Vorlauftemperatur der Heizkörper (70 °C bis 90 °C) kann ein aufsteigender Luftstrom erzeugt werden, der die kalte Glasoberfläche vom Raum abschirmt.

a) Schätzen Sie die Wärmedurchgangszahl für eine 4 mm dicke, 3 m hohe und 5 m breite Glasscheibe ab. Verwenden Sie als Windgeschwindigkeit außen 4,0 m s^{-1}.

b) Bestimmen Sie für 0 °C Umgebungstemperatur den Wärmestrom und die Temperaturen des Glases außen und innen.

c) Darf die gegebene Windgeschwindigkeit als Mittelwert für die Berechnung verwendet werden? Diskutieren Sie.

d) Schätzen Sie den Heizbedarf ab, wenn Ihr Gebäudeensemble mit insgesamt 500 m solcher Fensterfronten versehen ist.

e) Schätzen Sie ab, wie weit sich der Heizbedarf beim Einsatz moderner Fenster verringert.

In der Praxis verwenden wir geeignete Werte und Methoden, wie sie für Bauingenieur:innen bindend sind:

- *DIN EN ISO 10077-1:* Wärmetechnisches Verhalten von Fenstern, Türen und Abschlüssen - Berechnung des Wärmedurchgangskoeffizienten - Teil 1: Allgemeines
- *DIN EN ISO 10077-2:2018-01:* Wärmetechnisches Verhalten von Fenstern, Türen und Abschlüssen - Berechnung des Wärmedurchgangskoeffizienten - Teil 2: Numerisches Verfahren für Rahmen
- *Albert, A. (Hrsg.):* Schneider Bautabellen für Ingenieure. Mit Berechnungshinweisen und Beispielen. Reguvis, Köln 2022
- Stoffdaten (z. B. aus dem VDI-Wärmeatlas)
- Daten zu *k*-Werten (z. B. unter *https://de.wikipedia.org/wiki/W%C3%A4rmedurchgangskoeffizient* zu finden)

Wer sich für moderne Architektur und ihre energetischen Aspekte interessiert, dem sei folgende Quelle empfohlen:

Calder, B.: Architecture. From Prehistory to Climate Emergency. Pelican 2021

TEIL II
Lösungen

Teil II dieses Arbeitsbuches enthält die Lösungen zu den komplexen Problemen (Level 3) aus Teil I. Die Lösungswege werden auf ausführliche Weise erläutert. Es sind Lösungsvorschläge, da all diese Übungen auch auf anderem Weg richtig bearbeitet werden können:

- Teilweise führen alle Wege zu einem identischen Ergebnis.
- Teilweise führen Abweichungen beim Ablesen von Stoffwerten oder Zustandsgrößen zu leicht abweichenden Ergebnissen.
- Teilweise führen eigene Festlegungen oder Entscheidungen zu leicht abweichenden Ergebnissen.

Wenn Sie also einen etwas anderen Weg gegangen sind, aber zu einem vergleichbaren Ergebnis kommen, dann haben Sie das Lernziel erreicht.

Zu den Fragen (Level 1) gibt es ganz bewusst keine Musterlösungen. Bei Bedarf können Sie die Antworten im Lehrbuch nachschlagen.

Die Lösungen zu den Rechenaufgaben (Level 2) sind unter *plus.hanser-fachbuch.de* zu finden. Zudem finden Sie dort Stoffwerte, die beim Lösen der Aufgaben unterstützen, sowie im Buch enthaltenen Diagramme in einem größeren Format. Im Lehrbuch finden Sie darüber hinaus Hinweise, wie Sie an weitere oder bessere Stoffwertdiagramme herankommen.

2 Thermodynamische Grundlagen

Problem 2.1: Was ist 1 Gt Kohlendioxid?

In dieser Problemstellung werden einige grundlegende Zustandsgrößen verwendet. Es geht hier vorrangig um das Umrechnen von Zustandsgrößen in andere Bezugsrahmen.

2.1a) Masse

Die Masse 1 Gt = 1 000 000 000 000 kg, denn 1 t = 1000 kg und Giga = 10^9 ist 1 Milliarde.

2.1b) Volumen der Müritz

Diese Masse als Wasser nimmt 1 km³ ein, denn Wasser hat eine Dichte von etwa 1000 kg je m³ und 1 Milliarde m³ entspricht 1 km³. Ein Kubikkilometer ist das Volumen eines Würfels mit den Kantenlängen von jeweils 1 km. Das heißt, das gesamte Wasser in der Müritz wiegt 0,7 Gt.

2.1c) Volumen des CO_2

Kohlendioxid ist bei Normbedingung ein Gas, und wir können ganz ordentlich mit der Annahme rechnen, dass es sich wie ein ideales Gas, also wie folgt, verhält:

$$V_{N,CO_2} = \frac{m_{CO_2} \cdot R_{CO_2} \cdot T_N}{p_N} = \frac{1 \cdot 10^{12}\ \text{kg} \cdot 188{,}9\ \frac{\text{J}}{\text{kg} \cdot \text{K}} \cdot 273{,}15\ \text{K}}{101325\ \text{Pa}} = 509{,}2 \cdot 10^9\ \text{Nm}^3$$

Dies entspricht einem Volumen von 509 Nkm³ (Normkubikkilometer) oder einem Würfel mit einer Kantenlänge von etwa 8 km.

2.1d) Stoffmenge des CO_2

Hier gibt es zumindest zwei Lösungsmöglichkeiten:

$$n_{CO_2} = \frac{m_{CO_2}}{M_{CO_2}} = \frac{1 \cdot 10^{12}\ \text{kg}}{44{,}01\ \frac{\text{kg}}{\text{kmol}}} = 22{,}72 \cdot 10^9\ \text{kmol}$$

oder

$$n_{CO_2} = \frac{p_N \cdot V_{N,CO_2}}{R \cdot T_N} = \frac{101325\,\text{Pa} \cdot 509{,}2 \cdot 10^9\,\text{Nm}^3}{8314\,\frac{\text{J}}{\text{kmol} \cdot \text{K}} \cdot 273{,}15\,\text{K}} = 22{,}72 \cdot 10^9\,\text{kmol}$$

In dieser Gleichung verwenden wir die allgemeine Gaskonstante R.

2.1e) Masse des Kohlenstoffs

Die Stoffmenge bleibt gleich, da aus jedem C-Atom im Kohlenstoff genau ein CO_2-Molekül wird. Die Molmasse reinen Kohlenstoffs beträgt 12,01 kg $kmol^{-1}$. Diese Zahl finden wir z. B. in einem Periodensystem der Elemente. Damit ist die Kohlenstoffmasse wie folgt:

$$m_C = n_C \cdot M_C = n_{CO_2} \cdot M_C = 22{,}72 \cdot 10^9\,\text{kmol} \cdot 12{,}01\,\frac{\text{kg}}{\text{kmol}} = 272{,}9 \cdot 10^9\,\text{kg} = 0{,}2729\,\text{Gt}$$

Dies ist ein wichtiger Befund. Umgekehrt wird aus 1 kg Kohlenstoff bei der Verbrennung 3,67 kg Kohlendioxid.

2.1f) Anthrazit als aufgeschütteter Kegel

Diese Dichte von Anthrazit (als hochwertige Kohle, die fast nur aus Kohlenstoff besteht) beschreibt den Festkörper ohne Hohlräume. Bei Kohle als Schüttgut ist die Dichte geringer, wobei sie dann von der Korngrößenverteilung abhängt (also inwieweit kleinere Brocken die Hohlräume zwischen den großen Brocken ausfüllen). Damit beträgt das Volumen des Kegels mindestens

$$V_A = \frac{m_C}{\rho_A} = \frac{272{,}9 \cdot 10^9\,\text{kg}}{1700\,\frac{\text{kg}}{\text{m}^3}} = 160{,}5 \cdot 10^6\,\text{m}^3$$

Das Volumen eines Kegels berechnet sich aus seiner Grundfläche A und seiner Höhe h zu

$$V_{Kegel} = A_{Kegel} \cdot \frac{h}{3} = \pi \cdot r^2 \cdot \frac{h}{3}$$

Solch ein geschütteter Kegel hat maximal etwa eine Neigung von 45°. Die Höhe ist etwa gleich dem Radius der Grundfläche. Damit wird $r = h$ und

$$r_{Kegel} = \sqrt[3]{\frac{3}{\pi} \cdot V_{Kegel}} = \left(\frac{3}{\pi} \cdot V_{Kegel}\right)^{\frac{1}{3}} = \left(\frac{3}{\pi} \cdot 160{,}5 \cdot 10^6\,\text{m}^3\right)^{\frac{1}{3}} = 535{,}2\,\text{m}$$

Dies ist ein Kegel mit einem Durchmesser von etwa 1,1 km und einer Höhe von 535 m.

2.1g) Güterzug

Hier ist zu klären, ob die Masse oder das Volumen begrenzend für die Beladung der Waggons sind. Aufgrund der recht hohen Dichte von Anthrazit ist es die Masse. Damit ist die Zahl der Waggons folgende:

$$N_{Waggon} = \frac{m_C}{m_{Waggon}} = \frac{272{,}9 \cdot 10^9\,\text{kg}}{65000\,\text{kg}} = 4198000$$

Aneinandergehängt entspricht dies einer Länge von

$$l_{Zug} = N_{Waggon} \cdot l_{Waggon} = 4198000 \cdot 13{,}50\ \text{m} = 56680000\ \text{m}$$

Dies würde etwa 1,4-mal um die Erde reichen oder alle Gleise der DB gut zustellen.

■ Problem 2.2: Heißluftballon

In dieser Problemstellung geht es inhaltlich um die Zustandsgleichung des idealen Gases. Es ist hilfreich und gleichzeitig eine Hürde, sich erst einmal zu überlegen, wie ein Heißluftballon eigentlich funktioniert, und zu verinnerlichen, dass die Luft in der Atmosphäre auch ganz konkret in der Realität etwas wiegt (und nicht nur theoretisch als Ergebnis von Gleichungen).

2.2a) Die benötigte Wärme

Der Lösungsweg ist schon in der Aufgabenstellung vorbereitet, denn damit der Ballon aufsteigen kann, muss er (= Korb mit Zuladung, Hülle und Füllung) leichter sein als die Luft, die er verdrängt. Dazu wird der Luft im Ballon so lange Wärme zugeführt, bis durch die Temperaturdifferenz die Luftmasse in der Hülle ausreichend klein wird.

Temperatur: Zuerst bestimmen wir daher die Masse der Luft, die der Ballon verdrängt. Der gefüllte Ballon hat ein Volumen von

$$V_B = \frac{4 \cdot \pi}{3} \cdot \left(\frac{d_B}{2}\right)^3 = \frac{\pi}{6} \cdot d_B^3 = 1839\ \text{m}^3$$

Wir berechnen die durch den Ballon verdrängte Luftmasse $m_{Luft,ver}$ mit der Zustandsgleichung des idealen Gases:

$$m_{Luft,ver} = \frac{p_u \cdot V_B}{R_{Luft} \cdot T_u} = \frac{104000\ \text{Pa} \cdot 1839\ \text{m}^3}{287{,}2\ \frac{\text{J}}{\text{kg} \cdot \text{K}} \cdot 290{,}15\ \text{K}} = 2295\ \text{kg}$$

Damit der Ballon abheben kann, muss er zusammen mit seiner Füllung aus warmer Luft leichter werden als die Luft, die er verdrängt:

$$m_{Luft,ver} > m_{Ballon} + m_{Füllung}$$

Das ist das Prinzip von Auftrieb. Das heißt, die Masse der Füllung ist gleich oder kleiner als

$$m_{Füllung} = m_{Luft,verdr} - m_{Ballon}$$

Wir setzen diese Forderung in die Zustandsgleichung des idealen Gases ein und formen diese nach der Temperatur um:

$$T_{Füllung} = \frac{p_u \cdot V_B}{R_{Luft} \cdot \left(m_{Luft,ver} - m_B\right)} = \frac{104\,000\ \frac{\text{N}}{\text{m}^2} \cdot 1838\ \text{m}^3}{287{,}2\ \frac{\text{J}}{\text{kg} \cdot \text{K}} \cdot \left(2295\ \text{kg} - 469\ \text{kg}\right)} = 364{,}5\ \text{K}$$

Dies entspricht einer Temperatur von gut 91 °C. Das heißt, wenn die Füllung eine höhere Temperatur einnimmt, sollte der Ballon aufsteigen.

Wärme: Hier liegt eine isobare Erwärmung vor, da sich der Druck im Ballon nicht ändert. Die Ballonhülle ist ja flexibel. Bei einer isobaren Erwärmung dehnt sich das Gas aus, d. h., mit der Erwärmung des Gases im Ballon wird ein Teil des Gases aus dem Ballon ausströmen. Eigentlich ist dies ja auch genau unser Ziel: Wir wollen so wenig Masse wie möglich in der Hülle behalten.

Damit wird es ausgesprochen schwierig, die zugeführte Wärme zu berechnen, da sich beim Erwärmen die Masse verändert. Wir machen hier eine Schätzung (und das ist der schwierige Teil dieser Aufgabe). Entweder wir nehmen die Luftmasse, die verdrängt wird und von der nur ein Teil die Endtemperatur erreicht (zu viel). Dann ist

$$Q_{Füllung} = m_{Luft,ver} \cdot c_{p,Luft} \cdot \left(T_{Füllung} - T_u\right)$$

$$Q_{Füllung} = 2295\ \text{kg} \cdot 1{,}004\ \frac{\text{kJ}}{\text{kg} \cdot \text{K}} \left(91{,}35\ °\text{C} - 17{,}0\ °\text{C}\right) = 171{,}3\ \text{MJ}$$

Oder wir nehmen die Luftmasse, die am Ende im Ballon verbleibt (zu wenig):

$$m_{Füllung} = m_{Luft,verdr} - m_{Ballon} = 2295\ \text{kg} - 469\ \text{kg} = 1826\ \text{kg}$$

Mit dieser Masse wäre

$$Q_{Füllung} = 1826\ \text{kg} \cdot 1{,}004\ \frac{\text{kJ}}{\text{kg} \cdot \text{K}} \left(91{,}35\ °\text{C} - 17{,}0\ °\text{C}\right) = 136{,}3\ \text{MJ}$$

Tatsächlich wird deutlich mehr Wärme benötigt, da wir viel Luft und Wärme beim Aufheizen an die Umgebung verlieren.

2.2b) Realistische Wärmemenge

Dazu macht es Sinn, sich den eigentlichen Prozess genauer anzusehen. Damit ließe sich abschätzen, welche Luftmasse etwa bewegt wird und wie hoch die Verluste sein könnten. Die Gebrüder Montgolfier hatten mit ihrem starren Papierballon eher geringere Verluste als so ein moderner Ballon aus flexiblem Stoff, in den die Heißluft mit einem Ventilator hineingeblasen wird, um ihn dabei auch aufzublasen.

Problem 2.3: Mischbatterie und Entropieerzeugung

Diese Problemstellung prüft nebenbei eine Aussage aus der Literatur auf ihre Belastbarkeit hin. Das ist für Sie aber erst einmal nicht wichtig, denn Sie üben hier ganz konkret den Umgang mit Wärme- und Entropieströmen.

2.3a) Erzeugte Entropie

Aus Mangel an weiteren Daten gehen wir davon aus, dass das Wasser im Durchlauferhitzer auf 35 °C erwärmt wird und dann ohne Verlust zum Duschkopf strömt. Des Weiteren nehmen wir den Prozess im Durchlauferhitzer als isobar an.

Der Massenstrom an Wasser beträgt

$$\dot{m} = \frac{\Delta m}{\Delta t} = \frac{\Delta V}{\Delta t} \cdot \rho = \frac{3{,}8\ \mathrm{l}}{30\ \mathrm{s}} \cdot 1{,}0\ \frac{\mathrm{kg}}{\mathrm{l}} = 0{,}1267\ \frac{\mathrm{kg}}{\mathrm{s}}$$

Der im Prozess erzeugte Entropiestrom beträgt

$$\Delta\dot{S} = \int_1^2 \frac{d\dot{Q}}{T} = \int_1^2 \frac{d\left(\dot{m} \cdot c_p \cdot T\right)}{T} = \dot{m} \cdot c_p \cdot \int_1^2 \frac{dT}{T} = \dot{m} \cdot c_p \cdot \ln\frac{T_2}{T_1}$$

Hier haben wir uns zunutze gemacht, dass weder der Massenstrom noch die spezifische Wärmekapazität von der Temperatur abhängen und wir sie daher aus dem Integral herausziehen können.

Unser Ergebnis lautet damit wie folgt:

$$\Delta\dot{S} = 0{,}1267\ \frac{\mathrm{kg}}{\mathrm{s}} \cdot 4{,}2\ \frac{\mathrm{kJ}}{\mathrm{kg} \cdot \mathrm{K}} \cdot \ln\frac{308{,}15\ \mathrm{K}}{283{,}15\ \mathrm{K}} = 45{,}02\ \frac{\mathrm{J}}{\mathrm{s} \cdot \mathrm{K}}$$

Allerdings haben wir nicht den Wirkungsgrad des Durchlauferhitzers verwendet, denn wir haben nur den Wärmestrom berücksichtigt, der in das Wasser übergeht. Um den Verlustanteil der elektrischen Leistung zu berücksichtigen, müssen wir verfolgen, wie diese Verlustwärme den Durchlauferhitzer verlässt. Dazu bräuchten wir die Temperaturen.

2.3b) Benötigte elektrische Leistung und erzeugte Entropie

Um dies sauber zu berechnen, müssen wir dem Wasser folgen:

- Der Volumenstrom des Wassers und die Temperatur am Duschkopf verändern sich nicht.
- Damit verändert sich auch der im Durchlauferhitzer zugeführte Wärmestrom nicht. Die benötigte elektrische Leistung ändert sich ebenfalls nicht.

Ein Lösungsweg wäre, aus den Temperaturen und dem Massenstrom des Wassers die beiden Teilmassenströme zu bestimmen, die im Mischkopf gemischt werden. Diese sind zum einen der Warmwasserstrom aus dem Durchlauferhitzer und zum anderem das kalte Leitungswasser.

Einfacher ist es jedoch, direkt den Massenstrom im Durchlauferhitzer zu berechnen. Der zugeführte Wärmestrom beträgt (mit den Daten aus Teil a))

$$\dot{Q}_{zu} = \dot{m}_D \cdot c_p \cdot \Delta T = 0{,}1267\,\frac{\text{kg}}{\text{s}} \cdot 4{,}2\,\frac{\text{kJ}}{\text{kg}\cdot\text{K}} \cdot \left(35\,°\text{C} - 10\,°\text{C}\right) = 13{,}30\ \text{kW}$$

Aus diesem Wärmestrom folgt für die neue Temperatureinstellung im Durchlauferhitzer (Index *DLE*) der neue Massenstrom:

$$\dot{m}_{DLE} = \frac{\dot{Q}_{zu}}{c_p \cdot \Delta T} = \frac{13{,}30\ \text{kW}}{4{,}2\,\frac{\text{kJ}}{\text{kg}\cdot\text{K}} \cdot \left(64\,°\text{C} - 10\,°\text{C}\right)} = 0{,}05864\,\frac{\text{kg}}{\text{s}}$$

Der im Mischkopf zugemischte Massenstrom an kaltem Wasser folgt mit

$$\dot{m}_{kalt} = \dot{m}_D - \dot{m}_{DLE} = 0{,}1267\,\frac{\text{kg}}{\text{s}} - 0{,}0586\,\frac{\text{kg}}{\text{s}} = 0{,}0681\,\frac{\text{kg}}{\text{s}}$$

Im Durchlauferhitzer wird eine Entropie von

$$\Delta\dot{S} = 0{,}0586\,\frac{\text{kg}}{\text{s}} \cdot 4{,}2\,\frac{\text{kJ}}{\text{kg}\cdot\text{K}} \cdot \ln\frac{337{,}15\ \text{K}}{283{,}15\ \text{K}} = 42{,}96\,\frac{\text{J}}{\text{s}\cdot\text{K}}$$

erzeugt.

Zusätzlich müssen wir den Mischvorgang im Mischkopf berücksichtigen. Auch hier nehmen wir die Mischprozesse als isobar an, d. h., wir schieben den gesamten Druckverlust in das Ventil. Zwei weitere Entropieströme treten auf, der Entropiestrom mit dem Verlassen der Wärme aus dem Heißwasser (Index *hw*) und der Entropiestrom mit dem Zufließen der Wärme in das Kaltwasser (Index *kw*):

$$\Delta\dot{S}_{hw} = \dot{m}_{DLE} \cdot c_p \cdot \ln\frac{T_D}{T_{DLE}} = 0{,}0585\,\frac{\text{kg}}{\text{s}} \cdot 4200\,\frac{\text{J}}{\text{kg}\cdot\text{K}} \cdot \ln\frac{308{,}15}{337{,}15} = -22{,}10\,\frac{\text{J}}{\text{s}\cdot\text{K}}$$

$$\Delta\dot{S}_{kw} = \dot{m}_{kalt} \cdot c_p \cdot \ln\frac{T_D}{T_{kalt}} = 0{,}0681\,\frac{\text{kg}}{\text{s}} \cdot 4200\,\frac{\text{J}}{\text{kg}\cdot\text{K}} \cdot \ln\frac{308{,}15}{283{,}15} = 24{,}20\,\frac{\text{J}}{\text{s}\cdot\text{K}}$$

In Summe beträgt der erzeugte Entropiestrom nun

$$\dot{S}_{ges} = \dot{S}_{DLE} + \dot{S}_{hw} + \dot{S}_{kw} = 42{,}96\,\frac{\text{J}}{\text{K}\cdot\text{s}} - 22{,}10\,\frac{\text{J}}{\text{K}\cdot\text{s}} + 24{,}20\,\frac{\text{J}}{\text{K}\cdot\text{s}} = 45{,}06\,\frac{\text{J}}{\text{K}\cdot\text{s}}$$

2.3c) Diskussion

Das spannende Ergebnis ist, dass sich keiner der relevanten Werte verändert hat. Für den Wärmestrom war dies zu erwarten, denn der erste Hauptsatz der Thermodynamik findet hier seine direkte Anwendung. Spannend ist dieses Ergebnis für die Entropie. Erst dadurch, dass wir den gesamten Prozess beschrieben haben, können wir sehen, dass beide Prozesse auch dieselbe Entropie erzeugen.

Dieses Thema lässt sich mit dem Begriff der Exergie weiter vertiefen. Folgende Quelle liefert hierzu z. B. weitere Informationen:

Szargut, J.: Exergy Method. Technological and ecological applications. WIT Press, Southampton 2005

Problem 2.4: Produktionshalle

In dieser Problemstellung geht es vorrangig darum, den Überblick zu behalten und alle Beiträge auf eine gemeinsame Basis zu stellen. Sie üben hier die saubere Buchführung.

2.4a) Skizze

Bild 2.1 zeigt eine Skizze der Wärmeströme und der Massenströme. Diese ist bereits um die erst zu berechnenden Zahlenwerte ergänzt.

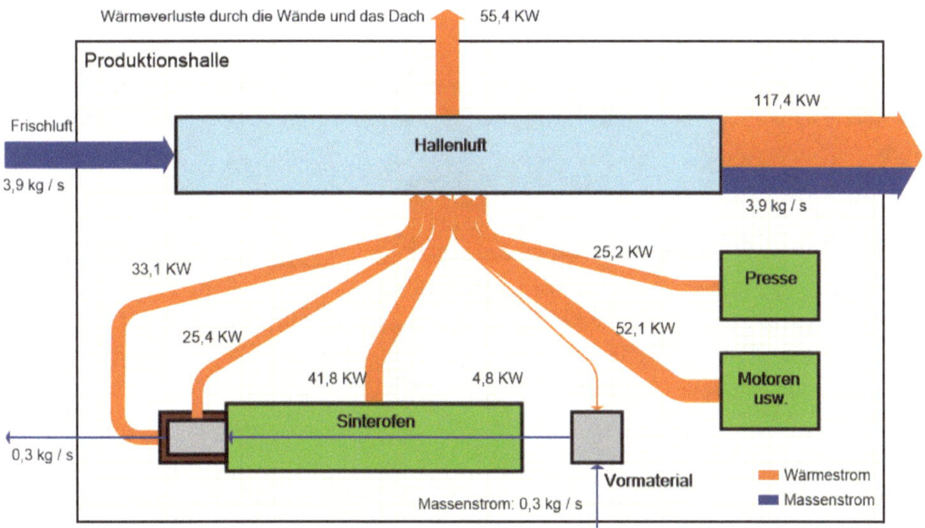

Bild 2.1 Skizze der Produktionshalle mit allen in der Aufgabe berechneten Massen und Wärmeströmen

2.4b) Wärmeströme

Wir müssen jeden einzelnen Wärmestrom aus der vorangegangenen Auflistung bilanzieren, wobei wir als System die Halle nehmen und als Systemgrenze die Hallenwand. Der Ofen verursacht drei unabhängige Wärmeströme in die Halle: die Wärmeabgabe der Ofenwände, die Wärmeabgabe der Kette und die Wärmeabgabe der Produkte. Wir müssen alle drei Wärmeströme einzeln berechnen.

Die Ofenaußenwände: Die Wärmeabgabe des Ofens über seine Wände erfolgt von den vier Seitenwänden und von der Ober- und der Unterseite:

$$\dot{Q}_{Ofen} = (2 \cdot b \cdot h + 2 \cdot l \cdot h + 2 \cdot b \cdot l) \cdot \frac{\Delta \dot{Q}}{\Delta A} = 41{,}81 \text{ kW}$$

Die Kette: Der Wärmestrom von der Kette ergibt sich aus der Vorschubbewegung der Kette. Dadurch kommt es zu einem kontinuierlichen Massenstrom an der Kette:

$$\dot{m}_{Kette} = c_{Kette} \cdot b_{Kette} \cdot \left.\frac{m}{A}\right|_{Kette} = 0{,}45 \frac{\text{kg}}{\text{s}}$$

Das heißt:

$$\dot{Q}_{Kette} = \dot{m}_{Kette} \cdot c_{p,Nichrome} \cdot (T_{Ofen} - T_{Halle}) = 33{,}12 \text{ kW}$$

Die Produkte: Der Wärmestrom der Produkte errechnet sich wie der der Kette. Wir benötigen zuerst den Massenstrom. Der Vorschub der Kette beträgt 1 cm s^{-1} bei einer Breite von 2 m. Dies bedeutet, dass je Sekunde 200 cm^2 Kette aus dem Ofen treten, also genau die Fläche, die ein Teil bedeckt. Die Taktzahl der Anlage ist also 1 Stück je Sekunde. Damit ist der Massenstrom 0,3 kg s^{-1}, da ja dies das Gewicht eines Teils ist und damit

$$\dot{Q}_{Produkt} = \dot{m}_{Produkte} \cdot c_{p,Eisen} \cdot (T_{Ofen} - T_{Halle}) = 25{,}44 \text{ kW}$$

Die Antriebe: Die Motoren verrichten zwar Arbeit, diese Arbeit wird aber vollständig in Wärme dissipiert, denn unsere Systemgrenze umschließt die gesamte verrichtete Arbeit, die als elektrische Arbeit zugeführt wird. Wir müssen zuerst die Arbeit in Joule umrechnen

$$P_{Motor} = 1250 \frac{\text{kWh}}{\text{d}} = 4{,}500 \cdot 10^6 \frac{\text{J}}{\text{d}} = 52{,}08 \text{ kW}$$

denn ein Tag ist 24 h oder insgesamt 84 600 s lang.

Die Presse: Die Presse verrichtet zwar eigentlich Arbeit, doch auch diese wird innerhalb der Halle vollständig in Wärme dissipiert. Wir müssen zuerst bestimmen, wie viele Teile je Tag gefertigt werden. Den Hinweis dazu finden Sie bei der Beschreibung des Ofens. Es war 1 Teil je Sekunde. Damit ist die Leistung hier wie folgt:

$$P_{Presse} = \frac{W_{Teil}}{t_{Teil}} = 0{,}0070 \frac{\text{kWh}}{\text{s}} = 25{,}20 \text{ kW}$$

Das Vormaterial: Das Rohmaterial benötigt Wärme aus der Hallenluft, um auf die Hallentemperatur erwärmt zu werden.

$$\dot{Q}_{Produkt} = -\dot{m}_{Produkte} \cdot c_{p,Eisen} \cdot (T_{Halle} - T_{Aussen}) = -4{,}70 \text{ kW}$$

Die Hallenwand: Die Wärmeabgabe über die Wand ist ein Wärmeverlust des Systems Halle und beträgt

$$\dot{Q}_{Wand} = A_{Wand} \cdot \left.\frac{\dot{Q}}{A}\right|_{Wand} = 1232 \text{ m}^2 \cdot \left(-45 \frac{\text{W}}{\text{m}^2}\right) = -55{,}44 \text{ kW}$$

Dies war der Teil, bei dem wir den Überblick behalten müssen.

2.4c) Zusatzheizung?

Summieren wir über alle Wärmeströme, so erhalten wir als Bilanz Folgendes:

$$\dot{Q}_{Halle} = 117{,}44\ \text{kW}$$

Der Halle wird also kontinuierlich Wärme zugeführt und wir benötigen keine Heizung, so lange die Produktion läuft. Kommt die Produktion zum Stehen, dann hängt es davon ab, welche Maschinen und Anlagen alle ausgestellt werden.

2.4d) Volumenstrom

Der abzuführende Wärmestrom ist in Aufgabe c) berechnet. Wir bekommen

$$\dot{m}_{Luft} = \frac{Q_{Halle}}{c_{p,Luft} \cdot \left(T_{Halle} - T_{Aussen}\right)} = 3{,}899\ \frac{\text{kg}}{\text{s}}$$

In der Lüftungstechnik ist es üblich, Luftmengen als Volumen je Stunde anzugeben, damit bekommen wir

$$\dot{V}_{Luft} = \frac{\dot{m} \cdot R_{Luft} \cdot T_{Aussen}}{p_{Aussen}} = 2{,}947\ \frac{\text{m}^3}{\text{s}} = 10610\ \frac{\text{m}^3}{\text{h}}$$

benötigte Luftzufuhr.

Problem 2.5: Meeresspiegelanstieg

Diese Problemstellung erfordert, dass Sie selbst Daten recherchieren. In einer Klausur würden Sie diese Daten natürlich geliefert bekommen, aber im realen Leben ist es sinnvoll, zu lernen, wie man Daten gut und schnell recherchiert. Zu recherchieren sind die Oberflächen der Ozeane, die Stoffeigenschaften der spezifischen Wärmekapazität und der Schmelzenthalpie von Eis, die Reflektivität von Eis (Albedo) und die mittlere solare Einstrahlung sowie eine Vorstellung davon, wie sich die Temperatur im Ozean verteilt und verändert.

2.5a) Massenstrom

Um das Volumen zu bestimmen, dass den Ozeanen zugeführt werden soll, benötigen wir die Fläche der Ozeane. Bei Wikipedia finden wir, dass aktuell 71 % der Erdoberfläche mit Ozeanen bedeckt ist. Die Erdoberfläche bestimmen wir aus dem Durchmesser der Erde mit

$$A_{Ozean} = a_{Ozean} \cdot O_{Erde} = a_{Ozean} \cdot \frac{\pi}{4} \cdot d^2 = 0{,}71 \cdot \frac{\pi}{4} \cdot \left(12730\ \text{km}\right)^2 = 90{,}37 \cdot 10^{12}\ \text{m}^2$$

Daraus folgt als Volumenänderung über 100 Jahre

$$\Delta V = A_{Ozean} \cdot \Delta h = 90{,}37 \cdot 10^{12}\ \text{m}^2 \cdot 5\ \text{m} = 451{,}8 \cdot 10^{12}\ \text{m}^3$$

und als benötigter kontinuierlicher Netto-Volumenstrom

$$\dot{V} = \frac{\Delta V}{\Delta t} = \frac{451{,}8 \cdot 10^{12}\ \text{m}^3}{100\ \text{a}} = \frac{451{,}8 \cdot 10^{12}\ \text{m}^3}{3154600000\ \text{s}} = 143265\ \frac{\text{m}^3}{\text{s}}$$

Dies ist eine für uns schlecht greifbare Zahl. Zum Vergleich hat der Rhein an seiner Mündung einen mittleren Abfluss von 2900 $\text{m}^3\ \text{s}^{-1}$ und der Amazonas historisch im Mittel 206 000 $\text{m}^3\ \text{s}^{-1}$. Der benötigte Zustrom entspricht damit eher dem eines weiteren Amazonas.

2.5b) Wärmestrom

Um diesen Strom an Wasser aus Eis zu erzeugen, muss zuerst das Eis auf die Schmelztemperatur gebracht und dann verflüssigt werden. Als Dichte verwenden wir nicht die vom Eis, sondern die des flüssigen Wassers bei 0 °C, da das Wasser flüssig in den Ozean fließt. Damit ist der Massenstrom wie folgt:

$$\dot{m} = \dot{V} \cdot \rho_{liq} = 143265\ \frac{\text{m}^3}{\text{s}} \cdot 1000\ \frac{\text{kg}}{\text{m}^3} = 143{,}3 \cdot 10^6\ \frac{\text{kg}}{\text{s}}$$

Wir erhalten als benötigten Wärmestrom die Summe aus dem Beitrag der fühlbaren Wärme und der latenten Wärme:

$$\dot{Q} = \dot{Q}_{\Delta T} + \dot{Q}_{schmelz} = \dot{m} \cdot c_{p,eis} \cdot \Delta T + \dot{m} \cdot \sigma = \dot{m} \cdot \left(c_{p,eis} \cdot \Delta T + \sigma\right)$$

$$\dot{Q} = 143{,}3 \cdot 10^6\ \frac{\text{kg}}{\text{s}} \cdot \left(2{,}040\ \frac{\text{kJ}}{\text{kg} \cdot \text{K}} \cdot 30\ \text{K} + 333{,}5\ \frac{\text{kJ}}{\text{kg}}\right) = 56{,}56 \cdot 10^{12}\ \text{W}$$

Die Stoffwerte der spezifischen Wärmekapazität von Eis und der spezifischen Schmelzenthalpie σ von Wasser sind die üblichen, wie sie auch bei der Beschreibung von feuchter Luft verwendet werden (siehe Kapitel 5, „Feuchte Luft", dieses Buches und Kapitel 9, „Feuchte Luft", in Teil II, „Stoffe beschreiben", des Lehrbuches).

2.5c) Woher nehmen wir die Wärme?

Dieser benötigte Wärmestrom ist recht groß. Die mittlere solare Einstrahlung am Erdboden beträgt 192 $\text{W}\ \text{m}^{-2}$. Dieser Wert ist über die gesamte Erdoberfläche vom Äquator bis zu den Polen gemittelt und enthält auch bereits die Tag-Nacht-Variation. Frischer Schnee reflektiert mehr als 95 % der einfallenden Sonnenstrahlung, Gletschereis noch etwa 85 %, während flüssiges Wasser je nach Tiefe bis weniger als 10 % reflektiert. Im Weiteren gehen wir von Gletschereis aus, das etwa 85 % der Einstrahlung der Sonne reflektiert und nur den Rest von 15 % absorbiert. Demnach wäre die Fläche, über die Wärme eingetragen werden muss, ganz grob folgende:

$$A_{zu} = \frac{\dot{Q}}{q_{zu} \cdot \alpha} = \frac{56{,}56 \cdot 10^{12}\ \text{W}}{192\ \frac{\text{W}}{\text{m}^2} \cdot 0{,}15} = 1{,}96 \cdot 10^{12}\ \text{m}^2 = 1{,}96 \cdot 10^6\ \text{km}^2$$

Dies entspricht etwa der Fläche der Gletscher in Grönland. Diese Fläche wird deutlich geringer, wenn Gletscher von flüssigem Wasser bedeckt sind, wie es im Sommer zunehmend beobachtet werden kann.

Eine zweite unabhängige Form der Wärmezufuhr auf Gletschern ist Regen - und auch der tritt immer häufiger auf. Da dies sehr stark vom Wetter und von lokalen Gegebenheiten abhängt, können wir dies nicht so einfach überschlagen.

2.5d) Wärmeausdehnung

Für diese Problemstellung benötigen wir zwei unabhängige Informationen:

- Was ist die mittlere Temperatur der Ozeane nahe der Oberfläche?
- Wie tief erwärmen sich die Ozeane in so kurzer Zeit?

Es macht einen großen Unterschied, ob der gesamte Ozean mit seinem Volumen von $1{,}33 \cdot 10^9\ \mathrm{km}^3$ oder eben nur ein kleiner Anteil davon zu dieser Wärmeausdehnung beiträgt. Grob lässt sich Folgendes abschätzen: Ein großer Anteil der Ozeane hat eine Oberflächenschicht von etwa 500 m Dicke, die eine Temperatur von 20 bis 25 °C hat. Darunter befindet sich eine eher dünne Übergangszone. Der Rest der Ozeane, also arktische, antarktische, winterliche und alle tiefen Bereiche, haben eine Temperatur von etwa 4 °C. Nur diese warme Schicht wird sich ausdehnen, solange die Erderwärmung so niedrig ausfällt, dass es weiter Frost und Wintereis an den Polen gibt und damit weiter kaltes Tiefenwasser gebildet werden kann.

Als grobe Schätzung arbeiten wir damit, dass diese warme Schicht etwa 60 % der Ozeane bedeckt. Damit würde die Wärmeausdehnung der Ozeane allein durch eine im Mittel $0{,}60 \cdot 500\ \mathrm{m} = 300\ \mathrm{m}$ dicke Schicht und deren Temperaturänderung hervorgerufen werden.

Aus der verwendeten Korrelation für die Daten in Bild 2.1 in Teil I lassen sich die Dichten für 20 °C ($\rho = 1027{,}83\ \mathrm{kg\ m^{-3}}$) und 21 °C ($\rho = 1027{,}55\ \mathrm{kg\ m^{-3}}$) entnehmen. Wir gehen davon aus, dass die Masse dieser Schicht konstant bleibt.

$$m = V(T_1) \cdot \rho(T_1) = V(T_2) \cdot \rho(T_2)$$

$$m = A_{Ozean} \cdot z(T_1) \cdot \rho(T_1) = A_{Ozean} \cdot z(T_2) \cdot \rho(T_2)$$

Wenn wir in erster Näherung noch davon ausgehen, dass die Fläche der Ozeane konstant bleibt, ist

$$z_2 = z_1 \cdot \frac{\rho(T_1)}{\rho(T_2)} = z_1 \cdot \frac{\rho(20\ °\mathrm{C})}{\rho(21\ °\mathrm{C})} = 300\ \mathrm{m} \cdot \frac{1027{,}83\ \frac{\mathrm{kg}}{\mathrm{m}^3}}{1027{,}55\ \frac{\mathrm{kg}}{\mathrm{m}^3}} = 300{,}08\ \mathrm{m}$$

oder

$$\Delta z_{12} = z_2 - z_1 = 300{,}08\ \mathrm{m} - 300\ \mathrm{m} = 0{,}08\ \mathrm{m}$$

Wesentlicher als die Wärmausdehnung ist für die Veränderung des Meeresspiegels damit der Beitrag schmelzender Gletscher. Unser Ergebnis hier ist nur eine allererste Schätzung.

Ein gängiger Fehler in 2.5b) wäre es, die spezifische Wärmekapazität von flüssigem Wasser auch für Eis zu verwenden. Achten Sie immer genau darauf, für welchen Stoff und welche Phase Sie Zustandsgrößen benötigen.

Weitere Informationen zur solaren Einstrahlung und ihrer Verteilung finden Sie z. B. in *Linow, S.:* Energie - Klima - Ressourcen. Hanser, München 2019.

Die optischen Eigenschaften von Eis, Schnee und von Gletschern diskutiert z. B. *Warren, S. G.:* Optical properties of ice and snow. In: Philosophical Transactions A, 377, 2019.

Die Temperaturverteilung in den Ozeanen wird z. B. unter *https://www.geographynotes.com/oceanography/temperature-of-oceanic-water-oceans-geography/2626* erklärt.

Aktuelle Daten zum Meeresspiegelanstieg und verknüpfte Themen finden Sie z. B. in *Schuckmann, K./Le Traon, P. Y./Smith, N. et al. (Hrsg.):* Copernicus marine service ocean state report. In: Journal of Operational Oceanography, 11, 2018. *https://www.tandfonline.com/doi/full/10.1080/1755876X.2018.1489208.*

■ Problem 2.6: Ammoniak als Wasserstoff-Speicher

Diese Problemstellung müssen Sie nicht in der vorgegebenen Form (d. h. von hinten nach vorne) angehen. Sie können es auch umgekehrt lösen und dem Weg der Energie folgen. Schwierig sind jeweils die Punkte, an denen ein Teil eines Energie- oder Massenstroms für einen der Prozesse abgezweigt wird und Sie daher die Gleichung selbst aufstellen müssen. Grundlage dieser Gleichungen ist jeweils der erste Hauptsatz.

2.6a) Vor dem GuD-Kraftwerk

Hier haben wir nicht die Netzverluste im elektrischen Netz berücksichtigt. Mit dem angegebenen Wirkungsgrad wird die Umwandlung der Elektrizität in chemische Energie berechnet:

$$Q_{H_2,GuD} = \frac{W_{el,Nutz}}{\eta_{GuD}} = \frac{2{,}262\ \text{kWh}}{0{,}60} = 3{,}770\ \text{kWh} = 13{,}57 \cdot 10^6\ \text{J}$$

Daraus erhalten wir mit dem Heizwert von Wasserstoff

$$m_{H_2,GuD} = \frac{Q_{H_2,GuD}}{H_{I,H_2}} = \frac{3{,}770\ \text{kWh}}{120{,}0\ \frac{\text{MJ}}{\text{kg}}} = \frac{13{,}57 \cdot 10^6\ \text{J}}{120{,}0\ \frac{\text{MJ}}{\text{kg}}} = 0{,}1131\ \text{kg}$$

als Wasserstoffmasse.

2.6b) Angelandet in Deutschland

Wir können dies streng in der angegebenen Richtung rückwärts versuchen oder wir folgen der Energie vom Anlanden bis zum Wasserstoff. Der zweite Weg ist etwas leichter vorstellbar, daher machen wir das hier.

Wasserstoff aus Ammoniak: Der spezifische Wasserstoffgehalt des Ammoniaks ist wie folgt:

$$\mu_{\mathrm{H}\,in\,\mathrm{NH_3}} = \frac{n_{\mathrm{H}\,in\,\mathrm{NH_3}} \cdot M_{\mathrm{H}}}{M_{\mathrm{NH_3}}} = \frac{3 \cdot 1{,}0067\,\frac{\mathrm{kg}}{\mathrm{kmol}}}{17{,}03\,\frac{\mathrm{kg}}{\mathrm{kmol}}} = 0{,}1773$$

Das heißt, 17,73 % der Masse des Ammoniaks ist Wasserstoff oder aus 5,640 kg Ammoniak werden beim Cracken 1 kg Wasserstoff. Hier gehen wir davon aus, dass es drei Wasserstoffatome in einem Ammoniak-Molekül gibt.

Nicht diskutiert wird, dass Stickstoff und Wasserstoff anschließend auch noch getrennt werden müssen. Falls dies durch Druckwechselabsorption erfolgt, wird zusätzlich ein Teil des Wasserstoffs hier verloren gehen und an die Atmosphäre abgegeben. Nur so lässt sich ein reiner Wasserstoffstrom erzeugen.

Cracken: Aus dem Ammoniak, das in den Prozess gelangt, wird der größere Teil gecrackt, um Wasserstoff zu erzeugen. Ein weiterer Teil des Ammoniaks wird für die Prozesswärme abgezweigt. Diese beiden Anteile zusammen sind die zugeführte Masse an Ammoniak, d. h.:

$$m_{\mathrm{NH_3},an} = m_{\mathrm{NH_3 \to H_2}} + \frac{Q_{crack}}{H_{I,\mathrm{NH_3}}} = m_{\mathrm{NH_3 \to H_2}} + m_{\mathrm{NH_3},an} \cdot \frac{q_{crack}}{H_{I,\mathrm{NH_3}}}$$

Dies sortieren wir etwas

$$m_{\mathrm{NH_3},an} - m_{\mathrm{NH_3},an} \cdot \frac{q_{crack}}{H_{I,\mathrm{NH_3}}} = m_{\mathrm{NH_3},an} \left(1 + \frac{q_{crack}}{H_{I,\mathrm{NH_3}}}\right) = m_{\mathrm{NH_3 \to H_2}} = \frac{m_{\mathrm{H_2}}}{\mu_{\mathrm{H_2}\,in\,\mathrm{NH_3}}}$$

und lösen es dann nach der gesuchten Größe auf:

$$m_{\mathrm{NH_3},an} = \frac{m_{\mathrm{H_2}}}{\mu_{\mathrm{H_2}\,in\,\mathrm{NH_3}} \cdot \left(1 - \frac{q_{crack}}{H_{I,\mathrm{NH_3}}}\right)} = \frac{m_{\mathrm{H_2}}}{0{,}1773 \cdot \left(1 - \frac{4{,}2\,\frac{\mathrm{MJ}}{\mathrm{kg}}}{21{,}18\,\frac{\mathrm{MJ}}{\mathrm{kg}}}\right)} = 7{,}035 \cdot m_{\mathrm{H_2}}$$

Anwenden: In unserem konkreten Fall benötigen wir also

$$m_{\mathrm{NH_3},an} = 7{,}035 \cdot m_{\mathrm{H_2}} = 7{,}035 \cdot 0{,}1131\,\mathrm{kg} = 0{,}7957\,\mathrm{kg}$$

an angelandetem Ammoniak. Dies entspricht einer chemischen Energie von

$$Q_{an} = m_{\mathrm{NH_3},an} \cdot H_{I,\mathrm{NH_3}} = 0{,}7957\,\mathrm{kg} \cdot 21{,}18\,\frac{\mathrm{MJ}}{\mathrm{kg}} = 16{,}85 \cdot 10^6\,\mathrm{J}$$

gebunden in Ammoniak.

2.6c) Beginn der Seereise

Eine Herausforderung ist hier, auch über die Rückreise des dann leeren Schiffs nachzudenken. Ohne Rückreise werden auf dem Weg anteilig

$$m_{\mathrm{NH_3},fuel} = \frac{Q_{fuel}}{H_{I,\mathrm{NH_3}}} = \frac{m_{\mathrm{NH_3},WHV} \cdot l_{Seeweg} \cdot w_{Schiff}}{H_{I,\mathrm{NH_3}}}$$

$$m_{\mathrm{NH_3},fuel} = \frac{m_{\mathrm{NH_3},WHV} \cdot 5000\ \mathrm{SM} \cdot 400\ \dfrac{\mathrm{J}}{\mathrm{SM} \cdot \mathrm{kg}}}{21{,}18\ \dfrac{\mathrm{MJ}}{\mathrm{kg}}} = m_{\mathrm{NH_3},WHV} \cdot 0{,}09443$$

als Brennstoff verbraucht: Wir benötigen für jedes Kilogramm Ammoniak, das in Wilhelmshaven ankommt, für diese Strecke etwa 0,095 kg als Brennstoff. Für die Rückreise des leeren Schiffs wird ca. 1/2 bis 1/3 dieser Energie benötigt. Wir vernachlässigen dies hier.

Dann müssen

$$m_{\mathrm{NH_3},ab} = (1+0{,}09443) \cdot m_{\mathrm{NH_3},an} = (1+0{,}09943) \cdot 0{,}7957\ \mathrm{kg} = 0{,}8748\ \mathrm{kg}$$

auf die Reise gesendet werden. Dies entspricht einer chemischen Energie von

$$Q_{ab} = m_{\mathrm{NH_3},ab} \cdot H_{I,\mathrm{NH_3}} = 0{,}8748\ \mathrm{kg} \cdot 21{,}18\ \frac{\mathrm{MJ}}{\mathrm{kg}} = 18{,}53 \cdot 10^6\ \mathrm{J}$$

des Ammoniaks.

2.6d) Elektrizität

Für den Haber-Bosch-Prozess ohne Bereitstellen des Wasserstoffs werden

$$W_{el,HB} = w_{el,HB} \cdot m_{\mathrm{NH_3},ab} = 2{,}7\ \frac{\mathrm{MJ}}{\mathrm{kg}} \cdot 0{,}8748\ \mathrm{kg} = 2{,}362 \cdot 10^6\ \mathrm{J}$$

und für die Erzeugung des Wasserstoffs weitere

$$W_{el,\mathrm{H_2}} = \frac{H_{I,\mathrm{H_2}}}{\eta_{elys}} \cdot m_{\mathrm{H_2}\ in\ \mathrm{NH_3}} = \frac{H_{I,\mathrm{H_2}}}{\eta_{elys}} \cdot \mu_{\mathrm{H_2}\ in\ \mathrm{NH_3}} \cdot m_{\mathrm{NH_3}}$$

$$W_{el,\mathrm{H_2}} = \frac{120{,}0\ \dfrac{\mathrm{MJ}}{\mathrm{kg}}}{0{,}60} \cdot 0{,}1773 \cdot 0{,}8748\ \mathrm{kg} = 31{,}02 \cdot 10^6\ \mathrm{J}$$

bzw. in Summe 33,38 MJ oder 9,273 kWh benötigt. Das heißt, die Umwandlungs- und Transportkette hat insgesamt einen Wirkungsgrad von

$$\eta_{trans} = \frac{W_{el,Nutz}}{W_{el,zu}} = \frac{2{,}262\ \mathrm{kWh}}{9{,}273\ \mathrm{kWh}} = 0{,}244$$

bzw. 75,6 % der erzeugten Elektrizität gehen auf dem Weg verloren. Allerdings haben wir durchgängig mit optimistischen Annahmen gerechnet.

3 Homogene Stoffe beschreiben

Problem 3.1: Carbon Capture and Storage (CCS)

Ein Lernziel dieser Problemstellung ist, den Unterschied zwischen Ergebnissen aus der Anwendung der Zustandswerte des realen Gases und der Näherung des idealen Gases zu erfahren. Dazu ist es notwendig, den Prozess in einem geeigneten Stoffwerte-Diagramm abzubilden und relevante Enthalpien abzulesen.

3.1a) Verdichtungsprozess festlegen

Mögliche Zustandsänderungen, mit denen Kohlendioxid von Normbedingung auf den Zustand in der Pipeline gebracht wird, sind in Bild 3.1 dargestellt. Nicht vorgegeben war die Temperatur, auf die bei der Zwischenkühlung abgekühlt wird. Diese ist aus technischen Gründen vermutlich ähnlich der Temperatur in der Pipeline, also 25 °C. Eine niedrigere Temperatur würde eine Kältemaschine benötigen, und das wollen wir hier natürlich vermeiden.

In Bild 3.1 sind die einzelnen Zustände zur besseren Unterscheidung gleich mit Buchstaben versehen. Die Zahlenwerte der einzelnen bezeichneten Zustände sind in Tabelle 3.1 zusammengestellt. Die Werte in Tabelle 3.1 sind aus den Rohdaten von Bild 3.1 abgelesen.

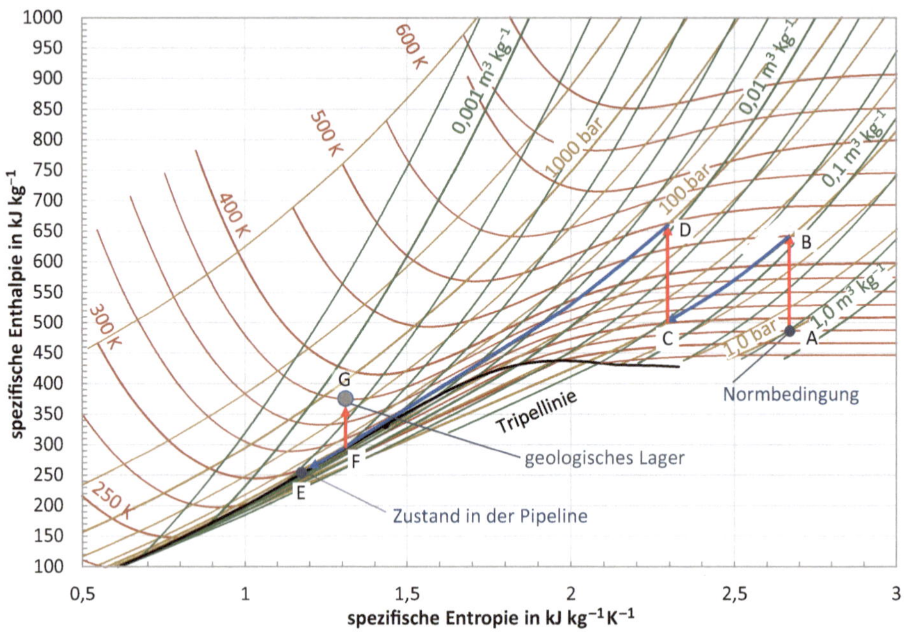

Bild 3.1 h-s Diagramm von Kohlendioxid aus der Aufgabenstellung mit den eingetragenen Zuständen und Zustandsänderungen

Tabelle 3.1 Zustandswerte der Zustände aus Bild 3.1

#	Druck	Temperatur	Entropie	Enthalpie	Phase	Dichte
A	1,013 bar	273 K	2,666 kJ kg^{-1} K^{-1}	485 kJ kg^{-1}	gasförmig	1,95 kg m^{-3}
B	10 bar	446 K	2,666 kJ kg^{-1} K^{-1}	638 kJ kg^{-1}	gasförmig	12,0 kg m^{-3}
C	10 bar	300 K	2,290 kJ kg^{-1} K^{-1}	500 kJ kg^{-1}	gasförmig	18,5 kg m^{-3}
D	100 bar	496 K	2,290 kJ kg^{-1} K^{-1}	659 kJ kg^{-1}	gasförmig	114 kg m^{-3}
E	100 bar	300 K	1,190 kJ kg^{-1} K^{-1}	262 kJ kg^{-1}	überkritisch	801 kg m^{-3}
F	100 bar	308 K	1,289 kJ kg^{-1} K^{-1}	288 kJ kg^{-1}	überkritisch	716 kg m^{-3}
G	800 bar	375 K	1,289 kJ kg^{-1} K^{-1}	375 kJ kg^{-1}	überkritisch	929 kg m^{-3}

3.1b) Arbeit und Wärme

Es sind ideale Prozesse vorgegeben. Daher ist die benötigte ideale spezifische Arbeit für die Verdichtung

$$w_p = h_B - h_A + h_D - h_C = 638\,\frac{\text{kJ}}{\text{kg}} - 485\,\frac{\text{kJ}}{\text{kg}} + 659\,\frac{\text{kJ}}{\text{kg}} - 500\,\frac{\text{kJ}}{\text{kg}} = 312\,\frac{\text{kJ}}{\text{kg}}$$

und die spezifische übertragene Wärme

$$q_p = h_C - h_B + h_E - h_D = 500\,\frac{\text{kJ}}{\text{kg}} - 638\,\frac{\text{kJ}}{\text{kg}} + 262\,\frac{\text{kJ}}{\text{kg}} - 659\,\frac{\text{kJ}}{\text{kg}} = -535\,\frac{\text{kJ}}{\text{kg}}$$

Hier können wir nicht mit spezifischen Wärmekapazitäten arbeiten, da die Zustandsänderungen zum Teil sehr nah am Nassdampfbereich entlang verlaufen und sich damit Realgasverhalten auch auf die spezifische Wärmekapazität auswirkt.

3.1c) Kohlendioxid als ideales Gas

Wir gehen geordnet vor und berechnen zuerst die Temperaturen einer isentropen Verdichtung

$$T_B = T_A \cdot \left(\frac{p_B}{p_A}\right)^{\frac{\kappa-1}{\kappa}} = 273{,}15\ \text{K} \cdot \left(\frac{10{,}0\ \text{bar}}{1{,}013\ \text{bar}}\right)^{\frac{1{,}30-1}{1{,}30}} = 463{,}3\ \text{K}$$

und

$$T_D = T_C \cdot \left(\frac{p_D}{p_C}\right)^{\frac{\kappa-1}{\kappa}} = 300\ \text{K} \cdot \left(\frac{100\ \text{bar}}{10\ \text{bar}}\right)^{\frac{1{,}30-1}{1{,}30}} = 510{,}0\ \text{K}$$

Achtung: Hier müssen wir (natürlich) die Stoffwerte von Kohlendioxid verwenden.

Daraus können wir die ideale spezifische Druckarbeit einer isentropen Kompression

$$w_{p,S} = c_p \cdot (T_B - T_A) + c_p \cdot (T_D - T_C)$$

$$w_{p,S} = 0{,}8169\ \frac{\text{kJ}}{\text{kg}\cdot\text{K}} \cdot (463{,}3\ \text{K} - 273{,}15\ \text{K}) + 0{,}8169\ \frac{\text{kJ}}{\text{kg}\cdot\text{K}} \cdot (510{,}0\ \text{K} - 300{,}0\ \text{K})$$

$$w_{p,S} = 326{,}9\ \frac{\text{kJ}}{\text{kg}}$$

und die benötigte spezifische Wärme

$$q_S = c_p \cdot (T_C - T_B) + c_p \cdot (T_E - T_D)$$

$$w_{p,S} = 0{,}8169\ \frac{\text{kJ}}{\text{kg}\cdot\text{K}} \cdot (300{,}0\ \text{K} - 463{,}0\ \text{K}) + 0{,}8169\ \frac{\text{kJ}}{\text{kg}\cdot\text{K}} \cdot (300{,}0\ \text{K} - 510{,}0\ \text{K})$$

$$w_{p,S} = -304{,}7\ \frac{\text{kJ}}{\text{kg}}$$

berechnen. Die so bestimmte spezifische Arbeit weicht etwa um 5 % vom realen Ergebnis ab, d. h., das Modell des idealen Gases ist für diese Zustandsänderungen noch zu gebrauchen.

Bei der spezifischen Wärme ist die Abweichung erheblich höher, da in D → E real ein überkritischer Übergang von gasförmig zu flüssig durchlaufen wird - also ein Übergang, bei dem keine Phasengrenze überschritten wird, bei dem aber aus einem Gas eine Flüssigkeit wird. Naja, und das Modell des idealen Gases trägt nicht für Flüssigkeiten.

3.1d) Von der Pipeline ins geologische Lager

Dieser Teil der Problemstellung ist offen gestaltet. Denkbar sind ausgehend vom Zustand E erst die Verdichtung auf 800 bar, dann die Erwärmung auf die Temperatur im Lager oder der in Bild 3.1 eingetragene Prozess, bei dem gleich bei einer höheren Temperatur die Verdichtung auf den Zustand im Lager beginnt. Die Zahlenwerte sind in Tabelle 3.1 angegeben.

Die Werte sind

$$w_{p,GF} = h_G - h_F = 375\,\frac{\text{kJ}}{\text{kg}} - 288\,\frac{\text{kJ}}{\text{kg}} = 87\,\frac{\text{kJ}}{\text{kg}}$$

und

$$q_{EF} = h_F - h_E = 288\,\frac{\text{kJ}}{\text{kg}} - 262\,\frac{\text{kJ}}{\text{kg}} = 26\,\frac{\text{kJ}}{\text{kg}}$$

auf diesem Pfad.

3.1e) Aufwand und Nutzen

Der gesamte ideale mechanische Aufwand für die Kompression beträgt

$$w_{p,ges} = w_{p,AB} + w_{p,CD} + w_{p,FG} = 312\,\frac{\text{kJ}}{\text{kg}} + 87\,\frac{\text{kJ}}{\text{kg}} = 399\,\frac{\text{kJ}}{\text{kg}}$$

Der Bezug der spezifischen Arbeit ist 1 kg Kohlendioxid, d. h., wir benötigen den Heizwert, der mit 1 kg Kohlendioxid als Abgas verbunden ist. Dieser Wert hängt in einem gewissen Maße davon ab, welchen Brennstoff wir verwenden. Der Einfachheit halber verwenden wir hier reinen Kohlenstoff mit seinem Heizwert von 32,5 MJ kg^{-1}. Aus jedem Atom Kohlenstoff wird genau ein Molekül Kohlendioxid: Aus der Stoffmenge des Kohlendioxids folgt die Stoffmenge und damit die Masse des Kohlenstoffs.

$$m_{\text{C}} = n_{\text{C}} \cdot M_{\text{C}} = n_{\text{CO}_2} \cdot M_{\text{C}} = \frac{m_{\text{CO}_2}}{M_{\text{CO}_2}} \cdot M_{\text{C}} = 1\,\text{kg} \cdot \frac{12{,}01\,\frac{\text{kg}}{\text{kmol}}}{44{,}01\,\frac{\text{kg}}{\text{kmol}}} = 0{,}2729\,\text{kg}$$

Das heißt, der energetische Nutzen der Verbrennung als freigesetzte Wärme beträgt

$$q_{1\,\text{kg}\,\text{CO}_2} = m_{\text{CO}_2} \cdot H_{I,\text{C}} = 0{,}2729\,\text{kg} \cdot 32{,}5\,\frac{\text{MJ}}{\text{kg}} = 8869\,\text{kJ}$$

Zusammenfassend müssen idealerweise 4 % der im Kohlenstoff enthaltenen Energie für die Kompression des Kohlendioxids aufgewendet werden. Berücksichtigen wir den Wirkungsgrad der Umwandlung von Wärme in Arbeit von typischerweise etwa 40 % und den typischen Wirkungsgrad von Kompressoren von ca. 70 %, so müssen etwa 16 % der Nutzenergie für diesen Teil von CCS aufgewendet werden. Nicht enthalten ist der Energiebedarf für das Abscheiden des Kohlendioxids aus dem Rauchgas.

3.1f) Diskussion

Die frei werdende Wärme ließe sich gut für Raumwärme verwenden, falls in der Nähe der Anlagen Wohnungen oder Büros stehen.

Problem 3.2: Wasserstoff-Pipeline

Diese Problemstellung erlaubt keinen einfachen und geradlinigen Lösungsweg. Es ist notwendig, einige Zustandswerte aus der Aufgabenstellung als Grundlage für eine Schätzung zu verwenden.

3.2a) Pipeline dimensionieren

Das Volumen der Pipeline beträgt

$$V_{pip} = A_{pip} \cdot l_{pip} = \frac{\pi}{4} \cdot d^2 \cdot l_{pip} = \frac{\pi}{4} \cdot (1{,}008\ \mathrm{m})^2 \cdot 1025000\ \mathrm{m} = 818000\ \mathrm{m}^3$$

Bei der Berechnung des Volumenstroms müssen wir den Druckverlust in der Pipeline berücksichtigen. Durch den Druckverlust über die Länge der Pipeline dehnt sich das Gas aus und beschleunigt; d.h., 5 m s^{-1} ist die Geschwindigkeit des Gases bei niedrigstem Druck und höchster Geschwindigkeit in Wilhelmshaven.

Zuerst benötigen wir die Reynolds-Zahl in der Pipeline. Hierzu müssen wir die kinematische Viskosität v bei der vermuteten Temperatur in der Pipeline recherchieren. Am Grund der Nordsee liegt diese im Winterhalbjahr bei 4 °C, kann jedoch über den Sommer bis über 15 °C ansteigen. Damit lässt sich ein Wert von etwa $0{,}782 \cdot 10^{-6}\ m^2\ s^{-1}$ ablesen. Als Datenquelle dient z.B. Bild 16.1 aus dem Lehrbuch oder noch besser das NIST Webbook, das die benötigten Daten in hoher Genauigkeit liefert[1].

Alternativ können wir die kinematische Viskosität aus der nicht stark druckabhängigen dynamischen Viskosität und der Dichte berechnen:

$$v_{vis} = \frac{\eta}{\rho} = \eta \cdot v_{vol} = \eta \cdot \frac{R_{H_2} \cdot T}{p} = 8{,}5 \cdot 10^{-6}\ \mathrm{Pa \cdot s} \cdot \frac{4125\ \frac{\mathrm{J}}{\mathrm{kg \cdot K}} \cdot 280\ \mathrm{K}}{15000000\ \mathrm{Pa}} = 0{,}655\ \frac{\mathrm{m}^2}{\mathrm{s}}$$

Hier ist der Wert von η bei 1 bar eingesetzt. **Achtung:** Die kinematische Viskosität (*vis*) und das spezifische Volumen (*vol*) verwenden dasselbe Symbol. Sie werden hier durch die Indizes unterschieden.

Die Werte aus dem NIST Webbook sind für 280 K und 150 bar folgende: $\eta = 8{,}777 \cdot 10^{-6}$ Pa s und $v = 0{,}7403 \cdot 10^{-6}\ m^2\ s^{-1}$. Wir erhalten mit diesen Werten und der maximalen Geschwindigkeit als Reynolds-Zahl

$$\mathrm{Re} = \frac{d_{pip} \cdot c}{v} = \frac{1{,}008\ \mathrm{m} \cdot 5\ \frac{\mathrm{m}}{\mathrm{s}}}{0{,}7403 \cdot 10^{-6}\ \frac{\mathrm{m}^2}{\mathrm{s}}} = 6808000$$

Damit erhalten wir als Rohrreibungszahl für das ideal glatte Rohr

$$\lambda = \frac{1}{\left(1{,}80 \cdot \log_{10}(\mathrm{Re}) - 1{,}5\right)^2} = \frac{1}{\left(1{,}80 \cdot \log_{10}(6808000) - 1{,}5\right)^2} = 0{,}00857$$

[1] *https://webbook.nist.gov/chemistry/fluid*

Eingesetzt in die Druckverlustgleichung schätzen wir den Druckverlust ab:

$$\Delta p = \lambda \cdot \frac{l}{d} \cdot \rho \cdot \frac{c^2}{2} = \lambda \cdot \frac{l}{d} \cdot \frac{1}{v} \cdot \frac{c^2}{2} = \lambda \cdot \frac{l}{d} \cdot \frac{p}{R_{\mathrm{H_2}} \cdot T} \cdot \frac{c^2}{2}$$

$$\Delta p = 0{,}00857 \cdot \frac{1025000\ \mathrm{m}}{1{,}008\ \mathrm{m}} \cdot \frac{15{,}0 \cdot 10^6\ \mathrm{Pa}}{4125\ \frac{\mathrm{J}}{\mathrm{kg} \cdot \mathrm{K}} \cdot 280\ \mathrm{K}} \cdot \frac{\left(5\ \frac{\mathrm{m}}{\mathrm{s}}\right)^2}{2} = 1{,}415 \cdot 10^6\ \mathrm{Pa}$$

Das heißt, der Druck fällt bei Nennleistung der Pipeline von 150 bar in Aberdeen auf

$$p_{WHV} = p_{Aberdeen} - \Delta p = 150\ \mathrm{bar} - 14{,}15\ \mathrm{bar} = 135{,}85\ \mathrm{bar}$$

in Wilhelmshaven ab. Durch diesen Druckabfall kommt es zu einem Anstieg der Geschwindigkeit in der Pipeline, d.h., die Geschwindigkeit verändert sich entlang der Pipeline und damit die Reynolds-Zahl. Letztendlich müssten wir auch den Druckverlust lokal bestimmen. Dies ignorieren wir hier erst einmal.

Aus diesen Daten und speziell der maximalen Geschwindigkeit können wir den Massenstrom in der Pipeline ermitteln:

$$\dot{m}_{pip} = \frac{p_{Whv} \cdot \dot{V}_{Whv}}{R_{\mathrm{H_2}} \cdot T_{Whv}} = \frac{p_{Whv} \cdot A_{pip} \cdot c_{Whv}}{R_{\mathrm{H_2}} \cdot T_{Whv}} = \frac{13{,}585 \cdot 10^6\ \mathrm{Pa} \cdot \frac{\pi}{4} \cdot (1{,}008\ \mathrm{m})^2 \cdot 5\ \frac{\mathrm{m}}{\mathrm{s}}}{4125\ \frac{\mathrm{J}}{\mathrm{kg} \cdot \mathrm{K}} \cdot 280\ \mathrm{K}} = 46{,}93\ \frac{\mathrm{kg}}{\mathrm{s}}$$

Abschließend können wir die thermische Nennleistung der Pipeline bezogen auf den Heizwert des transportierten Wasserstoffs angeben:

$$\dot{Q} = \dot{m} \cdot H_{I,H2} = 46{,}93\ \frac{\mathrm{kg}}{\mathrm{s}} \cdot 120\ \frac{\mathrm{MJ}}{\mathrm{kg}} = 5{,}632\ \mathrm{GW}$$

In einem Jahr kann die Pipeline daher maximal

$$\dot{Q} = 5{,}632 \cdot 10^9\ \mathrm{W} \cdot \frac{1\ \mathrm{kWh}}{3{,}6 \cdot 10^6\ \mathrm{J}} \cdot \left(3600 \cdot 24 \cdot 365\ \frac{\mathrm{s}}{\mathrm{a}}\right) = 49{,}3\ \frac{\mathrm{TWh}}{\mathrm{a}}$$

transportieren. Dies ist nur ein recht geringer Anteil des deutschen Energiebedarfs.

3.2b) Diskussion

Vermutlich haben Sie Mühe gehabt, direkt zu einer Lösung zu kommen - insbesondere falls Sie davon ausgegangen sind, dass Sie einem direkten Lösungsweg folgen können. Dann oder jetzt beim Lesen der Musterlösung sollten Sie den Eindruck haben, dass es andere Wege gibt und dass hier viele Annahmen notwendig sind. Außerdem ist es völlig in Ordnung, wenn Sie etwas abweichende Werte verwendet oder berechnet haben.

In dem hier dargestellten Lösungsweg stecken einige Annahmen, die auch anders getroffen werden können:

- Hier wird durchgängig mit dem Modell des idealen Gases gearbeitet, obwohl dieses bei Wasserstoff etwa ab 100 bar merkliche Abweichungen von den realen Zustandsgrößen ergibt.

- Als Temperatur für die Stoffwerte wäre auch 4 °C sinnvoll gewesen, also die Temperatur am Grund der tieferen Abschnitte der Nordsee. Dann ist die Dichte maximal in der Pipeline.
- Als kinematische Viskosität wird hier erst eine einfache Näherung durchgeführt, dann aber die reale Zustandsgröße verwendet. Hier ist das didaktische Ziel, Ihnen beide Wege zu zeigen.
- In die Gleichung der Rohrreibungszahl und des Druckverlusts gehen Zustandsgrößen von Aberdeen und von Wilhelmshaven ein - einfach, weil dies die bekannten Werte sind. Tatsächlich nimmt die Dichte entlang der Pipeline ab, während die Geschwindigkeit zunimmt. Wir erzeugen hier erst einmal eine gute Schätzung.

Es wäre einfach und gradlinig, wenn an einem Ort der Zustand und die Geschwindigkeit des Gases gegeben wären. So wie diese Problemstellung angelegt ist, läuft es auf ein typisches Optimierungsproblem hinaus: Mit den ersten Ergebnissen würden wir eine zweite und dritte Iteration durchrechnen und uns so langsam der realen Lösung annähern. Bei einer echten Auslegung wäre auch zu klären, welche Parameter noch verändert werden können.

3.2c) Kompression am Beginn der Pipeline

Mit dem Modell des idealen Gases berechnen wir zuerst die Temperatur nach dem Kompressor. Dazu benötigen wir eine Temperatur des Gases in der Zuleitung. Dies schätzen wir z. B. mit einer mittleren Umgebungstemperatur ab. Bei einer idealen isentropen Verdichtung wäre

$$T_{2S} = T_{zu} \cdot \left(\frac{p_{pip}}{p_{zu}} \right)^{\frac{\kappa-1}{\kappa}} = 280\text{ K} \cdot \left(\frac{150\text{ bar}}{15\text{ bar}} \right)^{\frac{1{,}41-1}{1{,}41}} = 547\text{ K}$$

Die reale Temperatur eines adiabaten polytropen Kompressors beträgt mit dem angegebenen isentropen Wirkungsgrad

$$T_{2'} - T_1 = \frac{T_{2S} - T_1}{\eta_V} + T_1 = \frac{547\text{ K} - 280\text{ K}}{0{,}85} + 280\text{ K} = 594\text{ K}$$

Der Verdichter verrichtet damit an dem durchströmenden Gas eine Leistung von

$$P_{V,Abd} = \dot{m}_{pip} \cdot c_p \cdot \left(T_{2'} - T_1 \right) = 46{,}93\,\frac{\text{kg}}{\text{s}} \cdot 14\,200\,\frac{\text{J}}{\text{kg} \cdot \text{K}} \cdot \left(594\text{ K} - 280\text{ K} \right) = 209{,}3\text{ MW}$$

Um das Gas im Anschluss abzukühlen, muss in einem ideal isobaren Wärmetauscher ein Wärmestrom von

$$\dot{Q} = \dot{m} \cdot c_p \cdot \left(T_{pip,\max} - T_{2'} \right) = 46{,}93\,\frac{\text{kg}}{\text{s}} \cdot 14\,200\,\frac{\text{J}}{\text{kg} \cdot \text{K}} \cdot \left(333\text{ K} - 594\text{ K} \right) = -173{,}9\text{ MW}$$

dem Gas entnommen werden.

3.2d) Wasserstoff bereitstellen

Hier folgen wir dem Wasserstoff vom Eingang in den bereits in c) berechneten Verdichter zurück zur Elektrolyse. Der Verdichter aus 3.2c) benötigt für seinen Antrieb mit einer Gasturbine einen Massenstrom an Wasserstoff von

$$\dot{m}_{V,Abd} = \frac{P_{V,Abd}}{\eta_{GT} \cdot H_{I,H_2}} = \frac{209{,}3 \cdot 10^6\ \text{W}}{0{,}38 \cdot 120 \cdot 10^6\ \frac{\text{J}}{\text{kg}}} = 4{,}590\ \frac{\text{kg}}{\text{s}}$$

Damit muss die zuführende Pipeline von der Elektrolyseanlage einen Massenstrom von

$$\dot{m}_{zu} = \dot{m}_{pip} + \dot{m}_{V,Abd} = 46{,}93\ \frac{\text{kg}}{\text{s}} + 4{,}59\ \frac{\text{kg}}{\text{s}} = 51{,}52\ \frac{\text{kg}}{\text{s}}$$

Wasserstoff transportieren.

Wir vernachlässigen jetzt den Druckverlust in dieser Zuführleitung und berechnen nur die benötigte Leistung für die Verdichtung auf 15 bar mit der isentrop bestimmten Temperatur:

$$T_{BS} = T_N \cdot \left(\frac{p_{zu}}{p_N}\right)^{\frac{\kappa-1}{\kappa}} = 273{,}15\ \text{K} \cdot \left(\frac{15\ \text{bar}}{1{,}013\ \text{bar}}\right)^{\frac{1{,}41-1}{1{,}41}} = 598{,}1\ \text{K}$$

Wenn wir annehmen, dass dieser Verdichter den gleichen isentropen Wirkungsgrad aufweist wie der für die Nordseepipeline, erhalten wir als polytrope Temperatur

$$T_{B'} - T_N = \frac{T_{BS} - T_N}{\eta_V} + T_N = \frac{598{,}1\ \text{K} - 273{,}15\ \text{K}}{0{,}85} + 273{,}15\ \text{K} = 655{,}4\ \text{K}$$

und damit als Leistungsbedarf

$$P_{V,El} = \dot{m}_{zu} \cdot c_p \cdot \left(T_{B'} - T_1\right) = 51{,}52\ \frac{\text{kg}}{\text{s}} \cdot 14\,200\ \frac{\text{J}}{\text{kg} \cdot \text{K}} \cdot \left(655{,}4\ \text{K} - 273{,}15\ \text{K}\right) = 279{,}6\ \text{MW}$$

Für diesen Verdichter benötigen wir daher als Brennstoff

$$\dot{m}_{V,El} = \frac{P_{V,El}}{\eta_{GT} \cdot H_{I,H_2}} = \frac{279{,}6 \cdot 10^6\ \text{W}}{0{,}38 \cdot 120 \cdot 10^6\ \frac{\text{J}}{\text{kg}}} = 6{,}132\ \frac{\text{kg}}{\text{s}}$$

Damit werden für die Kompression des Wasserstoffs bei Nennleistung der Pipeline insgesamt

$$\dot{m}_{komp} = \dot{m}_{V,Abd} + \dot{m}_{V,El} = 4{,}59\ \frac{\text{kg}}{\text{s}} + 6{,}13\ \frac{\text{kg}}{\text{s}} = 10{,}72\ \frac{\text{kg}}{\text{s}}$$

Wasserstoff für den Transport benötigt oder

$$a = \frac{\dot{m}_{komp}}{\dot{m}_{pip}} = \frac{10{,}72\ \frac{\text{kg}}{\text{s}}}{46{,}93\ \frac{\text{kg}}{\text{s}}} = 0{,}228 = 23\ \%$$

bzw. für jedes Kilogramm Wasserstoff, das Wilhelmshaven erreicht, müssen 1,23 kg Wasserstoff erzeugt werden.

Energetisch ist es deutlich günstiger, wenn die beiden Verdichter direkt elektrisch betrieben werden, da dann die Umwandlungsverluste entfallen.

■ Problem 3.3: Bleed-Air

Die wesentlichen Ergebnisse sind in Tabelle 3.2 zusammengefasst.

Tabelle 3.2 Ergebnisse der Berechnung zum Kabinendruck: Gegebene Werte sind **fett** dargestellt.

Z	Zustandsgrößen			Prozess	Prozessgrößen		
	v in m³ kg⁻¹	p in Pa	T in K		w_p in kJ kg⁻¹	q in kJ kg⁻¹	Δh in kJ kg⁻¹
1	2,745	**22700**	**217,0**	1 → 2 isentrop	294,9	0	294,9
2	0,3230	**454000**	510,7	2 → 3 polytrop	−196,6	−20,17	−216,8
3	1,0657	**79500**	**295,0**	1 → 3 polytrop	91,33	−12,90	78,43
1	2,745	**22700**	**216,8**	1 → 2 isentrop	294,9	0	294,4
2	0,3230	454000	510,2	2 → 4 isenthalp	0	0	0
4	1,845	79500	510,2	4 → 3 isobar	0	−216,5	−216,5
1	2,745	**22700**	**216,8**	1 → 5 isentrop	93,80	0	93,80
5	1,1213	79500	310,4	5 → 3 isobar	0	−15,46	−15,46
3	1,0657	**79500**	**295,0**				

3.3a) Fehlende Zustandsgrößen

Der Zustand 1 (Umgebung) ist vorgegeben. Zusätzlich benötigen wir das spezifische Volumen

$$v_1 = \frac{R_{Luft} \cdot T_1}{p_1} = \frac{287{,}2\,\frac{\text{J}}{\text{kg} \cdot \text{K}} \cdot 217\ \text{K}}{22700\ \text{Pa}} = 2{,}745\,\frac{\text{m}^3}{\text{kg}}$$

Die Zustandsgrößen für den Zustand 2 ermitteln wir über das Druckverhältnis der Gasturbine:

$$p_2 = \Pi \cdot p_1 = 20 \cdot 22700\ \text{Pa} = 454000\ \text{Pa}$$

Wir nehmen an, dass der Verdichter der Gasturbine ideal arbeitet und eine isentrope Verdichtung abläuft. So können wir Temperatur und spezifisches Volumen des Zustandes 2 bestimmen:

$$T_2 = T_1 \cdot \left(\frac{p_2}{p_1}\right)^{\frac{\kappa-1}{\kappa}} = T_1 \cdot \Pi^{\frac{\kappa-1}{\kappa}} = 217\ \text{K} \cdot 20^{\frac{1{,}40-1}{1{,}40}} = 510{,}7\ \text{K}$$

$$v_2 = v_1 \cdot \left(\frac{p_1}{p_2}\right)^{\frac{1}{\kappa}} = v_1 \cdot \left(\frac{1}{\Pi}\right)^{\frac{1}{\kappa}} = 2{,}745\ \frac{\text{m}^3}{\text{kg}} \cdot \left(\frac{1}{20}\right)^{\frac{1}{1{,}40}} = 0{,}3230\ \frac{\text{m}^3}{\text{kg}}$$

Das fehlende spezifische Volumen der Kabine in Zustand 3 folgt aus dem Druck und der vorgegebenen Temperatur:

$$v_3 = \frac{R_{Luft} \cdot T_3}{p_3} = \frac{287{,}2\ \frac{\text{J}}{\text{kg}\cdot\text{K}} \cdot 295\ \text{K}}{79500\ \text{Pa}} = 1{,}0657\ \frac{\text{m}^3}{\text{kg}}$$

Alle weiteren Zustandsgrößen in der Kabine sind gegeben.

3.3b) Polytrope Expansion 2 → 3

Wir bestimmen zuerst für den polytropen Prozess 2 → 3 den Polytropenexponenten

$$n_{23} = \frac{\ln \frac{p_3}{p_2}}{\ln \frac{v_2}{v_3}} = \frac{\ln \frac{454000\ \text{Pa}}{79500\ \text{Pa}}}{\ln \frac{0{,}3230\ \text{m}^3/\text{kg}}{1{,}0657\ \text{m}^3/\text{kg}}} = 1{,}460$$

und damit die spezifische Wärmekapazität dieser speziellen polytropen Zustandsänderung:

$$c_{n,23} = c_v \cdot \frac{n_{23} - \kappa}{n_{23} - 1} = 716{,}8\ \frac{\text{J}}{\text{kg}\cdot\text{K}} \cdot \frac{1{,}460 - 1{,}400}{1{,}460 - 1} = 93{,}50\ \frac{\text{J}}{\text{kg}\cdot\text{K}}$$

Wie der Polytropenexponent zeigt, ist diese Expansion ein nahezu isentroper Prozess, da $n_{23} \cong \kappa$.

Die Zustandsänderung 1 → 2 ist näherungsweise isentrop (idealer isentroper Verdichter einer Gasturbine), d. h., die spezifische Wärme beträgt

$$q_{12} = 0$$

und die spezifische Druckarbeit

$$w_{p,12} = c_p \cdot (T_2 - T_1) = 1.004\ \frac{\text{kJ}}{\text{kg}\cdot\text{K}} \cdot (510{,}7\ \text{K} - 217\ \text{K}) = 294{,}9\ \frac{\text{kJ}}{\text{kg}}$$

Für die polytrope Zustandsänderung erhalten wir

$$q_{23} = c_{n,23} \cdot (T_3 - T_2) = 93{,}50\ \frac{\text{kJ}}{\text{kg}\cdot\text{K}} \cdot (295\ \text{K} - 510{,}7\ \text{K}) = -20{,}17\ \frac{\text{kJ}}{\text{kg}}$$

und

$$w_{p,23} = \frac{n_{23} \cdot R_{Luft}}{n_{23} - 1} \cdot (T_3 - T_2) = \frac{1{,}460 \cdot 287{,}2 \frac{\mathrm{J}}{\mathrm{kg} \cdot \mathrm{K}}}{1{,}460 - 1} \cdot (295\ \mathrm{K} - 510{,}7\ \mathrm{K}) = -196{,}6 \frac{\mathrm{kJ}}{\mathrm{kg}}$$

Würde der Prozess so ablaufen, dann müssten wir keine Wärme zuführen und könnten sogar etwas Leistung entnehmen.

3.3c) Isenthalpe Expansion 2 → 4

Der erste Teil, die Verdichtung, ist identisch zu 3.3b) mit

$$q_{12} = 0$$

und

$$w_{p,12} = c_p \cdot (T_2 - T_1) = 294{,}9 \frac{\mathrm{kJ}}{\mathrm{kg}}$$

Jetzt benötigen wir einen Zwischenzustand, der in der Problemstellung nicht explizit eingeführt war. Nennen wir ihn Zustand 4. Dieser Zustand ist notwendig: In der Drossel wird ein ideales Gas seine Temperatur nicht ändern. Dies ist der Charakter einer isenthalpen Zustandsänderung des idealen Gases. Außerdem möchten wir alle nicht, dass die Luftdüsen im Flugzeug schmelzen und auf uns herabtropfen. Die Luft muss gekühlt werden, damit sie in den Innenraum geleitet werden darf. Die Luft wird also in Zustand 2 entnommen (Zapfluft), dann isenthalp zum Zustand 4 expandiert und im Anschluss isobar abgekühlt, um so den Zustand 3 (Innenraum) zu erreichen.

Für die isenthalpe Expansion auf den Zwischenzustand 4 nach der Expansion, aber vor der Temperierung für den Innenraum ist

$$\Delta h_{24} = q_{24} + w_{p,24} = 0 + 0$$

Für ein ideales Gas ist die isenthalpe Expansion zugleich eine isotherme Zustandsänderung, sodass

$$T_4 = T_2 = 510{,}7\ \mathrm{K}$$

$$v_4 = \frac{R_{Luft} \cdot T_4}{p_4} = \frac{287{,}2 \frac{\mathrm{J}}{\mathrm{kg} \cdot \mathrm{K}} \cdot 510{,}7\ \mathrm{K}}{79500\ \mathrm{Pa}} = 1{,}845 \frac{\mathrm{m}^3}{\mathrm{kg}}$$

Damit muss die Luft also auf Kabinentemperatur abgekühlt werden. Dies erfolgt typischerweise isobar, sodass

$$q_{243} = q_{24} + q_{43} = 0 + c_p (T_3 - T_2) = -216{,}5 \frac{\mathrm{kJ}}{\mathrm{kg}}$$

$$w_{p,243} = w_{p,24} + w_{p,43} = 0$$

sind.

3.3d) Direkte Bereitstellung 1 → 3

Die direkte Verdichtung von Umgebungsluft 1 → 3 kann als polytroper Prozess mit

$$n_{13} = \frac{\ln\left(\frac{p_3}{p_1}\right)}{\ln\left(\frac{v_1}{v_3}\right)} = \frac{\ln\left(\frac{79500\ \mathrm{Pa}}{22700\ \mathrm{Pa}}\right)}{\ln\left(\frac{2{,}745\ \mathrm{m^3/kg}}{1{,}0657\ \mathrm{m^3/kg}}\right)} = 1{,}325$$

und

$$c_{n,13} = c_v \frac{n_{13} - \kappa}{n_{13} - 1} = 716{,}8 \frac{\mathrm{J}}{\mathrm{kg \cdot K}} \cdot \frac{1{,}325 - 1{,}400}{1{,}325 - 1} = -165{,}4 \frac{\mathrm{J}}{\mathrm{kg \cdot K}}$$

beschrieben werden. Für diese polytrope Zustandsänderung erhalten wir

$$q_{23} = c_{n,13} \cdot (T_3 - T_1) = -165{,}4 \frac{\mathrm{kJ}}{\mathrm{kg}} \cdot (295\ \mathrm{K} - 217\ \mathrm{K}) = -12{,}90 \frac{\mathrm{kJ}}{\mathrm{kg}}$$

und

$$w_{p,13} = \frac{1{,}325 \cdot 287{,}2 \frac{\mathrm{kJ}}{\mathrm{kg \cdot K}}}{1{,}325 - 1} \cdot (295\ \mathrm{K} - 217\ \mathrm{K}) = 91{,}33 \frac{\mathrm{kJ}}{\mathrm{kg}}$$

Die weiteren Ergebnisse folgen entsprechend. Die Ergebnisse sind in Tabelle 3.2 dargestellt.

3.3e) Kompression und Temperierung

Im ersten Schritt wird die angesaugte Luft auf Kabinendruck komprimiert (Zustand 5). Dies ist im idealen Fall eine isentrope Kompression mit

$$T_5 = T_1 \cdot \left(\frac{p_2}{p_1}\right)^{\frac{\kappa - 1}{\kappa}} = 217\ \mathrm{K} \cdot \left(\frac{79500\ \mathrm{Pa}}{22700\ \mathrm{Pa}}\right)^{\frac{1{,}40 - 1}{1{,}40}} = 310{,}4\ \mathrm{K}$$

$$v_5 = v_1 \cdot \left(\frac{p_1}{p_2}\right)^{\frac{1}{\kappa}} = 2{,}745 \frac{\mathrm{m^3}}{\mathrm{kg}} \cdot \left(\frac{22700\ \mathrm{Pa}}{79500\ \mathrm{Pa}}\right)^{\frac{1}{1{,}40}} = 1{,}1213 \frac{\mathrm{m^3}}{\mathrm{kg}}$$

Die Zustandsänderung 1 → 5 ist isentrop, d. h., die spezifische Wärme beträgt

$$q_{15} = 0$$

und die spezifische Druckarbeit

$$w_{p,15} = c_p \cdot (T_5 - T_1) = 1{,}004 \frac{\mathrm{kJ}}{\mathrm{kg \cdot K}} \cdot (310{,}4\ \mathrm{K} - 217\ \mathrm{K}) = 93{,}8 \frac{\mathrm{kJ}}{\mathrm{kg}}$$

Bei der anschließenden Temperierung, einer isobaren Wärmeübertragung, ist

$$q_{53} = c_p \cdot (T_3 - T_5) = 1{,}004 \frac{\mathrm{kJ}}{\mathrm{kg \cdot K}} \cdot (295\ \mathrm{K} - 310{,}4\ \mathrm{K}) = -15{,}46 \frac{\mathrm{kJ}}{\mathrm{kg}}$$

3.3f) Diskussion

Grundsätzlich ist die Variante der direkten Verdichtung im Hinblick auf die Energieeffizienz zu bevorzugen:

- Die benötigte Arbeit für die Kompression ist fast um den Faktor 5 geringer.
- Die von der Luft im Prozess 2 → 3 wieder abgegebene Arbeit wird in der Realität nicht zurückgewonnen werden. Sie wird über eine Drossel oder Rohrreibung dissipiert.
- Die Gasturbine kann besser ausgelegt werden, wenn ihr keine variablen Mengen an Luft entnommen werden sollen. Der Verzicht auf Zapfluft erhöht den Wirkungsgrad der Gasturbine.
- Auch bei Übertragung der Arbeit aus der Turbine in elektrische Energie und anschließendem Antrieb einer Pumpe damit sind die Verluste noch deutlich geringer als bei der Verwendung von Zapfluft.

Nachteilig ist das zusätzliche Gewicht eines weiteren Verdichters und die höhere Komplexität des gesamten Flugzeugs. Daher ist diese Variante erst in den letzten Jahren tatsächlich in der Luftfahrt zum Einsatz gekommen.

Problem 3.4: Wasserstoff-Tankstelle

Die im Laufe dieser Lösung benötigten Zustände und Zustandsänderungen sind in Bild 3.2 dargestellt.

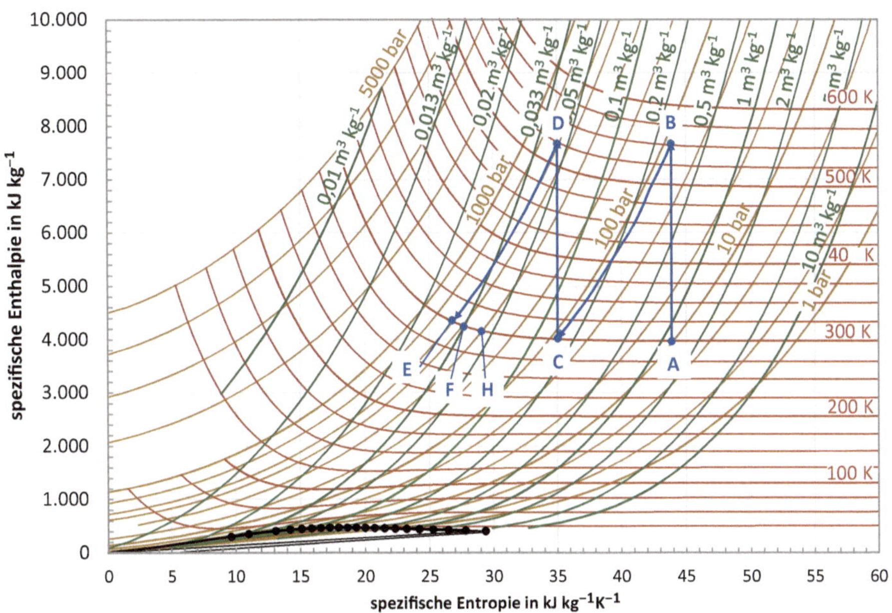

Bild 3.2 Zustände und Zustandsänderungen zur Wasserstofftankstelle im Industriepark Höchst

3.4a) Tanks der Züge

Die Masse und der Nenndruck sind gegeben, d. h., wir benötigen eine Auslegungstemperatur. Bei ca. 25 °C oder 300 K können wir Bild 3.2 gut verwenden. Im Diagramm lassen sich für das spezifische Volumen etwa 0,044 $m^3\,kg^{-1}$ ablesen (der genaue Wert ist 0,04312 $m^3\,kg^{-1}$). Dann ist das Volumen eines Tanks wie folgt:

$$V_{tank,r} = m \cdot v = 130\ \text{kg} \cdot 0{,}04312\ \frac{\text{m}^3}{\text{kg}} = 5{,}606\ \text{m}^3$$

Unter der Annahme des idealen Gases bekämen wir

$$V_{tank,r} = \frac{m \cdot R_{\text{H}_2} \cdot T}{p} = \frac{130\ \text{kg} \cdot 4125\ \frac{\text{J}}{\text{kg} \cdot \text{K}} \cdot 300\ \text{K}}{350 \cdot 10^5\ \text{Pa}} = 4{,}596\ \text{m}^3$$

Das heißt, es macht bei diesem Druck bereits deutlich Sinn, mit den realen Stoffdaten zu rechnen.

3.4b) Lagertank

Wir benötigen zuerst einige Randbedingungen für den Lagertank:

- Der Tagesbedarf sind 14 Züge mit jeweils zwei Tanks für 130 kg, also 3640 kg.
- Die Züge werden direkt aus dem Lagertank befüllt, ohne weiteren Kompressor, d. h., der Lagertank muss immer einen höheren Druck aufweisen als die Tanks der Züge. Ansonsten würde das Gas nicht fließen.

Aus diesen Gründen ist der Tank „voll“, wenn er einen Druck von 500 bar hat, und „leer“, wenn der Druck auf (z. B.) 400 bar gesunken ist. Ein Ablesen bei 300 K ergibt für 500 bar v = 0,032 $m^3\,kg^{-1}$ und für 400 bar v = 0,039 $m^3\,kg^{-1}$. Die Rohdaten für Bild 3.2 geben genauer v(500 bar) = 0,03261 $m^3\,kg^{-1}$ und v(400 bar) = 0,03874 $m^3\,kg^{-1}$ an.

Wir kennen den Speicherbedarf als Masse und nutzen die Definition des spezifischen Volumens:

$$\Delta m_{lager} = m(500\ \text{bar}) - m(400\ \text{bar}) = \frac{V_{lager}}{v(500\ \text{bar})} - \frac{V_{Lager}}{v(400\ \text{bar})}$$

Diese Gleichung

$$\Delta m_{lager} = V_{lager}\ \frac{1}{v(500\ \text{bar})} - \frac{1}{v(400\ \text{bar})}$$

können wir nach dem gesuchten Volumen auflösen und erhalten so

$$V_{lager} = \frac{\Delta m_{lager}}{\frac{1}{v(500\ \text{bar})} - \frac{1}{v(400\ \text{bar})}} = \frac{3640\ \text{kg}}{\frac{1}{0{,}03261\ \frac{\text{m}^3}{\text{kg}}} - \frac{1}{0{,}03874\ \frac{\text{m}^3}{\text{kg}}}} = 750{,}2\ \text{m}^3$$

Aufgrund des hohen Drucks wird dies nicht ein einziger großer Tank sein, sondern mehrere rohrförmige.

3.4c) Den Lagertank befüllen

Die Zustandsänderungen sind ideal, die Stoffwerte hingegen real. Um in den nacheinander ablaufenden Kompressionen zwei etwa gleich große Druckverhältnisse zu erreichen, sollten beide zwischen 7 und 8 liegen. Tabelle 3.3 fasst die Zustandsgrößen aus den Rohdaten für Bild 3.2 zusammen. Beim Eintragen und Ablesen werden Sie etwas abweichende Werte erhalten haben.

Tabelle 3.3 Daten zur Wasserstoff-Tankstelle

#	Zustand	T	p	v	h
A	Zuleitung	300 K	10 bar	1,244 kg m^{-3}	3962 kJ kg^{-1}
B	erste Druckstufe	550 K	81 bar		7640 kJ kg^{-1}
C	nach Zwischenkühlung	300 K	81 bar		4000 kJ kg^{-1}
D	zweite Druckstufe	525 K	600 bar		7500 kJ kg^{-1}
E	nach Zwischenkühlung	300 K	600 bar	0,02853 m^3 kg^{-1}	4334 kJ kg^{-1}
F	Lagertank „voll"	300 K	500 bar	0,03261 m^3 kg^{-1}	4261 kJ kg^{-1}
G	Lagertank „leer"	300 K	400 bar	0,03874 m^3 kg^{-1}	4191 kJ kg^{-1}
H	Zugtank „voll"	300 K	350 bar	0,04312 m^3 kg^{-1}	4156 kJ kg^{-1}

Die spezifische Arbeit für das Verdichten beträgt damit

$$w_{p,komp} = h_B - h_A + h_D - h_C = 7640\,\frac{\text{kJ}}{\text{kg}} - 3962\,\frac{\text{kJ}}{\text{kg}} + 7500\,\frac{\text{kJ}}{\text{kg}} - 4000\,\frac{\text{kJ}}{\text{kg}} = 7178\,\frac{\text{kJ}}{\text{kg}}$$

Gleichzeitig muss eine spezifische Wärme von

$$q_{komp} = h_C - h_B + h_E - h_D = 4000\,\frac{\text{kJ}}{\text{kg}} - 7640\,\frac{\text{kJ}}{\text{kg}} + 4334\,\frac{\text{kJ}}{\text{kg}} - 7500\,\frac{\text{kJ}}{\text{kg}} = -6806\,\frac{\text{kJ}}{\text{kg}}$$

abgeführt werden.

Da der Wasserstoff immer auf 600 bar verdichtet wird, bevor er in den Tank fließt, können wir mit diesen Daten direkt die benötigte Arbeit berechnen:

$$W_{komp} = \Delta m_{lager} \cdot w_{p,komp} = 3640\ \text{kg} \cdot 7178\,\frac{\text{kJ}}{\text{kg}} = 26{,}13 \cdot 10^9\ \text{J}$$

Die dabei abzuführende Wärme beträgt

$$Q_{komp} = \Delta m_{lager} \cdot q_{komp} = 3640\ \text{kg} \cdot -6806\,\frac{\text{kJ}}{\text{kg}} = -24{,}77 \cdot 10^9\ \text{J}$$

Die Verdichtung mit Kühlung ist quasi eine isotherme Zustandsänderung. Der merkliche Unterschied zwischen zugeführter Arbeit und abgeführter Wärme ist auf das Realgasverhalten von Wasserstoff zurückzuführen. Mehr dazu erfahren Sie in 3.4e).

3.4d) Kompressor

Hier gehen wir weiter vom idealen Kompressor aus und erhalten

$$\Delta t = \frac{W_{komp}}{P_{komp}} = \frac{26{,}13 \cdot 10^9\ \text{J}}{2\ \text{MW}} = 13065\ \text{s} = 218\ \text{min}$$

oder etwa 3,5 h am Tag.

3.4e) Drosseln

In einer Drossel wird weder Arbeit verrichtet noch Wärme übertragen. Es ist also eine isenthalpe Zustandsänderung. Das Gas expandiert, der Druck nimmt ab und die Entropie nimmt zu. Wäre dies ein ideales Gas, dann würde sich die Temperatur nicht verändern. Tatsächlich erkennen wir jedoch in Bild 3.2, dass sich die Temperatur leicht erhöht. Dies ist der Joule-Thompson-Effekt. Die Temperaturerhöhung beträgt etwa 20 K, sodass eine weitergehende oder zusätzliche Kühlung notwendig sein kann, um den Lagertank und auch die Tanks der Züge vollständig befüllen zu können.

■ Problem 3.5: Eisenbahnunglück

Ziel dieser Problemstellung ist es, sich tiefer mit dem Thema „Sieden und Siedepunkt unter Druck" auseinanderzusetzen. In der geschilderten Situation hängen Siedepunkt, Druck und Temperatur eng zusammen und beeinflussen gemeinsam den weiteren Ablauf.

3.5a) Tankwaggon

Das Ablesen im bereitgestellten Diagramm ergibt, dass sich bei der maximal zulässigen Temperatur von 50 °C ein Druck von 17 bar im Tank einstellt. Dies ist der maximal zulässige Druck im Tank bei Beladung mit Propan. Bei diesem Druck beträgt das spezifische Volumen des flüssigen Propans $v = 0{,}00222\ \text{m}^3\ \text{kg}^{-1}$. Genauere Zahlenwerte ließen sich aus einer Siedetabelle von Propan ermitteln.

Da die Dichte mit abnehmender Temperatur zunimmt, kann bei niedrigerer Temperatur eine größere Masse in den Tank gefüllt werden als bei höherer Temperatur. Dies würde jedoch beim Erwärmen zum Platzen des Tanks führen. Warum? Diskutieren Sie dies.

Daher ist die maximal zulässige Masse im Tank

$$m_{\max,füll} = \frac{V_{Tank}}{v_{R290}} = \frac{110\ \text{m}^3}{0{,}00222\ \frac{\text{m}^3}{\text{kg}}} = 49550\ \text{kg}$$

Tatsächlich ist die zulässige Masse etwas geringer, allein um zu vermeiden, dass der Tank oberhalb von 50 °C einfach durch die Wärmeausdehnung des Propans platzen kann. Auch oberhalb von 17 bar muss noch etwas Gasphase im Tank vorliegen.

Die maximal zulässige Beladung des Waggons folgt unabhängig davon aus der zulässigen Achslast abzüglich des Leergewichts des Waggons mit

$$m_{\max,last} = 4 \cdot m_{achs} - m_{leer} = 4 \cdot 22{,}5\ \mathrm{t} - 34\ \mathrm{t} = 56\ \mathrm{t}$$

Die Masse von 49,55 t dürfte aus dieser Betrachtung in den Waggon geladen werden.

Da die Temperatur an dem Tag deutlich niedriger lag als die maximal zulässige, wird der reale Druck im Tank etwa bei 6,0 bar gelegen haben (abgelesen aus dem Diagramm in der Problemstellung). Dann nimmt das Propan etwa ein Volumen von

$$V = m_{Propan} \cdot v(T) = 49550\ \mathrm{kg} \cdot 0{,}00193\ \frac{\mathrm{m}^3}{\mathrm{kg}} = 95{,}63\ \mathrm{m}^3$$

ein. Der Rest der Tanks ist mit gasförmigem Propan bei identischem Druck gefüllt bzw. müsste eigentlich der Anteil der Masse des Propans, der in der Gasphase vorliegt, noch abgezogen werden.

3.5b) Leckage beschreiben

Die Zustandsänderung, mit der wir das ausströmende Gas beschreiben, ist isenthalp, wenn wir uns den eigentlichen Prozess im Leck nicht genau ansehen. Es wird weder Arbeit verrichtet noch Wärme übertragen und wir ignorieren eine eventuelle Dissipation und tatsächliche Abläufe der Strömung.

Besonders gut lässt sich diese Zustandsänderung in einem log p-h Diagramm oder einem h-s Diagramm darstellen.

Relevant für das Weitere ist hier die Lage des Lecks im Bereich des flüssigen Propans oder des gasförmigen Propans. Davon ausgehend lassen sich unsere Modelle anwenden:

Ideales Gas: Strömt Gas durch das Leck, so können wir die Zustandsänderung sehr überschlägig über das ideale Gas abschätzen. Mit diesem Modell wäre zu erwarten, dass sich die Temperatur des Gases am Austritt nicht ändert.

Reales Gas: Aus dem log p-h Diagramm lässt sich ablesen, dass sich das Gas vom Zustand der Sättigung bei 6,0 bar isenthalp zu 1,0 bar auf etwa −7 °C abkühlt.

Flüssigkeit: Aus dem log p-h Diagramm für Propan lässt sich ablesen, dass die isenthalpe Expansion dazu führt, dass Nassdampf mit etwa -42 °C entsteht.

Bei allen diesen Prozessen wird der flüssige Teil des Propans im Tank sieden und damit den Druck im Tank etwa konstant halten. Dies gilt zumindest, wenn die Leckage so gering ist, dass die Temperatur des flüssigen Propans konstant bleiben kann. Dann wird der benötigte Verdampfungswärmestrom von außen mittels Wärmeübertragung stetig zugeführt. In diesem Fall bleibt der Druck im Tank so lange von der Umgebungstemperatur vorgegeben, bis alles Propan verdampft ist. Danach fällt der Druck im Tank ab.

3.5c) Wie groß ist das Leck?

Der Umgebungsdruck liegt konstant bei 1 bar. Wir formen die gegebene Gleichung für den kritischen Druck nach dem Behälterdruck um, recherchieren einen Isentropenexponenten von Propan (κ_{R290} = 1,13) und erhalten

$$p_{krit} = \frac{p_{Umgebung}}{\left(\frac{2}{\kappa+1}\right)^{\frac{\kappa}{\kappa-1}}} = \frac{1\text{ bar}}{\left(\frac{2}{1{,}13+1}\right)^{\frac{1{,}13}{1{,}13-1}}} = 1{,}729\text{ bar}$$

Das heißt, so lange der Druck im Propantank höher ist als dieser kritische Druck, strömt das Propan mit Schallgeschwindigkeit durch das Leck.

Als nächsten Schritt bestimmen wir die Schallgeschwindigkeit von Propan unter den Bedingungen im Behälter:

$$c_{s,R290} = \sqrt{\kappa \cdot R_{R290} \cdot T} = \sqrt{1{,}13 \cdot 188{,}5\,\frac{\text{J}}{\text{kg}\cdot\text{K}} \cdot 278\text{ K}} = 243\,\frac{\text{m}}{\text{s}}$$

Hier haben wir angenommen, dass sich das Propan etwa wie ein ideales Gas verhält und dass es damit isotherm durch das Leck strömt.

Der Druck im Tank bleibt so lange konstant, wie sich siedendes Propan (bei konstanter Temperatur) im Tank befindet. Das heißt, wir rechnen mit der Masse des flüssigen Propans im Tank. Daraus bestimmen wir zuerst den Volumenstrom

$$\dot{V} = \dot{m} \cdot v = \frac{\Delta m}{\Delta t} \cdot v = \frac{49550\text{ kg}}{63\text{ h} + 12\text{ min}} \cdot 0{,}001916\,\frac{\text{m}^3}{\text{kg}}$$

$$\dot{V} = \frac{49550\text{ kg}}{63 \cdot 3600\text{ s} + 12 \cdot 60\text{ s}} \cdot 0{,}001916\,\frac{\text{m}^3}{\text{kg}} = 417{,}3 \cdot 10^{-6}\,\frac{\text{m}^3}{\text{s}}$$

und erhalten aus der Kontinuitätsgleichung als Querschnittsfläche des Lecks:

$$A = \frac{\dot{V}}{c} = \frac{\dot{V}}{c_s} = \frac{417{,}3 \cdot 10^{-6}\,\frac{\text{m}^3}{\text{s}}}{243\,\frac{\text{m}}{\text{s}}} = 1{,}717 \cdot 10^{-6}\text{ m}^2 = 1{,}717\text{ mm}^2$$

Hierbei haben wir die Dichte bei 5 °C verwendet, d. h., wir sind davon ausgegangen, dass das Propan diesen Druck beim Durchströmen des Lecks behält und erst beim Erreichen der Außenseite expandiert.

■ Problem 3.6: Aufräumen und entsorgen

In dieser Problemstellung geht es darum, die sonst immer aus Tabellen entnommenen Stoffeigenschaften einmal selbst zu ermitteln. Dies erklärt die beschriebene, etwas künstliche Situation.

3.6a) Das Gas beschreiben

Für das Gas sind Druck, Volumen, Temperatur und Masse bekannt, jedoch nicht die spezielle Gaskonstante. Auch wenn 200 bar schon ein hoher Druck ist, so rechnen wir hier trotzdem unter der Annahme des idealen Gases, schon weil wir keine weiteren hilfreichen Angaben haben.

Dann ist die spezielle Gaskonstante des gesuchten Gases folgende:

$$R_? = \frac{p_B \cdot V_B}{m_B \cdot T} = \frac{20 \cdot 10^6\ \text{Pa} \cdot 12 \cdot 0{,}050\ \text{m}^3}{140\ \text{kg} \cdot 288\ \text{K}} = 298\ \frac{\text{J}}{\text{kg} \cdot \text{K}}$$

Aus dieser lässt sich auch die Molmasse bestimmen:

$$M_? = \frac{R}{R_?} = \frac{8314\ \frac{\text{J}}{\text{kmol} \cdot \text{K}}}{298\ \frac{\text{J}}{\text{kg} \cdot \text{K}}} = 27{,}9\ \frac{\text{kg}}{\text{kmol}}$$

Im Rahmen der Genauigkeit, mit der Sie hier rechnen können, kommen insbesondere infrage:

- Stickstoff, N_2 mit M_{N2} = 28,01 kg mol^{-1}
- Kohlenmonoxid, CO mit M_{CO} = 28,01 kg mol^{-1}
- Ethen, C_2H_4 mit M_{Ethen} = 28,05 kg mol^{-1}
- Diboran, B_2H_6 mit $M_{Diboran}$ = 27,67 kg mol^{-1}
- Cyanwasserstoff (HCN mit M_{HCN} = 27,03 kg mol^{-1} hingegen wäre flüssig und scheidet daher aus.)

3.6b) Weitere Stoffeigenschaften

Aus den gemessenen Daten lässt sich κ bestimmen. Für die isentrope Zustandsänderung ist

$$\frac{T_2}{T_1} = \left(\frac{p_2}{p_1}\right)^{\frac{\kappa-1}{\kappa}} = \left(\frac{p_2}{p_1}\right)^{\frac{\kappa}{\kappa}-\frac{1}{\kappa}} = \left(\frac{p_2}{p_1}\right)^{1-\frac{1}{\kappa}} = \frac{\left(\frac{p_2}{p_1}\right)}{\left(\frac{p_2}{p_1}\right)^{\frac{1}{\kappa}}}$$

Für die hier vorgenommene Umformung verwenden wir die Regeln zum Rechnen mit Exponentialfunktionen. Den ganz linken und den ganz rechten Term dieser Gleichung können wir umstellen zu

$$\left(\frac{p_2}{p_1}\right)^{\frac{1}{\kappa}} = \exp\left(\frac{1}{\kappa} \cdot \ln \frac{p_2}{p_1}\right) = \frac{\frac{p_2}{p_1}}{\frac{T_2}{T_1}} = \frac{p_2 \cdot T_1}{p_1 \cdot T_2}$$

und weiter zu

$$\ln\left(\frac{p_2 \cdot T_1}{p_1 \cdot T_2}\right) = \frac{1}{\kappa} \cdot \ln \frac{p_2}{p_1}$$

Auflösen und Einsetzen ergibt

$$\kappa_? = \frac{\ln\frac{p_2}{p_1}}{\ln\left(\frac{p_2 \cdot T_1}{p_1 \cdot T_2}\right)} = \frac{\ln\frac{2{,}1\ \text{bar}}{1{,}0\ \text{bar}}}{\ln\left(\frac{2{,}1\ \text{bar} \cdot 288\ \text{K}}{1{,}0\ \text{bar} \cdot 364\ \text{K}}\right)} = 1{,}46$$

Aus diesem Isentropenexponenten $\kappa_?$ und der speziellen Gaskonstante $R_?$ folgen dann die spezifischen Wärmekapazitäten

$$c_{p,?} = \frac{R_?}{1 - \frac{1}{\kappa_?}} = \frac{298\ \frac{\text{J}}{\text{kg} \cdot \text{K}}}{1 - \frac{1}{1{,}46}} = 946\ \frac{\text{J}}{\text{kg} \cdot \text{K}}$$

und

$$c_{v,?} = \frac{R_?}{\kappa_? - 1} = \frac{298\ \frac{\text{J}}{\text{kg} \cdot \text{K}}}{1{,}46 - 1} = 648\ \frac{\text{J}}{\text{kg} \cdot \text{K}}$$

Damit wissen wir einiges über das unbekannte Gas.

3.6c) Diskussion

Die Werte für den Isentropenexponenten und die spezifische Wärmekapazität deuten auf CO oder N_2. Ethen hat ein $\kappa = 1{,}3$. Es scheidet also aus. Auch für Diboran erwarten wir ein $\kappa = 1{,}3$ oder kleiner (komplexes Molekül). Diboran ist so gefährlich im Umgang, dass wir es getrost ausschließen können.

Da die Anschlüsse an den Bündeln für ein Brenngas vorgesehen sind, wird in den Bündeln CO enthalten sein - was nicht ganz einfach für die Entsorgung wird.

■ Problem 3.7: Was kostet Druckluft?

Hier geht es um das Rechnen mit Zustandsänderungen des idealen Gases.

3.7a) Skizze

Bild 3.3 zeigt eine Skizze. Die Bezeichnung der Zustände folgt dem Weg der Luft bis zum Tank: **(1)** vor Filter, **(2)** nach Filter, **(3)** nach Kompressor, **(4)** nach Ölabscheider und **(5)** nach Trockner im Tank.

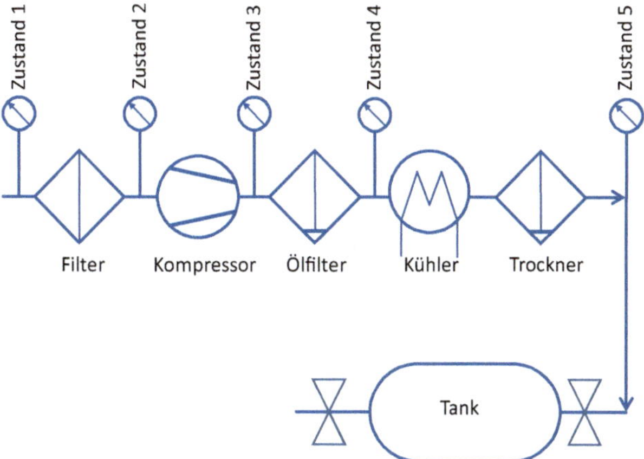

Bild 3.3 Skizze für das Druckluftsystem mit den im Text definierten Bezeichnungen der Zustände

3.7b) Kompression

Die Zustandsänderung 1 → 2 über den Filter nehmen wir als isenthalpe Expansion an, d. h., es erfolgt keine Temperaturänderung bei einem idealen Gas. Die Zustandsänderung 2 → 3 über den Kompressor können wir schrittweise lösen. Zuerst beschreiben wir eine ideale isentrope Kompression mit dem gegebenen Druckverhältnis. Dann ist der Druck nach dem Kompressor

$$p_3 = \Pi \cdot p_2 = \Pi \cdot (p_1 - \Delta p_{12}) = 10 \cdot (1{,}0\ \text{bar} - 0{,}010\ \text{bar}) = 9{,}9\ \text{bar}$$

und die Temperatur der idealen Verdichtung

$$T_{3S} = T_2 \cdot \left(\frac{p_3}{p_2}\right)^{\frac{\kappa-1}{\kappa}} = 288{,}15\ \text{K} \cdot (10)^{\frac{1{,}400-1}{1{,}400}} = 556{,}3\ \text{K}$$

Im zweiten Schritt berücksichtigen wir die reale polytrope Kompression über den isentropen Wirkungsgrad mit

$$T_{3'} = \frac{T_{3S} - T_2}{\eta_{S,23}} + T_2 = \frac{556{,}3\ \text{K} - 288{,}15\ \text{K}}{0{,}82} + 288{,}15\ \text{K} = 615{,}2\ \text{K}$$

und damit als spezifische innere Arbeit

$$w_{p,23'} = c_{p,Luft} \cdot (T_{3'} - T_2) = 1{,}004\ \frac{\text{kJ}}{\text{kg} \cdot \text{K}} \cdot (615{,}2\ \text{K} - 288{,}15\ \text{K}) = 328{,}4\ \frac{\text{kJ}}{\text{kg}}$$

Andere Lösungswege sind möglich.

3.7c) Kältemaschine

Die abzuführende spezifische Wärme in der Zustandsänderung 4 → 5 beträgt

$$q_{45} = c_{p,Luft} \cdot (T_5 - T_4) = 1{,}004\ \frac{\text{kJ}}{\text{kg} \cdot \text{K}} \cdot (276{,}15\ \text{K} - 615{,}2\ \text{K}) = -340{,}4\ \frac{\text{kJ}}{\text{kg}}$$

Damit wäre der spezifische Bedarf an Elektrizität der Kältemaschine

$$w_{el} = \frac{q_{45}}{\varepsilon_{KM}} = \frac{340{,}4\ \frac{\text{kJ}}{\text{kg}}}{3{,}3} = 103{,}2\ \frac{\text{kJ}}{\text{kg}}$$

Das heißt, insgesamt benötigt die Druckluftanlage zumindest eine spezifische Arbeit von

$$w_{el,ges} = w_{el,kom} + w_{el,KM} = 328{,}4\ \frac{\text{kJ}}{\text{kg}} + 103{,}2\ \frac{\text{kJ}}{\text{kg}} = 431{,}6\ \frac{\text{kJ}}{\text{kg}}$$

um die Luft in dem Tank bereitzustellen.

3.7d) Spezifische Enthalpie

Hier geht es darum, die einzelnen Beiträge aus b) geeignet neu zu ordnen. Es gilt:

- 1 → 2: isenthalpe Expansion im Filter mit $\Delta h_{12} = 0$
- 2 → 3: polytrope Verdichtung mit $\Delta h_{23} = 328{,}4$ kJ kg^{-1}
- 3 → 4: isenthalpe Expansion im Ölfilter als einfachste Annahme mit $\Delta h_{34} = 0$
- 4 → 5: Kühlung mit $\Delta h_{12} = -340{,}4$ kJ kg^{-1}

3.7e) Kompressor

Der Tank fasst (bei 3 °C) zwischen minimalem und maximalem Druck ein Volumen von

$$\Delta V_N = V_N(11\ \text{bar}) - V_N(9\ \text{bar}) = V_T \cdot \frac{T_N}{T_5} \cdot \frac{p_{max}}{p_N} - V_T \cdot \frac{T_N}{T_5} \cdot \frac{p_{min}}{p_N} = V_T \cdot \frac{T_N}{T_5} \cdot \left(\frac{p_{max} - p_{min}}{p_N}\right)$$

$$\Delta V_N = 2{,}5\ \text{m}^3 \cdot \frac{273{,}15\ \text{K}}{276{,}15\ \text{K}} \cdot \frac{11{,}0\ \text{bar} - 9{,}0\ \text{bar}}{1{,}013\ \text{bar}} = 4{,}882\ \text{Nm}^3$$

Der mittlere Volumenstrom an Luft, der den Tank verlässt, beträgt

$$\dot{V}_N = \dot{V}_{N,Nutz} + \dot{V}_{N,Leck} = 50\frac{\text{Nm}^3}{\text{d}} + 1{,}0\frac{\text{Nm}^3}{\text{h}} = 74\frac{\text{Nm}^3}{\text{d}}$$

Damit springt der Kompressor alle

$$\Delta t = \frac{\Delta V}{\dot{V}} = \frac{4{,}882\ \text{Nm}^3}{74\ \frac{\text{Nm}^3}{\text{d}}} = 0{,}06597\ \text{d} = 1{,}583\ \text{h} = 95{,}0\ \text{min}$$

oder 15,2-mal am Tag an. Bei jedem Prozess wird eine Masse von

$$m_{Komp} = \frac{p_N \cdot \Delta V_N}{R_{Luft} \cdot T_N} = \frac{101325\ \text{Pa} \cdot 4{,}882\ \text{Nm}^3}{287{,}2\ \frac{\text{J}}{\text{kg} \cdot \text{K}} \cdot 273{,}15\ \text{K}} = 6{,}306\ \text{kg}$$

verdichtet. Dafür wird am Tag eine elektrische Arbeit von

$$P_{el} = n_{Komp} \cdot m_{Komp} \cdot w_{el,ges} = 15{,}2\frac{1}{\text{d}} \cdot 6{,}306\ \text{kg} \cdot 431{,}6\frac{\text{kJ}}{\text{kg}} = 41{,}37\ \text{MJ} = 11{,}5\frac{\text{kWh}}{\text{d}}$$

benötigt. Dies sind aktuell ca. 6 € pro Tag oder 2200 € im Jahr. Einen wesentlich höheren Aufwand benötigt die Investition der Anlage und ihre Wartung und Instandhaltung.

Problem 3.8: Erdgaspipeline warten

Diese Problemstellung ist von einer aktuellen Bachelor-Arbeit inspiriert, d. h., die diskutierten Themen sind gerade von Bedeutung.

3.8a) Masse

Das Volumen des Segments der Pipeline beträgt

$$V_{seg} = A_{pip} \cdot l_{seg} = \frac{\pi}{4} \cdot d_{pip}^2 \cdot l_{seg} = \frac{\pi}{4} \cdot (0{,}5\ \text{m})^2 \cdot 18700\ \text{m} = 3672\ \text{m}^3$$

Unter der Annahme des idealen Gases ist die Masse des Gases darin

$$m_{rest} = \frac{p_{rest} \cdot V_{seg}}{R_{EG} \cdot T} = \frac{1{,}5 \cdot 10^6\ \text{Pa} \cdot 3672\ \text{m}^3}{518{,}3\ \dfrac{\text{J}}{\text{kg} \cdot \text{K}} \cdot 283\ \text{K}} = 37551\ \text{kg}$$

Da Erdgas typischerweise nach Energiegehalt verkauft wird (€/kWh), benötigen wir einen aktuellen Preis, den Sie hier recherchieren sollten. Mit Linows aktuellem Gaspreis wäre der auf die Energie bezogene Wert des Gases folgender:

$$c_{EG} = 0{,}18\ \frac{€}{\text{kWh}} = 0{,}18 \frac{€}{1000\ \text{W} \cdot 3600\ \text{s}} = 0{,}05\ \frac{€}{\text{MJ}}$$

Um den Energiegehalt des Erdgases (= die maximal frei werdende Wärme bei vollständigem Verbrennen des Gases) zu bestimmen, benötigen wir den Heizwert des Erdgases:

$$Q_{rest} = m_{rest} \cdot H_{I,EG}$$

Damit ist der Wert des Gases im Segment

$$C_{rest} = Q_{rest} \cdot c_{rest} = m_{rest} \cdot H_{I,EG} \cdot c_{rest} = 31551\ \text{kg} \cdot 36\ \frac{\text{MJ}}{\text{kg}} \cdot 0{,}05\ \frac{€}{\text{MJ}} = 56800\ €$$

Der Wert des Gases ist nicht ausgesprochen hoch.

3.8b) Aufwand bzw. Arbeit

Die benötigte Arbeit hängt vom Druck in den benachbarten Segmenten ab. Im ungünstigsten Fall haben die benachbarten Segmente einen Nenndruck von 80 bar. Für diesen Fall rechnen wir. Angegeben ist, dass der Verdichter bis hinab zu 1 bar das Segment entleeren kann. Das heißt, wir haben den Fall, dass sich der Druck p_1 mit der Zeit verändert. Für diesen Fall sind keine Gleichungen im Lehrbuch enthalten. All unsere Gleichungen beschreiben Zustandsänderungen, bei denen sich die Zustände selbst nicht verändern.

Grenzfälle: Um eine Idee zu bekommen, wohin es geht, beschreiben wir einmal die Grenzfälle p_{1a} = 15 bar:

$$T_{2a} = T_1 \cdot \left(\frac{p_2}{p_{1a}}\right)^{\frac{\kappa-1}{\kappa}} = 283\ \text{K} \cdot \left(\frac{80\ \text{bar}}{15\ \text{bar}}\right)^{\frac{1{,}32-1}{1{,}32}} = 424{,}6\ \text{K}$$

Aus dieser isentropen Temperatur folgt die polytrope

$$T_{2a'} = \frac{T_{2aS} - T_1}{\eta_{S,V}} + T_1 = \frac{424{,}6\text{ K} - 283\text{ K}}{0{,}80} + 283\text{ K} = 460{,}0\text{ K}$$

und damit

$$w_{1a2a} = c_p \cdot \left(T_{2a'} - T_1\right) = 2{,}156\,\frac{\text{kJ}}{\text{kg}\cdot\text{K}} \cdot \left(460{,}0\text{ K} - 283\text{ K}\right) = 381{,}6\,\frac{\text{kJ}}{\text{kg}}$$

Bei p_{1b} = 1 bar ergibt sich mit diesem Rechenweg

$$T_{2b} = T_1 \cdot \left(\frac{p_2}{p_{1b}}\right)^{\frac{\kappa-1}{\kappa}} = 283\text{ K} \cdot \left(\frac{80\text{ bar}}{1\text{ bar}}\right)^{\frac{1{,}32-1}{1{,}32}} = 818{,}7\text{ K}$$

Aus dieser isentropen Temperatur folgt die polytrope Temperatur als Ergebnis der Verdichtung mit

$$T_{2b'} = \frac{T_{2bS} - T_1}{\eta_{S,V}} + T_1 = \frac{818{,}7\text{ K} - 283\text{ K}}{0{,}80} + 283\text{ K} = 952{,}6\text{ K}$$

und damit als spezifische Arbeit

$$w_{1b2b} = c_p \cdot \left(T_{2b} - T_1\right) = 2{,}156\,\frac{\text{kJ}}{\text{kg}\cdot\text{K}} \cdot \left(952{,}6\text{ K} - 283\text{ K}\right) = 1444\,\frac{\text{kJ}}{\text{kg}}$$

Zweistufiger Grenzfall: Tatsächlich beschreibt das Ergebnis für 15 bar den Verdichter gut. Doch wenn das Druckverhältnis zunimmt (weil der Druck p_1 abnimmt), wird irgendwann eine zweite Verdichterstufe zugeschaltet. Dies schätzen wir hier ab.

Eine recht realistische Annahme ist, dass zwei hintereinander geschaltete Verdichter verwendet werden mit jeweils einem Druckverhältnis von Π = 9 und einer Zwischenkühlung. Den Zwischenzustand nennen wir 3. Es gilt dann:

$$T_{3S} = T_1 \cdot \left(\frac{p_3}{p_{1b}}\right)^{\frac{\kappa-1}{\kappa}} = 283\text{ K} \cdot \left(\frac{9\text{ bar}}{1\text{ bar}}\right)^{\frac{1{,}32-1}{1{,}32}} = 482{,}1\text{ K}$$

Aus dieser isentropen Temperatur folgt die polytrope

$$T_{3'} = \frac{T_{3S} - T_1}{\eta_{S,V}} + T_1 = \frac{482{,}2\text{ K} - 283\text{ K}}{0{,}80} + 283\text{ K} = 532{,}0\text{ K}$$

An dieser Stelle erfolgt eine isobare Zwischenkühlung auf die Umgebungstemperatur T_1 und die zweite Verdichterstufe erreicht

$$T_2 = T_1 \cdot \left(\frac{p_2}{p_3}\right)^{\frac{\kappa-1}{\kappa}} = 283\text{ K} \cdot \left(\frac{80\text{ bar}}{9\text{ bar}}\right)^{\frac{1{,}32-1}{1{,}32}} = 480{,}6\text{ K}$$

Aus dieser isentropen Temperatur folgt die polytrope

$$T_{2'} = \frac{T_{2S} - T_1}{\eta_{S,V}} + T_1 = \frac{480{,}6\text{ K} - 283\text{ K}}{0{,}80} + 283\text{ K} = 530{,}0\text{ K}$$

Damit ist die spezifische Arbeit bei zweistufiger Verdichtung die Summe der spezifischen verrichteten Arbeiten der beiden Stufen mit

$$w_{1b2b} = c_p \cdot (T_3 - T_1) + c_p \cdot (T_2 - T_1)$$

$$w_{1b2b} = 2{,}156 \frac{\text{kJ}}{\text{kg} \cdot \text{K}} \cdot (530{,}0\ \text{K} - 283\ \text{K}) + 2{,}156 \frac{\text{kJ}}{\text{kg} \cdot \text{K}} \cdot (532{,}0\ \text{K} - 283\ \text{K}) = 1069 \frac{\text{kJ}}{\text{kg}}$$

Bild 3.4 zeigt, wie sich die spezifische Druckarbeit mit abnehmendem Druck im Pipelinesegment erhöht (von rechts nach links). Die einstufige Verdichtung benötigt dabei die maximale Arbeit und die technische Variante, bei der zwei Verdichter mit identischem Druckverhältnis eingesetzt werden, die geringste.

Zusätzlich dargestellt ist eine Variante, bei der die zweite Stufe erst ab einem Druckverhältnis von 9 zugeschaltet wird, sowie eine dreistufige Variante. Grundsätzlich gilt, dass sich der Aufwand für das Abpumpen zwischen 15 bar Druck im Segment und 1 bar im Segment etwa verdreifacht.

Tatsächlich verlaufen diese Kurven noch etwas anders, da der isentrope Wirkungsgrad eines Verdichters im Betrieb vom realisierten Druckverhältnis abhängt.

Abschätzen: Grundsätzlich fällt der Druck im Segment linear mit der entnommenen Masse an Erdgas ab. Dies folgt direkt aus dem Modell des idealen Gases. Die Kurven in Bild 3.4 verlaufen jedoch nicht gerade, und die Bildung des Integrals unter den Kurven ist unangenehm komplex.

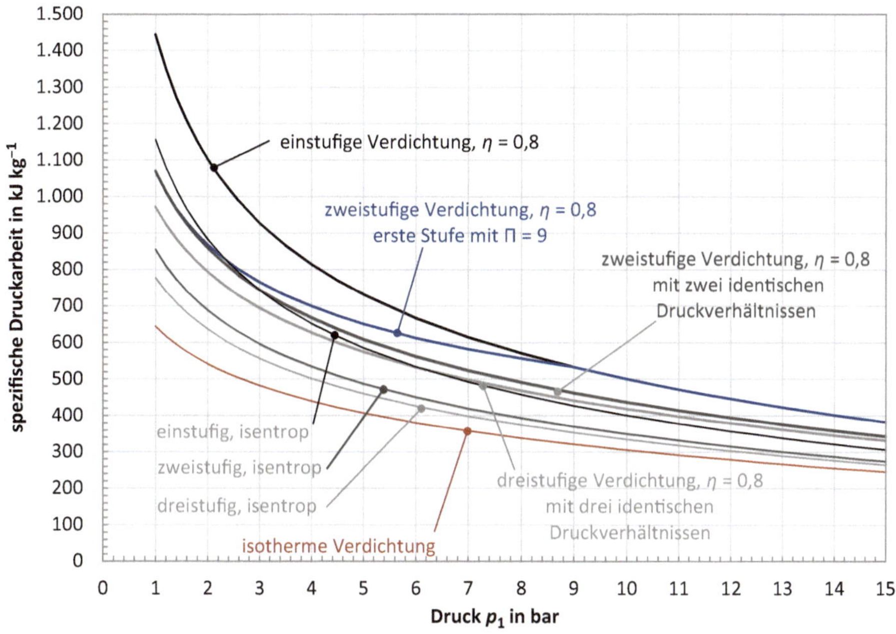

Bild 3.4 Spezifische Druckarbeit für die Verdichtung von Methan auf 80 bar: Die Isentropen (dünne Linien) zeigen, dass sich die mehrstufige Verdichtung mit der Zahl der Stufen dem Ideal einer isothermen Verdichtung annähert.

Eine sehr grobe erste Schätzung nimmt den Mittelwert zwischen 15 bar und 1 bar:

$$w_{pump} \le \frac{w|_{15\text{ bar}} + w|_{1\text{ bar}}}{2} = \frac{381{,}6\,\frac{\text{kJ}}{\text{kg}} + 1069\,\frac{\text{kJ}}{\text{kg}}}{2} = 725\,\frac{\text{kJ}}{\text{kg}}$$

Die abzuführende spezifische Wärme hat auch diesen Wert, da es sich letztendlich um eine isotherme Zustandsänderung handelt - sich also die spezifische Enthalpie des Erdgases nicht ändert.

Damit wäre der benötigte Aufwand wie folgt:

$$W_{pump} = m_{Erdgas} \cdot \frac{\Delta p}{p_{\max}} \cdot w_{pump} = 37551\text{ kg} \cdot \frac{14\text{ bar}}{15\text{ bar}} \cdot 725\,\frac{\text{kJ}}{\text{kg}} = 25{,}41 \cdot 10^{9}\text{ J}$$

Den Faktor $\Delta p/p_{max}$ führen wir ein, da wir ja nur diesen Anteil der Erdgasmasse aus dem Segment entnehmen.

3.8c) Brennstoffbedarf

Wir haben die benötigte Arbeit und können damit die benötigte Menge an Brennstoff bestimmen:

$$m_{Motor} = \frac{Q_{zu}}{H_{I,Erdgas}} = \frac{W_{pump}}{\eta_{Motor} \cdot H_{I,Erdgas}} = \frac{25{,}41 \cdot 10^{9}\text{ J}}{0{,}36 \cdot 50 \cdot 10^{6}\,\frac{\text{J}}{\text{kg}}} = 1412\text{ kg}$$

Dies entspricht 3,8 % des Erdgases im Segment.

3.8d) Mittlere Leistung

Die benötigte mittlere Leistung beträgt

$$P_{pump} = \frac{W_{pump}}{\Delta t} = \frac{25{,}41 \cdot 10^{9}\text{ J}}{24 \cdot 3600\text{ s}} = 294\text{ kW}$$

Tatsächlich hängt die realisierbare Leistung vom aktuellen Druckverhältnis ab.

3.8e) Diskussion

Die große Herausforderung ist, dass reale Verhalten eines solchen Verdichters zu kennen. Der Wirkungsgrad ist abhängig von mehreren Faktoren: Vorrangig ist dies das aktuell zu verwirklichende Druckverhältnis, der anliegende Druck sowie in einem geringeren Maße die Temperatur des zuströmenden Gases und die Umgebungstemperatur. Mit diesen Daten ließe sich numerisch ein genaueres Ergebnis abschätzen. Allerdings gehen bei so einem Auftrag weitere Aspekte mit ein, sodass wir hier zumindest einen ordentlichen Ansatzpunkt abgeschätzt haben.

4 Gemische

Problem 4.1: Schrott

In dieser Problemstellung liegt ein Gemisch aus Elementen vor. Metalle als Gemische, insbesondere als Legierungen, beschreiben wir über die Elemente und ihre Massenanteile.

4.1a) Massenanteile

Zur Bestimmung der Massenanteile benötigen wir zuerst die Gesamtmasse an Schrott. Daraus bestimmen wir dann die Massenanteile mit

$$\mu_i = \frac{m_i}{m_{Mi}} = \frac{m_i}{\sum_i m_i}$$

Die Ergebnisse sind in Tabelle 4.1 dargestellt.

Tabelle 4.1 Beschreibung der Schrottkiste

Metall	Ta	Nb	Mo	W	Os	Gemisch
m_i in kg	31,54	12,21	102,54	85,40	0,620	232,31
μ_i	0,1358	0,05256	0,4414	0,3676	0,002689	1
M_i in kg kmol^{-1}	180,948	92,906	95,94	183,85	190,20	126,12
n_i in kmol	0,1743	0,1314	1,0688	0,4645	0,003260	1,842
y_i	0,09463	0,07134	0,5802	0,2522	0,001770	1
$\Delta S_{Mi,i}$ in kJ K^{-1}	3,417	2,884	4,837	5,320	0,172	16,63
$c_{p,i}$ in J kg^{-1} K^{-1}	140	265	251	138	385	195
$c_{p,i}$ in kJ kmol^{-1} K^{-1}	25,33	24,60	24,06	25,371	73,23	24,59
$T_{SMP,i}$ in K	3290	2750	2896	3695	3400	-
$\Delta H_{M,i}$ in kJ mol^{-1}	36	26,8	36	35,2	31,8	-
Δh_i in kJ kg^{-1}	199	288	375	191	167	-

4.1b) Stoffmengenanteile

Für die Berechnung der Stoffmengen der Komponenten benötigen wir zuerst die Molmassen der Elemente. Diese finden sich in einem Periodensystem der Elemente (z.B. im Lehrbuch). Dann sind die Stoffmengen

$$n_i = \frac{m_i}{M_i}$$

Daraus können wir nun die Stoffmengenanteile

$$y_i = \frac{n_i}{n_{Mi}} = \frac{n_i}{\sum_i n_i}$$

berechnen. Die Stoffmenge des Gemisches ist die Summe der Stoffmengen der Komponenten.

4.1c) Mischungsentropie

Die durch die Mischung erzeugte Entropie berechnen wir aus den Stoffmengen und den Stoffmengenanteilen mit

$$\Delta S_{Mi} = \sum_i \Delta S_i = \sum_i -R \cdot n_i \cdot \ln y_i = 16630 \, \frac{\mathrm{J}}{\mathrm{K}}$$

Nehmen wir 300 K als Umgebungstemperatur an, bei der der Schrott in die Kiste gelangt, so ist

$$W_{sort} = T_u \cdot \Delta S_{Mi} = 300 \, \mathrm{K} \cdot 16630 \, \frac{\mathrm{J}}{\mathrm{K}} = 4{,}989 \, \mathrm{MJ}$$

Könnten wir dies (ähnlich wie Aschenbrödel und die Täubchen) manuell sortieren, dann läge der Aufwand für das Aufräumen vermutlich in dieser Größenordnung. Falls es gelingt, den metallischen Abfall gleich sortenrein zu sammeln, dann entfällt dieser Schritt und der Schrott bekommt einen höheren Wert. Der thermische Prozess hingegen sollte deutlich aufwendiger sein, was wir uns später noch ansehen.

4.1d) Spezifische Wärmekapazität

Die molare und die spezifische Wärmekapazität können wir über die Molmasse ineinander umrechnen. Wenn wir uns dies an einer übertragenen Wärme veranschaulichen, dann können wir einmal die Masse in Kombination mit der spezifischen Wärmekapazität und einmal die Stoffmenge in Kombination mit der molaren Wärmekapazität als Bezug verwenden. Beide Varianten finden Sie in folgender Gleichung:

$$Q_{12} = m \cdot c_p \cdot \Delta T_{12} = n \cdot C_{p,M} \cdot \Delta T_{12}$$

Da die Temperaturänderung unabhängig davon ist, ob wir unser Gemisch über Massen oder Stoffmengen beschreiben, wird

$$m \cdot c_p = n \cdot C_{p,M}$$

Daraus folgen

$$\frac{m}{n} \cdot c_p = M \cdot c_p = C_{p,M}$$

sowie

$$c_p = \frac{C_{p,M}}{M}$$

Auf diesem Weg können wir die Wärmekapazitäten alle geeignet umrechnen. Diese Gleichungen stehen auch im Lehrbuch, aber hier haben Sie noch einmal gesehen, wie Sie sie erzeugen können.

Die spezifische Wärmekapazität des Gemisches bilden wir über die Massenanteile. Daher gilt:

$$c_{p,Mi} = \sum_i \mu_i \cdot c_{p,i} = 195 \, \frac{\text{J}}{\text{kg} \cdot \text{K}}$$

Dies ist insgesamt ein eher niedriger Wert.

4.1e) Wärme

Jetzt wird es ungenau: Die spezifische Wärmekapazität hängt von der Temperatur ab. Typischerweise steigt sie mit der Temperatur an. Außerdem verändert sie an Phasengrenzen sprunghaft ihren Wert.

Wir haben nur diesen Satz an Werten bei Raumtemperatur und können damit nur eine untere Grenze abschätzen. Diese beträgt

$$Q_f = m_{Mi} \cdot c_{p,Mi} \cdot \Delta T = 232{,}31 \text{ kg} \cdot 195 \, \frac{\text{J}}{\text{kg} \cdot \text{K}} \cdot (2740 \text{ K} - 300 \text{ K}) = 110 \text{ MJ}$$

wenn wir die Schmelzenthalpie vernachlässigen. Dies dürfen wir hier machen, denn Niob ist das am niedrigsten schmelzende Element des Gemisches.

4.1f) Schmelzen

Die Schmelzenthalpien sind aus Wikipedia zusammengesammelt, allerdings noch bezogen auf eine Stoffmenge. Diese rechnen wir wie vorangehend gezeigt in Wärmekapazitäten um:

$$\Delta h_i = \frac{\Delta H_{M,i}}{M}$$

Um nur das Niob aufzuschmelzen, muss zusätzlich zur Wärme aus 4.1g) noch

$$Q_l = Q_{l,\text{Nb}} = m_{\text{Nb}} \cdot \Delta h_{\text{Nb}} = 3{,}52 \text{ MJ}$$

zugeführt werden. Um alle Metalle aufzuschmelzen, müsste das Gemisch bis über die Schmelztemperatur von Wolfram erwärmt werden. Da es kein Material gibt, das eine solche Schmelze aufnehmen kann, ist dies jedoch technisch nicht möglich. Hochschmelzende Refraktärmetalle werden gesintert.

4.1g) Diskussion

Temperaturabhängige und phasenabhängige Daten für die spezifische Wärmekapazität würden die Genauigkeit erhöhen. Diese sind z. B. in den NIST Janaf Tables (*https://janaf.nist.gov*) zu finden. Wir können aber davon ausgehen, dass der tatsächliche Aufwand an Energie etwa 10- bis 100-mal höher ist. Daher wäre dies nur eine Pseudogenauigkeit.

Problem 4.2: Rezeptur für das Fensterglas

Eine Schwierigkeit dieser Problemstellung entsteht dadurch, dass einige der Rohstoffe mehr als eine Komponente enthalten. Dadurch beeinflusst die Wahl der Rohstoffe den weiteren Weg. Es gibt hier mehrere mögliche Wege zum Ziel und unterschiedliche Rezepturen. Eine zweite Schwierigkeit besteht darin, dass keine festen Gleichungen vorgegeben sind, sondern wir diese aus unseren Werkzeugen entwickeln müssen. Die benötigten Gleichungen sind allerdings nicht kompliziert. Auch hier ist es wesentlich, einen Überblick zu behalten, was schon ermittelt ist und was noch fehlt.

4.2a) Das Rezept

Die Rohstoffe (Index *R*) für das Glas werden gewogen und gemischt. Beim Schmelzen geht zum Teil Masse verloren (z. B. als gasförmiges CO_2 oder H_2O) und Rohstoffe tragen zum Teil zu mehreren der Oxide im Glas bei (Index *O*).

Das Ziel der Problemstellung ist es, die Massenanteile der Rohstoffe bezogen auf 1000 kg Glas zu bestimmen. Die Rohstoffe tragen dabei zu einem gewissen, auf die Massen der einzelnen Oxide bezogenen Anteil $\gamma_{O\text{-}R}$ zu den einzelnen Oxiden bei. Mein Ansatz ist, mit den Komponenten zu beginnen, die in geringer Konzentration vorliegen, um am Ende dann den Rest mit Quarzsand aufzufüllen.

Aluminiumoxid: Es gibt zwei Möglichkeiten. Wir verwenden entweder Korund (Al_2O_3) oder Feldspat als Quelle für das Aluminiumoxid. Korund ist einfacher, da dies den gesamten Bedarf an Al_2O_3 mit

$$\gamma_{Al_2O_3-Al_2O_3} = 1$$

bereitstellt. Es treten keine Schmelzverluste auf und daher wäre

$$m_{Korund} = \frac{m_{Al_2O_3}}{\gamma_{Al_2O_3-Al_2O_3}} = \frac{\mu_{Al_2O_3} \cdot m_{Glas}}{\gamma_{Al_2O_3-Al_2O_3}} = \frac{0{,}006}{1} \cdot m_{Glas} = 0{,}006 \cdot m_{Glas}$$

Spannender für die Musterlösung ist Feldspat als Quelle für das Aluminiumoxid, weil wir damit auch Kaliumoxid und Siliziumdioxid zugeben. Daher bestimmen wir zuerst die Molmasse des Feldspats:

$$M_{Feldspat} = 2 \cdot M_{\mathrm{K}} + 2 \cdot M_{\mathrm{Al}} + 6 \cdot M_{\mathrm{Si}} + 16 \cdot M_{\mathrm{O}}$$

$$M_{Feldspat} = 2 \cdot 39{,}10 \frac{\mathrm{kg}}{\mathrm{kmol}} + 2 \cdot 26{,}91 \frac{\mathrm{kg}}{\mathrm{kmol}} + 6 \cdot 28{,}09 \frac{\mathrm{kg}}{\mathrm{kmol}} + 16 \cdot 16{,}00 = 556{,}56 \frac{\mathrm{kg}}{\mathrm{kmol}}$$

Damit erhalten wir für die drei Oxide, die im Feldspat enthalten sind:

$$\gamma_{\mathrm{Al_2O_3}-Feldspat} = \frac{M_{\mathrm{Al_2O_3}}}{M_{Feldspat}} = \frac{101{,}96 \frac{\mathrm{kg}}{\mathrm{kmol}}}{556{,}56 \frac{\mathrm{kg}}{\mathrm{kmol}}} = 0{,}1832$$

$$\gamma_{\mathrm{K_2O}-Feldspat} = \frac{M_{\mathrm{K_2O}}}{M_{Feldspat}} = \frac{94{,}20 \frac{\mathrm{kg}}{\mathrm{kmol}}}{556{,}56 \frac{\mathrm{kg}}{\mathrm{kmol}}} = 0{,}1692$$

$$\gamma_{\mathrm{SiO_2}-Feldspat} = \frac{6 \cdot M_{\mathrm{SiO_2}}}{M_{Feldspat}} = \frac{6 \cdot 60{,}08 \frac{\mathrm{kg}}{\mathrm{kmol}}}{556{,}56 \frac{\mathrm{kg}}{\mathrm{kmol}}} = 0{,}6477$$

Wenn wir auf diesem Weg das Korund zufügen wollen, können wir maximal

$$m_{Feldspat} = \frac{m_{\mathrm{Al_2O_3}}}{\gamma_{\mathrm{Al_2O_3}-Feldspat}} = \frac{\mu_{\mathrm{Al_2O_3}} \cdot m_{Glas}}{\gamma_{\mathrm{Al_2O_3}-Feldspat}} = \frac{0{,}006}{0{,}1832} \cdot m_{Glas} = 0{,}03275 \cdot m_{Glas}$$

an Feldspat zugeben. Allerdings würde sich jetzt die Zusammensetzung unseres Glases verändern. Ein Teil des Natriums würde durch Kalium ersetzt werden müssen. Dies ist bei diesem Rezept nicht vorgesehen. Daher verwenden wir doch Korund.

Schwefel: Aus der detaillierten Analyse der Zusammensetzung des Glases in Tabelle 4.1 entnehmen wir, dass für den Massenanteil an Sulfat (SO_3) von $\mu_S = 0{,}007$ ein Stoffmengenanteil von $y_S = 0{,}005197$ benötigt wird. Da jedes Teilchen Gips genau ein Schwefelatom enthält, ist dies zugleich unsere spezifische Stoffmenge an Gips (je Kilogramm Glas).

Zuerst bestimmen wir die Molmasse des Gipses:

$$M_{Gips} = M_{\mathrm{Ca}} + M_{\mathrm{S}} + 6 \cdot M_{\mathrm{O}} + 4 \cdot M_{\mathrm{H}}$$

$$M_{Gips} = 40{,}08 \frac{\mathrm{kg}}{\mathrm{kmol}} + 32{,}07 \frac{\mathrm{kg}}{\mathrm{kmol}} + 6 \cdot 16{,}00 \frac{\mathrm{kg}}{\mathrm{kmol}} + 4 \cdot 1{,}008 = 172{,}18 \frac{\mathrm{kg}}{\mathrm{kmol}}$$

Damit erhalten wir Folgendes:

$$\gamma_{\mathrm{SO_3}-Gips} = \frac{M_{\mathrm{SO_3}}}{M_{Gips}} = \frac{80{,}06 \frac{\mathrm{kg}}{\mathrm{kmol}}}{172{,}18 \frac{\mathrm{kg}}{\mathrm{kmol}}} = 0{,}4650$$

$$\gamma_{\mathrm{Ca_2O}-Gips} = \frac{M_{\mathrm{Ca_2O}}}{M_{Gips}} = \frac{56{,}08 \frac{\mathrm{kg}}{\mathrm{kmol}}}{172{,}18 \frac{\mathrm{kg}}{\mathrm{kmol}}} = 0{,}3257$$

Dieser Anteil des Gipses wird im Glas zu SO_3 (falls keine Schmelzverluste auftreten) bzw. es müssen

$$m_{Gips} = \frac{m_{SO_3}}{\gamma_{SO_3-Gips}} = \frac{\mu_{SO_3} \cdot m_{Glas}}{\gamma_{SO_3-Gips}} = \frac{0{,}007}{0{,}4651} \cdot m_{Glas} = 0{,}01505 \cdot m_{Glas}$$

an Gips zugegeben werden.

Magnesiumoxid: Wir wenden die Vorgehensweise für Dolomit mit

$$M_{Dolomit} = M_{\mathrm{Ca}} + M_{\mathrm{Mg}} + 2 \cdot M_{\mathrm{C}} + 6 \cdot M_{\mathrm{O}}$$

$$M_{Dolomit} = 40{,}08\,\frac{\mathrm{kg}}{\mathrm{kmol}} + 24{,}31\,\frac{\mathrm{kg}}{\mathrm{kmol}} + 2 \cdot 12{,}01\,\frac{\mathrm{kg}}{\mathrm{kmol}} + 6 \cdot 16{,}00\,\frac{\mathrm{kg}}{\mathrm{kmol}} = 184{,}41\,\frac{\mathrm{kg}}{\mathrm{kmol}}$$

an und erhalten

$$\gamma_{\mathrm{MgO}-Dolomit} = \frac{M_{\mathrm{MgO}}}{M_{Dolomit}} = \frac{40{,}31\,\frac{\mathrm{kg}}{\mathrm{kmol}}}{184{,}41\,\frac{\mathrm{kg}}{\mathrm{kmol}}} = 0{,}2186$$

$$\gamma_{\mathrm{CaO}-Dolomit} = \frac{M_{\mathrm{CaO}}}{M_{Dolomit}} = \frac{56{,}08\,\frac{\mathrm{kg}}{\mathrm{kmol}}}{184{,}41\,\frac{\mathrm{kg}}{\mathrm{kmol}}} = 0{,}3041$$

Wir können mit der Zugabe von

$$m_{Dolomit} = \frac{m_{\mathrm{MgO}}}{\gamma_{\mathrm{MgO}-Dolomit}} = \frac{\mu_{\mathrm{MgO}} \cdot m_{Glas}}{\gamma_{\mathrm{MgO}-Dolomit}} = \frac{0{,}025}{0{,}2186} \cdot m_{Glas} = 0{,}1144 \cdot m_{Glas}$$

auch das dritte Oxid einstellen.

Kalziumoxid: Beim Kalziumoxid verwenden wir Kalkstein, also Kalziumcarbonat, mit

$$M_{Kalk} = M_{\mathrm{Ca}} + M_{\mathrm{C}} + 3 \cdot M_{\mathrm{O}} = 40{,}08\,\frac{\mathrm{kg}}{\mathrm{kmol}} + 12{,}01\,\frac{\mathrm{kg}}{\mathrm{kmol}} + 3 \cdot 16{,}00\,\frac{\mathrm{kg}}{\mathrm{kmol}} = 100{,}09\,\frac{\mathrm{kg}}{\mathrm{kmol}}$$

und

$$\gamma_{\mathrm{CaO}-Kalkstein} = \frac{M_{\mathrm{CaO}}}{M_{Kalkstein}} = \frac{56{,}08\,\frac{\mathrm{kg}}{\mathrm{kmol}}}{100{,}09\,\frac{\mathrm{kg}}{\mathrm{kmol}}} = 0{,}5603$$

Die anderen 44 % der Masse des Kalksteins sind Kohlendioxid und gehen mit dem Abgas an die Umwelt.

Wir haben bereits CaO aus dem Gips und dem Dolomit zugegeben und suchen jetzt die benötigte Masse an Kalk. Wir wissen, dass wir insgesamt

$$m_{\mathrm{CaO}} = m_{Gips} \cdot \gamma_{\mathrm{CaO}-Gips} + m_{Dolomit} \cdot \gamma_{\mathrm{CaO}-Dolomit} + m_{Kalk} \cdot \gamma_{\mathrm{CaO}-Kalk}$$

zugeben. Das lösen wir nach der gesuchten Masse auf:

$$m_{Kalk} = \frac{m_{\mathrm{CaO}}}{\gamma_{\mathrm{CaO}-Kalk}} - m_{Gips} \cdot \frac{\gamma_{\mathrm{CaO}-Gips}}{\gamma_{\mathrm{CaO}-Kalk}} - m_{Dolomit} \cdot \frac{\gamma_{\mathrm{CaO}-Dolomit}}{\gamma_{\mathrm{CaO}-Kalk}}$$

Dann setzen wir ein, was wir vorangehend ermittelt haben,

$$m_{Kalk} = \frac{\mu_{\mathrm{CaO}} \cdot m_{Glas}}{\gamma_{\mathrm{CaO}-Kalk}} - \frac{\mu_{\mathrm{SO_3}} \cdot m_{Glas}}{\gamma_{\mathrm{SO_3}-Gips}} \cdot \frac{\gamma_{\mathrm{CaO}-Gips}}{\gamma_{\mathrm{CaO}-Kalk}} - \frac{\mu_{\mathrm{MgO}} \cdot m_{Glas}}{\gamma_{\mathrm{MgO}-Dolo}} \cdot \frac{\gamma_{\mathrm{CaO}-Dolo}}{\gamma_{\mathrm{CaO}-Kalk}}$$

$$m_{Kalk} = \left(\frac{\mu_{\mathrm{CaO}}}{\gamma_{\mathrm{CaO}-Kalk}} - \frac{\mu_{\mathrm{SO_3}}}{\gamma_{\mathrm{SO_3}-Gips}} \cdot \frac{\gamma_{\mathrm{CaO}-Gips}}{\gamma_{\mathrm{CaO}-Kalk}} - \frac{\mu_{\mathrm{MgO}}}{\gamma_{\mathrm{MgO}-Dolo}} \cdot \frac{\gamma_{\mathrm{CaO}-Dolo}}{\gamma_{\mathrm{CaO}-Kalk}} \right) \cdot m_{Glas}$$

und erhalten so

$$m_{Kalk} = \left(\frac{0{,}100}{0{,}5603} - \frac{0{,}007}{0{,}4650} \cdot \frac{0{,}3257}{0{,}5603} - \frac{0{,}025}{0{,}2186} \cdot \frac{0{,}3041}{0{,}5603} \right) \cdot m_{Glas} = 0{,}1077 \cdot m_{Glas}$$

Mit dem Gips, dem Dolomit und dieser Menge an Kalkstein können wir den benötigten Massenanteil an CaO einstellen.

Natriumoxid: Das Natrium stellen wir über Soda ein mit

$$M_{Soda} = 2 \cdot M_{\mathrm{Na}} + M_{\mathrm{C}} + 20 \cdot M_{\mathrm{H}} + 13 \cdot M_{\mathrm{O}}$$

$$M_{Soda} = 2 \cdot 22{,}99 \frac{\mathrm{kg}}{\mathrm{kmol}} + 12{,}01 \frac{\mathrm{kg}}{\mathrm{kmol}} + 20 \cdot 1{,}008 \frac{\mathrm{kg}}{\mathrm{kmol}} + 13 \cdot 16{,}00 \frac{\mathrm{kg}}{\mathrm{kmol}} = 286{,}15 \frac{\mathrm{kg}}{\mathrm{kmol}}$$

sowie mit dem Beitrag

$$\gamma_{\mathrm{Na_2O}-Soda} = \frac{M_{\mathrm{Na_2O}}}{M_{Soda}} = \frac{61{,}98 \frac{\mathrm{kg}}{\mathrm{kmol}}}{286{,}15 \frac{\mathrm{kg}}{\mathrm{kmol}}} = 0{,}2166$$

und mit der spezifischen Masse

$$m_{Soda} = \frac{m_{\mathrm{Na_2O}}}{\gamma_{\mathrm{Na_2O}-Soda}} = \frac{\mu_{\mathrm{Na_2O}} \cdot m_{Glas}}{\gamma_{\mathrm{Na_2O}-Soda}} = \frac{0{,}142}{0{,}2166} \cdot m_{Glas} = 0{,}6556 \cdot m_{Glas}$$

Quarzsand: Hier haben wir keinen Quarz an anderer Stelle zugefügt und es gilt:

$$\gamma_{\mathrm{SiO_2}-Quarz} = 1{,}0$$

Damit folgt:

$$m_{Quarz} = \frac{m_{\mathrm{SiO_2}}}{\gamma_{\mathrm{SiO_2}-Quarz}} = \frac{\mu_{\mathrm{SiO_2}} \cdot m_{Glas}}{\gamma_{\mathrm{SiO_2}-Quarz}} = \frac{0{,}72}{1{,}0} \cdot m_{Glas} = 0{,}72 \cdot m_{Glas}$$

Die bis hierher ermittelten Umrechnungsfaktoren sind in Tabelle 4.2 zusammengefasst.

Tabelle 4.2 Umrechnungsfaktoren $\gamma_{Oxid-Rohstoff}$ für die Ermittlung des Rezepts

Oxid i	SiO_2	Na_2O	K_2O	CaO	MgO	SO_3	Al_2O_3
μ_i	0,72	0,142	-	0,100	0,025	0,007	0,006
$\gamma_{i-Korund}$	0	0	0	0	0	0	1
$\gamma_{i-Feldspat}$	0,6477	0	0,1692	0	0	0	0,1832
γ_{i-Gips}	0	0	0	0,3257	0	0,4650	0
$\gamma_{i-Dolomit}$	0	0	0	0,3041	0,2186	0	0
$\gamma_{i-Kalkstein}$	0	0	0	0,5603	0	0	0
γ_{i-Soda}	0	0,2166	0	0	0	0	0
$\gamma_{i-Quarz}$	1	0	0	0	0	0	0

Rezept: Das so ermittelte Rezept lautet für je 1000 kg Glasschmelze:

- 32,75 kg Korund
- 15,05 kg Gips
- 114,4 kg Dolomit
- 107,7 kg Kalkstein (Kalziumkarbonat)
- 655,6 kg Soda
- 720 kg Quarzsand

Das sind in Summe 1645,5 kg an Rohstoffen, von denen 645,5 kg beim Schmelzen als Kohlendioxid und Wasserdampf die Schmelze verlassen. Der Schwefel wird die Schmelze zu einem späteren Zeitpunkt auch (als Läutermittel) verlassen und verbleibt nicht im Endprodukt.

4.2b) Ausbeute

Die Ausbeute der einzelnen Rohstoffe ist sehr unterschiedlich:

- Quarzsand und Korund haben eine Ausbeute von 1,0 (siehe Tabelle 4.2).
- Die Ausbeute des Feldspats beträgt

$$\gamma_{Feldspat} = \gamma_{SiO_2-Feldspat} + \gamma_{K_2O-Feldspat} + \gamma_{Al_2O_3-Feldspat}$$

$$\gamma_{Feldspat} = 0{,}6477 + 0{,}1692 + 0{,}1832 = 1{,}0$$

- Beim Gips erhalten wir

$$\gamma_{Gips} = \gamma_{CaO-Gips} + \gamma_{SO_3-Gips} = 0{,}3257 + 0{,}4650 = 0{,}7907$$

- Für Dolomit erhalten wir

$$\gamma_{Dolomit} = \gamma_{CaO-Dolo} + \gamma_{MgO-Dolo} = 0{,}3041 + 0{,}2186 = 0{,}5227$$

Soda hat eine Ausbeute von 0,2166.

Für einen realen Glas- oder Keramikhersteller besteht die Herausforderung darin, das Produkt unverändert herstellen zu können, aber gleichzeitig auf sich verändernde Rohstoffe und Preisschwankungen bei Rohstoffen reagieren zu können. Häufig sind natürliche Rohstoffe auch Gemische, und es gibt des halb noch wesentlich mehr mögliche Rohstoffe für die Herstellung von Glas. Daher nutzen wir für diese Problemstellung in der Praxis eine Software, die dies berechnen und optimieren kann. Mehr dazu finden Sie z. B. bei *Nölle, G.:* Technik der Glasherstellung. Deutscher Verlag für Grundstoffindustrie, Stuttgart 1997.

Problem 4.3: Meerwasser entsalzen

Was die verwendeten Formeln anbelangt, ist diese Problemstellung eher einfach. Es ist jedoch schwierig, den Überblick zu behalten, welche Größe sich gerade auf welche Daten bezieht, und die Tatsache, dass wir hier eigentlich Lösungen und Salze beschreiben und unsere Beschreibung für Gemische solche Lösungsvorgänge nicht berücksichtigt. Streng genommen gilt die Mischungsentropie in der definierten Form nur für Gemische, bei denen die Komponenten nicht miteinander reagieren (z. B. Gasgemische). Im Meerwasser kommt es jedoch zur Ausbildung von Ionen und damit zu Wechselwirkungen zwischen den einzelnen Salzen.

4.3a) Entsalzen

Bei der Entsalzung sollen die im Meerwasser gelösten Salze entnommen werden, d. h., ein idealer Prozess kehrt die Mischung von reinem Wasser mit diesen Salzen um.

Im Weiteren beziehen wir alle Berechnungen auf 1 kg reines Wasser. Dieses hat eine Stoffmenge von

$$n_{Wasser} = \frac{m}{M_{Wasser}} = \frac{1{,}0\ \text{kg}}{18{,}02\ \frac{\text{kg}}{\text{kmol}}} = 55{,}494\ \text{mol}$$

Zuerst bestimmen wir daher die Mischungsentropie. Wir könnten beherzt argumentieren, dass Meerwasser ein Gemisch aus all den gelösten Ionen und reinem Wasser ist. Dann wäre die spezifische (auf die Masse von 1000 kg reinem Wasser bezogene) Mischungsentropie

$$\Delta s = -R \cdot \left(n_{Wasser} \cdot \ln y_{Wasser} + n_{Ionen} \cdot \ln y_{Ionen}\right)$$

Zuerst summieren wir alle Stoffmengen der einzelnen Ionen auf. Dies sind zusammen 1,169 mol. Dann bestimmen wir daraus die Stoffmengenanteile

$$y_{Wasser} = \frac{n_{Wasser}}{n_{Wasser} + n_{Ionen}} = \frac{55{,}494\ \text{mol}}{55{,}494\ \text{mol} + 1{,}169\ \text{mol}} = 0{,}97937$$

$$y_{Salz} = \frac{n_{Salz}}{n_{Wasser} + n_{Ionen}} = \frac{1{,}169\ \text{mol}}{55{,}494\ \text{mol} + 1{,}169\ \text{mol}} = 0{,}02063$$

und erhalten als spezifische Mischungsentropie

$$\Delta s = -8314 \frac{\text{J}}{\text{kmol} \cdot \text{K}} \cdot \left(55{,}494 \frac{\text{mol}}{\text{kg}} \cdot \ln 0{,}9794 + 1{,}169 \frac{\text{mol}}{\text{kg}} \cdot \ln 0{,}02063\right)$$

$$\Delta s = 47{,}32 \frac{\text{J}}{\text{kg} \cdot \text{K}}$$

Wenn wir berücksichtigen, dass sich diese Ionen unterschiedlich gut im Meerwasser lösen, dann sollten wir zumindest für die wichtigsten Ionen jeweils ihren eigenen Beitrag ausrechnen und dies aufsummieren:

$$\Delta s = -R \cdot n_{Wasser} \cdot \ln y_{wasser} - \underbrace{R \cdot \sum_i n_i \cdot \ln y_i}_{alle\ Ionen}$$

$$\Delta s = 9{,}604 \frac{\text{J}}{\text{kg} \cdot \text{K}} + 48{,}304 \frac{\text{J}}{\text{kg} \cdot \text{K}} = 57{,}91 \frac{\text{J}}{\text{kg} \cdot \text{K}}$$

Die Summe ist mit Excel berechnet, da die gegebene Zusammensetzung des Meerwassers recht umfangreich ist. Diese Summe ist größer, da hier die Entropie der Mischung vieler weiterer Komponenten bestimmt wird und nicht nur die von den zwei Komponenten Wasser und Salz.

Da es uns hier um die Entsalzung geht, nutzen wir die zuerst berechnete spezifische Mischungsentropie. Die benötigte minimale spezifische Arbeit für die Entsalzung schätzen wir über das Gouy-Stodola-Theorem mit

$$w_{des,\min} = T \cdot \Delta s = 298\,\text{K} \cdot 47{,}32 \frac{\text{J}}{\text{kg} \cdot \text{K}} = 14{,}10 \frac{\text{kJ}}{\text{kg}}$$

ab. Typischerweise wird der Energiebedarf für die Entsalzung auf einen Kubikmeter bezogen angegeben. Dann sind es minimal etwa 14,10 MJ m^{-3}.

Die Schwierigkeit, die wir mit unseren Methoden nicht überwinden können, ist, dass sich die unterschiedlichen Salze (wie Kochsalz NaCL oder Kaliumchlorid KaCl) im Wasser lösen, d.h., es kommt zu einer Interaktion zwischen den Salzen als Ionen und dem Wasser sowie zwischen den einzelnen Ionen. Unsere Formeln für Gemische beschreiben diese Lösungsvorgänge nicht. Unsere Ergebnisse sind hier eher als grobe Orientierung brauchbar. Wir können jedoch davon ausgehen, dass der reale Energiebedarf höher sein wird.

An dieser Stelle passiert etwas Wesentliches: Die Mischungsentropie ist abhängig davon, wie wir das Gemisch charakterisieren. Beim Meerwasser haben wir sehr viele weitere Komponenten, die in geringsten Konzentrationen vorliegen, nicht mit einbezogen. Die vollständige Mischungsentropie wäre also noch größer. Um dies weiter nutzbar zu halten, ist es stets notwendig, eindeutig zu erklären, welches Gemisch wir betrachten. Darauf bezieht sich dann ganz konkret die Mischungsentropie.

4.3b) Sieden

Der naheliegende Weg ist, das Wasser in einer Kammer zum Sieden zu bringen und den heißen Dampf dann in einer zweiten Kammer an Kühlschlangen zu kondensieren und aufzufangen:

- Die Kondensatorseite ist technisch einfach, und die Ausbeute hängt daran, möglichst viel Wasserdampf zum Kondensieren zu bringen.
- Herausfordernder ist die heiße Seite, denn die salzige Lake muss regelmäßig durch frisches Meerwasser ersetzt werden und Salzkrusten müssen entfernt werden. Das heißt, auch hier treten Verluste auf.

Könnten wir verlustfrei arbeiten, so wäre der spezifische Energieaufwand folgender:

$$q_{sieden} = \left(1 + \mu_{x,Salz}\right) \cdot c_p \cdot \Delta T_{sieden} + r$$

$$q_{sieden} = \left(1 + 0{,}036\right) \cdot 4{,}02 \frac{\text{kJ}}{\text{kg} \cdot \text{K}} \cdot \left(100\ ^\circ\text{C} - 25\ ^\circ\text{C}\right) + 2258 \frac{\text{kJ}}{\text{kg}}$$

$$q_{sieden} = 312 \frac{\text{kJ}}{\text{kg}} + 2258 \frac{\text{kJ}}{\text{kg}} = 2570 \frac{\text{kJ}}{\text{kg}}$$

Hier haben wir berücksichtigt, dass wir Salzwasser erwärmen müssen, indem wir die Masse um den Salzanteil erhöht haben und indem wir die spezifische Wärmekapazität von Meerwasser verwendet haben.

Minimal läge der Energiebedarf dieser Methode bei 2570 MJ m^{-3} und damit etwa 150-mal höher als unser theoretisches Minimum aus 4.3a). Der Energiebedarf wird hier durch die Verdunstungsenthalpie *r* dominiert.

4.3c) Lithiumgehalt

Wir benötigen zuerst den Massenanteil von Lithium im Meerwasser. Dieser lässt sich aus der gegebenen Zusammensetzung ermitteln. Es gilt:

$$\mu_{\text{Li}} = \frac{\mu_{x,\text{Li}}}{\underbrace{1\ \text{kg}}_{Wasser} + \sum_i \mu_{x,i}} = \frac{180 \cdot 10^{-9}\ \text{kg}}{\underbrace{1\ \text{kg}}_{Wasser} + \underbrace{0{,}03645\ \text{kg}}_{Salz}} = 173{,}7 \cdot 10^{-9}$$

Folglich beträgt die Masse des im Meerwasser gelösten Lithiums etwa

$$m_{\text{Li}} = m_{Ozean} \cdot \mu_{\text{Li}} = 1{,}37 \cdot 10^{21}\ \text{kg} \cdot 173{,}7 \cdot 10^{-9} = 238{,}0 \cdot 10^{12}\ \text{kg}$$

Die Reserven an Land belaufen sich aktuell auf etwa $14 \cdot 10^9$ kg.

Als Zweites werden wir gefragt, wie groß das Volumen an Meerwasser ist, in dem 1 t LiCl gelöst ist. Hier gibt es mehrere Wege zum Ziel. Da wir schon den Massenanteil von Lithium im Meerwasser kennen, bietet es sich an, zu bestimmen, welche Masse an Lithium in 1 t LiCl enthalten ist:

$$m_{\text{Li}} = m_{\text{LiCl}} \cdot \mu_{\text{Li}\ in\ \text{LiCl}} = m_{\text{LiCl}} \cdot \frac{M_{\text{Li}}}{M_{\text{LiCl}}} \cong m_{\text{LiCl}} \cdot \frac{M_{\text{Li}}}{M_{\text{Li}} + M_{\text{Cl}}}$$

$$m_{\text{Li}} \cong 1000\ \text{kg} \cdot \frac{6{,}941 \frac{\text{kg}}{\text{kmol}}}{6{,}941 \frac{\text{kg}}{\text{kmol}} + 35{,}453 \frac{\text{kg}}{\text{kmol}}} = 163{,}7\ \text{kg}$$

Damit beläuft sich die Masse an Meerwasser, in der diese Masse an Lithium gelöst ist, auf

$$m_{MW} = \frac{m_{\text{Li}}}{\mu_{\text{Li}}} = \frac{163{,}7\ \text{kg}}{173{,}7 \cdot 10^{-9}} = 942{,}4 \cdot 10^{6}\ \text{kg}$$

und das Volumen beträgt

$$V_{MW} = m_{MW} \cdot \frac{1}{\rho_{MW}} = \frac{m_{\text{Li}}}{\mu_{\text{Li}}} \cdot \rho_{MW} = \frac{163{,}7\ \text{kg}}{173{,}7 \cdot 10^{-9}} \cdot \frac{1}{1023\ \frac{\text{kg}}{\text{m}^3}} = 921200\ \text{m}^3$$

also grob 1 Million m³. Technisch ließe sich immer nur ein Teil des Lithiums aus dem Meerwasser gewinnen, sodass dann insgesamt größere Volumen zu bewegen wären.

4.3d) Aufwand für LiCl

Im idealen Prozess würden wir nur LiCl aus dem Meerwasser entnehmen, d. h., hier dürfen wir beherzt ein Gemisch aus zwei Komponenten annehmen. Die Stoffmengen betragen für LiCl

$$n_{\text{LiCl}} = \frac{m_{\text{LiCl}}}{M_{\text{LiCl}}} \cong \frac{m_{\text{LiCl}}}{M_{\text{Li}} + M_{\text{Cl}}} = \frac{1000\ \text{kg}}{6{,}941\ \frac{\text{kg}}{\text{kmol}} + 35{,}453\ \frac{\text{kg}}{\text{kmol}}} = 23{,}59\ \text{kmol}$$

Für das Meerwasser wissen wir, dass in 1 kg reinem Wasser mit 55,494 mol zusätzlich 1,169 mol an Ionen vorliegen und dass dieses Gemisch zusammen 1,03645 kg wiegt, also

$$\frac{1}{M_{MW}} = \frac{n_{MW}}{m_{MW}} = \frac{55{,}494\ \text{mol} + 1{,}169\ \text{mol}}{1{,}03645\ \text{kg}} = 54{,}67\ \frac{\text{mol}}{\text{kg}}$$

bzw.

$$M_{MW} = \frac{m_{MW}}{n_{MW}} = \frac{1{,}03645\ \text{kg}}{55{,}494\ \text{mol} + 1{,}169\text{mol}} = 18{,}29\ \frac{\text{kg}}{\text{kmol}}$$

Damit ist die Stoffmenge des Meerwassers, in der das LiCl gelöst ist,

$$n_{MW} = \frac{m_{MW}}{M_{MW}} = 943{,}0 \cdot 10^{6}\ \text{kg} \cdot 54{,}67\ \frac{\text{mol}}{\text{kg}} = 52{,}65 \cdot 10^{6}\ \text{kmol}$$

und die Stoffmengenanteile betragen

$$y_{\text{LiCl}} = \frac{n_{\text{LiCl}}}{n_{\text{LiCl}} + n_{MW}} = \frac{23{,}59\ \text{kmol}}{23{,}59\ \text{kmol} + 52{,}65 \cdot 10^{6}\ \text{kmol}} = 448{,}1 \cdot 10^{-9}$$

$$y_{MW} = \frac{n_{MW}}{n_{\text{LiCl}} + n_{MW}} = \frac{52{,}65 \cdot 10^{6}\ \text{kmol}}{23{,}59\ \text{kmol} + 52{,}65 \cdot 10^{6}\ \text{kmol}} = 0{,}999999552$$

Die Mischungsentropie beträgt mit diesen Werten

$$\Delta S = -R \cdot \left(n_{MW} \cdot \ln y_{MW} + n_{\text{LiCl}} \cdot \ln y_{\text{LiCl}}\right)$$

$$\Delta S = -8413\ \frac{\text{J}}{\text{kmol} \cdot \text{K}} \cdot \begin{pmatrix} 52{,}65 \cdot 10^{6}\ \text{kmol} \cdot \ln(0{,}999999552) \\ +23{,}59\ \text{kmol} \cdot \ln\left(448{,}1 \cdot 10^{-9}\right) \end{pmatrix} = 3{,}063 \cdot 10^{6}\ \frac{\text{J}}{\text{K}}$$

und die benötigte minimale Arbeit, um 1 t LiCl aus Meerwasser abzuscheiden, beträgt dann

$$W_{\min} = T_u \cdot \Delta S = 298\ \text{K} \cdot 3{,}063 \cdot 10^6\ \frac{\text{J}}{\text{K}} = 912{,}7 \cdot 10^6\ \text{J}$$

Dies sind etwa 1 GJ je Tonne.

4.3e) Uran

Dies folgt zuerst etwa der Logik von 4.3d).

Meerwasser: Zuerst bestimmen wir die Stoffmenge von 1 kg Uran, das als UO_2^{2+}-Ion im Meerwasser gelöst ist:

$$n_\text{U} = \frac{m_\text{U}}{M_\text{U}} = \frac{1{,}0\ \text{kg}}{M_\text{U}} = \frac{1{,}0\ \text{kg}}{238{,}03\ \dfrac{\text{kg}}{\text{kmol}}} = 0{,}00420\ \text{kmol}$$

Die Stoffmenge an Meerwasser, in der dieses gelöst ist, beträgt dann

$$n_{MW} = n_\text{U} \cdot \frac{\mu_{x,Wasser} + \mu_{x,Ionen}}{\mu_{x,\text{UO}_2^{2+}}}$$

$$n_{MW} = 0{,}00420\ \text{kmol} \cdot \frac{0{,}05549\ \dfrac{\text{kmol}}{\text{kg}} + 0{,}00117\ \dfrac{\text{kmol}}{\text{kg}}}{14 \cdot 10^{-12}\ \dfrac{\text{kmol}}{\text{kg}}} = 17{,}0 \cdot 10^6\ \text{kmol}$$

Es ist mir nicht ganz leichtgefallen, diese Gleichung aufzustellen. Daher liefere ich eine Erklärung dazu:

- Der Bruch berechnet das Verhältnis aus der Stoffmenge, d. h., 1 kg reines Wasser plus die darin gelösten Ionen wird durch das in 1 kg reinem Wasser gelöste Urandioxid geteilt. Dies ist die Zahl der Teilchen Meerwasser je ein Teilchen Urandioxid. Der Bruch allein sagt, dass eines von 4,0 Milliarden Teilchen im Meerwasser ein Urandioxid-Ion ist.
- Diese Zahl multiplizieren wir mit der Zahl der Atome in 1 kg Uran und erhalten so die Stoffmenge, in der 1 kg Uran gelöst ist.

Dies entspricht einem Volumen von

$$V_{MW} = \frac{m_{MW}}{\rho_{MW}} = \frac{M_{MW} \cdot n_{MW}}{\rho_{MW}} = \frac{1}{0{,}05470\ \dfrac{\text{kmol}}{\text{kg}}} \cdot \frac{17{,}0 \cdot 10^6\ \text{kmol}}{1023\ \dfrac{\text{kg}}{\text{m}^3}} = 304\,000\ \text{m}^3$$

Bemerkenswert ist, dass diese Zahl etwa um 1/3 kleiner ist als das Volumen, in dem 1 kg Lithium gelöst ist. Dies ist auf die viel höhere Molmasse von Uran zurückzuführen.

Die Stoffmengenanteile sind damit

$$y_{\text{UO}_2^{2+}} = \frac{n_{\text{UO}_2^{2+}}}{n_{\text{UO}_2^{2+}} + n_{MW}} = \frac{0{,}0042\ \text{kmol}}{0{,}00420\ \text{kmol} + 17{,}0 \cdot 10^6\ \text{kmol}} = 247 \cdot 10^{-12}$$

$$y_{MW} = \frac{n_{MW}}{n_\text{LiCl} + n_{MW}} = \frac{17{,}0 \cdot 10^6\ \text{kmol}}{0{,}00420\ \text{kmol} + 17{,}0 \cdot 10^6\ \text{kmol}} = 0{,}999999999753$$

Es wird schwierig, den Wert für y_{MW} in einen Taschenrechner einzugeben, und auch die Berechnungen können dadurch bereits ungenau werden. Gleichzeitig dominiert bei der Berechnung der Mischungsentropie der Term der kleinen Komponente.

Die Mischungsentropie beträgt mit diesen Werten

$$\Delta S = -R \cdot \left(n_{MW} \cdot \ln y_{MW} + n_{\mathrm{U}} \cdot \ln y_{\mathrm{U}}\right)$$

$$\Delta S = -8314 \frac{\mathrm{J}}{\mathrm{kmol \cdot K}} \cdot \begin{pmatrix} 17{,}0 \cdot 10^{6}\ \mathrm{kmol} \cdot \ln\left(1 - 247 \cdot 10^{-12}\right) \\ +0{,}00420\ \mathrm{kmol} \cdot \ln\left(247 \cdot 10^{-12}\right) \end{pmatrix}$$

$$\Delta S = -8314 \frac{\mathrm{J}}{\mathrm{kmol \cdot K}} \cdot \left(-0{,}00420 - 0{,}0929\right) = 807 \frac{\mathrm{J}}{\mathrm{K}}$$

Die benötigte minimale Arbeit, um 1 kg Uran aus Meerwasser abzuscheiden, beträgt dann

$$W_{\min,MW} = T_u \cdot \Delta S = 298\ \mathrm{K} \cdot 807 \frac{\mathrm{J}}{\mathrm{K}} = 240\,600\ \mathrm{J}$$

Anreichern: In einem zweiten Schritt müssen $^{235}\mathrm{U}$ und $^{238}\mathrm{U}$ voneinander getrennt werden. Dies ist der Prozess des Anreicherns. Für Kernreaktoren wird etwa auf 3 % $^{235}\mathrm{U}$ angereichert und für Bomben bis nahe an 100 %.

Für 1 kg Uran erhalten wir als Stoffmengen

$$n_{\mathrm{U}} = n_{^{235}\mathrm{U}} + n_{^{238}\mathrm{U}} = 0{,}00420\ \mathrm{kmol}$$

$$n_{^{235}\mathrm{U}} = 0{,}0072 \cdot n_{\mathrm{U}} = 30{,}24 \cdot 10^{-6}\ \mathrm{kmol}$$

$$n_{^{238}\mathrm{U}} = 0{,}9928 \cdot n_{\mathrm{U}} = 0{,}00417\ \mathrm{kmol}$$

und als Stoffmengenanteile

$$y_{^{235}\mathrm{U}} = \frac{n_{^{235}\mathrm{U}}}{n_{\mathrm{U}}} = \frac{30{,}24 \cdot 10^{-6}\ \mathrm{kmol}}{0{,}00420\ \mathrm{kmol}} = 0{,}0072$$

$$y_{^{238}\mathrm{U}} = \frac{n_{^{238}\mathrm{U}}}{n_{\mathrm{U}}} = 0{,}9928$$

Es ist nicht ganz klar, ob sich die Angaben auf Massen- oder Stoffmengenanteile beziehen. Dies können wir hier aber ignorieren, da die beiden nur sehr geringfügig voneinander abweichen.

Dann ist

$$\Delta S_{An} = -R \cdot \left(n_{^{235}\mathrm{U}} \cdot \ln y_{^{235}\mathrm{U}} + n_{^{238}\mathrm{U}} \cdot \ln y_{^{238}\mathrm{U}}\right)$$

$$\Delta S = -8314 \frac{\mathrm{J}}{\mathrm{kmol \cdot K}} \cdot \begin{pmatrix} 30{,}24 \cdot 10^{-6}\ \mathrm{kmol} \cdot \ln\left(0{,}0072\right) \\ +0{,}00417\ \mathrm{kmol} \cdot \ln\left(0{,}9928\right) \end{pmatrix} = 1{,}491 \frac{\mathrm{J}}{\mathrm{K}}$$

und

$$W_{\min,An} = T_u \cdot \Delta S_{An} = 298\ \mathrm{K} \cdot 1{,}491 \frac{\mathrm{J}}{\mathrm{K}} = 444\ \mathrm{J}$$

Aufräumen: Um jetzt den minimalen Aufwand für 1 kg ^{235}U zu bestimmen, müssen wir von hinten nach vorne durch die Prozesse gehen.

Das Ergebnis des Entmischens von 1 kg Uran wären 0,0072 kg ^{235}U. Das restliche Uran ließe sich z. B. noch für panzerbrechende Munition verwenden, aber nicht zur Energiebereitstellung. Das heißt, wenn wir den energetischen Aufwand rein auf das ^{235}U beziehen, dann wäre die minimale Arbeit für die Bereitstellung von 1 kg ^{253}U

$$W_{\min,An,{}^{235}\text{U}} = \frac{1}{y_{{}^{235}\text{U}}} \cdot W_{\min,Ar} = \frac{1}{0{,}0072} \cdot 444\ \text{J} = 61{,}67\ \text{kJ}$$

und

$$W_{\min,MW,{}^{235}\text{U}} = \frac{1}{y_{{}^{235}\text{U}}} W_{\min,MW} = \frac{1}{0{,}0072} \cdot 243000\ \text{J} = 33{,}7 \cdot 10^6\ \text{J}$$

In Summe würden wir mehr als 33,8 MJ je Kilogramm spaltbares Uran aufwenden müssen. Dies ist etwa sechs Größenordnungen weniger als die darin bei Kernspaltung freiwerdende Wärme. Allerdings liegen in realen Anlagen die benötigten Energieaufwände um mehrere Größenordnungen höher als die hier abgeschätzten Zahlenwerte. Ob es sich also wirklich lohnt, kann uns nur der Blick in die Spezialliteratur und in aktuelle Forschungsergebnisse sagen.

■ Problem 4.4: Carbon Capture and Storage

Gemische idealer Gase sind recht einfach handzuhaben, denn Stoffmengenanteile und Volumenanteile sind identisch. Der Umgang damit ist das vordergründige Lernziel dieser Problemstellung.

4.4a) CO_2 aus Luft

Die aktuelle Konzentration von CO_2 in der Luft beträgt etwas über 420 ppm (2023). Dies sind Volumenanteile. Die Stoffmenge 1 t Kohlendioxid beträgt

$$n_{CO_2} = \frac{m_{CO_2}}{M_{CO_2}} = \frac{1000\ \text{kg}}{44{,}01\ \dfrac{\text{kg}}{\text{kmol}}} = 22{,}72\ \text{kmol}$$

Der Stoffmengenanteil ist identisch mit dem gegebenen Volumenanteil, da wir Luft hier als ideales Gas betrachten mit

$$y_{CO_2} = r_{CO_2} = 420 \cdot 10^{-6} = 0{,}000420$$

Daraus folgt der Stoffmengenanteil der Luft ohne Kohlendioxid

$$y_{Luft} = 1 - y_{CO_2} = 1 - 420 \cdot 10^{-6} = 0{,}999580$$

und auch die aktuelle Stoffmenge der Luft, in der 1 t Kohlendioxid gelöst ist:

$$n_{Luft} = n_{CO_2} \cdot \frac{y_{Luft}}{y_{CO_2}} = 22{,}72\ \text{kmol} \cdot \frac{0{,}999580}{0{,}000420} = 54070\ \text{kmol}$$

Diese Stoffmenge an Luft wiegt

$$m_{Luft} = n_{Luft} \cdot M_{Luft} = 54070\ \text{kmol} \cdot 28{,}96\ \frac{\text{kg}}{\text{kmol}} = 1566\ \text{t}$$

Dies war nicht gefragt, ist aber hilfreich, um eine Vorstellung zu bekommen. Damit beträgt die Mischungsentropie von 1 t CO_2

$$\Delta S = -R \cdot \left(n_{Luft} \cdot \ln y_{Luft} + n_{CO_2} \cdot \ln y_{CO_2}\right)$$

$$\Delta S = -8314\ \frac{\text{J}}{\text{kmol} \cdot \text{K}} \cdot \begin{pmatrix} 54070\ \text{kmol} \cdot \ln(0{,}999580) \\ +22{,}72\ \text{kmol} \cdot \ln(0{,}000420) \end{pmatrix} = 1658000\ \frac{\text{J}}{\text{K}}$$

Die minimale Arbeit, um die Mischung für 1 t CO_2 rückgängig zu machen, beträgt

$$W_{\min} = T_u \cdot \Delta S = 298\ \text{K} \cdot 1658000\ \frac{\text{J}}{\text{K}} = 494{,}1 \cdot 10^6\ \text{J}$$

In der Literatur werden für reale Anlagen deutlich höhere Zahlen berichtet - etwa um den Faktor drei bis fünf höher.

4.4b) CO_2 aus Rauchgas

Hier wird tatsächlich der identische Lösungsweg wie in a) angewendet. Das Ziel ist es, den Unterschied zwischen Luft, in der eher wenig Kohlendioxid vorhanden ist, und einem Gasstrom, der Kohlendioxid satt enthält, herauszuarbeiten. Der Stoffmengenanteil ist identisch mit dem gegebenen Volumenanteil, da wir Luft hier als ideales Gas betrachten mit

$$y_{CO_2} = n_{CO_2} = 0{,}25$$

Daraus folgt der Stoffmengenanteil des Rauchgases ohne Kohlendioxid

$$y_{RG} = 1 - y_{CO_2} = 1 - 0{,}25 = 0{,}75$$

und die Stoffmenge des Rauchgases ohne Kohlendioxid:

$$n_{RG} = n_{CO_2} \cdot \frac{y_{RG}}{y_{CO_2}} = 22{,}72\ \text{kmol} \cdot \frac{0{,}75}{0{,}25} = 68{,}16\ \text{kmol}$$

Die genaue Zusammensetzung des Rauchgases ist hier nicht wichtig. Es genügt zu wissen, dass die anderen Gase kein Kohlendioxid sind, um die Mischungsentropie zu berechnen. Damit ist die Mischungsentropie für 1 t Kohlendioxid im Rauchgas

$$\Delta S = -R \cdot \left(n_{RG} \cdot \ln y_{RG} + n_{CO_2} \cdot \ln y_{CO_2}\right)$$

$$\Delta S = -8314\ \frac{\text{J}}{\text{kmol} \cdot \text{K}} \cdot \begin{pmatrix} 68{,}16\ \text{kmol} \cdot \ln(0{,}75) \\ +22{,}72\ \text{kmol} \cdot \ln(0{,}25) \end{pmatrix} = 424900\ \frac{\text{J}}{\text{K}}$$

und die minimale Arbeit, um die Mischung für 1 t rückgängig zu machen, beläuft sich auf

$$W_{\min} = T_u \cdot \Delta S = 298\ \mathrm{K} \cdot 424900\ \frac{\mathrm{J}}{\mathrm{K}} = 126{,}6 \cdot 10^6\ \mathrm{J}$$

oder ist etwa um den Faktor 4 geringer als bei der Entnahme aus Luft - und das obwohl die Konzentration von Kohlendioxid um den Faktor 600 höher ist als in Umgebungsluft. Das macht also nur einen gewissen Unterschied aus, was ein Lernziel dieser Problemstellung ist.

4.4c) 350 ppm als Ziel

Die Zahl - also die benötigte Masse an Kohlendioxid - lässt sich aus einer Vielzahl von wissenschaftlichen Quellen erschließen. Naheliegend ist der aktuelle IPCC-Bericht (*https://www.ipcc.ch/report/ar6/wg1*), allerdings ist es nicht ganz einfach, sich darin zurechtzufinden.

Als grobe Abschätzung starten wir mit zwei Zahlen:

- Die gesamten Emissionen aus fossilen Brennstoffen liegen für den Zeitraum von 1750 bis 2017 bei 1502 Gt.[1]
- Die kumulierten Emissionen aus Änderungen der Landnutzung lassen sich deutlich schlechter abschätzen. Sie liegen für diesen Zeitraum bei etwa 500 Gt. Landnutzungsänderungen umfassen das Trockenlegen von Sümpfen und Mooren, das Umwandeln von Wäldern in Ackerland, die Auswirkungen von Landnutzung auf den Kohlenstoffgehalt des Bodens und vieles mehr.

Damit machen etwa 2000 Gt an Kohlendioxidemissionen den Unterschied zwischen 280 ppm Kohlendioxid in 1750 und 405 ppm im Jahr 2017 aus. Wenn wir annehmen, dass emittiertes Kohlendioxid schnell im Gleichgewicht zwischen Atmosphäre und Ozean verteilt wird, dann können wir so als sehr einfaches Modell annehmen, dass eine stabile Konzentration in diesem Konzentrationsintervall linear mit der Emission verbunden ist, und bekommen

$$m_E\left(r_{\mathrm{CO_2}}\right) = \Delta r_{\mathrm{CO_2}} \cdot \frac{m_E(2017) - m_E(1750)}{r(2017) - r(1750)}$$

$$m_E(350\ \mathrm{ppm}) = (350\ \mathrm{ppm} - 280\ \mathrm{ppm}) \cdot \frac{2000\ \mathrm{Gt} - 0\ \mathrm{Gt}}{405\ \mathrm{ppm} - 280\ \mathrm{ppm}} = 1120\ \mathrm{Gt}$$

Das heißt, alle Emissionen, die über diese 1120 Gt hinausgehen, müssen wir wieder einsammeln und langfristig speichern.

Wir dürfen jedoch nicht die in 4.4a) bestimmte Arbeit verwenden, um CO_2 aus der Atmosphäre zu entnehmen, da diese ja für 420 ppm gilt und sich die CO_2-Konzentration beim Entnehmen verändern soll.

[1] *Gilfillan, D./Marland, G./Boden, T./Andres, R.:* Global, regional, and national fossil-fuel CO_2 emissions: 1751-2017. CDIAC-FF. ESS-DIVE repository. Dataset. Research Institute for Environment, Energy, and Economics, Appalachian State University 2020. DOI: 10.15485/1712447

Näherung: Eine erste einfache Variante wäre, die Arbeit für 350 ppm zu bestimmen und dann linear zu nähern. Eine lineare Näherung bietet sich an, da die beiden Zahlenwerte nur wenig auseinanderliegen werden und da unsere zu entnehmende Masse nicht sehr genau bestimmt wurde. Dann sind die Stoffmengenanteile folgende:

$$y_{CO_2} = r_{CO_2} = 350 \cdot 10^{-6} = 0{,}000350$$

Daraus folgt der Stoffmengenanteil der Luft ohne Kohlendioxid

$$y_{Luft} = 1 - y_{CO_2} = 1 - 350 \cdot 10^{-6} = 0{,}999650$$

und die Stoffmenge der Luft, in der 1 t Kohlendioxid bei 350 ppm gelöst ist:

$$n_{Luft} = n_{CO_2} \cdot \frac{y_{Luft}}{y_{CO_2}} = 22{,}72\ \text{kmol} \cdot \frac{0{,}999650}{0{,}000350} = 64\,890\ \text{kmol}.$$

Damit ist die Mischungsentropie

$$\Delta S = -8314\ \frac{\text{J}}{\text{kmol} \cdot \text{K}} \cdot \begin{pmatrix} 64\,890\ \text{kmol} \cdot \ln(0{,}999650) \\ +22{,}72\ \text{kmol} \cdot \ln(0{,}000350) \end{pmatrix} = 1692000\ \frac{\text{J}}{\text{K}}$$

Und die minimale Arbeit, um die Mischung rückgängig zu machen, beträgt

$$W_{\min} = T_u \cdot \Delta S = 298\ \text{K} \cdot 1692000\ \frac{\text{J}}{\text{K}} = 504{,}2 \cdot 10^6\ \text{J}$$

Dieser Zahlenwert ist nur unwesentlich höher als der bei 420 ppm, sodass wir als benötigte Arbeit folgenden Wert erhalten:

$$W_{420\to350} = \frac{W_{420} + W_{350}}{2} \cdot m_{420\to350} = \frac{494{,}1 \cdot 10^6\ \frac{\text{J}}{\text{t}} + 504{,}2 \cdot 10^6\ \frac{\text{J}}{\text{t}}}{2} \cdot 880\ \text{Gt} = 439{,}3\ \text{EJ}$$

Es entsteht ein leichter Fehler, da wir jetzt die Arbeit bei 405 ppm durch die bei 420 ppm ersetzt haben.

Verschobenes Gemisch: Eine zweite Herangehensweise wäre, Luft mit 350 ppm einfach als reine Luft zu benennen und nur den Rest - die darüber hinausgehende Konzentration von 65 ppm - als zweite Komponente des Gemisches anzusehen. Das Vorgehen wäre sehr ähnlich. Die zu entfernende Konzentration beträgt

$$y_{CO_2} = r_{CO_2} = 55 \cdot 10^{-6} = 0{,}000055$$

Daraus folgen die Stoffmengenanteile der Zielluft

$$y_{Luft} = 1 - y_{CO_2} = 1 - 55 \cdot 10^{-6} = 0{,}999945$$

und die Stoffmenge der Luft, in der 1 t Kohlendioxid dieser 55-ppm-Fraktion gelöst ist:

$$n_{Luft} = n_{CO_2} \cdot \frac{y_{Luft}}{y_{CO_2}} = 22{,}72\ \text{kmol} \cdot \frac{0{,}999945}{0{,}000055} = 413100\ \text{kmol}$$

Damit ist die Mischungsentropie

$$\Delta S = -8314 \frac{\mathrm{J}}{\mathrm{kmol} \cdot \mathrm{K}} \cdot \begin{pmatrix} 413100\ \mathrm{kmol} \cdot \ln(0{,}999945) \\ +22{,}72\ \mathrm{kmol} \cdot \ln(0{,}000055) \end{pmatrix} = 2042000 \frac{\mathrm{J}}{\mathrm{K}}$$

Und die minimale Arbeit, um die Mischung rückgängig zu machen, beträgt

$$W_{\mathrm{min}} = T_u \cdot \Delta S = 298\ \mathrm{K} \cdot 2042000 \frac{\mathrm{J}}{\mathrm{K}} = 608{,}5 \cdot 10^6\ \mathrm{J}$$

Hiermit beträgt die benötigte Arbeit

$$W_{55 \to 0}\Big|_{350\ \mathrm{ppm}} = W_{\mathrm{min}} \cdot m_{405 \to 350} = 608{,}5 \cdot 10^6 \frac{\mathrm{J}}{\mathrm{t}} \cdot 880\ \mathrm{Gt} = 535{,}5\ \mathrm{EJ}$$

Dieser Weg scheint zu einem vergleichbaren Ergebnis zu führen. Trotzdem ist diese Herangehensweise extrem fragwürdig, da wir die beiden Fraktionen des Kohlendioxids nicht unterscheiden können.

Größenordnung: Die minimale ideale Arbeit, die nur für das Abtrennen dieses Kohlendioxids aufgewendet wird, entspricht etwas weniger als dem aktuellen jährlichen Primärenergiebedarf der Menschheit. Dieser liegt grob bei 600 EJ. Da wir davon ausgehen können, dass rein technische Lösungen etwa das Drei- bis Fünffache benötigen würden, erscheint es sinnvoll, solche Lösungen für negative Emissionen zu verfolgen, die diese Aufgabe nicht auf rein technischem Weg lösen.

5 Feuchte Luft

Problem 5.1: Klimatisierung

Diese Problemstellung ist insbesondere eine weitere Übung für die Nutzung des h-x Diagramms. Wichtig ist, sich einen Überblick über das Diagramm zu verschaffen sowie die Zustände und Zustandsänderungen jeweils einzutragen. In Bild 5.1 finden Sie ein h-x Diagramm mit den im Lösungsvorschlag verwendeten Zustandsänderungen.

5.1a) Im Winter

Es werden zwei Schritte benötigt: eine Erwärmung und eine anschließende Befeuchtung der Luft.

Der Wassergehalt bei Umgebungsbedingung im Winter beträgt etwa $x_{u,Wi}$ = 0,00054 und der im Zielzustand (Z) etwa z_{Ziel} = 0,00833. Beides wird im h-x Diagramm (bzw. in den Rohdaten zum Diagramm) abgelesen. Das heißt, der Wassergehalt der Umgebungsluft soll um

$$\Delta x_W = x_Z - x_{u,W} = 0{,}00833 - 0{,}00054 = 0{,}00779$$

erhöht werden. Zu jedem Kilogramm trockener Luft sollen 0,00779 kg Wasser zugegeben werden.

Für diese Befeuchtung gibt es zwei Möglichkeiten: Entweder wird flüssiges Wasser (z. B. indem es eine Düse in der strömenden Luft zerstäubt) oder gasförmiges Wasser über einen Verdampfer zugegeben. Die technische Form der Befeuchtung legt fest, bis auf welche Temperatur erwärmt werden soll. Daher sehen wir uns beide Varianten an.

Flüssiges Wasser zugeben: In diesem Fall ist es für uns am einfachsten, mit einer isenthalpen Mischung von Luft und flüssigem Wasser zu rechnen. Damit eine isenthalpe Mischung von flüssigem Wasser und vorgewärmter Umgebungsluft stattfinden kann, muss die trockene Luft zuerst erwärmt werden (Zustandsänderung W → W1). Die Temperatur folgt aus der Forderung, dass alle drei Zustände (W1, Z, und das flüssige Wasser) auf einer gemeinsamen Isenthalpen liegen. In Bild 5.1 finden Sie ein h-x Diagramm, in das die Zustände eingetragen sind.

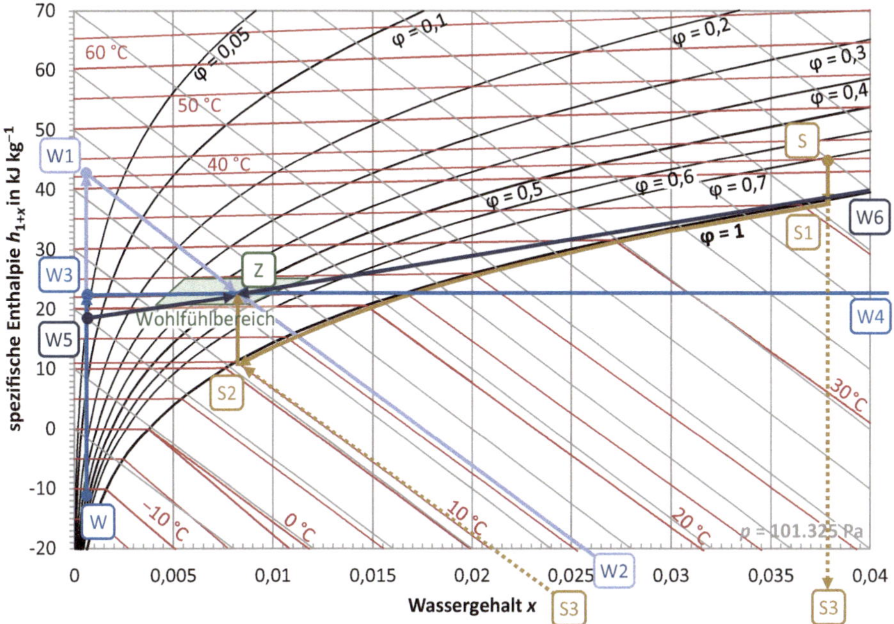

Bild 5.1 Darstellung der Zustandsänderungen im h-x Diagramm

Die Temperatur in Zustand W1, auf die die trockene Luft erwärmt werden muss, lässt sich aus dem h-x Diagramm ablesen oder berechnen. Der Rechenweg hilft beim Verstehen der Methoden und Gleichungen. Wir starten, indem wir zuerst die spezifische Enthalpie der Raumluft im erwünschten Zielzustand Z berechnen. Da keine Kondensation auftritt, ist

$$h_{1+x,Z} = c_{p,Luft} \cdot \vartheta_Z + x_Z \cdot \left(r_{\mathrm{H_2O}} + c_{p,\mathrm{H_2O},gas} \cdot \vartheta_Z \right)$$

$$h_{1+x,Z} = 1{,}0045 \,\frac{\mathrm{kJ}}{\mathrm{kg \cdot K}} \cdot 22\,^\circ\mathrm{C} + 0{,}00833 \cdot \left(2501 \,\frac{\mathrm{kJ}}{\mathrm{kg}} + 1{,}86 \,\frac{\mathrm{kJ}}{\mathrm{kg \cdot K}} \cdot 22\,^\circ\mathrm{C} \right) = 43{,}27 \,\frac{\mathrm{kJ}}{\mathrm{kg}}$$

Wenn wir die bereits bestimmte Masse an flüssigem Wasser in Zustand W2 bei $x_{W2} = \infty$ und erwärmter Außenluft in Zustand W1 miteinander mischen und beide schon die spezifische Enthalpie des Zielzustandes aufweisen, dann stellt sich der Zielzustand Z ein. Die Temperatur der erwärmten Außenluft sollte damit

$$\vartheta_{W1} = \frac{h_{1+x,Z} - x_{u,Wi} \cdot r_{\mathrm{H_2O}}}{c_{p,Luft} + x_{u,Wi} \cdot c_{p,\mathrm{H_2O},gas}} = \frac{43{,}27 \,\frac{\mathrm{kJ}}{\mathrm{kg}} - 0{,}00054 \cdot 2501 \,\frac{\mathrm{kJ}}{\mathrm{kg}}}{1{,}0045 \,\frac{\mathrm{kJ}}{\mathrm{kg \cdot K}} + 0{,}00054 \cdot 1{,}860 \,\frac{\mathrm{kJ}}{\mathrm{kg \cdot K}}} = 41{,}7\,^\circ\mathrm{C}$$

und die Temperatur des versprühten flüssigen Wassers

$$\vartheta_{fl} = \frac{h_{1+x,Z}}{c_{p,\mathrm{H_2O},fl}} = \frac{43{,}27 \,\frac{\mathrm{kJ}}{\mathrm{kg}}}{4{,}190 \,\frac{\mathrm{kJ}}{\mathrm{kg \cdot K}}} = 10{,}3\,^\circ\mathrm{C}$$

betragen. Das heißt, es kann direkt Leitungswasser eingesetzt werden, da dieses typischerweise etwa 10 °C aufweist.

Im Prozess W → W1 wird die Luft erwärmt. Die Umgebungsluft hat in Zustand W eine spezifische Enthalpie von −10 kJ kg^{-1} (abgelesen) bzw.

$$h_{1+x,W} = 1{,}0045\,\frac{\text{kJ}}{\text{kg}\cdot\text{K}}\cdot(-12\,°\text{C}) + 0{,}00054\cdot\left(2501\,\frac{\text{kJ}}{\text{kg}} + 1{,}86\,\frac{\text{kJ}}{\text{kg}\cdot\text{K}}\cdot(-12\,°\text{C})\right)$$

$$h_{1+x,W} = -10{,}72\,\frac{\text{kJ}}{\text{kg}}$$

Der spezifische Energiebedarf für die Zustandsänderung W → W1 beträgt damit

$$\Delta h_{1+x,W\to W1} = h_{1+x,W1} - h_{1+x,W} = 43{,}27\,\frac{\text{kJ}}{\text{kg}} - \left(-10{,}72\,\frac{\text{kJ}}{\text{kg}}\right) = 54{,}00\,\frac{\text{kJ}}{\text{kg}}$$

bezogen auf die Masse der trockenen Luft.

Wasserdampf zugeben: Der Wasserdampf wird im rechnerisch einfachsten Fall bei der Zieltemperatur von 22 °C zugegeben, sodass eine isotherme Mischung von erwärmter Umgebungsluft (Zustand W3) und dem gasförmigen Wasser erfolgt.

Damit dies funktionieren kann, arbeitet der Verdampfer direkt an der strömenden Luft. Die trockene Luft hat bei 22 °C eine spezifische Enthalpie von

$$h_{1+x,W3} = 1{,}0045\,\frac{\text{kJ}}{\text{kg}\cdot\text{K}}\cdot 22\,°\text{C} + 0{,}00054\cdot\left(2501\,\frac{\text{kJ}}{\text{kg}} + 1{,}86\,\frac{\text{kJ}}{\text{kg}\cdot\text{K}}\cdot 22\,°\text{C}\right)$$

$$h_{1+x,W3} = 23{,}47\,\frac{\text{kJ}}{\text{kg}}$$

Der spezifische Energiebedarf für die Erwärmung der Luft in der Zustandsänderung W → W3 beträgt dann

$$\Delta h_{1+x,W\to W3} = h_{1+x,W3} - h_{1+x,W} = 23{,}47\,\frac{\text{kJ}}{\text{kg}} - \left(-10{,}72\,\frac{\text{kJ}}{\text{kg}}\right) = 34{,}19\,\frac{\text{kJ}}{\text{kg}}$$

bezogen auf die Masse der trockenen Luft.

Der zuzuführende reine Wasserdampf kann nicht bei 22 °C erzeugt werden, da der größte Teil des Wassers flüssig bliebe. Ich beschreibe hier einen Verdampfer, über den die zu befeuchtende Luft direkt strömt und die so den Dampf aufnehmen kann. Die aufzuwendende spezifische Enthalpie – weiterhin bezogen auf die Masse der trockenen Luft – beträgt

$$\Delta h_{1+x,D} = \Delta x_{Wi}\cdot\left(h_{Dampf} - h_{fl}\right) = \Delta x_{Wi}\cdot\left(r + c_{p,\text{H}_2\text{O},fl}\cdot\vartheta_D - c_{p,\text{H}_2\text{O},fl}\cdot\vartheta_L\right)$$

$$\Delta h_{1+x,D} = 0{,}00779\cdot\left(2501\,\frac{\text{kJ}}{\text{kg}} + 4{,}190\,\frac{\text{kJ}}{\text{kg}\cdot\text{K}}\cdot(22\,°\text{C} - 10\,°\text{C})\right) = 19{,}87\,\frac{\text{kJ}}{\text{kg}}$$

falls das flüssige Wasser dem Verdampfer mit 10 °C (also wieder als Leitungswasser) zugeführt wird. Der gesamte spezifische Energiebedarf für diesen Prozess beträgt damit 54,06 kJ kg^{-1}. Dieser Prozess ist ausgesprochen anfällig für die Bildung von Biofilmen.

Heißdampf zugeben: Die dritte technische Möglichkeit ist, der Luft einen überhitzten Dampf zuzugeben. Wird z. B. Dampf mit 120 °C zugegeben (Zustand W6), dann beträgt die für die Erzeugung dieses Dampfes benötigte spezifische Enthalpie

$$\Delta h_{1+x,D} = \Delta x_{Wi} \cdot \left(h_{W6} - h_{fl}\right) = \Delta x_{Wi} \cdot \left(r + c_{p,\mathrm{H_2O},fl} \cdot \vartheta_{W6} - c_{p,\mathrm{H_2O},fl} \cdot \vartheta_L\right)$$

$$\Delta h_{1+x,D} = 0{,}00779 \cdot \left(2501 \frac{\mathrm{kJ}}{\mathrm{kg}} + 4{,}190 \frac{\mathrm{kJ}}{\mathrm{kg \cdot K}} \cdot (120\ °\mathrm{C} - 10\ °\mathrm{C})\right) = 23{,}07 \frac{\mathrm{kJ}}{\mathrm{kg}}$$

Damit die so befeuchtetet Luft wieder 22 °C als Zielzustand erreicht, genügt es, sie entsprechend weniger vorzuwärmen. In Summe wird weiterhin die gerade bestimmte spezifische Wärme von 54,06 kJ kg^{-1} zugeführt. Es genügt also, die trockene Luft auf eine spezifische Enthalpie von 20,27 kJ kg^{-1} (Zustand W5) zu bringen bzw. auf

$$\vartheta_{W5} = \frac{h_{1+x,W5} - x_W \cdot r_{\mathrm{H_2O}}}{c_{p,Luft} + x_W \cdot c_{p,\mathrm{H_2O},gas}}$$

$$\vartheta_{W5} = \frac{20{,}27 \frac{\mathrm{kJ}}{\mathrm{kg}} - 0{,}00054 \cdot 2501 \frac{\mathrm{kJ}}{\mathrm{kg}}}{1{,}0045 \frac{\mathrm{kJ}}{\mathrm{kg \cdot K}} + 0{,}00054 \cdot 1{,}860 \frac{\mathrm{kJ}}{\mathrm{kg \cdot K}}} = 18{,}8\ °\mathrm{C}$$

Auch diese Mischung ist in Bild 5.1 eingetragen.

Zusammenfassung: Im Rahmen der verwendeten Genauigkeit benötigen alle Prozesse die gleiche spezifische Energie bezogen auf die Masse der trockenen Luft.

5.1b) Im Sommer

Es werden zwei Prozesse benötigt: eine Abkühlung und eine Trocknung der Luft.

Die Umgebungsbedingung hat im Zustand S einen Wassergehalt von 0,0378 und eine spezifische Enthalpie von 140 kJ kg^{-1} (abgelesen) bzw.

$$h_{1+x,S} = 1{,}0045 \frac{\mathrm{kJ}}{\mathrm{kg \cdot K}} \cdot 42\ °\mathrm{C} + 0{,}0378 \cdot \left(2501 \frac{\mathrm{kJ}}{\mathrm{kg}} + 1{,}86 \frac{\mathrm{kJ}}{\mathrm{kg \cdot K}} \cdot 42\ °\mathrm{C}\right)$$

$$h_{1+x,S} = 139{,}68 \frac{\mathrm{kJ}}{\mathrm{kg}}$$

Ein naheliegender Prozess ist es, die Außenluft abzukühlen und dabei das sich bildende Kondensat aufzufangen und abzuführen. Dieser Prozess verläuft im h-x Diagramm auf der Sättigungslinie. Durch Abkühlen lässt sich so der Wassergehalt auf den angestrebten Zielwert x_Z einstellen. Anschließend wird die Luft dann auf die Zieltemperatur ϑ_Z erwärmt. Diesen Ablauf sehen wir uns an:

- Die Luft wird abgekühlt, bis Sättigung vorliegt (S → S1). Beim Wassergehalt der Außenluft wird Sättigung bei etwa 35,5 °C erreicht (Zustand S1).
- Weitere Abkühlung mit gleichzeitiger Kondensation und Entnahme des Kondensats führt zu einer Zustandsänderung entlang der Sättigungslinie im h-x Diagramm (S1 → S2). Um den angestrebten Wassergehalt von $x_Z = 0{,}00779$ zu erreichen, muss die Luft bis auf etwa 11 °C abgekühlt werden.

- Zuletzt wird die gesättigte Luft mit einer Temperatur von etwa 11 °C auf $\vartheta_Z = 22\,°C$ bei konstantem Wassergehalt erwärmt (S2 → Z).

Die spezifische Enthalpie in Zustand S1 beträgt

$$h_{1+x,S1} = 1{,}0045\,\frac{\text{kJ}}{\text{kg}\cdot\text{K}}\cdot 35{,}5\,°\text{C} + 0{,}0378\cdot\left(2501\,\frac{\text{kJ}}{\text{kg}} + 1{,}86\,\frac{\text{kJ}}{\text{kg}\cdot\text{K}}\cdot 35{,}5\,°\text{C}\right)$$

$$h_{1+x,S1} = 132{,}69\,\frac{\text{kJ}}{\text{kg}}$$

und die in Zustand S2

$$h_{1+x,S2} = 1{,}0045\,\frac{\text{kJ}}{\text{kg}\cdot\text{K}}\cdot 11\,°\text{C} + 0{,}00833\cdot\left(2501\,\frac{\text{kJ}}{\text{kg}} + 1{,}86\,\frac{\text{kJ}}{\text{kg}\cdot\text{K}}\cdot 11\,°\text{C}\right)$$

$$h_{1+x,S2} = 32{,}05\,\frac{\text{kJ}}{\text{kg}}$$

Die benötigte spezifische Wärme, die für die Zustandsänderung S → S2 abzuführen ist, beträgt

$$\Delta h_{1+x,tr} = h_{1+x,S2} - h_{1+x,S} = 32{,}05\,\frac{\text{kJ}}{\text{kg}} - 139{,}68\,\frac{\text{kJ}}{\text{kg}} = -107{,}63\,\frac{\text{kJ}}{\text{kg}}$$

Anschließend wird der so entfeuchteten Luft wieder Wärme zugeführt, um sie auf die Zieltemperatur von

$$\Delta h_{1+x,w} = h_{1+x,Z} - h_{1+x,S2} = 43{,}27\,\frac{\text{kJ}}{\text{kg}} - 32{,}05\,\frac{\text{kJ}}{\text{kg}} = 11{,}22\,\frac{\text{kJ}}{\text{kg}}$$

zu bringen. Diese Wärme könnte der zu trocknenden Luft in einem Wärmetauscher entnommen werden.

Die Zustandsänderung S1 → S3 → S2 in Bild 5.1 ist energetisch äquivalent zur jetzt beschriebenen Zustandsänderung von S1 → S2. Sie zerlegt den Prozess in zwei Abschnitte – zuerst die Abkühlung bei konstantem Wassergehalt und danach die Entnahme des Wassers. Die Zustandsänderung S → S1 → S2 beschreibt den real ablaufenden Prozess besser.

5.1c) Einlass im Winter

Aus dem benötigten Volumenstrom bestimmen wir zuerst den Massenstrom an Luft. Das spezifische Volumen trockener Luft bei 22 °C beträgt

$$v_{Luft,Z} = \frac{R_{Luft}\cdot T_Z}{p_Z} = 287{,}2\,\frac{\text{J}}{\text{kg}\cdot\text{K}}\cdot\frac{295{,}15\,\text{K}}{101325\,\text{Pa}} = 0{,}8366\,\frac{\text{m}^3}{\text{kg}}$$

und das der feuchten Luft im Zielzustand

$$v_{1+x,Z} = \frac{R_{Luft}\cdot T_Z}{p_Z}\cdot\left(1+\frac{x_Z}{0{,}622}\right) = 0{,}8366\,\frac{\text{m}^3}{\text{kg}}\cdot\left(1+\frac{0{,}00833}{0{,}622}\right) = 0{,}8478\,\frac{\text{m}^3}{\text{kg}}$$

Das heißt, es soll ein Massenstrom an trockener Luft von

$$\dot{m}_Z = \frac{\dot{V}_Z}{v_{1+x,Z}} = \frac{3600\,\dfrac{\mathrm{m}^3}{\mathrm{h}}}{0{,}8478\,\dfrac{\mathrm{m}^3}{\mathrm{kg}}} = 1{,}180\,\frac{\mathrm{kg}}{\mathrm{s}}$$

zugeführt werden.

Dies entspricht bei Winterbedingungen einem Volumenstrom von

$$\dot{V}_W = \frac{\dot{m}_Z \cdot R_{Luft} \cdot T_W}{p} = \frac{1{,}180\,\dfrac{\mathrm{kg}}{\mathrm{s}} \cdot 287{,}2\,\dfrac{\mathrm{J}}{\mathrm{kg \cdot K}} \cdot 261{,}15\,\mathrm{K}}{101325\,\mathrm{bar}} = 0{,}8735\,\frac{\mathrm{m}^3}{\mathrm{s}}$$

Hier haben wir den sehr geringen Anteil des Wasserdampfes vernachlässigt.

Die benötigte Heizleistung beträgt für W → W1

$$\dot{Q}_{W \to W1} = \Delta h_{1+x} \cdot \dot{m} = 54{,}00\,\frac{\mathrm{kJ}}{\mathrm{kg}} \cdot 1{,}180\,\frac{\mathrm{kg}}{\mathrm{s}} = 63{,}72\,\mathrm{kW}$$

Für W → W3 beträgt die Heizleistung

$$\dot{Q}_{W \to W1} = \Delta h_{1+x} \cdot \dot{m} = 34{,}15\,\frac{\mathrm{kJ}}{\mathrm{kg}} \cdot 1{,}180\,\frac{\mathrm{kg}}{\mathrm{s}} = 40{,}30\,\mathrm{kW}$$

Bei dem zweiten Prozess benötigen wir zusätzlich die Heizleistung für das Verdampfen des Wassers zur Befeuchtung. In Summe sind beide Prozesse identisch.

5.1d) Einlass im Sommer

Wir können den Massenstrom im Zielzustand aus 5.1c) weiterverwenden und erhalten damit als benötigte Kühlleistung

$$\dot{Q}_{S \to S2} = \Delta h_{1+x,tr} \cdot \dot{m}_Z = -107{,}63\,\frac{\mathrm{kJ}}{\mathrm{kg}} \cdot 1{,}180\,\frac{\mathrm{kg}}{\mathrm{s}} = -127{,}00\,\mathrm{kW}$$

und als Heizleistung

$$\dot{Q}_{S2 \to Z} = \Delta h_{1+x,w} \cdot \dot{m} = 11{,}22\,\frac{\mathrm{kJ}}{\mathrm{kg}} \cdot 1{,}180\,\frac{\mathrm{kg}}{\mathrm{s}} = 13{,}24\,\mathrm{kW}$$

Durch einen geeigneten Wärmetauscher ließe sich die Heizleistung zumindest manchmal aus der zugeführten warmen Umgebungsluft entnehmen.

Für die Berechnung des angesaugten Volumenstroms aus der Umgebung bestimmen wir zuerst das spezifische Volumen bezogen auf die trockene Luft

$$v_{1+x,S} = \frac{R_{Luft} \cdot T_S}{p} \cdot \left(1 + \frac{x_S}{0{,}622}\right) = \frac{287{,}2\,\dfrac{\mathrm{J}}{\mathrm{kg \cdot K}} \cdot 315{,}15\,\mathrm{K}}{101325\,\mathrm{Pa}} \cdot \left(1 + \frac{0{,}0378}{0{,}622}\right) = 0{,}9476\,\frac{\mathrm{m}^3}{\mathrm{kg}}$$

und erhalten damit aus dem Massenstrom der trockenen Luft den sommerlichen Volumenstrom von

$$\dot{V}_S = v_{1+x,S} \cdot \dot{m}_Z = 0{,}9476 \frac{\text{m}^3}{\text{kg}} \cdot 1{,}180 \frac{\text{kg}}{\text{s}} = 1{,}118 \frac{\text{m}^3}{\text{s}}$$

Etwa 6 % des angesaugten Volumenstroms sind Wasserdampf.

Problem 5.2: Lacktrocknung

Auch bei dieser Problemstellung lohnt es sich, den Prozess in einem geeigneten h-x Diagramm zu visualisieren. Um ein solches auszuwählen, benötigen Sie zuerst den Druck. Mit dem in 5.2a) bestimmten Druck erhalten Sie das h-x Diagramm aus Bild 5.2.

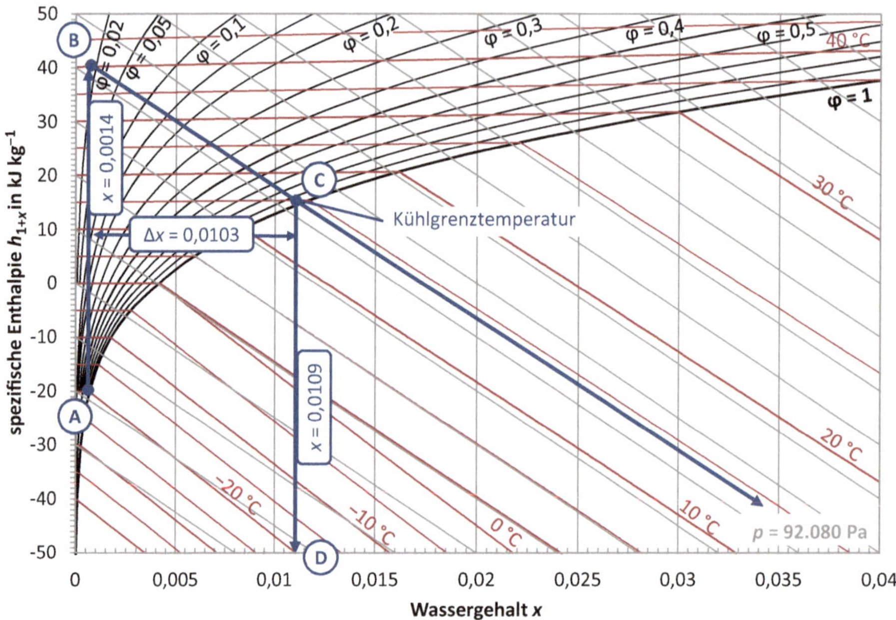

Bild 5.2 h-x Diagramm mit Beiträgen zur Lösung der Lacktrocknung

5.2a) Wassergehalt der Luft

Den Luftdruck für den Standort der Anlage bestimmen wir aus der barometrischen Höhenformel:

$$p = p_0 \cdot \left(1 - \frac{2{,}252 \cdot 10^{-5}}{\text{m}} \cdot z\right)^{5{,}265}$$

$$p = 101325\ \text{Pa} \cdot \left(1 - \frac{2{,}252 \cdot 10^{-5}}{\text{m}} \cdot 800\ \text{m}\right)^{5{,}265} = 92080\ \text{Pa}$$

Der Sättigungsdruck von Wasser bei –20 °C beträgt

$$p_{sat}(\vartheta) = \exp\left(28{,}868 - \frac{6132{,}9\ \text{K}}{273{,}15\ \text{K} + \vartheta}\right) = \exp\left(28{,}868 - \frac{6132{,}9\ \text{K}}{253{,}15\ \text{K}}\right) = 103{,}7\ \text{Pa}$$

Hier verwenden wir eine der im Lehrbuch angegebenen Näherungsformeln für den Sättigungsdruck und für eine negative (Celsius-)Temperatur.

Damit ist der Wassergehalt bei Sättigung in Zustand A (siehe Bild 5.2) wie folgt:

$$x_A = 0{,}622 \cdot \frac{\varphi_A \cdot p_{sat,A}}{p - \varphi_A \cdot p_{sat,A}} = 0{,}622 \cdot \frac{1{,}0 \cdot 103{,}7\ \text{Pa}}{92080\ \text{Pa} - 1{,}0 \cdot 103{,}7\ \text{Pa}} = 701{,}3 \cdot 10^{-6}$$

Hier verwenden wir Sättigung, also φ_A = 1,0, da die Luft über die Kondensation des Wassers getrocknet wird.

5.2b) Lacktrocknung

Die naheliegende Lösung, einfach die Differenz zwischen der Sättigung bei 40 °C und dem in a) bestimmten Wassergehalt anzugeben, ist falsch. Die Verdunstungswärme, mit der das Wasser verdunstet, muss bei der Lacktrocknung der trockenen Luft entnommen werden. Es wird sich ein Zustand einstellen, der zwischen dem der trockenen Luft und der Kühlgrenztemperatur dieser Luft liegt – also auf der Verlängerung der Isothermen in den ungesättigten Bereich. Im idealen Prozess sollte dies die Kühlgrenztemperatur sein, denn dann nimmt die trocknende Luft die maximale Menge an dem Lösemittel Wasser auf und transportiert sie ab.

Um diese Kühlgrenztemperatur zu bestimmen, können Sie Bild 9.8 aus dem Lehrbuch verwenden. Diese Abbildung gilt für 101 325 Pa, sodass wir nur eine Näherung ablesen können. Um Bild 9.8 verwenden zu können, benötigen wir zuerst den Sättigungsdruck von Wasser bei 40 °C

$$p_{sat} = 611{,}2\ \text{Pa} \cdot \exp\left(\frac{\vartheta \cdot 17{,}62}{\vartheta + 243{,}12\ ^\circ\text{C}}\right)$$

$$p_{sat,B} = 611{,}2\ \text{Pa} \cdot \exp\left(\frac{40\ ^\circ\text{C} \cdot 17{,}62}{40\ ^\circ\text{C} + 243{,}12\ ^\circ\text{C}}\right) = 7367\ \text{Pa}$$

und berechnen damit die relative Feuchte der Luft:

$$\varphi_B = \frac{x_B}{0{,}622 + x_B} \cdot \frac{p}{p_{sat,B}} = \frac{701{,}3 \cdot 10^{-6}}{0{,}622 + 701{,}3 \cdot 10^{-6}} \cdot \frac{92080\ \text{Pa}}{7367\ \text{Pa}} = 0{,}01408$$

Für diese sehr niedrige relative Feuchte von 1,4 % sind Bild 9.8 im Lehrbuch und die dort angegebene Gleichung nicht anwendbar.

Das heißt, wir benötigen ein passendes h-x Diagramm für Wasser beim in a) berechneten Druck, um dort die Kühlgrenztemperatur abzulesen. Falls Sie eines gefunden haben (z.B. indem Sie die Software CoolPack verwenden), dann sollten Sie etwa 14 °C als Kühlgrenztemperatur ablesen. Der Prozess der Lacktrocknung ist dann durch die Zustandsänderung B → C in Bild 5.2 beschrieben.

Der Wassergehalt x bei Sättigung und 14 °C in Zustand C folgt aus dem Sättigungsdruck

$$p_{sat,C} = 611{,}2\,\text{Pa}\cdot\exp\left(\frac{14\,°\text{C}\cdot 17{,}62}{14\,°\text{C}+243{,}12\,°\text{C}}\right) = 1595\,\text{Pa}$$

mit

$$x_C = 0{,}622\cdot\frac{\varphi_C\cdot p_{sat,C}}{p-\varphi_C\cdot p_{sat,C}} = 0{,}622\cdot\frac{1{,}0\cdot 1595\,\text{Pa}}{92080\,\text{Pa}-1{,}0\cdot 1595\,\text{Pa}} = 0{,}01096$$

Das heißt, die Luft kann maximal ohne Kondensation einen Wassergehalt von

$$\Delta x_{B\to C} = x_C - x_B = 0{,}01096 - 701{,}3\cdot 10^{-6} = 0{,}01026$$

aufnehmen. Sie kann damit je Kilogramm trockene Luft eine Wassermasse von 10 g abführen.

5.2c) Spezifische Wärmemenge

Zuerst klären wir, wo Wärme aktiv übertragen wird und wo nicht. Dabei gehen wir davon aus, dass die Luft im Wesentlichen im Kreis geführt wird, da dies energetisch günstig sein sollte:

1. Beim Erwärmen der kalten getrockneten Luft von −20 °C bis auf +40 °C in der Zustandsänderung A → B wird Wärme aktiv zugeführt.
2. Die Lacktrocknung in der Zustandsänderung B → C, also in dem Prozess, bei dem die Luft Wasser aus dem Lack aufnimmt, bis sie die Kühlgrenztemperatur in Zustand C erreicht hat, läuft von allein ab. Hier wird keine Wärme von außen an die Luft übertragen.
3. Beim anschließenden Abkühlen der Luft und dem damit verbundenen Kondensieren bzw. Ausfrieren des Wassers in der Zustandsänderung C → D muss der feuchten Luft aktiv Wärme entzogen werden.
4. Wir müssen diskutieren, wie das kondensierte Wasser dem System entnommen wird, also wie genau der Weg von C nach A abläuft.

Luft erwärmen (A → B): Wir bestimmen die spezifische Enthalpie der Luft im Ausgangszustand bei −20 °C und Sättigung

$$h_{1+x}(\vartheta) = c_{p,Luft}\cdot\vartheta + x\cdot\left(r_{H_2O} + c_{p,H_2O,gas}\cdot\vartheta\right)$$

$$h_{1+x,A} = 1{,}0045\,\frac{\text{kJ}}{\text{kg}\cdot\text{K}}\cdot(-20\,°\text{C}) + 701{,}3\cdot 10^{-6}\cdot\left(2501\,\frac{\text{kJ}}{\text{kg}} + 1{,}86\,\frac{\text{kJ}}{\text{kg}\cdot\text{K}}\cdot(-20\,°\text{C})\right)$$

$$h_{1+x,A} = -18{,}36\,\frac{\text{kJ}}{\text{kg}}$$

und im Endzustand bei +40 °C und gleichem Wassergehalt

$$h_{1+x,B} = 1{,}0045\,\frac{\text{kJ}}{\text{kg}\cdot\text{K}}\cdot 40\ °\text{C} + 701{,}3\cdot 10^{-6}\cdot\left(2501\,\frac{\text{kJ}}{\text{kg}} + 1{,}86\,\frac{\text{kJ}}{\text{kg}\cdot\text{K}}\cdot 40\ °\text{C}\right)$$

$$h_{1+x,B} = 41{,}88\,\frac{\text{kJ}}{\text{kg}}$$

Die spezifische der Luft zuzuführende Wärme beträgt damit

$$\Delta h_{1+x,A\to B} = h_{1+x,B} - h_{1+x,A} = 41{,}88\,\frac{\text{kJ}}{\text{kg}} + 18{,}36\,\frac{\text{kJ}}{\text{kg}} = 60{,}24\,\frac{\text{kJ}}{\text{kg}}$$

Luft trocknen (C → D): Um diesen Prozess zu beschreiben, gehen wir erst einmal so vor wie beim Erwärmen. Die spezifische Enthalpie bei 14 °C und Sättigung beträgt

$$h_{1+x,C} = 1{,}0045\,\frac{\text{kJ}}{\text{kg}\cdot\text{K}}\cdot 14\ °\text{C} + 0{,}01096\cdot\left(2501\,\frac{\text{kJ}}{\text{kg}} + 1{,}86\,\frac{\text{kJ}}{\text{kg}\cdot\text{K}}\cdot 14\ °\text{C}\right)$$

$$h_{1+x,C} = 41{,}76\,\frac{\text{kJ}}{\text{kg}}$$

Dieses Ergebnis ist etwas zu niedrig, d. h., die Kühlgrenztemperatur haben wir nicht sehr genau abgelesen. Dies wissen wir, da die spezifische Enthalpie entlang der Linie ausgehend von 40 °C und trockener Luft ganz leicht ansteigt. Diese Linie ist ja die Verlängerung der Isotherme aus dem übersättigten Bereich in den ungesättigten Bereich - und alle Isothermen für Temperaturen oberhalb von 0 °C im übersättigten Bereich steigen gegenüber der spezifischen Enthalpie an.

Die spezifische Enthalpie der feuchten Luft bei −20 °C und dem Wassergehalt x_C berechnen wir mit

$$h_{1+x,D} = \left(c_{p,Luft}\cdot\vartheta_D\right) + \begin{cases} x_{sat,D}\cdot\left(r + c_{p,\text{H}_2\text{O},gas}\cdot\vartheta_D\right) \\ +\left(x_D - x_{sat,D}\right)\cdot\left(\sigma_{\text{H}_2\text{O}} + c_{p,\text{H}_2\text{O},eis}\cdot\vartheta_D\right) \end{cases}$$

$$h_{1+x,D} = \begin{cases} -20\ °\text{C}\cdot 1{,}0045\,\frac{\text{kJ}}{\text{kg}\cdot\text{K}} \\ +701{,}3\cdot 10^{-6}\cdot\left(2501\,\frac{\text{kJ}}{\text{kg}} + 1{,}860\,\frac{\text{kJ}}{\text{kg}\cdot\text{K}}\cdot(-20\ °\text{C})\right) \\ +\left(0{,}01096 - 701{,}3\cdot 10^{-6}\right)\cdot\left(-333{,}5\,\frac{\text{kJ}}{\text{kg}} + 2{,}040\,\frac{\text{kJ}}{\text{kg}\cdot\text{K}}\cdot(-20\ °\text{C})\right) \end{cases}$$

$$h_{1+x} = -22{,}20\,\frac{\text{kJ}}{\text{kg}}$$

Hier benötigen wir diese umfangreiche Gleichung, da der größere Anteil des Wassers als Eis vorliegt. Für die Kondensation muss daher eine spezifische Wärme von

$$\Delta h_{1+x} = h_{1+x,D} - h_{1+x,C} = -22{,}20\,\frac{\text{kJ}}{\text{kg}} - 41{,}76\,\frac{\text{kJ}}{\text{kg}} = -63{,}96\,\frac{\text{kJ}}{\text{kg}}$$

der Luft entnommen werden.

Das kondensierte Wasser entnehmen (D → A): Für diesen Schritt gibt es unterschiedliche Möglichkeiten:

- Dieser Prozess könnte mechanisch ablaufen (Eis abklopfen), dann würden wir ihn hier aber nicht berücksichtigen.
- Der erste (und etwas größere) Anteil des Wassers könnte flüssig auskondensiert und dann abgeleitet werden. Auch dies wäre energetisch sehr günstig.
- Falls der gefrorene Anteil später getaut wird, um ihn abzuführen, würde zusätzliche Wärme benötigt sowie mehrere Abscheider, von denen einer das Wasser ausfriert, während andere regeneriert würde.

Wir beziehen diesen Anteil jetzt nicht mit ein.

Zusammenfassung: Die benötigte spezifische Wärme, um die kalte trockene Luft auf die Prozesstemperatur zu bringen (60,24 kJ kg^{-1}), ist etwas geringer, aber fast vergleichbar mit der spezifischen Wärme, die ihr zum Kondensieren des Wassers wieder entnommen werden muss (63,96 kJ kg^{-1}). Vorstellbar wäre, beide Prozesse über geeignete Wärmetauscher zu verbinden und so einen Anteil der benötigten Heiz- und Kühlleistung einzusparen.

5.2d) Spezifischer Energiebedarf für das Trocknen

Bisher haben wir alle Angaben streng auf die Masse der trockenen Luft bezogen (Index $1 + x$). Mit diesem Teil der Problemstellung verschiebt sich der Fokus auf den Nutzen, also auf die Masse an abgeschiedenem Wasser als Bezug. Wir kennen bereits die Masse an Wasser, die bezogen auf die Masse der trockenen Luft abgeschieden werden kann. Dies ist gerade x. Damit ist die spezifische minimale Heizenergie je Kilogramm Wasser

$$h_{Wasser,A\to B} = \frac{h_{1+x,A\to B}}{\Delta x_{A\to B}} = \frac{60{,}24\ \frac{\text{kJ}}{\text{kg}}}{0{,}01026} = 5872\ \frac{\text{kJ}}{\text{kg}}$$

und die benötigte spezifische Kälte

$$h_{Wasser,C\to D} = \frac{h_{1+x,C\to D}}{\Delta x_{C\to D}} = \frac{63{,}96\ \frac{\text{kJ}}{\text{kg}}}{0{,}01026} = 6234\ \frac{\text{kJ}}{\text{kg}}$$

Beide Zahlenwerte sind größer als die spezifische Verdampfungsenthalpie des Wassers $r = 2501$ kJ kg^{-1}. Dies war zu erwarten, aber dadurch besteht noch Raum für Prozessoptimierung.

5.2e) Diskussion

Zentral für die energetische Optimierung ist es, möglichst viel Wärme im Kreis zu führen. Ganz konkret ginge es darum, die zu erwärmende trockene Luft soweit möglich im Gegenstrom der abzukühlenden feuchten Luft aufzuwärmen. Diese Möglichkeit ist technisch begrenzt, da für Luft-Luft-Wärmetauscher immer eine gewisse Temperaturdifferenz benötigt wird, damit die Wärme übertragen werden kann.

Eine weitere Einflussmöglichkeit wäre, die Temperatur in Zustand A höher einzustellen – also den Temperaturhub des Prozesses zu verändern. Wenn der Temperaturhub in dem Prozess erhöht werden kann, sind zwei Effekte zu berücksichtigen: Die benötigte Temperaturdifferenz im Wärmetauscher wird im Verhältnis geringer und der Wirkungsgrad dort steigt an. Außerdem steigt die Kühlgrenztemperatur langsamer an als die maximale Lufttemperatur, d. h., die benötigte Kühlleistung nimmt leicht ab.

Beide Wärmeströme lassen sich in realen Anlagen gut mit einer Wärmepumpe verbinden. Eine Wärmepumpe legt eine eher geringere Temperaturspreizung zwischen den beiden Prozessen nahe. Dies ließe sich gegebenenfalls durch Verdampfer und Kondensator im Gegenstromprinzip weiter optimieren, sodass der reale Energiebedarf - hier an Elektrizität für den Antrieb des Kompressors - deutlich geringer als die Verdampfungswärme von Wasser ausfiele.

Problem 5.3: Brennwert ausnutzen

Anfangs ist dies eine Problemstellung zum Thema Verbrennung. Die feuchte Luft kommt erst später dazu.

5.3a) Wassergehalt

Wir starten mit der etwas kryptischen Angabe der Heizrate. Diese gibt die benötigte zuzuführende chemische Energie des Brennstoffs (in MJ) für den Nutzen an Elektrizität (in kWh) an. Dies ist also ein Wirkungsgrad.

$$\eta_{GT} = \frac{P_{el}}{\dot{Q}_{Gas}} = \frac{1}{Heatrate} = \frac{1\,\mathrm{kWh}}{11\,\mathrm{MJ}} = \frac{1 \cdot 1000 \cdot \mathrm{W} \cdot 3600\,\mathrm{s}}{11\,000\,000\,\mathrm{J}} = 0{,}327$$

Aus dem Wirkungsgrad folgt der benötigte Energiebedarf an Brennstoff:

$$\dot{Q}_{Gas} = \frac{P_{el}}{\eta_{GT}} = \frac{11{,}0\,\mathrm{MW}}{0{,}327} = 33{,}64\,\mathrm{MW}$$

Im nächsten Schritt bestimmen wir für die beiden Brenngase jeweils den aus der Verbrennung stammenden Massenstrom an Wasser im Abgas.

Erdgas: Aus dem Wärmestrom folgt der Massenstrom an Erdgas bei Nennleistung:

$$\dot{m}_{EG} = \frac{\dot{Q}_{Gas}}{H_{I,EG}} = \frac{33{,}64\,\mathrm{MW}}{50{,}0\,\frac{\mathrm{MJ}}{\mathrm{kg}}} = 0{,}6728\,\frac{\mathrm{kg}}{\mathrm{s}}$$

Dies entspricht einem Stoffmengenstrom von

$$\dot{n}_{EG} = \frac{\dot{m}_{EG}}{M_{EG}} = \frac{0{,}6728\,\frac{\mathrm{kg}}{\mathrm{s}}}{16{,}04\,\frac{\mathrm{kg}}{\mathrm{kmol}}} = 0{,}04195\,\frac{\mathrm{kmol}}{\mathrm{s}}$$

Aus der Verbrennungsreaktion erfahren wir, dass aus einem Molekül Methan je zwei Moleküle Wasser (und ein Molekül Kohlendioxid) werden. Damit ist der Massenstrom an Wasser im Abgas

$$\dot{m}_{Wasser} = n_{Wasser} \cdot M_{Wasser} = 2 \cdot \dot{n}_{EG} \cdot M_{Wasser}$$

$$\dot{m}_{Wasser} = 2 \cdot 0{,}04195 \frac{\text{kmol}}{\text{s}} \cdot 18{,}02 \frac{\text{kg}}{\text{kmol}} = 1{,}512 \frac{\text{kg}}{\text{s}}$$

Der Abgasmassenstrom für Erdgas beträgt insgesamt 42 kg s^{-1}. Damit ist der angesaugte Luftmassenstrom

$$\dot{m}_{Luft,EG} = \dot{m}_{Abgas} - \dot{m}_{EG} = 42{,}0 \frac{\text{kg}}{\text{s}} - 0{,}6728 \frac{\text{kg}}{\text{s}} = 41{,}33 \frac{\text{kg}}{\text{s}}$$

Der Wassergehalt des Abgases aus der Verbrennung beträgt

$$x_{Abgas,EG} = \frac{\dot{m}_{Wasser}}{\dot{m}_{Abgas}} = \frac{1{,}512 \frac{\text{kg}}{\text{s}}}{42{,}0 \frac{\text{kg}}{\text{s}}} = 0{,}036$$

Hier haben wir den Wassergehalt der angesaugten Luft ignoriert. Diesen müssten wir eigentlich miteinbeziehen. Er kann an einem schwül-heißen Tag bis zu etwa 0,03 betragen und verändert sich nicht, wenn die Luft durch die Gasturbine strömt.

Wasserstoff: Aus dem Wärmestrom folgt der Massenstrom an Wasserstoff bei Nennleistung:

$$\dot{m}_{H_2} = \frac{\dot{Q}_{Gas}}{H_{I,H_2}} = \frac{33{,}64 \text{ MW}}{120{,}0 \frac{\text{MJ}}{\text{kg}}} = 0{,}2803 \frac{\text{kg}}{\text{s}}$$

Dies entspricht einem Stoffmengenstrom von

$$\dot{n}_{H_2} = \frac{\dot{m}_{H_2}}{M_{H_2}} = \frac{0{,}2803 \frac{\text{kg}}{\text{s}}}{2{,}016 \frac{\text{kg}}{\text{kmol}}} = 0{,}1391 \frac{\text{kmol}}{\text{s}}$$

Aus der Gleichung der Verbrennungsreaktion erfahren wir, dass aus einem Molekül Wasserstoff ein Molekül Wasser wird. Damit ist der Massenstrom an Wasser im Abgas wie folgt:

$$\dot{m}_{Wasser} = n_{Wasser} \cdot M_{Wasser} = 1 \cdot \dot{n}_{H_2} \cdot M_{Wasser}$$

$$\dot{m}_{Wasser} = 1 \cdot 0{,}01391 \frac{\text{kmol}}{\text{s}} \cdot 18{,}02 \frac{\text{kg}}{\text{kmol}} = 2{,}531 \frac{\text{kg}}{\text{s}}$$

Der Abgasmassenstrom bei Wasserstoff als Brenngas verringert sich etwas gegenüber dem aus Erdgas

$$\dot{m}_{Abgas,H_2} = \dot{m}_{Luft} + \dot{m}_{H_2} = 41{,}33 \frac{\text{kg}}{\text{s}} + 0{,}2803 \frac{\text{kg}}{\text{s}} = 41{,}61 \frac{\text{kg}}{\text{s}}$$

und der aus der Verbrennung stammende Wassergehalt des Abgases wird

$$x_{Abgas,H_2} = \frac{\dot{m}_{Wasser}}{\dot{m}_{Abgas}} = \frac{2{,}531\,\frac{kg}{s}}{41{,}61\,\frac{kg}{s}} = 0{,}0608$$

Auch hier haben wir den Wassergehalt der angesaugten Luft vernachlässigt.

5.3b) Diskussion

Sie können jetzt beherzt die Methoden zu Gemischen auspacken und die spezifische Wärmekapazität c_p des Abgases ermitteln. Dies ist an dieser Stelle die entscheidende Größe, die die spezifische Enthalpie des Abgases bestimmt und die Einfluss auf die Gestalt des h-x Diagramms nimmt. Die anderen Größen wie Sättigungsdruck und Stoffwerte von Wasser bleiben konstant.

Erdgas: Bei Erdgas als Brennstoff wird ein Teil des Sauerstoffs zu Wasser und ein weiterer Teil zu Kohlendioxid. Da Sauerstoff und Kohlendioxid eine niedrigere spezifische Wärmekapazität aufweisen als Stickstoff, passieren zwei Dinge:

- Da die Konzentration von Sauerstoff in der Luft abnimmt, steigt die spezifische Wärmekapazität des trockenen Abgases etwas an.
- Da die Konzentration von Kohlendioxid ansteigt, nimmt die spezifische Wärmekapazität des trockenen Abgases etwas ab.

Wir können also eine geringe Veränderung erwarten.

Wasserstoff: Bei Wasserstoff als Brennstoff wird ein Teil des Sauerstoffs zu Wasser. Da die Konzentration von Sauerstoff in der Luft abnimmt, steigt die spezifische Wärmekapazität des trockenen Abgases etwas an.

Als weitere Übung können Sie hier das tatsächliche c_p des Abgases bestimmen.

Für eine erste Abschätzung ist das Modell der feuchten Luft in Ordnung, insbesondere da Wasser einen erheblichen Beitrag zur spezifischen Enthalpie liefert.

5.3c) Nutzen

Wie schon vorbereitet, müssen wir hier zuerst den Wassergehalt der angesaugten Umgebungsluft ermitteln. In einem h-x Diagramm lesen wir für den angegebenen Zustand der Umgebung etwa $x = 0{,}007$ ab.

Erdgas: Für Erdgas erhalten wir damit als gesamten Wassergehalt des Abgases

$$x_{EG} = x_u + x_{Abgas,EG} = 0{,}007 + 0{,}036 = 0{,}043$$

Die spezifische Enthalpie des heißen Abgases bei 120 °C beträgt (wenn wir die spezifische Wärmekapazität des trockenen Abgases durch den der trockenen Luft annähern)

$$h_{1+x}(\vartheta) = c_{p,Abgas} \cdot \vartheta + x \cdot \left(r_{H_2O} + c_{p,H_2O,gas} \cdot \vartheta\right)$$

$$h_{1+x}(120\,°C) = 1{,}0045\,\frac{kJ}{kg \cdot K} \cdot 120\,°C + 0{,}043 \cdot \left(2501\,\frac{kJ}{kg} + 1{,}860\,\frac{kJ}{kg \cdot K} \cdot 120\,°C\right)$$

$$h_{1+x}(120\,°C) = 273{,}7\,\frac{kJ}{kg}$$

Bei 50 °C tritt bei diesem Wassergehalt noch keine Sättigung auf, wie uns ein Blick in ein geeignetes h-x Diagramm zeigt. Das heißt, das Abgas kann ohne Kondensation abgekühlt werden mit

$$h_{1+x}(50\ °\text{C}) = 1{,}0045\ \frac{\text{kJ}}{\text{kg}\cdot\text{K}}\cdot 50\ °\text{C} + 0{,}043\cdot\left(2501\ \frac{\text{kJ}}{\text{kg}} + 1{,}860\ \frac{\text{kJ}}{\text{kg}\cdot\text{K}}\cdot 50\ °\text{C}\right)$$

$$h_{1+x}(120\ °\text{C}) = 161{,}8\ \frac{\text{kJ}}{\text{kg}}$$

Es lassen sich damit zusätzlich

$$\dot{Q}_{neu,EG} = \frac{\dot{m}_{Abgas}}{1+x_{EG}}\cdot\Delta h_{1+x} = \frac{42{,}0\ \frac{\text{kg}}{\text{s}}}{1+0{,}043}\cdot\left(161{,}8\ \frac{\text{kJ}}{\text{kg}} - 273{,}7\ \frac{\text{kJ}}{\text{kg}}\right) = -4506\ \text{kW}$$

an Wärme entnehmen. Hierbei haben wir noch berücksichtigt, dass sich die spezifischen Enthalpien immer auf das trockene Abgas beziehen.

Problem 5.4: Stausee

Diese Problemstellung vertieft Ihr Verständnis in vielen hier miteinander verknüpften Themen. Es ist eine echte Problemstellung, die auch in der aktuellen wissenschaftlichen Forschung bearbeitet wird.

5.4a) Zugeführte Wärme

Die Absorption von Wasser ist hoch, gleichzeitig hängt sie von Wellen und damit vom Wind ab. Die Reflektion an der Oberfläche von klarem tiefen Wasser beträgt etwa ρ = 4 %. Hinzu kommt noch etwas Reflektion im Bereich des flachen hellen Stauseebodens durch schwimmende Pflanzen oder Schwebeteilchen im Wasser. Insgesamt werden aber sicher 90 % der eingestrahlten Wärme vom Stausee absorbiert, also etwa

$$\dot{q}_{abs} = \dot{q}_{zu}\cdot(1-\rho) = 26\ \frac{\text{MJ}}{\text{m}^2\cdot\text{d}}\cdot(1-0{,}1) = 23{,}4\ \frac{\text{MJ}}{\text{m}^2\cdot\text{d}}$$

In dieser Gleichung bezeichnet ρ = 0,1 die Reflektivität des Wassers für einfallendes Sonnenlicht.

5.4b) Kühlgrenztemperatur

Im Juli liegt etwa eine Temperatur von 37 °C im Monatsmittel vor. Mit dieser und φ = 16 % Luftfeuchtigkeit erhalten wir eine Kühlgrenztemperatur von ϑ_{kg} = 19,25 °C aus der Gleichung 9.65 im Lehrbuch. Für die maximale Temperatur von 43 °C und φ = 16 % wären es ϑ_{kg} = 23,1 °C als Kühlgrenztemperatur.

Aus dem h-x Diagramm für 1000 mbar in Bild 5.3 folgen etwas niedrigere Kühlgrenztemperaturen für die beiden Ausgangszustände.

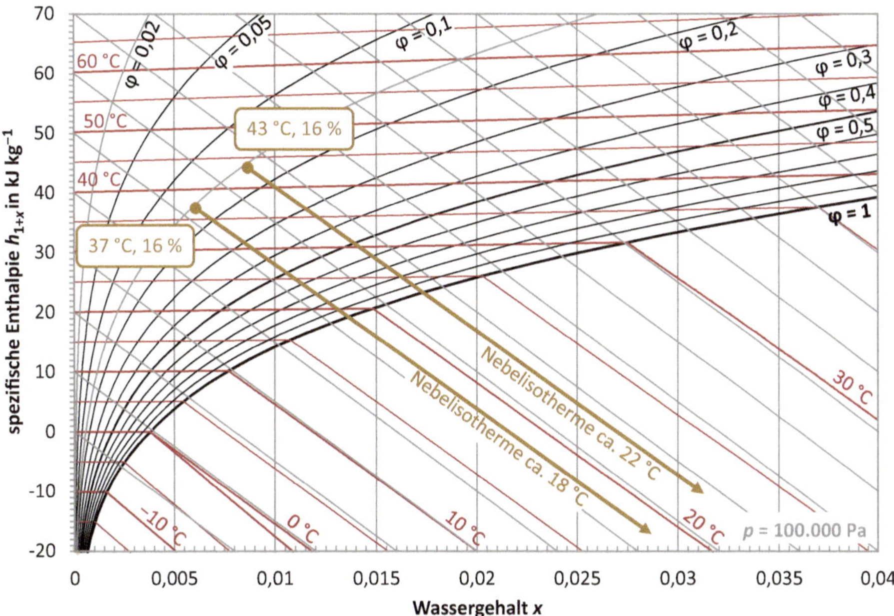

Bild 5.3 h-x Diagramm mit den abgelesenen Kühlgrenztemperaturen

5.4c) Verdunstungswärme

Den Wert aus a) können wir als Mittelwert über den gesamten Tag ansehen:

$$\dot{q}_{abs} = 23,4 \frac{\text{MJ}}{\text{m}^2 \cdot \text{d}} = 23,4 \frac{10^6 \text{ J}}{\text{m}^2 \cdot (24 \cdot 3600)\text{s}} = 271 \frac{\text{W}}{\text{m}^2}$$

Da das Wasser des Sees bei der bisherigen Argumentation eine niedrigere Temperatur als die Luft hat, müssten wir jetzt noch den konvektiven Wärmestrom berücksichtigen. Falls Sie dies nicht gelernt haben, entfällt dies hier.

Konvektive Erwärmung: Hier liegt eine erzwungene Konvektion vor. Die Filmtemperatur ist der Mittelwert zwischen der Wassertemperatur, die wir hier als Kühlgrenztemperatur vermuten, und der Lufttemperatur:

$$\vartheta_f = \frac{\vartheta_{Luft} + \vartheta_{Wasser}}{2} = \frac{37\ °\text{C} + 19,25\ °\text{C}}{2} = 28\ °\text{C} \simeq 30\ °\text{C}$$

Die benötigten Werte trockener Luft betragen

$$\nu = 16,26 \cdot 10^{-6} \frac{\text{m}^2}{\text{s}}$$

$$\text{Pr} = 0,7068$$

$$\lambda = 0,02662 \frac{\text{W}}{\text{m} \cdot \text{K}}$$

Die charakteristische Länge ist die überströmte Länge des Stausees. Diese beträgt als Größenordnung mehr als L = 10 km, und wir bekommen als Reynolds-Zahl

$$\mathrm{Re} = \frac{c \cdot L}{\nu} = \frac{20\,\frac{\mathrm{km}}{\mathrm{h}} \cdot 10000\ \mathrm{m}}{18{,}22 \cdot 10^{-6}\,\frac{\mathrm{m}^2}{\mathrm{s}}} = \frac{5{,}555\,\frac{\mathrm{m}}{\mathrm{s}} \cdot 10000\ \mathrm{m}}{16{,}22 \cdot 10^{-6}\,\frac{\mathrm{m}^2}{\mathrm{s}}} = 3{,}425 \cdot 10^9$$

Auch wenn wir unsere Werkzeuge so angewendet haben, wie dies vorgegeben ist, so stimmt diese Reynolds-Zahl trotzdem nicht unbedingt. Hier haben wir so getan, als ob sich die Atmosphäre beliebig weit nach oben erstreckt.

Unsere Nußelt-Zahl beträgt damit

$$\mathrm{Nu}_{zw} = \frac{0{,}037 \cdot \mathrm{Re}^{0,8} \cdot \mathrm{Pr}}{1 + 2{,}443 \cdot \mathrm{Re}^{-0,1} \cdot \left(\mathrm{Pr}^{2/3} - 1\right)} = 1{,}176 \cdot 10^6$$

Dies ist ein hoher Zahlenwert, der auf die hohe Reynolds-Zahl zurückzuführen ist. Wir erhalten damit

$$\alpha = \frac{\mathrm{Nu}_{zw} \cdot \lambda}{L} = \frac{1{,}176 \cdot 10^6 \cdot 0{,}02662\,\frac{\mathrm{W}}{\mathrm{m} \cdot \mathrm{K}}}{10000\ \mathrm{m}} = 3{,}131\,\frac{\mathrm{W}}{\mathrm{m}^2 \cdot \mathrm{K}}$$

und als auf die Fläche bezogenen Wärmestrom

$$\dot{q}_{konv} = \frac{\dot{Q}_{konv}}{A} = \alpha \cdot \Delta T = 3{,}131\,\frac{\mathrm{W}}{\mathrm{m}^2 \cdot \mathrm{K}} \cdot (-17{,}75\ \mathrm{K}) = -55{,}58\,\frac{\mathrm{W}}{\mathrm{m}^2}$$

Hier haben wir berücksichtigt, dass der Temperaturgradient von der Luft zum Wasser abfällt, und erhalten damit den auf die Fläche bezogenen Wärmestrom, den die Luft an das Wasser abgibt.

Strahlung: An dieser Stelle könnten wir auch die Strahlung berücksichtigen. Dafür müssten wir jedoch eine Information haben, welche Temperatur wir der Atmosphäre über dem See zuordnen sollten. Da uns diese fehlt, vernachlässigen wir diesen Anteil.

Zusammenfassung: Falls wir nur die Strahlung der Sonne berücksichtigen, hätten wir etwa einen mittleren Wärmestrom von 271 W m^{-2} zum Verdunsten des Wassers aus dem Stausee. Dieser erhöht sich auf etwa 327 W m^{-2} für die hier verwendeten Randbedingungen und unter Berücksichtigung der Konvektion.

5.4d) Massenstrom

Wir bekommen einen Massenstrom von

$$\frac{\dot{m}}{A} = \frac{\dot{q}_{abs+konv}}{r} = \frac{372\,\frac{\mathrm{W}}{\mathrm{m}^2}}{2501\,\frac{\mathrm{kJ}}{\mathrm{kg}}} = \frac{32140\,\frac{\mathrm{kJ}}{\mathrm{m}^2 \cdot \mathrm{d}}}{2501\,\frac{\mathrm{kJ}}{\mathrm{kg}}} = 12{,}85\,\frac{\mathrm{kg}}{\mathrm{m}^2 \cdot \mathrm{d}}$$

Der Stausee verliert am Tag damit

$$\dot{m} = A \cdot \left(\frac{\dot{m}}{A} \right) = 500\ \text{km}^2 \cdot 12{,}85\ \frac{\text{kg}}{\text{m}^2 \cdot \text{d}} = 6{,}425 \cdot 10^9\ \frac{\text{kg}}{\text{d}}$$

Dies entspricht einer Verdunstung von 12,85 mm am Tag. Dieser Zahlenwert von etwa 400 mm im Monat ist durchaus realistisch.

5.4e) Energetischer Verlust

Wenn der Stausee vollständig gefüllt ist (Δz = 57 m), entspricht der Verdunstungsverlust für eine ideale Turbine und einen idealen Generator einer entgangenen elektrischen Leistung von

$$P_{el} = \dot{m} \cdot g \cdot \Delta z = 6{,}425 \cdot 10^9\ \frac{\text{kg}}{\text{d}} \cdot 9{,}81\ \frac{\text{m}}{\text{s}^2} \cdot 57\ \text{m} = 41{,}58\ \text{MW}$$

Diese mittlere elektrische Leistung kann allein aufgrund der Verdunstung nicht dem Euphrat entnommen werden. Diese Menge an Wasser steht auch nicht mehr für Bewässerung oder für Ökosysteme unterhalb des Stausees zur Verfügung.

5.4f) Diskussion

Die Wärme, die dem Stausee zuströmt - einmal durch die Strahlung der Sonne und dann auch durch konvektive Wärmeübertragung - bleibt ganz offensichtlich nicht im See, denn sonst würde er sich immer weiter erwärmen.

Latente Wärme: Stattdessen haben wir ermittelt, dass er eine niedrigere Temperatur aufweisen wird als seine Umgebung. Diesen Effekt zeigen die Daten im Global Solar Atlas, denn dort ist die solare Einstrahlung direkt am Seeufer deutlich geringer als in der umgebenden Wüste. Dies ist auf Nebelbildung im Winter zurückzuführen.

Die Wärme nimmt das Wasser für seinen Phasenwechsel von flüssig zu gasförmig auf. Dieses Wasser trägt dann die latente Wärme mit sich und wird sie an ganz anderen Orten wieder abgeben, wenn das Wasser kondensiert. Dafür wird das Wasser einen weiten Weg zurücklegen müssen: Entweder muss es im Gebirge sehr weit aufsteigen, um kondensieren zu können, oder die Luft muss erst über den Ozeanen weiteres Wasser aufnehmen, damit es noch später zu Kondensation kommt.

Kühlen oder erwärmen? Die Antwort auf diese Frage hängt davon ab, wie der Stausee oder die sonst dort befindliche Wüste den Strahlungshaushalt der Erde beeinflussen.

Lokal führt die Verdunstungskälte zu einer geringeren Temperatur, aber auch zu einer höheren Luftfeuchtigkeit. Dies wird also nicht unbedingt als angenehm empfunden. Erst in Kombination mit Vegetation wird es lokal angenehmer.

Global hingegen zählt die Veränderung der Oberfläche: Aus einer gut reflektierenden Ebene wird eine stark absorbierende. Das heißt, mehr Wärme gelangt in das System Erde, und damit trägt dieser Stausee zur Klimaerwärmung bei. Dieser Effekt kann größer ausfallen als der ansonsten positive Effekt regenerativer Energieerzeugung.

Problem 5.5: Das ausgetrocknete Mittelmeer

In dieser Problemstellung kommen wir bis an die Grenzen unserer Beschreibungsmöglichkeiten. Wir stoßen insbesondere auf Zustandsänderungen, für die unsere Werkzeuge nicht geeignet sind.

5.5a) Diskussion

Bei der Erzeugung eines h-x Diagramms werden Isothermen und Linien konstanter relativer Feuchte eingetragen:

- Die Sättigungslinie - und damit die relative Feuchte - hängt über den Sättigungsdruck vom absoluten Druck ab.
- Dadurch hängen auch die Verläufe der Isothermen im Nebelgebiet vom absoluten Druck ab.

Aus diesen Gründen benötigen wir immer ein h-x Diagramm für den aktuellen Druck und Zustandsänderungen mit Druckänderung werden nicht in einem h-x Diagramm eingetragen.

5.5b) Luftdruck

Hier kennen wir nur die barometrische Höhenformel für Luft (siehe Abschnitt 9.8.2 im Lehrbuch). Bevor wir sie verwenden, müssen wir prüfen, ob wir sie überhaupt verwenden dürfen:

- Sie ist im Kern eine Exponentialfunktion, d.h., auch bei der Extrapolation, die wir hier vornehmen, wird sie zumindest mit der Tiefe stetig weiter steigende Drücke liefern.
- In die Gleichung der barometrischen Höhenformel gehen nur Konstanten ein - mit einer einzigen Ausnahme: dem atmosphärischen Temperaturgradienten Γ_T. Dies ist eine beobachtete Größe für die Troposphäre, also den Bereich vom Meeresspiegel bis in etwa 11 000 m Höhe.

Wie sich dieser Gradient Γ_T tief hinein in das Becken des ausgetrockneten Mittelmeeres tatsächlich verhält, das können wir nicht wissen. Nutzen wir diesen Wert für unsere Extrapolation, dann geben wir in einem gewissen Rahmen das Ergebnis vor. Unser Ergebnis wird also eine Schätzung. Damit bekommen wir

$$p(-3000\text{ m}) = p_0 \cdot \left(1 - \frac{2{,}252 \cdot 10^{-5}}{\text{m}} \cdot z\right)^{5{,}265}$$

$$p(-3000\text{ m}) = 1{,}013\text{ bar} \cdot \left(1 - \frac{2{,}252 \cdot 10^{-5}}{\text{m}} \cdot (-3000\text{ m})\right)^{5{,}265} = 1{,}429\text{ bar}$$

Zur Orientierung bestimmen wir den Luftdruck an der heute tiefsten Stelle am Ufer des Toten Meeres (zwischen Israel und Jordanien):

$$p(-500\text{ m}) = 1{,}013\text{ bar} \cdot \left(1 - \frac{2{,}252 \cdot 10^{-5}}{\text{m}} \cdot (-500\text{ m})\right)^{5{,}265} = 1{,}075\text{ bar}$$

Der von uns berechnete Luftdruck in 3000 m Tiefe entspricht dem in 4,3 m Wassertiefe.

5.5c) Temperatur

Diese und die nächste Frage sind in der Problemstellung nur deshalb explizit getrennt worden, damit Sie beide möglichen Wege sehen und beide gehen können. Die erste Möglichkeit ist, den atmosphärischen Temperaturgradienten, den wir schon in b) verwendet haben, jetzt explizit anzuwenden:

$$\vartheta(-3000\ \text{m}) = \vartheta_0 + \Delta\vartheta = \vartheta_0 + \Gamma_T \cdot z = 25\ °\text{C} + \left(-6{,}490\ \frac{\text{K}}{\text{km}}\right) \cdot (-3{,}0\ \text{km}) = 44{,}5\ °\text{C}$$

Dieser Effekt und ähnliche Temperaturänderungen lassen sich z. B. heute am Grand Canyon beobachten.

5.5d) Temperatur

Hier können wir mit trockener Luft rechnen, da die Luft auf ihrem Weg nach unten nirgends kondensiert. Der Wind wird auf dem Weg nach unten im idealen Fall isentrop verdichtet, d. h., die Temperatur am Grund wäre folgende:

$$T_u = T_0 \cdot \left(\frac{p_u}{p_0}\right)^{\frac{\kappa-1}{\kappa}} = 298\ \text{K} \cdot \left(\frac{1{,}429\ \text{bar}}{1{,}013\ \text{bar}}\right)^{\frac{1{,}40-1}{1{,}40}} = 328{,}8\ \text{K} = 55{,}8\ °\text{C}$$

Das heißt, schon bei dieser Bedingung wäre es am Grund des ausgetrockneten Mittelmeeres eher lebensfeindlich. Unter sommerlichen Bedingungen würde so ein Fallwind am Grund bis über 70 °C erreichen.

5.5e) Sättigungsdruck

Wir müssen zuerst die Temperatur festlegen, bei der wir dies ermitteln und uns für eine der möglichen Näherungsformeln entscheiden. Mit der WMO-Näherung aus dem Lehrbuch und für die beiden eben erwähnten Temperaturen erhalten wir

$$p_{sat}(\vartheta) = 611{,}2\ \text{Pa} \cdot \exp\left(\frac{\vartheta \cdot 17{,}62}{\vartheta + 243{,}12\ °\text{C}}\right)$$

$$p_{sat}(56\ °\text{C}) = 611{,}2\ \text{Pa} \cdot \exp\left(\frac{56\ °\text{C} \cdot 17{,}62}{56\ °\text{C} + 243{,}12\ °\text{C}}\right) = 16550\ \text{Pa} \cong 0{,}17\ \text{bar}$$

$$p_{sat}(73\ °\text{C}) = 611{,}2\ \text{Pa} \cdot \exp\left(\frac{73\ °\text{C} \cdot 17{,}62}{73\ °\text{C} + 243{,}12\ °\text{C}}\right) = 35750\ \text{Pa} \cong 0{,}36\ \text{bar}$$

Gesättigte Luft in 3000 m Tiefe hätte daher einen Volumenanteil an Wasserdampf von

$$r_{\text{H}_2\text{O},sat}(56\ °\text{C}) = \frac{p_{sat}}{p} = \frac{16550\ \text{Pa}}{142900\ \text{Pa}} = 0{,}1158 \cong 11{,}6\ \%$$

$$r_{\text{H}_2\text{O},sat}(73\ °\text{C}) = \frac{p_{sat}}{p} = \frac{35750\ \text{Pa}}{142900\ \text{Pa}} = 0{,}2502 \cong 25{,}0\ \%$$

Der Partialdruck des Sauerstoffs in der Luft verringert sich entsprechend: Menschen könnten sich dort kaum noch aufhalten.

5.5f) Kühlgrenztemperatur

Wir benötigen dafür die relative Feuchte der Luft in 3000 m Tiefe.

Wassergehalt am Start: Aus der angegebenen relativen Feuchte müssen wir den Wassergehalt bei 0 m bestimmen. Dafür benötigen wir den Sättigungsdruck bei der Starttemperatur

$$p_{sat}(25\,°\text{C}) = 611{,}2\ \text{Pa} \cdot \exp\left(\frac{25\,°\text{C} \cdot 17{,}62}{25\,°\text{C} + 243{,}12\,°\text{C}}\right) = 3160\ \text{Pa}$$

und bestimmen so die absolute Feuchte der Luft:

$$x = 0{,}622 \cdot \frac{\varphi \cdot p_{sat}}{p - \varphi \cdot p_{sat}} = 0{,}622 \cdot \frac{0{,}50 \cdot 3160\ \text{Pa}}{101300\ \text{Pa} - 0{,}50 \cdot 3160\ \text{Pa}} = 0{,}009855$$

Dies sind fast 10 g je Kilogramm trockene Luft, die der Wind mit hinabträgt. Diese absolute Feuchte bleibt erhalten, solange kein Wasser mit der Umgebung ausgetauscht wird.

Diese Werte hätten wir aus einem h-x Diagramm bei 1,0 bar ablesen dürfen (siehe 5.5a).

Isentrope Kompression: Wir haben die Temperatur am Grund in c) über eine isentrope Kompression trockener Luft abgeschätzt (= den Fallwind). Dies war berechtigt, da der geringe Wassergehalt dort die Stoffwerte der Luft kaum beeinflusst. Wir folgen der Luft in die Tiefe und hin zu höherem Druck und höherer Temperatur. Durch diesen Anstieg der Temperatur wird die relative Feuchte abnehmen. Es kommt nicht zu Kondensation, und die Luft erreicht den Grund mit dem Wassergehalt, mit dem sie gestartet ist. Die relative Feuchte beträgt dort unten noch

$$\varphi = \frac{x}{0{,}622 + x} \cdot \frac{p}{p_{sat}} = \frac{0{,}009855}{0{,}622 + 0{,}009855} \cdot \frac{142900\ \text{Pa}}{16550\ \text{Pa}} = 0{,}1347$$

Es ist also ein unangenehm heißer und „staubtrockener" Wind.

Kühlgrenztemperatur: Die im Lehrbuch angegebene Gleichung und die damit erzeugte Abbildung gelten nur bis 50 °C Lufttemperatur und nur bei 1,0 bar. Diese dürfen wir hier nicht verwenden.

Im h-x Diagramm in Bild 5.4 lässt sich die Kühlgrenztemperatur für die angegebene Bedingung ablesen. Sie beträgt etwa 32 °C. Wenn der Wind unten 73 °C aufweist (sehr heißer Sommertag oben) und mit dem gleichen Wassergehalt gestartet ist, dann läge die Kühlgrenztemperatur etwa bei 36 °C. Wäre die relative Feuchte oben weiter bei 50 %, so verschöbe sich die Kühlgrenztemperatur auf über 40 °C. Bereits der Fallwind kann also lebensfeindlich werden.

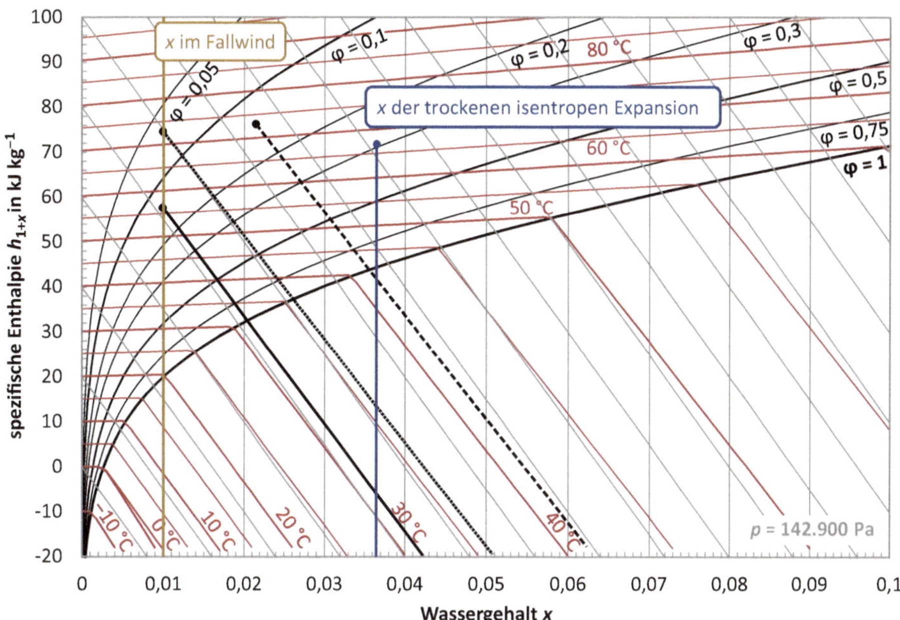

Bild 5.4 h-x Diagramm für den Luftdruck auf −3000 m und einige der erwähnten Zustände

5.5g) Wassertransport

Die Wassermasse, die die Luft wieder nach oben transportiert, hängt vom Wassergehalt der aufsteigenden Luft ab, die diese auf 0 m Höhe hat. Diesen Wassergehalt sollen wir also maximieren. Allerdings können wir hier nur gasförmige Feuchtigkeit zählen, denn kondensierendes Wasser regnet im Wesentlichen bereits beim Aufstieg ab, d. h., es bleibt also erst einmal unten.

Im Maximum ist die relative Feuchte der aufsteigenden Luft bei 0 m gerade $\varphi = 1$. Der damit verbundene Wassergehalt x hängt nur vom Sättigungsdruck ab, und der ist eine mit der Temperatur stetig ansteigende Funktion. Wir suchen also nach der Bedingung, bei der die Temperatur der Luft möglichst hoch ist:

- Wir könnten dies als isentrope Expansion trockener Luft berechnen: Mit der Expansion stiege dann die relative Feuchte immer weiter an, da der Sättigungsdruck stetig abnimmt, bis er gerade bei 1,013 bar $\varphi = 1$ erreicht. In diesem Fall hängt das Ergebnis an der vermuteten Temperatur unten bei −3000 m. Wir würden zuerst auf die Temperatur oben schließen und dann auf die Feuchtigkeit der Luft unten.
- Wenn die Luft unten bereits gesättigt ist oder im Verlauf des Aufstiegs Sättigung erreicht, wird durch die Kondensation des Wassers die darin gebundene Kondensationswärme frei und die Temperatur nimmt mit der Höhe langsamer ab. In diesem Fall erreicht also gesättigte Luft höherer Temperatur und damit höheren Wassergehaltes das Ziel.

Wir sehen uns beides an.

Trockene isentrope Expansion: Da am Rand bei 0 m jederzeit Leben möglich sein soll, darf die Kühlgrenztemperatur dort 35 °C nicht überschreiten. Für diese maximale Bedingung von 35 °C und $\varphi = 1$ folgt der maximale Wassergehalt der Luft aus dem Sättigungsdruck

$$p_{sat,oben} = 611{,}2\ \text{Pa} \cdot \exp\left(\frac{35\ °\text{C} \cdot 17{,}62}{35\ °\text{C} + 243{,}12\ °\text{C}}\right) = 5613\ \text{Pa}$$

und

$$x_{sat,oben} = 0{,}622 \cdot \frac{p_{sat,oben}}{p - p_{sat,oben}} = 0{,}622 \cdot \frac{5613\ \text{Pa}}{101300\ \text{Pa} - 5613\ \text{Pa}} = 0{,}0365$$

Die Bedingungen am Grund sind damit folgende:

$$T_u = T_0 \cdot \left(\frac{p_u}{p_0}\right)^{\frac{\kappa-1}{\kappa}} = 308\ \text{K} \cdot \left(\frac{1{,}429\ \text{bar}}{1{,}013\ \text{bar}}\right)^{\frac{1{,}40-1}{1{,}40}} = 339{,}8\ \text{K} = 66{,}7\ °\text{C}$$

$$p_{sat,unten} = 611{,}2\ \text{Pa} \cdot \exp\left(\frac{66{,}7\ °\text{C} \cdot 17{,}62}{66{,}7\ °\text{C} + 243{,}12\ °\text{C}}\right) = 27140\ \text{Pa}$$

Aus dem konstanten Wassergehalt der aufsteigenden Luft folgt die relative Feuchte von

$$\varphi_{unten} = \frac{x}{0{,}622 + x} \cdot \frac{p}{p_{sat}} = \frac{0{,}0365}{0{,}622 + 0{,}0365} \cdot \frac{142900\ \text{Pa}}{27140\ \text{Pa}} = 0{,}292$$

Für Luft, die gerade über ein Meer streicht, ist dies eine ausgesprochen niedrige relative Feuchte, auch wenn der Wassergehalt x recht hoch erscheint. Diese Beschreibung ist daher nur bedingt passend.

Isentrope Expansion mit Phasenübergang: Für diesen Fall finden wir im Lehrbuch keine Werkzeuge, mit denen wir direkt die Zustandsänderung beschreiben können.

Durch die Kondensation wird die Temperaturänderung geringer ausfallen, d. h., es lassen sich zwei Fälle identifizieren:

1. Feuchte Luft niedrigerer Temperatur steigt unten auf, um die von uns festgelegte Maximalbedingung bei 0 m zu ergeben. Hierbei kondensiert ein Teil des Wassers und verringert so die druck- und damit höhenabhängige Temperaturabnahme.
2. Feuchte Luft hoher Temperatur steigt auf. Dann kann oben schnell die Kühlgrenztemperatur von 35 °C überschritten werden.

Die Berechnung der damit verbundenen Zustandsänderungen ist aufwendig. In diesen Prozessen verändert sich der Isentropenexponent der Luft durch den hohen Wassergehalt. Der Einfluss der Mischungsentropie auf das Ergebnis ist zu klären. Beide Effekte sind in der normalen Erdatmosphäre noch zu vernachlässigen, jedoch nicht mehr in unserem Fall.

Dies ist ein ausgesprochen unbefriedigender Schluss für eine Musterlösung: kein klares Ergebnis. Dafür haben wir es bis an die Grenze unserer Methoden geschafft. Wenn wir weiterrechen wollten, dann müssten wir jetzt neue Methoden suchen. In der Meteorologie gibt es weitere spezielle Werkzeuge, die z. B. in folgender Quelle zu finden sind:

Stull, R.: Meteorology for Scientists & Engineers. 3rd Edition. University of British Columbia 2011. *https://www.eoas.ubc.ca/books/Practical_Meteorology/mse3.html*

6 Vergleichsprozesse und Kreisprozesse

Problem 6.1: Rolls-Royce Merlin

Thema dieser Problemstellung ist eine intensive Diskussion des Vergleichsprozesses. Allerdings benötigen wir zuerst einige grundlegende Daten, weshalb der Vergleichsprozess nicht sofort aufgestellt werden kann.

6.1a) Die Volumen berechnen

Aus den gegebenen Daten erhalten wir den Hubraum für einen Zylinder

$$V_{H,zyl} = \frac{\pi}{4} d^2 \cdot h = \frac{\pi}{4} (137 \text{ mm})^2 \cdot 152 \text{ mm} = 2{,}240 \text{ l}$$

sowie das Volumen in Zustand 1 (unterer Totpunkt)

$$V_{1,zyl} = \frac{V_{H,zyl}}{1 - \frac{1}{\varepsilon}} = \frac{2{,}240 \text{ l}}{1 - \frac{1}{6}} = 2{,}688 \text{ l}$$

und in Zustand 2 (oberer Totpunkt) jeweils für einen Zylinder

$$V_{2,zyl} = \frac{V_{H,zyl}}{\varepsilon - 1} = V_{1,zyl} - V_{H,zyl} = 0{,}448 \text{ l}$$

Damit wären die entsprechenden Volumen für den Motor wie folgt:

$$V_{H,mot} = n_{zyl} \cdot V_{H,zyl} = 12 \cdot \frac{\pi}{4} d^2 \cdot h = 26{,}89 \text{ l}$$

$$V_{1,mot} = n_{zyl} \cdot V_{1,zyl} = 12 \cdot 2{,}688 \text{ l} = 32{,}26 \text{ l}$$

$$V_{2,mot} = n_{zyl} \cdot V_{2,zyl} = 12 \cdot 0{,}448 \text{ l} = 5{,}376 \text{ l}$$

Im Weiteren müssen wir uns entscheiden, ob wir mit einem Zylinder oder mit allen zwölf Zylindern des Motors rechnen. Beide Wege sind richtig. Es geht dabei nur um die Buchhaltung.

6.1b) Verdichtung

Wir berechnen dies für die isentrope Zustandsänderung 1 → 2, da wir keine weiteren Angaben haben, allerdings in umgekehrter Richtung:

$$T_{1,\max} = T_{2,zünd} \cdot \left(\frac{V_2}{V_1}\right)^{\kappa-1} = T_{2,zünd} \cdot \left(\frac{1}{\varepsilon}\right)^{\kappa-1} = 613\ \mathrm{K} \cdot \left(\frac{1}{6}\right)^{1,40-1} = 299\ \mathrm{K} = 26\ °\mathrm{C}$$

Da der Merlin auch in warmen Regionen eingesetzt wurde, können wir davon ausgehen, dass bei der Kompression ein Teil der Wärme an die Zylinderkühlung übergeht. Sonst würde der Motor zum Klopfen neigen.

Umgekehrt bekommen wir jetzt als technisch maximal sinnvolle Verdichtung für 100 Oktan:

$$\varepsilon_{\max,100} = \frac{V_1}{V_2} = \left(\frac{T_{2,100}}{T_u}\right)^{\frac{1}{\kappa-1}} = \left(\frac{673\ \mathrm{K}}{299\ \mathrm{K}}\right)^{\frac{1}{1,40-1}} = 7,60$$

Das heißt, hier ist durchaus Raum für eine weitere Verdichtung.

6.1c) Zugeführte Wärme

Aus der Leistung des Motors und der spezifischen Leistung lässt sich der Massenstrom an Benzin bestimmen

$$\dot{m}_B = P \cdot \mu$$

wobei dieser spezifische Treibstoffbedarf

$$\mu = 260\,\frac{\mathrm{g}}{\mathrm{kWh}} = 0,260\,\frac{\mathrm{kg}}{1000\ \mathrm{W} \cdot 3600\ \mathrm{s}} = 0,07222\,\frac{\mathrm{kg}}{\mathrm{MJ}}$$

beträgt. Dieser Massenstrom wird dann auf die zwölf Zylinder über die 3000 Umdrehungen min^{-1} verteilt, sodass die Brennstoffmasse je Zündung

$$m_{zünd} = \dot{m}_B \cdot \frac{1}{n_{zyl} \cdot \frac{1}{2} \cdot f} = \dot{m}_B \cdot \frac{1}{12 \cdot \frac{3000}{2}\,\frac{1}{\mathrm{min}}} = \dot{m}_B \cdot \frac{1}{12 \cdot 25\,\frac{1}{\mathrm{s}}} = \dot{m}_B \cdot \frac{1}{300}\,\mathrm{s}$$

wird. Damit erhalten wir je Zündung

$$m_{zünd}\big|_{Boden} = P\big|_{Boden} \cdot \mu \cdot \frac{2}{n_{zyl} \cdot f} = 0,962\ \mathrm{MW} \cdot 72,22\,\frac{\mathrm{g}}{\mathrm{MJ}} \cdot \frac{\mathrm{s}}{300} = 0,2316\ \mathrm{g}$$

$$m_{zünd}\big|_{3720\ \mathrm{m}} = P\big|_{3720\ \mathrm{m}} \cdot \mu \cdot \frac{\mathrm{s}}{300} = 1,167\ \mathrm{MW} \cdot 72,22\,\frac{\mathrm{g}}{\mathrm{MJ}} \cdot \frac{\mathrm{s}}{300} = 0,2809\ \mathrm{g}$$

$$m_{zünd}\big|_{7200\ \mathrm{m}} = P\big|_{7200\ \mathrm{m}} \cdot \mu \cdot \frac{\mathrm{s}}{300} = 1,178\ \mathrm{MW} \cdot 72,22\,\frac{\mathrm{g}}{\mathrm{MW}} \cdot \frac{\mathrm{s}}{300} = 0,2836\ \mathrm{g}$$

Hier gehen wir davon aus, dass der angegebene spezifische Brennstoffbedarf direkt von der Frequenz der Zündungen und linear von der Motorenleistung abhängt. Zweiteres wird nur in einem gewissen Bereich gültig sein. Die zugeführte Wärme bei vollständiger Umsetzung des Benzins beträgt

$$Q_{zu}\big|_{Boden} = m_{zünd}\big|_{Boden} \cdot H_{I,B} = 0{,}2316\ \text{g} \cdot 43{,}5\ \frac{\text{kJ}}{\text{g}} = 10{,}07\ \text{kJ}$$

$$Q_{zu}\big|_{3720\ \text{m}} = m_{zünd}\big|_{3720\ \text{m}} \cdot H_{I,B} = 0{,}2809\ \text{g} \cdot 43{,}5\ \frac{\text{kJ}}{\text{g}} = 12{,}22\ \text{kJ}$$

$$Q_{zu}\big|_{7020\ \text{m}} = m_{zünd}\big|_{7200\ \text{m}} \cdot H_{I,B} = 0{,}2836\ \text{g} \cdot 43{,}5\ \frac{\text{kJ}}{\text{g}} = 12{,}34\ \text{kJ}$$

für die drei Bedingungen. Tatsächlich wird ein etwas höherer spezifischer Brennstoffbedarf bei Flughöhe berichtet.

6.1d) Vergleichsprozess beim Start

Aus den Daten folgt für den Druck:

$$p_1 = p_u \cdot \Pi_{komp} = 1{,}0\ \text{bar} \cdot 2{,}7 = 2{,}7\ \text{bar}$$

Schwieriger ist die Bestimmung der Temperatur. Im Flug wird die Luft aus dem Kompressor mit einem Wärmetauscher zwischengekühlt. Am Boden beim Start strömt jedoch weniger Luft durch diesen Wärmetauscher. Da ich keine guten Daten hierzu gefunden habe, nehmen wir die maximale Temperatur

$$T_1 = 299\ \text{K}$$

bei der kein Klopfen auftreten sollte, und

$$v_1 = \frac{R_{Luft} \cdot T_1}{p_1} = \frac{287{,}2\ \frac{\text{J}}{\text{kg} \cdot \text{K}} \cdot 299\ \text{K}}{270000\ \text{Pa}} = 0{,}3180\ \frac{\text{m}^3}{\text{kg}}$$

Damit ergeben sich aus der isentropen Zustandsänderung 1 → 2 für den Zustand 2

$$p_2 = p_1 \cdot \left(\frac{V_1}{V_2}\right)^{\kappa} = p_1 \cdot \varepsilon^{\kappa} = 2{,}7\ \text{bar} \cdot 6{,}0^{1{,}40} = 33{,}17\ \text{bar}$$

$$T_2 = T_1 \cdot \left(\frac{V_1}{V_2}\right)^{\kappa-1} = T_1 \cdot \varepsilon^{\kappa-1} = 299\ \text{K} \cdot 6{,}0^{1{,}40-1} = 612{,}3\ \text{K}$$

$$v_2 = \frac{R_{Luft} \cdot T_2}{p_2} = \frac{287{,}2\ \frac{\text{J}}{\text{kg} \cdot \text{K}} \cdot 612{,}3\ \text{K}}{3317000\ \text{Pa}} = 0{,}05302\ \frac{\text{m}^3}{\text{kg}}$$

Bei der Zustandsänderung 2 → 3 wird die in 6.1c) bestimmte Wärme der im Zylinder eingeschlossenen Luftmasse von

$$m_{zyl} = \frac{p_2 \cdot V_{2,zyl}}{R_{Luft} \cdot T_2} = \frac{3317000\ \text{Pa} \cdot 448 \cdot 10^{-6}\ \text{m}^3}{287{,}2\ \frac{\text{J}}{\text{kg} \cdot \text{K}} \cdot 612{,}3\ \text{K}} = 8{,}450 \cdot 10^{-3}\ \text{kg}$$

zugeführt.

Dadurch erwärmt sich die eingeschlossene Luft in der isochoren Zustandsänderung um

$$\Delta T_{23} = \frac{Q_{zu}}{m_{zyl} \cdot c_{v,Luft}} = \frac{10070\ \text{J}}{8{,}450 \cdot 10^{-3}\ \text{kg} \cdot 716{,}8\ \dfrac{\text{J}}{\text{kg} \cdot \text{K}}} = 1663\ \text{K}$$

Wir erhalten als Zustand 3

$$T_3 = T_2 + \Delta T_{23} = 612{,}3\ \text{K} + 1663\ \text{K} = 2275\ \text{K}$$

$$p_3 = p_2 \cdot \frac{T_3}{T_2} = 33{,}17\ \text{bar} \cdot \frac{2275\ \text{K}}{612{,}3\ \text{K}} = 123{,}2\ \text{bar}$$

$$v_3 = \frac{R_{Luft} \cdot T_3}{p_3} = \frac{287{,}2\ \dfrac{\text{J}}{\text{kg} \cdot \text{K}} \cdot 2275\ \text{K}}{12320000\ \text{Pa}} = 0{,}05302\ \frac{\text{m}^3}{\text{kg}}$$

Der Zustand 4 folgt aus der isentropen Expansion 3 → 4:

$$p_4 = p_3 \cdot \left(\frac{V_2}{V_1}\right)^{\kappa} = p_1 \cdot \left(\frac{1}{\varepsilon}\right)^{\kappa} = 123{,}2\ \text{bar} \cdot \left(\frac{1}{6{,}0}\right)^{1{,}40} = 10{,}03\ \text{bar}$$

$$T_4 = T_3 \cdot \left(\frac{V_2}{V_1}\right)^{\kappa-1} = T_1 \cdot \left(\frac{1}{\varepsilon}\right)^{\kappa-1} = 2275\ \text{K} \cdot \left(\frac{1}{6}\right)^{1{,}40-1} = 1111\ \text{K}$$

$$v_4 = \frac{R_{Luft} \cdot T_4}{p_4} = \frac{287{,}2\ \dfrac{\text{J}}{\text{kg} \cdot \text{K}} \cdot 1111\ \text{K}}{1003000\ \text{Pa}} = 0{,}3181\ \frac{\text{m}^3}{\text{kg}}$$

Diese Daten lassen sich noch gut in einer Tabelle zusammenfassen.

6.1e) Wirkungsgrad

Der Wirkungsgrad ist

$$\eta = 1 - \frac{T_1}{T_2} = 1 - \frac{299\ \text{K}}{612{,}3\ \text{K}} = 0{,}512$$

für den Otto-Vergleichsprozess.

Der Massenstrom berechnet sich aus der Luftmasse, die in einem Zylinder eingeschlossen ist, der Zylinderzahl und den Zündungen:

$$\dot{m}_{mot} = n_{zyl} \cdot m_{zyl} \cdot f = 12 \cdot 8{,}450 \cdot 10^{-3}\ \text{kg} \cdot 25\ \frac{1}{\text{s}} = 2{,}535\ \frac{\text{kg}}{\text{s}}$$

Dies entspricht bei 10 °C Umgebungstemperatur einem Volumenstrom von

$$\dot{V}_{mot} = \frac{\dot{m}_{mot} \cdot R_{Luft} \cdot T_u}{p_u} = \frac{2{,}535\ \dfrac{\text{kg}}{\text{s}} \cdot 287{,}2\ \dfrac{\text{J}}{\text{kg} \cdot \text{K}} \cdot 283\ \text{K}}{100000\ \text{Pa}} = 2{,}060\ \frac{\text{m}^3}{\text{s}}$$

Dies erklärt z. B. die recht großzügig dimensionierten Lufteinlässe einer Spitfire.

6.1f) Diskussion

Der Merlin ist ein kleinerer und leichterer Motor als der DB601a. Durch die Verwendung von klopffestem Treibstoff kann er jedoch eine vergleichbare oder sogar etwas höhere Leistung bereitstellen. Dafür muss der Druck im Zylinder möglichst hoch sein und gleichzeitig die Temperatur der Luft eher gering bleiben. Um über den extrem weiten Bereich an Umgebungsdruck und geforderter Leistung langfristig arbeiten zu können, ist hohe Klopffestigkeit auch in warmer Umgebung notwendig.

Problem 6.2: Diesellokomotive für Lhasa Hauptbahnhof

Diese Problemstellung enthält zur Abwechslung einmal einen einfachen Saugdiesel ganz ohne Kompressor oder Turbolader.

6.2a) Verdichtung

Das Verdichterverhältnis ε ist durch die Volumen in den Zuständen 1 und 2 definiert. Daher gilt:

$$\varepsilon = \frac{V_1}{V_2} = \left(\frac{p_2}{p_1}\right)^{\frac{1}{\kappa}} = \Pi^{\frac{1}{\kappa}} = 58{,}2^{\frac{1}{1{,}400}} = 18{,}22$$

Die hier gegebenen Daten sind ungewöhnlich. Fast immer werden Hubraum und Verdichterverhältnis angegeben, und daraus könnten wir dann eben auch dieses Druckverhältnis bestimmen.

6.2b) Volumen

Jetzt ist die Aufgabe geradeaus, denn Hubraum und Verdichterverhältnis kennen wir nun und berechnen Folgendes:

$$V_{1,mot} = \frac{V_{H,mot}}{1-\frac{1}{\varepsilon}} = \frac{40\,\text{l}}{1-\frac{1}{18{,}22}} = 42{,}32\,\text{l}$$

$$V_{2,mot} = \frac{V_{H,mot}}{\varepsilon - 1} = \frac{40\,\text{l}}{18{,}22-1} = 2{,}323\,\text{l}$$

Hier werden Liter als Volumenmaß verwendet, da dies für Motoren eher üblich ist. Wir behalten dabei im Hinterkopf, dass 1000 l = 1 m^3 sind.

Wir haben hier mit dem Hubraum des Motors und nicht mit dem eines einzelnen Zylinders gerechnet. Jeder Zylinder hat einen Hubraum von

$$V_{H,zyl} = \frac{V_{H,mot}}{n_{zyl}} = \frac{40\ \text{l}}{8} = 5{,}0\ \text{l}$$

Dies ist erkennbar größer als bei einem Pkw-Motor.

6.2c) Luftmasse

Die Luftmasse erhalten wir aus der Zustandsgleichung des idealen Gases für den Zustand 1. Dabei müssen wir auf die Einheiten achtgeben. An dieser Stelle ist zu klären, ob es sich um einen Saugmotor handelt, also ob der Zustand 1 der Umgebung entspricht, oder ob die Umgebungsluft zuerst (durch einen Kompressor oder Turbolader) verdichtet wird, bevor sie in den Zylinder gelangt. Hier ist keine Angabe zu einem Kompressor oder Turbolader gegeben. Daher wird

$$m_{mot} = \frac{p_1 \cdot V_{1,mot}}{R_{Luft} \cdot T_1} = \frac{98000\ \text{Pa} \cdot 0{,}04232\ \text{m}^3}{287{,}2\ \frac{\text{J}}{\text{kg} \cdot \text{K}} \cdot 253{,}15\ \text{K}} = 0{,}05704\ \text{kg}$$

Dieser Wert muss für alle vier Zustände gleich sein.

6.2d) Zugeführte Wärme

Aus der Leistung und dem Wirkungsgrad folgt der Wärmestrom. Der Wärmestrom wird dann auf die einzelnen Zündungen verteilt. Die Leistung je Zylinder bestimmen wir aus der Motorleistung von 880 kW, welche durch die Anzahl der Zylinder geteilt wird:

$$P_{zyl} = \frac{P_{mot}}{n_{zyl}} = \frac{880\ \text{kW}}{8} = 110\ \text{kW}$$

Damit beträgt der zugeführte Wärmestrom je Zylinder

$$\dot{Q} = \frac{P_{Zyl}}{\eta} = \frac{110\ \text{kW}}{0{,}52} = 211{,}5\ \text{kW}$$

Die Zahl der Zündungen je Zylinder ist

$$f_{zyl} = \frac{1800}{\text{min}} \cdot \frac{1}{2} = \frac{1800}{60\ \text{s}} \cdot \frac{1}{2} = 15\ \frac{1}{\text{s}}$$

Der Faktor 1/2 beschreibt dabei, dass der Motor ein Viertakter ist, denn nur jede zweite Umdrehung ist ein Arbeitszyklus mit Zündung.

Daraus folgt jetzt die zugeführte Wärmemenge je Zündung in einem Zylinder:

$$Q_{zu,zyl} = \frac{\dot{Q}_{zyl}}{f_{zyl}} = \frac{211{,}5\ \text{kW}}{15\ \frac{1}{\text{s}}} = 14{,}10\ \text{kJ}$$

6.2e) Vergleichsprozess

Den Zustand 1 haben wir bereits festgelegt und verwendet. Er ist

$$p_1 = 0{,}980\ \text{bar}$$
$$T_1 = 253{,}15\ \text{K}$$
$$V_{1,zyl} = \frac{V_{1,mot}}{n_{zyl}} = \frac{42{,}32\ \text{l}}{8} = 5{,}290\ \text{l}$$

Den Zustand 2 erhalten wir entweder aus dem bekannten Druckverhältnis oder aus dem daraus berechneten Verdichtungsverhältnis:

$$p_2 = p_1 \cdot \Pi_{12} = 0{,}980\ \text{bar} \cdot 52{,}2 = 51{,}16\ \text{bar}$$
$$T_2 = T_1 \cdot \Pi^{\frac{\kappa-1}{\kappa}} = 253{,}15\ \text{K} \cdot 51{,}16^{\frac{1{,}400-1}{1{,}400}} = 779{,}2\ \text{K}$$
$$V_{2,zyl} = \frac{V_{2,mot}}{n_{zyl}} = \frac{2{,}323\ \text{l}}{8} = 0{,}2904\ \text{l}$$

Auch wenn die Temperatur in °C angegeben ist, verwenden wir beim idealen Gas immer die absolute Temperatur in Kelvin.

Den Zustand 3 erhalten wir aus der zugeführten Wärme, da 2 → 3 eine isobare Erwärmung ist.

Mit

$$p_3 = p_2 = 51{,}16\ \text{bar}$$
$$T_3 = T_2 + \frac{Q_{zu,mot}}{m_{mot} \cdot c_p} = 783{,}8\ \text{K} + \frac{8 \cdot 14{,}10\ \text{kJ}}{0{,}05704\ \text{kg} \cdot 1{,}005\ \frac{\text{kJ}}{\text{kg} \cdot \text{K}}} = 2751\ \text{K}$$
$$V_{3,zyl} = V_{2,zyl} \cdot \frac{T_3}{T_2} = 0{,}290\ \text{l} \cdot \frac{2.751\ \text{K}}{783{,}8\ \text{K}} = 1{,}018\ \text{l}$$

Hier haben wir uns zunutze gemacht, dass wir die in den Zylindern eingeschlossene Luftmasse kennen und daher auch die zugeführte Wärme für alle Zylinder verwenden müssen, d. h.:

$$\frac{Q_{zu,mot}}{m_{mot} \cdot c_p} = \frac{n_{zyl} \cdot Q_{zu,zyl}}{n_{zyl} \cdot m_{zyl} \cdot c_p} = \frac{Q_{zu,zyl}}{m_{zyl} \cdot c_p}$$

Dann folgt der Zustand 4 aus den Volumen V_3 und $V_4 = V_1$ mit

$$V_{4,zyl} = V_{1,zyl} = 5{,}290\ \text{l}$$
$$T_4 = T_3 \cdot \left(\frac{V_3}{V_4}\right)^{\kappa-1} = 2.751\ \text{K} \cdot \left(\frac{1{,}018\ \text{l}}{5{,}290\ \text{l}}\right)^{1{,}400-1} = 1423\ \text{K}$$
$$p_4 = p_3 \cdot \left(\frac{V_3}{V_4}\right)^{\kappa} = 51{,}16\ \text{bar} \cdot \left(\frac{1{,}018\ \text{l}}{5{,}290\ \text{l}}\right)^{1{,}40} = 5{,}093\ \text{bar}$$

6.2f) Spezifische übertragene Wärme

Die spezifischen übertragenen Wärmen folgen mit den Zustandsgrößen:

$$q_{12} = 0$$

$$q_{23} = c_p \cdot (T_3 - T_2) = 1{,}005 \frac{\text{kJ}}{\text{kg} \cdot \text{K}} \cdot (2.751\,\text{K} - 779{,}2\,\text{K}) = 1982 \frac{\text{kJ}}{\text{kg}}$$

$$q_{34} = 0$$

$$q_{41} = c_v \cdot (T_1 - T_4) = 0{,}7178 \frac{\text{kJ}}{\text{kg} \cdot \text{K}} \cdot (253{,}15\,\text{K} - 1423\,\text{K}) = -839{,}8\,\text{kJ}$$

Damit beträgt der Wirkungsgrad des Vergleichsprozesses tatsächlich

$$\eta_{Diesel} = \frac{q_{12} + q_{23} + q_{34} + q_{41}}{q_{23}} = \frac{0 + 1982 \frac{\text{kJ}}{\text{kg}} + 0 - 839{,}8 \frac{\text{kJ}}{\text{kg}}}{1982 \frac{\text{kJ}}{\text{kg}}} = 0{,}5763$$

6.2g) Einsatz in Lhasa

Die Luftdichte ist in Lhasa deutlich geringer als die auf Meereshöhe. Bei einem solchen Saugdiesel müssen wir erwarten, dass seine Leistung mit der Dichte der Luft variiert.

6.2h) Luftmasse

Die Luftmasse im Zylinder in Zustand 1, also bei Umgebungsdruck, beträgt

$$m_{mot,Lh} = \frac{p_{1,Lh} \cdot V_{1,mot}}{R_{Luft} \cdot T_{1,Lh}} = \frac{65000\,\text{Pa} \cdot 0{,}04232\,\text{m}^3}{287{,}2 \frac{\text{J}}{\text{kg} \cdot \text{K}} \cdot 273{,}15\,\text{K}} = 0{,}03506\,\text{kg}$$

In Shenyang waren es 57,04 g, d. h., die Luftmasse im Motor und damit die Leistung verringert sich bei konstanter Drehzahl auf

$$\frac{P_{Lhasa}}{P_{Shenyang}} = \frac{m_{Lhasa}}{m_{Shenyang}} = \frac{35{,}06\,\text{g}}{57{,}04\,\text{g}} = 0{,}61 = 61\,\%$$

Dies ist eine deutliche Einbuße der Leistung.

■ Problem 6.3: TP400-D6

Der Gegenstand dieser Problemstellung ist ein modernes Turbopro-Triebwerk, also eine Gasturbine. Demnach geht es um den Joule-Vergleichsprozess.

6.3a) Wirkungsgrad

Aus dem spezifischer Brennstoffverbrauch folgt als realer Wirkungsgrad

$$\eta = \frac{\textit{Nutzen}}{\textit{Aufwand}} = \frac{1\,\text{kWh}}{\textit{Energie aus}\;0{,}21\,\text{kg}} = \frac{3{,}6\,\text{MJ}}{0{,}21\,\text{kg}\cdot 43{,}1\,\frac{\text{MJ}}{\text{kg}}} = 0{,}3977$$

wobei die konkreten Bedingungen der Messung nicht bekannt sind.

6.3b) Vergleichsprozesse

Maximales Druckverhältnis: Bei maximalem Druckverhältnis des Verdichters werden

$$p_2 = p_1 \cdot \Pi_{12} = 1{,}0\,\text{bar}\cdot 25 = 25{,}0\,\text{bar}$$

erreicht. Daraus folgt für die isentrope Zustandsänderung 1 → 2

$$T_2 = T_1 \cdot \left(\frac{p_2}{p_1}\right)^{\frac{\kappa-1}{\kappa}} = 288{,}15\,\text{K}\cdot(25)^{\frac{1{,}40-1}{1{,}40}} = 722{,}8\,\text{K}$$

Die isobare Zustandsänderung 2 → 3 ist durch die Eintrittstemperatur in die Turbine bereits festgelegt

$$p_3 = p_2 = 25{,}0\,\text{bar}$$
$$T_3 = 1473\,\text{K}$$

und wir erhalten mit der isentropen Zustandsänderung 3 → 4

$$p_4 = p_1 = 1{,}0\,\text{bar}$$

$$T_4 = T_3 \cdot \left(\frac{p_4}{p_3}\right)^{\frac{\kappa-1}{\kappa}} = 1473\,\text{K}\cdot\left(\frac{1}{25}\right)^{\frac{1{,}40-1}{1{,}40}} = 587{,}2\,\text{K}$$

Maximale Leistung: Der Betriebspunkt der maximalen Leistung ist bei

$$T_2 = \sqrt{T_1 \cdot T_3} = \sqrt{288{,}15\,\text{K}\cdot 1473\,\text{K}} = 651{,}5\,\text{K}$$

$$p_2 = p_1 \cdot \left(\frac{T_2}{T_1}\right)^{\frac{\kappa}{\kappa-1}} = 1{,}0\,\text{bar}\cdot\left(\frac{651{,}5\,\text{K}}{288{,}15\,\text{K}}\right)^{\frac{1{,}40}{1{,}40-1}} = 17{,}38\,\text{bar}$$

erreicht. Die isobare Zustandsänderung 2 → 3 ist durch die Eintrittstemperatur in die Turbine bereits festgelegt

$$p_3 = p_2 = 17{,}39\,\text{bar}$$
$$T_3 = 1473\,\text{K}$$

und wir erhalten mit der isentropen Zustandsänderung 3 → 4

$$p_4 = p_1 = 1{,}0\,\text{bar}$$

$$T_4 = T_3 \cdot \left(\frac{p_4}{p_3}\right)^{\frac{\kappa-1}{\kappa}} = 1473\,\text{K}\cdot\left(\frac{1{,}0\,\text{bar}}{17{,}38\,\text{bar}}\right)^{\frac{1{,}40-1}{1{,}40}} = 651{,}5\,\text{K}$$

Die beiden Vergleichsprozesse sind ähnlich, aber nicht gleich.

6.3c) Wirkungsgrade

Da es beides Vergleichsprozesse sind, wird

$$\eta\big|_{\Pi=\max} = 1-\frac{T_1}{T_2} = 1-\frac{288{,}15\ \text{K}}{722{,}8\ \text{K}} = 0{,}6013$$

und

$$\eta\big|_{P=\max} = 1-\frac{T_1}{T_2} = 1-\frac{288{,}15\ \text{K}}{651{,}5\ \text{K}} = 0{,}5577$$

Beide sind deutlich größer als der angegebene Wirkungsgrad des Triebwerkes.

6.3d) Luftmassenstrom am Boden

Für die Berechnung des Luftmassenstroms beim Start und unter Verwendung des Vergleichsprozesses haben wir die Leistung gegeben bekommen und kennen den Wirkungsgrad.

Arbeit und Wärme: Was uns fehlt, ist eine spezifische Arbeit oder Wärme. Diese bekommen wir aus den Zustandsänderungen.

1 → 2:

$$q_{12} = 0$$

$$w_{p,12} = c_{p,Luft}\cdot\left(T_2-T_1\right) = 1{,}004\ \frac{\text{kJ}}{\text{kg}\cdot\text{K}}\cdot\left(722{,}8\ \text{K}-288{,}15\ \text{K}\right) = 436{,}4\ \frac{\text{kJ}}{\text{kg}}$$

2 → 3:

$$q_{23} = c_{p,Luft}\cdot\left(T_3-T_2\right) = 1{,}004\ \frac{\text{kJ}}{\text{kg}\cdot\text{K}}\cdot\left(1473\ \text{K}-722{,}8\ \text{K}\right) = 753{,}2\ \frac{\text{kJ}}{\text{kg}}$$

$$w_{p,23} = 0$$

3 → 4:

$$q_{34} = 0$$

$$w_{p,34} = c_{p,Luft}\cdot\left(T_4-T_3\right) = 1{,}004\ \frac{\text{kJ}}{\text{kg}\cdot\text{K}}\cdot\left(587{,}2\ \text{K}-1473\ \text{K}\right) = -889{,}3\ \frac{\text{kJ}}{\text{kg}}$$

4 → 1:

$$q_{41} = c_{p,Luft}\cdot\left(T_1-T_4\right) = 1{,}004\ \frac{\text{kJ}}{\text{kg}\cdot\text{K}}\cdot\left(288{,}15\ \text{K}-587{,}2\ \text{K}\right) = -300{,}3\ \frac{\text{kJ}}{\text{kg}}$$

$$w_{p,41} = 0$$

Damit erhalten wir die verrichtete spezifische Arbeit

$$w_p = -\sum_i w_{p,i} = -w_{p,12} - w_{p,34} = -436{,}4\ \frac{\text{kJ}}{\text{kg}} + 889{,}3\ \frac{\text{kJ}}{\text{kg}} = 452{,}9\ \frac{\text{kJ}}{\text{kg}}$$

und die zugeführte spezifische Wärme

$$q_{zu} = q_{23} = 753{,}2\ \frac{\text{kJ}}{\text{kg}}$$

wobei sich beide Werte auf die Luftmasse beziehen.

Luftmassenstrom: Folglich erhalten wir als Luftmassenstrom beim Start mit der angegebenen Leistung des Triebwerkes

$$\dot{m}_{start} = \frac{P_{start}}{w_p} = \frac{8251\,\text{kW}}{452{,}9\,\dfrac{\text{kJ}}{\text{kg}}} = 18{,}22\,\frac{\text{kg}}{\text{s}}$$

Dieser Wert aus dem Vergleichsprozess ist deutlich geringer als der real spezifizierte.

6.3e) Luftmassenstrom in 44 000 ft Höhe

Bei maximaler Dauerleistung bleibt unser Vergleichsprozess gültig. Es folgt:

$$\dot{m}_{cont}\big|_{Boden} = \frac{P_{cont}\big|_{Boden}}{w_p} = \frac{7971\,\text{kW}}{452{,}9\,\dfrac{\text{kJ}}{\text{kg}}} = 17{,}60\,\frac{\text{kg}}{\text{s}}$$

Dies entspricht einem angesaugten Volumenstrom der Luft von

$$\dot{V}_{cont} = \frac{\dot{m}\cdot R_{Luft}\cdot T}{p} = \frac{17{,}60\,\dfrac{\text{kg}}{\text{s}}\cdot 287{,}2\,\dfrac{\text{J}}{\text{kg}\cdot\text{K}}\cdot 288{,}15\,\text{K}}{100000\,\text{Pa}} = 14{,}57\,\frac{\text{m}^3}{\text{s}}$$

Der Volumenstrom bleibt bei Gasturbinen erhalten. Daher ist der Massenstrom der Luft auf 44 000 ft Höhe folgender:

$$\dot{m}\big|_{44000\,\text{ft}} = \frac{p\big|_{44000\,\text{ft}}\cdot\dot{V}_{cont}}{R_{Luft}\cdot T\big|_{44000\,\text{ft}}} = \frac{15620\,\text{Pa}\cdot 14{,}57\,\dfrac{\text{m}^3}{\text{s}}}{287{,}2\,\dfrac{\text{J}}{\text{kg}\cdot\text{K}}\cdot 216{,}7\,K} = 3{,}657\,\frac{\text{kg}}{\text{s}}$$

Hierbei ist der Luftdruck für z = 44 000 ft = 13 400 m aus der Normatmosphäre linear interpoliert.

6.3f) Leistung in 44 000 ft Höhe

Diese Frage enthält eine Falle. Da die Temperatur der Luft in 13 400 m Höhe geringer ist als am Boden, kann mehr Wärme zugeführt werden. Es gilt bei isentroper Verdichtung in 44 000 ft Höhe:

$$p_2\big|_{44000\,\text{ft}} = p_1\big|_{44000\,\text{ft}}\cdot\Pi_{12} = 0{,}1562\,\text{bar}\cdot 25 = 3{,}905\,\text{bar}$$

$$T_2\big|_{44000\,\text{ft}} = T_1\big|_{44000\,\text{ft}}\cdot\left(\frac{p_2\big|_{44000\,\text{ft}}}{p_1\big|_{44000\,\text{ft}}}\right)^{\frac{\kappa-1}{\kappa}} = 216{,}7\,\text{K}\cdot(25)^{\frac{1{,}40-1}{1{,}40}} = 543{,}1\,\text{K}$$

Damit kann als spezifische Wärme jetzt zugeführt werden:

$$q_{zu}\big|_{44000\,\text{ft}} = q_{23}\big|_{44000\,\text{ft}} = c_{p,Luft}\cdot\left(T_3 - T_2\big|_{44000\,\text{ft}}\right)$$

$$q_{zu}\big|_{44000\,\text{ft}} = 1{,}004\,\frac{\text{kJ}}{\text{kg}\cdot\text{K}}\cdot(1473\,\text{K} - 543{,}1\,\text{K}) = 933{,}6\,\frac{\text{kJ}}{\text{kg}}$$

Dies ist deutlich mehr als am Boden, und die Leistung beträgt dann

$$P = \eta \cdot \dot{Q}_{zu} = \eta \cdot \dot{m}\big|_{44\,000\text{ ft}} \cdot q_{zu}\big|_{44\,000\text{ ft}} = 0{,}6013 \cdot 3{,}579\,\frac{\text{kg}}{\text{s}} \cdot 933{,}6\,\frac{\text{kJ}}{\text{kg}} = 2009\text{ kW}$$

Dies entspricht grob 25 % der Leistung am Boden.

6.3g) Machzahl der Blattspitzen

Hier gehen wir mangels weiterer Daten davon aus, dass sich die Rotationsfrequenz der Niederdruckturbine nicht mit der Höhe ändert. Die Schallgeschwindigkeit beträgt am Boden

$$c_s\big|_{boden} = \sqrt{\kappa \cdot R_{Luft} \cdot T\big|_{boden}} = \sqrt{1{,}40 \cdot 287{,}2\,\frac{\text{J}}{\text{kg}\cdot\text{K}} \cdot 288\text{ K}} = 340{,}3\,\frac{\text{m}}{\text{s}}$$

und bei maximaler Flughöhe

$$c_s\big|_{44\,000\text{ ft}} = \sqrt{\kappa \cdot R_{Luft} \cdot T\big|_{44\,000\text{ ft}}} = \sqrt{1{,}40 \cdot 287{,}2\,\frac{\text{J}}{\text{kg}\cdot\text{K}} \cdot 216{,}7\text{ K}} = 295{,}2\,\frac{\text{m}}{\text{s}}$$

Die Blattspitzen des Propellers bewegen sich mit

$$c_{prop} = \pi \cdot d \cdot f_{prop} = \pi \cdot 5{,}334\text{ m} \cdot 864\,\frac{1}{\text{min}} = \pi \cdot 5{,}334\text{ m} \cdot 864\,\frac{1}{60\text{ s}} = 241{,}3\,\frac{\text{m}}{\text{s}}$$

Daraus folgen die Machzahlen

$$M\big|_{boden} = \frac{c_{prop}}{c_s\big|_{boden}} = \frac{241{,}3\,\frac{\text{m}}{\text{s}}}{340{,}3\,\frac{\text{m}}{\text{s}}} = 0{,}709$$

und

$$M\big|_{44\,000\text{ ft}} = \frac{c_{prop}}{c_s\big|_{44\,000\text{ ft}}} = \frac{241{,}3\,\frac{\text{m}}{\text{s}}}{295{,}2\,\frac{\text{m}}{\text{s}}} = 0{,}817$$

Damit erwarten wir ein vergleichsweise leises und sparsames Flugzeug. Ein geeigneter Vergleich wäre die Tupolev 95.

■ Problem 6.4: Argon-Gasturbine

Dies war einmal eine Klausuraufgabe, in die auch das Thema Verbrennung mit eingebaut wurde.

Ausgangspunkt der Problemstellung ist der Joule-Vergleichsprozess mit Luft als Arbeitsgas. Zur Vorbereitung wurde die Temperatur T_2 aus dem angenommenen Druckverhältnis des Verdichters (von 18) bestimmt:

$$T_2 = T_1 \cdot \left(\frac{p_2}{p_1}\right)^{\frac{\kappa-1}{\kappa}} = T_1 \cdot \Pi^{\frac{\kappa-1}{\kappa}} = 298{,}15\ \mathrm{K} \cdot 18^{\frac{1{,}40-1}{1{,}40}} = 680{,}9\ \mathrm{K}$$

Damit folgt für den Punkt maximaler Leistung für die Turbineneintrittstemperatur:

$$T_3 = \frac{T_2^2}{T_1} = \frac{(680{,}0\ \mathrm{K})^2}{298{,}15\ \mathrm{K}} = 1555\ \mathrm{K} = 1282\ °\mathrm{C}$$

Dies ist eine durchaus typische Eintrittstemperatur moderner Gasturbinen. Der Wirkungsgrad für den Vergleichsprozess ist somit:

$$\eta_{Luft} = 1 - \frac{T_1}{T_2} = 1 - \frac{298{,}15\ \mathrm{K}}{680{,}9\ \mathrm{K}} = 0{,}5621$$

Damit startet dieses Problem.

6.4a) Wirkungsgrad

Der Isentropenexponent von Argon beträgt $\kappa = 1{,}66$. Damit erhalten wir

$$T_2 = T_1 \cdot \left(\frac{p_2}{p_1}\right)^{\frac{\kappa-1}{\kappa}} = T_1 \cdot \Pi^{\frac{\kappa-1}{\kappa}} = 298{,}15\ \mathrm{K} \cdot 18^{\frac{1{,}67-1}{1{,}67}} = 950{,}7\ \mathrm{K}$$

und unter Verwendung der Vorgabe maximaler Leistung als Arbeitspunkt

$$T_3 = \frac{T_2^2}{T_1} = \frac{(950{,}7\ \mathrm{K})^2}{298{,}15\ \mathrm{K}} = 3031\ \mathrm{K} = 2758\ °\mathrm{C}$$

Damit wird der neue Wirkungsgrad

$$\eta_{Argon} = 1 - \frac{T_1}{T_2} = 1 - \frac{298{,}15\ \mathrm{K}}{950{,}7\ \mathrm{K}} = 0{,}6864$$

Dieser Wert ist deutlich höher als der für Luft als Arbeitsgas. Es wäre also wünschenswert, auf Argon umzustellen.

6.4b) Diskussion

Es gibt kaum Werkstoffe, die bei solchen hohen Temperaturen noch fest sind. Im Wesentlichen verbleiben Molybdän, Tantal, Osmium, Rhenium, Wolfram und reiner Kohlenstoff. Die genannten Metalle entfallen alle, da sie bei dieser extremen Temperatur nur noch eine geringe Festigkeit aufweisen. Gleichzeitig weisen die meisten von ihnen eine sehr hohe Dichte auf, d. h., Fliehkräfte stellen eine hohe Belastung dar, der die Bauteile nicht gewachsen sind. Kohlenstoff hat eine niedrige Festigkeit und einen hohen Dampfdruck und wird daher erodieren. Die Turbineneintrittstemperatur ist daher aus Werkstoffsicht unmöglich zu erreichen.

6.4c) Diskussion

Es wird ein Wärmetauscher benötigt, der das Argon isobar abkühlt. Diese Wärme hat eine niedrige Temperatur. Sie kann daher schlecht an anderer Stelle im Kreisprozess wiederverwendet werden und ist daher verloren. Der ideale Wärmetauscher hat eine isobare Zustandsänderung, da der Druck des Arbeitsgases in der Turbine vollständig benötigt wird, um dort möglichst viel Arbeit zu leisten.

Der Ansatz ist natürlich wenig sinnvoll.

6.4d) Temperatur

Wir setzen die zugeführte Wärme für beide Zustandsänderungen

$$q = c_{p,Luft} \cdot \left(T_{3,L} - T_{2,L}\right) = c_{P,\mathrm{Ar}} \cdot \left(T^*_{3,\mathrm{Ar}} - T^*_{2,\mathrm{Ar}}\right)$$

gleich und formen nach der gesuchten Zwischentemperatur um. Dann ist

$$T^*_{2,\mathrm{Ar}} = T^*_{3,\mathrm{Ar}} - \frac{c_{p,Luft}}{c_{p,\mathrm{Ar}}} \cdot \left(T_{3,L} - T_{2,L}\right)$$

$$T^*_{2,\mathrm{Ar}} = 1550\ \mathrm{K} - \frac{1{,}004\ \frac{\mathrm{kJ}}{\mathrm{kg \cdot K}}}{0{,}5203\ \frac{\mathrm{kJ}}{\mathrm{kg \cdot K}}} \cdot \left(1555\ \mathrm{K} - 680{,}9\ \mathrm{K}\right) = -137\ \mathrm{K}$$

Diese Temperatur kann nicht erreicht werden. Daher ist unser Ziel so nicht zu erreichen. Die Alternative, einfach deutlich weniger Wärme zuzuführen, ist auch wenig attraktiv, da so die Leistung der Turbine sehr deutlich abnehmen würde.

6.4e) Vergleichsprozess

Aus den Daten folgt jetzt

$$T_2 = \sqrt{T_1 \cdot T_3} = 679{,}8\ \mathrm{K}$$

und damit

$$\eta_{\mathrm{Ar}} = 1 - \frac{T_1}{T_2} = 0{,}5614$$

sowie

$$\Pi = \frac{p_2}{p_1} = \left(\frac{T_2}{T_1}\right)^{\frac{\kappa}{\kappa-1}} = 7{,}792$$

Das realisierbare Verdichterverhältnis verringert sich damit erheblich.

Die zuzuführende Wärmemenge bestimmen wir aus der Nennleistung und dem Wirkungsgrad mit

$$\dot{Q}_{zu} = \frac{P}{\eta} = 356{,}2\ \mathrm{MW}$$

Da die Wärme in 2 → 3 isobar zugeführt wird, folgt der Massenstrom mit

$$\dot{m}_{\mathrm{Ar}} = \frac{\dot{Q}_{zu}}{c_{p,\mathrm{Ar}} \cdot \left(T_3 - T_2\right)} = 784{,}4\,\frac{\mathrm{kg}}{\mathrm{s}}$$

6.4f) Brennstoffmassenstrom

Der Brennstoffmassenstrom beträgt für vollständige Umsetzung

$$\dot{m}_{\mathrm{H_2}} = \frac{\dot{Q}_{23}}{H_{I,\mathrm{H_2}}} = 2{,}969\,\frac{\mathrm{kg}}{\mathrm{s}}$$

6.4g) Abgas

Das Abgas in der Turbine setzt sich bei vollständiger stöchiometrischer Verbrennung aus dem Massenstrom an Argon und Wasserdampf zusammen. Den Isentropenexponenten können wir nicht direkt, sondern nur über die spezifische Wärmekapazität bestimmen. Um diese für das Gemisch zu berechnen, benötigen wir die Massenanteile. Wasser besteht aus zwei H und einem O, d. h., aus einem H_2-Molekül wird ein H_2O-Molekül. Hiermit können wir den Massenstrom an Wasser im Argon bestimmen:

$$\dot{m}_{\mathrm{H_2O}} = \dot{m}_{\mathrm{H_2}} \cdot \frac{M_{\mathrm{H_2O}}}{M_{\mathrm{H_2}}} = 26{,}53\,\frac{\mathrm{kg}}{\mathrm{s}}$$

Damit sind die Massenanteile

$$\mu_{\mathrm{Ar}} = \frac{\dot{m}_{\mathrm{Ar}}}{\dot{m}_{\mathrm{Ar}} + \dot{m}_{\mathrm{H_2O}}} = 0{,}9672$$

$$\mu_{\mathrm{H_2O}} = \frac{\dot{m}_{\mathrm{H_2O}}}{\dot{m}_{\mathrm{Ar}} + \dot{m}_{\mathrm{H_2O}}} = 0{,}03271$$

Wir erhalten

$$c_{p,Abgas} = c_{p,\mathrm{Ar}} \cdot \mu_{\mathrm{Ar}} + c_{p,\mathrm{H_2O}} \cdot \mu_{\mathrm{H_2O}} = 0{,}5815\,\frac{\mathrm{kJ}}{\mathrm{kg \cdot K}}$$

$$c_{v,Abgas} = c_{v,\mathrm{Ar}} \cdot \mu_{\mathrm{Ar}} + c_{v,\mathrm{H_2O}} \cdot \mu_{\mathrm{H_2O}} = 0{,}3637\,\frac{\mathrm{kJ}}{\mathrm{kg \cdot K}}$$

und damit

$$\kappa_{Abgas} = \frac{c_{p,Abgas}}{c_{V,Abgas}} = 1{,}599$$

Dieser Zahlenwert ist etwas geringer als der des reinen Argons.

6.4h) Leistung

Hierzu berechnen wir die an der Turbine verrichtete Leistung für reines Argon und für das Gemisch aus Argon und Wasser:

$$P_{\mathrm{Ar}} = \dot{m}_{\mathrm{Ar}} \cdot c_{p,\mathrm{Ar}} \cdot \left(T_{4,\mathrm{Ar}} - T_3\right) = 356{,}2\ \mathrm{MW}$$

und

$$P_{Abgas} = \left(\dot{m}_{\text{Ar}} + \dot{m}_{Abgas}\right) \cdot c_{p,Abgas} \cdot \left(T_{4,Abgas} - T_3\right) = 392{,}1\,\text{MW}$$

Damit steigt der Wirkungsgrad insgesamt an, da die zugeführte Wärme konstant bleibt und die am Verdichter verrichtete Arbeit auch konstant bleibt, da dort weiterhin nur Argon strömt. Der Anstieg des Wirkungsgrades ist zum Teil auf den etwas höheren Massenstrom durch die Turbine zurückzuführen, aber auch das niedrigere κ trägt dazu bei.

Außerdem haben wir nicht berücksichtigt, dass wir auch den Brennstoff verdichten müssen und dies für Wasserstoff recht energieintensiv wird.

6.4i) Wasser abscheiden

Das Abscheiden erfolgt bevorzugt über einen Kondensator. Dieser Kondensator wird als Abschluss der isobaren Kühlung installiert. Es kommt zu keiner signifikanten Änderung des Kreisprozesses, da das Gas zu fast jedem Zeitpunkt - außer am Kondensator - als ideales Gas angesehen werden kann.

Problem 6.5: Parabolrinnen-Kraftwerk Andasol 3

In dieser Problemstellung geht es um den Umgang mit dem rechtslaufenden Clausius-Rankine-Vergleichsprozess.

6.5a) Zusätzliche Informationen

Dies bleibt Ihnen überlassen.

6.5b) Vergleichsprozess

Zuerst tragen wir zusammen, was wir wissen:

- In Zustand 5 ist der Druck bekannt (p_5 = 100 bar) und die Temperatur ist nicht höher als die Rücklauftemperatur, mit der das Öl die Wärme aus den Kollektoren zum Wärmetauscher transportiert (ϑ_R = 393 °C).
- Die Umgebungstemperatur beträgt 15 °C, und der Wärmestrom aus dem Kondensator wird über einen Nasskühlturm an die Umgebung abgegeben.
- Ein Nasskühlturm kühlt das Kühlwasser unter Umgebungstemperatur ab, wenn die Luftfeuchtigkeit nicht zu hoch ist.
- Ein flüssig-flüssig Wärmetauscher benötigt eine recht geringe Temperaturdifferenz von wenigen Kelvin. Ein gasförmig-flüssig Wärmetauscher benötigt zumindest etwa 10 K für gute Wärmeübertragung.

Daraus lassen sich ausreichend Daten bestimmen, um den Vergleichsprozess festzulegen: Im besten Fall kann das Kondensat in Zustand 6 bis auf Umgebungstemperatur abgekühlt werden. Dann wären die Temperaturen in den Zuständen 6, 1 und 2 jeweils 15 °C. In Zustand 5 kann etwa eine Temperatur von 380 °C sicher erreicht werden, falls wir noch einen gewissen Temperaturgradienten im Wärmetauscher berücksichtigen.

Mit diesen Daten erhalten wir den Vergleichsprozess, wie er in Bild 6.1 und Bild 6.2 dargestellt ist. Die eingetragenen Zustände sind in Tabelle 6.1 zusammengefasst.

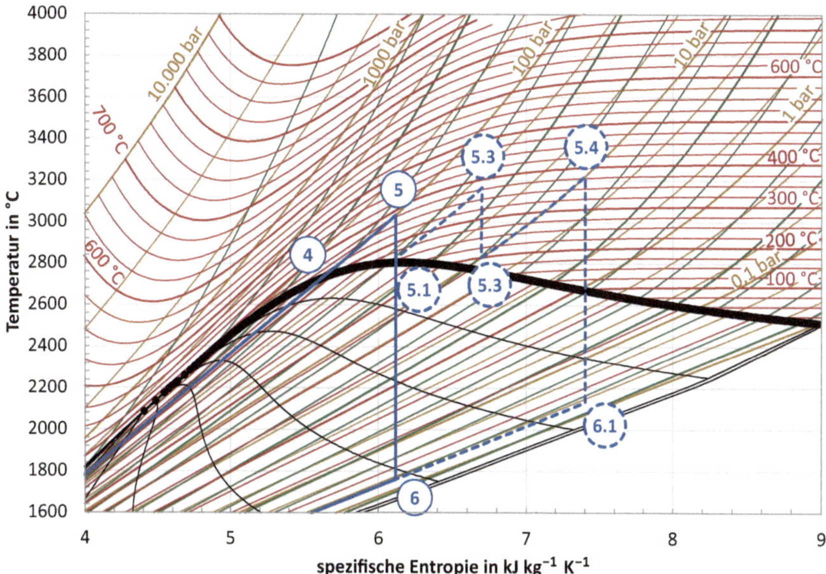

Bild 6.1 Ein h-s Diagramm mit dem Vergleichsprozess für das Kraftwerk Andasol 3

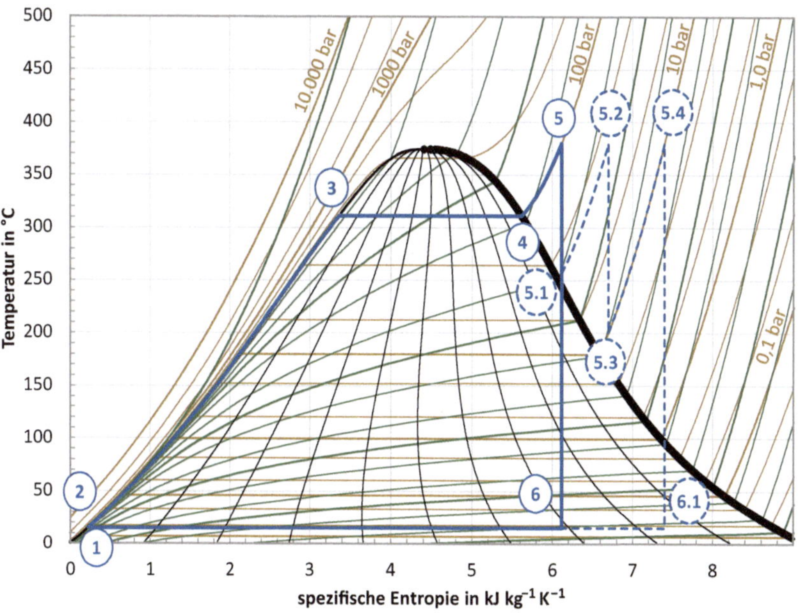

Bild 6.2 Ein T-s Diagramm mit dem Vergleichsprozess für das Kraftwerk Andasol 3

Die spezifische Entropie erlaubt, den Dampfgehalt und damit die spezifische Enthalpie genau zu bestimmen. Dies ist hier zusätzlich gezeigt: Der Dampfgehalt beträgt

$$x_6 = \frac{s_6 - s'}{s'' - s'} = \frac{6{,}117\,\frac{\mathrm{kJ}}{\mathrm{kg\cdot K}} - 0{,}224\,\frac{\mathrm{kJ}}{\mathrm{kg\cdot K}}}{8{,}780\,\frac{\mathrm{kJ}}{\mathrm{kg\cdot K}} - 0{,}224\,\frac{\mathrm{kJ}}{\mathrm{kg\cdot K}}} = 0{,}689$$

Die spezifischen Entropien s' und s' bei 15 °C lesen wir in einer Dampftabelle ab. Die spezifische Entropie in Zustand 6 ist gleich der in Zustand 5. Damit beträgt die spezifische Enthalpie in Zustand 6

$$h_6 = h' + \left(h'' - h'\right)\cdot x_6 = h' + r\cdot x_6 = 63\,\frac{\mathrm{kJ}}{\mathrm{kg}} + \left(2528\,\frac{\mathrm{kJ}}{\mathrm{kg}} - 63\,\frac{\mathrm{kJ}}{\mathrm{kg}}\right)\cdot 0{,}689 = 1761\,\frac{\mathrm{kJ}}{\mathrm{kg}}$$

in etwas höherer Genauigkeit als beim Ablesen im Diagramm.

Tabelle 6.1 Der Vergleichsprozess für die solarthermische Dampfturbine: Vorgegebene Werte sind **fett** hervorgehoben. Z ist der Zustand und ZÄ die Zustandsänderung.

Z	p	ϑ	h	s	ZÄ	q	w
1	0,017 bar	**15 °C**	63 kJ kg⁻¹	0,223 kJ kg⁻¹ K⁻¹	1 → 2	0	ca. 0
2	100 bar	15 °C	73 kJ kg⁻¹	0,223 kJ kg⁻¹ K⁻¹	2 → 3	1335 kJ kg⁻¹	0
3	100 bar	311 °C	1408 kJ kg⁻¹	3,360 kJ kg⁻¹ K⁻¹	3 → 4	1320 kJ kg⁻¹	0
4	100 bar	311 °C	2728 kJ kg⁻¹	5,616 kJ kg⁻¹ K⁻¹	4 → 5	305 kJ kg⁻¹	0
5	**100 bar**	**380 °C**	3033 kJ kg⁻¹	6,117 kJ kg⁻¹ K⁻¹	5 → 6	0	−1272 kJ kg⁻¹
6	0,017 bar	**15 °C**	1761 kJ kg⁻¹	6,117 kJ kg⁻¹ K⁻¹	6 → 1	−1698 kJ kg⁻¹	0
5	100 bar	380 °C	3033 kJ kg⁻¹	6,117 kJ kg⁻¹ K⁻¹	5 → 5.1	0	−205 kJ kg⁻¹
5.1	40 bar	257 °C	2828 kJ kg⁻¹	6,117 kJ kg⁻¹ K⁻¹	5.1 → 5.2	339 kJ kg⁻¹	0
5.2	40 bar	380 °C	3167 kJ kg⁻¹	6,699 kJ kg⁻¹ K⁻¹	5.2 → 5.3	0	−339 kJ kg⁻¹
5.3	10 bar	190 °C	2828 kJ kg⁻¹	6,699 kJ kg⁻¹ K⁻¹	5.3 → 5.4	394 kJ kg⁻¹	0
5.4	10 bar	380 °C	3222 kJ kg⁻¹	7,403 kJ kg⁻¹ K⁻¹	5.4 → 6.1	0	−1091 kJ kg⁻¹
6.1	0,017 bar	15 °C	2131 kJ kg⁻¹	7,403 kJ kg⁻¹ K⁻¹	6.1 → 1	−2068 kJ kg⁻¹	0

6.5c) Wirkungsgrad und Dampfmassenstrom

Mit den in 6.6b) ermittelten Zustandswerten beträgt der Wirkungsgrad für den einfachen Vergleichsprozess

$$\eta = \frac{h_5 - h_6}{h_5 - h_2} = \frac{3033\,\frac{\mathrm{kJ}}{\mathrm{kg}} - 1761\,\frac{\mathrm{kJ}}{\mathrm{kg}}}{3033\,\frac{\mathrm{kJ}}{\mathrm{kg}} - 73\,\frac{\mathrm{kJ}}{\mathrm{kg}}} = 0{,}4297$$

und der Massenstrom an Wasser

$$\dot{m} = \frac{P_N}{-(h_6 - h_5)} = \frac{50\ \text{MW}}{-\left(1761\,\frac{\text{kJ}}{\text{kg}} - 3033\,\frac{\text{kJ}}{\text{kg}}\right)} = 39{,}31\,\frac{\text{kg}}{\text{s}}$$

Hier haben wir ideale Prozesse in der Turbine und im Generator angenommen.

6.5d) Optimierter Kreisprozess

In realen Dampfturbinen wird Kondensation möglichst vermieden. Tröpfchen bei hoher Temperatur und hohem Druck würden zu schneller Erosion der Turbinenschaufeln führen. Hier bietet es sich an, nicht nur eine, sondern zwei Zwischenüberhitzungen einzuführen, um Kondensation zu vermeiden. Ein möglicher Kreisprozess mit zwei Zwischenüberhitzungen ist in Bild 6.1 und Bild 6.2 dargestellt. Die damit ermittelten zusätzlichen Zustände sind in Tabelle 6.1 zusammengefasst. Durch diesen neuen Kreisprozess beläuft sich die spezifische Arbeit der drei Turbinen auf

$$w_3 = (h_{5.1} - h_5) + (h_{5.3} - h_{5.2.}) + (h_{6.1} - h_{5.4}) = -1635\,\frac{\text{kJ}}{\text{kg}}$$

und die insgesamt zugeführte spezifische Wärme auf

$$q_3 = (h_5 - h_2) + (h_{5.2} - h_{5.1}) + (h_{5.4} - h_{534}) = 3693\,\frac{\text{kJ}}{\text{kg}}\,.$$

Damit erhöht sich der Wirkungsgrad leicht auf

$$\eta = \frac{-w_3}{q_3} = \frac{1635\,\frac{\text{kJ}}{\text{kg}}}{3693\,\frac{\text{kJ}}{\text{kg}}} = 0{,}4427$$

6.5e) Zwischenspeicher

Wenn wir weiterhin den Wirkungsgrad des idealen Prozesses verwenden, beträgt die zu speichernde Wärme

$$Q = \frac{W}{\eta} = \frac{P \cdot \Delta t}{\eta} = \frac{50 \cdot 10^6\,\text{W} \cdot 7{,}5\,\text{h} \cdot 3600\,\frac{\text{s}}{\text{h}}}{0{,}443} = 3{,}05 \cdot 10^{12}\,\text{J}$$

So wie diese Frage gestellt ist, ist es schwierig, eine Antwort zu liefern. Uns fehlt der Temperaturbereich, über den das Salz abgekühlt wird. Zumindest wird aus den Eigenschaften des Salzes deutlich, dass es sich um fühlbare Wärme handelt und nicht um latente Wärme: Die Wärme wird nicht über Phasenübergänge gespeichert, sondern nur über die Temperaturänderung des Salzes. Das Salz hat flüssig eine sehr niedrige Viskosität und damit können wir eine geringe Temperaturdifferenz zwischen Salz und Dampf annehmen.

Schon jetzt ist die Temperatur in Zustand 5 für den dort vorliegenden Druck eher gering. Der Dampf wird nur wenig überhitzt. Daher dürfen wir davon ausgehen, dass die 380 °C im Dampf nicht unterschritten wird. Der Speicher lässt sich füllen, wenn besonders viel solare Einstrahlung vorliegt. Dann kann die Temperatur des Thermoöls in den Kollektoren vermutlich auch noch etwas höher gefahren werden. Hier sind wir auf eine reine Schätzung angewiesen. Wir verwenden daher beherzt die angegebene Temperaturobergrenze des Thermoöls von 420 °C. Damit wäre das benötigte Volumen des Tanks

$$V = \frac{m}{\rho} = \frac{Q}{\rho \cdot c_p \cdot \Delta T} = \frac{3{,}05 \cdot 10^{12}\,\mathrm{J}}{1790\,\frac{\mathrm{kg}}{\mathrm{m}^3} \cdot 1550\,\frac{\mathrm{J}}{\mathrm{kg} \cdot \mathrm{K}} \cdot \left(420\,°\mathrm{C} - 380\,°\mathrm{C}\right)} = 27500\,\mathrm{m}^3$$

Das Ergebnis ist sehr nahe an dem des realen Tanks.

■ Problem 6.6: Kohlekraftwerk Maasflakte 3

Der Ausgangspunkt dieser Problemstellung ist die Frage, wie der ziemlich hohe Wirkungsgrad moderner Kraftwerke erreicht werden kann. Dazu sehen wir uns zuerst den angegebenen idealen Prozess an.

6.6a) Kreisprozess

In dem Lösungsvorschlag ist 10 °C als minimale Temperatur im Dampfkreislauf angenommen. Dies entspricht Bedingungen im Winter, wenn die Temperatur der Nordsee bei 4 °C liegt. Im Sommer kann die Temperatur des Meerwassers vor Rotterdam auf 20 °C oder mehr ansteigen. Dementsprechend verändert sich dann der Vergleichsprozess.

Im Folgenden sind die Zustände einfach weiter durchnummeriert. Die isobare Zwischenüberhitzung ist damit die Zustandsänderung 6 → 7 und die Mitteldruckturbine die Zustandsänderung 7 → 8. Die mit der Siedetabelle von Wasser, dem T-s Diagramm in Bild 6.3 und dem h-s Diagramm in Bild 6.4 zusammengetragenen Zustandsgrößen sind in Tabelle 6.2 dargestellt.

Tabelle 6.2 Zustände des idealen Vergleichsprozesses für das Kraftwerk Maasflakte 3

Z	p	ϑ	h	s	ZÄ	q	w
1	0,0123 bar	10 °C	42 kJ kg^{-1}	0,151 kJ kg^{-1} K^{-1}	1 → 2	0	27 kJ kg^{-1}
2	285 bar	10 °C	69 kJ kg^{-1}	0,151 kJ kg^{-1} K^{-1}	2 → 5	3392 kJ kg^{-1}	0
3	-	-	-	-	-	-	-
4	-	-	-	-	-	-	-
5	285 bar	600 °C	3461 kJ kg^{-1}	6,274 kJ kg^{-1} K^{-1}	5 → 6	0	-455
6	60 bar	337 °C	3006 kJ kg^{-1}	6,274 kJ kg^{-1} K^{-1}	6 → 7	700	
7	60 bar	620 °C	3706 kJ kg^{-1}	7,222 kJ kg^{-1} K^{-1}	7 → 8	0	-1662
8	0,123 bar	10 °C	2044 kJ kg^{-1}	7,222 kJ kg^{-1} K^{-1}	8 → 1	-2002	0
6'	60 bar	351 °C	3047 kJ kg^{-1}	6,340 kJ kg^{-1} K^{-1}			
8'	0,123 bar	10 °C	2195 kJ kg^{-1}	7,756 kJ kg^{-1} K^{-1}			

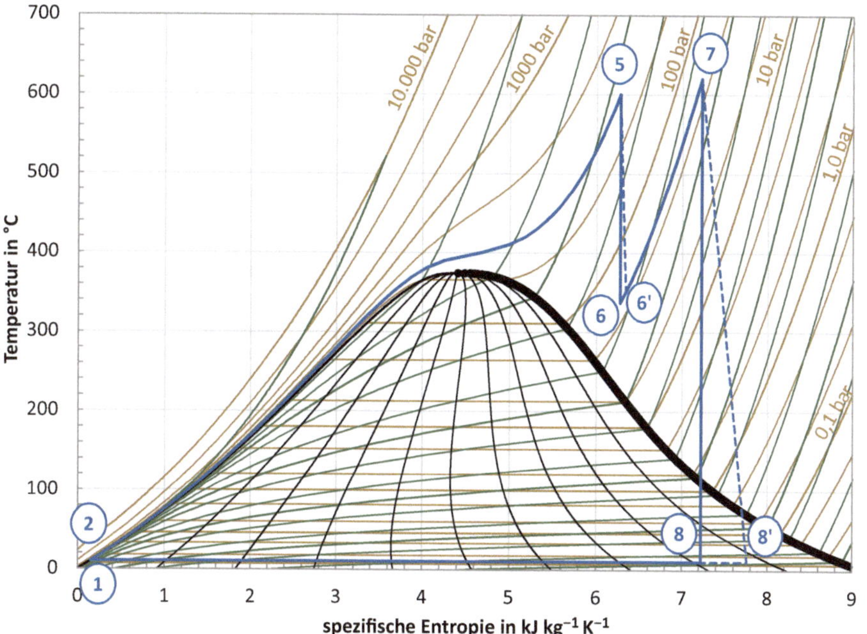

Bild 6.3 Ein T-s Diagramm von Wasser mit dem Vergleichsprozess für das Kraftwerk Maasflakte

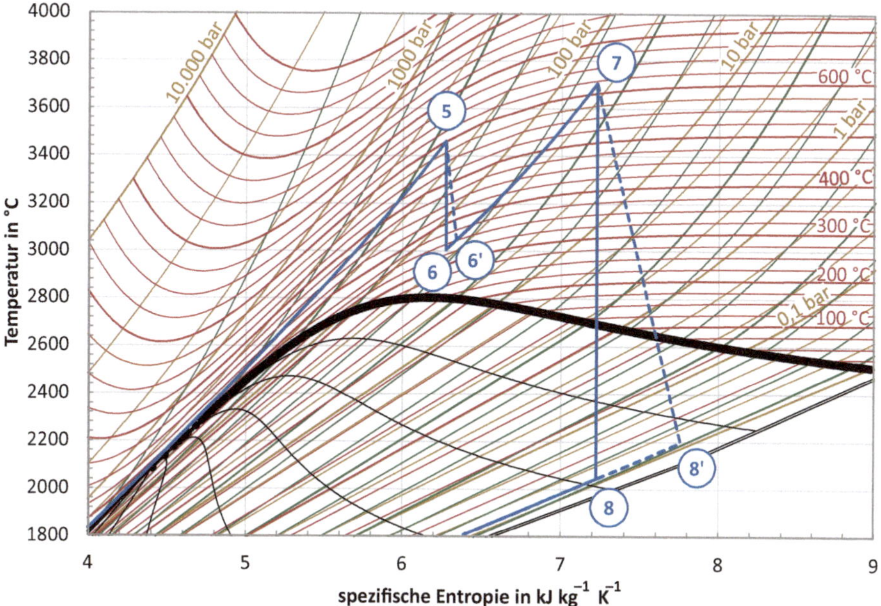

Bild 6.4 Ein h-s Diagramm von Wasser mit dem Vergleichsprozess für das Kraftwerk Maasflakte

Der Dampfgehalt in Zustand 8 folgt aus der isentropen Expansion von Zustand 7. In der Zustandsänderung 7 → 8 bleibt s konstant. Der Dampfgehalt beträgt

$$x_8 = \frac{s_7 - s'}{s'' - s'} = \frac{7{,}222\,\frac{\mathrm{kJ}}{\mathrm{kg\cdot K}} - 0{,}151\,\frac{\mathrm{kJ}}{\mathrm{kg\cdot K}}}{8{,}900\,\frac{\mathrm{kJ}}{\mathrm{kg\cdot K}} - 0{,}151\,\frac{\mathrm{kJ}}{\mathrm{kg\cdot K}}} = 0{,}8082$$

Die spezifischen Enthalpien h' und h' und die spezifischen Entropien s' und s' bei 15 °C lesen wir in einer Dampftabelle ab. Folglich beträgt die spezifische Enthalpie in Zustand 8

$$h_8 = h' + \left(h'' - h'\right) \cdot x_8 = 42\,\frac{\mathrm{kJ}}{\mathrm{kg}} + \left(2519\,\frac{\mathrm{kJ}}{\mathrm{kg}} - 42\,\frac{\mathrm{kJ}}{\mathrm{kg}}\right) \cdot 0{,}8082 = 2044\,\frac{\mathrm{kJ}}{\mathrm{kg}}$$

Durch Ablesen in den Diagrammen erhalten Sie vermutlich leicht abweichende und nicht ganz so genaue Zahlenwerte.

Die Zustände 3 und 4 gibt es in diesem Vergleichsprozess nicht, da das Wasser bei überkritischem Druck erwärmt wird. Der Dampf wird bei seiner Zustandsänderung nicht durch den Nassdampfbereich gelangen.

6.6b) Wirkungsgrad

In Tabelle 6.2 sind schon die spezifischen Wärmen und spezifischen Arbeiten aller Zustandsänderungen mit eingetragen. Der Wirkungsgrad ist hier das Verhältnis aus abgegebener mechanischer Arbeit und zugeführter Wärme.

$$\eta_{VP} = \frac{-w_{ab}}{q_{zu}} = \frac{-w_{56} - w_{78}}{q_{25} + q_{67}} = \frac{455\,\frac{\mathrm{kJ}}{\mathrm{kg}} + 1662\,\frac{\mathrm{kJ}}{\mathrm{kg}}}{3392\,\frac{\mathrm{kJ}}{\mathrm{kg}} + 700} = 0{,}517$$

Dieser theoretische Wirkungsgrad liegt nur leicht über dem angegebenen tatsächlichen.

6.6c) Turbinen

Das Verhältnis des angegebenen Wirkungsgrades des Herstellers zu unserem theoretischen beträgt

$$\frac{\eta_H}{\eta_{VP}} = \frac{0{,}470}{0{,}517} = 0{,}909$$

Das heißt, die gesamte Kette von den Turbinen bis zum Generator muss einen höheren Wirkungsgrad als 91 % aufweisen. In der Problemstellung sollen wir uns auf die Turbinen beschränken. Dann können wir den gerade bestimmten Wirkungsgrad der gesamten Umwandlungskette als isentropen Wirkungsgrad der Turbinen ansetzen.

6.6d) Zustandsänderungen der Turbinen

In einem ersten Schritt können wir direkt aus der Definition des isentropen Wirkungsgrades

$$\eta_T = \frac{h_{2'} - h_1}{h_{2S} - h_1}$$

die neue spezifische Enthalpie für die Austrittszustände der beiden Turbinen bestimmen:

$$h_{6'} = h_5 + \eta_T \cdot (h_6 - h_5) = 3461\,\frac{\text{kJ}}{\text{kg}} + 0{,}909 \cdot \left(3006\,\frac{\text{kJ}}{\text{kg}} - 3461\,\frac{\text{kJ}}{\text{kg}}\right) = 3047\,\frac{\text{kJ}}{\text{kg}}$$

$$h_{8'} = h_7 + \eta_T \cdot (h_8 - h_7) = 3706\,\frac{\text{kJ}}{\text{kg}} + 0{,}909 \cdot \left(2044\,\frac{\text{kJ}}{\text{kg}} - 3706\,\frac{\text{kJ}}{\text{kg}}\right) = 2195\,\frac{\text{kJ}}{\text{kg}}$$

Der Effekt der Dissipation in den beiden Turbinen ist, dass sich die Enthalpie des unteren Zustandes erhöht und damit die nutzbare Arbeit als Differenz der Enthalpien verringert. Der Druck des unteren Zustandes bleibt hier jeweils konstant.

Für die Hochdruckturbine $5 \rightarrow 6'$ bestimmen wir daher grafisch im h-s Diagramm den neuen Zustand bzw. dessen spezifische Entropie. Die Zahlenwerte sind in Tabelle 6.2 eingetragen.

Der Zustand 8' befindet sich auch weiterhin im Nassdampfbereich. Daher bestimmen wir zuerst den Dampfgehalt

$$x_{8'} = \frac{h_{8'} - h'}{h'' - h'} = \frac{2195\,\frac{\text{kJ}}{\text{kg}} - 42{,}02\,\frac{\text{kJ}}{\text{kg}}}{2519\,\frac{\text{kJ}}{\text{kg}\cdot\text{K}} - 42{,}02\,\frac{\text{kJ}}{\text{kg}\cdot\text{K}}} = 0{,}8692$$

und erhalten daraus die neue spezifische Entropie:

$$s_{8'} = s' + (s'' - s') \cdot x = 0{,}151\,\frac{\text{kJ}}{\text{kg}\cdot\text{K}} + \left(8{,}900\,\frac{\text{kJ}}{\text{kg}\cdot\text{K}} - 0{,}151\,\frac{\text{kJ}}{\text{kg}\cdot\text{K}}\right) \cdot 0{,}8692 = 7756\,\frac{\text{kJ}}{\text{kg}}$$

Beide Zustandsänderungen sind in das T-s Diagramm in Bild 6.3 und das h-s Diagramm in Bild 6.4 mit eingetragen. Die polytropen Zustandsänderungen der beiden Turbinen sind nur grob skizziert, denn diese beiden verlaufen nicht als Gerade durch die Zustandsdiagramme.

Problem 6.7: Druckluftspeicher

Sie haben es hoffentlich gleich bemerkt: Dies ist kein echter Kreisprozess, und es gibt keinen Vergleichsprozess für diese Anlage. Doch Sie können in dieser Problemstellung trotzdem mit vielem arbeiten, was Sie für Kreisprozesse des idealen Gases gelernt haben.

6.7a) Speichermasse

Das Volumen der Kaverne beträgt

$$V = \frac{\pi}{4} \cdot d^2 \cdot h = 636200 \text{ m}^3$$

Die darin speicherbare Luftmasse ergibt sich aus der Differenz der Masse bei maximalem und bei minimalem Druck. Als Temperatur verwenden wir hier die maximal zulässige Lufttemperatur, da die Luft beim Einspeichern verdichtet und danach gekühlt wird.

$$m_{\max} = \frac{p_{\max} \cdot V}{R_{Luft} \cdot T} = \frac{8700000 \text{ Pa} \cdot 636200 \text{ m}^3}{287{,}2 \frac{\text{J}}{\text{kg} \cdot \text{K}} \cdot 313 \text{ K}} = 61570000 \text{ kg}$$

$$m_{\min} = \frac{p_{\min} \cdot V}{R_{Luft} \cdot T} = \frac{2100000 \text{ Pa} \cdot 636200 \text{ m}^3}{287{,}2 \frac{\text{J}}{\text{kg} \cdot \text{K}} \cdot 313 \text{ K}} = 14860000 \text{ kg}$$

Damit gilt:

$$m_{speicher} = m_{\max} - m_{\min} = 46710000 \text{ kg}$$

Ob das jetzt viel oder wenig ist, ergibt erst das Weitere.

6.7b) Innere Energie und Enthalpie

Die Differenz der inneren Energien beträgt

$$\Delta U_{speicher} = m \cdot \left(u\left(T_{speicher}\right) - u\left(T_u\right)\right) = m \cdot c_{v,Luft} \cdot \left(T_{Speicher} - T_u\right)$$

$$\Delta U_{speicher} = 46710000 \text{ kg} \cdot 718 \frac{\text{J}}{\text{kg} \cdot \text{K}} \cdot \left(22\text{ °C} - 12\text{ °C}\right) = 0{,}3354 \cdot 10^{12} \text{ J}$$

und die der Enthalpien

$$\Delta H_{speicher} = m \cdot \left(h\left(T_{speicher}\right) - h\left(T_u\right)\right) = m \cdot c_{p,Luft} \cdot \left(T_{Speicher} - T_u\right)$$

$$\Delta H_{speicher} = 46710000 \text{ kg} \cdot 1006 \frac{\text{J}}{\text{kg} \cdot \text{K}} \cdot \left(22\text{ °C} - 12\text{ °C}\right) = 0{,}4699 \cdot 10^{12} \text{ J}$$

Beide Größen sind hier wenig aussagekräftig, da sie sich auf eine Temperaturdifferenz und nicht auf die Druckdifferenz beziehen. Dabei nutzen wir den Druck, um die Energie zu speichern.

6.7c) Massenstrom

Der Massenstrom beträgt

$$\dot{m} = \frac{\Delta m}{\Delta t} = \frac{46710000 \text{ kg}}{8 \text{ h}} = 1622 \frac{\text{kg}}{\text{s}}$$

Dies ist ein recht großer Luftmassenstrom.

6.7d) Den Speicher befüllen

In einem ersten Schritt bestimmen wir für die ideale isentrope Verdichtung

$$T_2 = T_u \cdot \left(\frac{p_2}{p_u}\right)^{\frac{\kappa-1}{\kappa}}$$

Allerdings ist in der Problemstellung nichts zum Druck p_2 gesagt, auf den verdichtet wird:

- Dieser könnte geregelt werden, sodass er immer etwas höher ist als der Druck in der Kaverne. Typischerweise würde dann der isentrope Wirkungsgrad mit dem Druckverhältnis variieren. Die Problemstellung wäre so am besten schrittweise über ein Tabellenkalkulationsprogramm zu lösen.
- Der Verdichter erzeugt immer den Maximaldruck (technisch einfacher, aber verlustbehaftet).

Um einen Eindruck zu bekommen, lösen wir dies einmal für den minimalen und einmal für den maximalen Druck:

$$T_{\min,S} = T_u \cdot \left(\frac{p_{\min}}{p_u}\right)^{\frac{\kappa-1}{\kappa}} = 285 \text{ K} \cdot \left(\frac{21 \text{ bar}}{1 \text{ bar}}\right)^{\frac{1,40-1}{1,40}} = 680,2 \text{ K}$$

$$T_{\max,S} = T_u \cdot \left(\frac{p_{\max}}{p_u}\right)^{\frac{\kappa-1}{\kappa}} = 285 \text{ K} \cdot \left(\frac{87 \text{ bar}}{1 \text{ bar}}\right)^{\frac{1,40-1}{1,40}} = 1021 \text{ K}$$

Als Nächstes müssen wir die Verluste im Verdichter berücksichtigen. Mit dem isentropen Wirkungsgrad beträgt die Austrittstemperatur der Luft aus dem Verdichter

$$T_{\min'} = T_u + \frac{T_{\min,S} - T_u}{\eta_V} = 285 \text{ K} + \frac{680,2 \text{ K} - 285 \text{ K}}{0,78} = 791,7 \text{ K}$$

$$T_{\max'} = T_u + \frac{T_{\max,S} - T_u}{\eta_V} = 285 \text{ K} + \frac{1021 \text{ K} - 285 \text{ K}}{0,78} = 1229 \text{ K}$$

Aus diesen Daten können wir nun den Polytropenkoeffizienten der Zustandsänderung ermitteln.

$$n_{12'} = \frac{\ln \dfrac{p_{2'}}{p_u}}{\ln \dfrac{p_{2'}}{p_u} - \ln \dfrac{T_{2'}}{T_u}} = \frac{\ln \dfrac{21\ \text{bar}}{1\ \text{bar}}}{\ln \dfrac{21\ \text{bar}}{1\ \text{bar}} - \ln \dfrac{791{,}7\ \text{K}}{285\ \text{K}}} = 1{,}505$$

Es genügt, diesen Wert einmal zu bestimmen, da er durch den isentropen Wirkungsgrad festgelegt ist. Damit ist die Leistung für die Verdichtung der Luft wie folgt:

$$P_{\min} = \dot{m} \cdot \frac{n_{12'} \cdot R_{Luft}}{n_{12'} - 1} \cdot \left(T_{2,\min'} - T_1\right)$$

$$P_{\min} = 1622 \frac{\text{kg}}{\text{s}} \cdot \frac{1{,}505 \cdot 287{,}2 \dfrac{\text{J}}{\text{kg} \cdot \text{K}}}{1{,}505 - 1} \cdot \left(791{,}7\ \text{K} - 285\ \text{K}\right) = 703{,}4\ \text{MW}$$

$$P_{\max} = 1622 \frac{\text{kg}}{\text{s}} \cdot \frac{1{,}505 \cdot 287{,}2 \dfrac{\text{J}}{\text{kg} \cdot \text{K}}}{1{,}505 - 1} \cdot \left(1229\ \text{K} - 285\ \text{K}\right) = 1311\ \text{MW}$$

Die innere Leistung - also die mechanische Leistung, die vom Verdichter an die verdichtete Luft abgegeben wird - beträgt

$$P_{I,\min} = \dot{m} \cdot c_{p,Luft} \cdot \left(T_{2,\min'} - T_1\right) = 825{,}2\ \text{MW}$$

$$P_{I,\max} = \dot{m} \cdot c_{p,Luft} \cdot \left(T_{2,\min'} - T_1\right) = 1537\ \text{MW}$$

Die dissipierte Leistung bei der Verdichtung beträgt

$$P_{diss,\min} = P_{I,\min} - P_{\min'} \left(= \dot{m} \cdot c_{n_{12'}} \Delta T_{\min'}\right) = 121{,}8\ \text{MW}$$

$$P_{diss,\max} = P_{I,\max} - P_{\max'} \left(= \dot{m} \cdot c_{n_{12'}} \Delta T_{\max'}\right) = 226\ \text{MW}$$

Den hier in Klammern gesetzten Term könnten wir als Kontrolle verwenden. Als Schätzung können wir jetzt die benötigte Arbeit über den Mittelwert der Leistung bestimmen. Dann ergibt sich Folgendes:

$$W_p = \Delta t \cdot \frac{P_{\min} + P_{\max}}{2} = 28800\ \text{s} \cdot \frac{703{,}4\ \text{MW} + 1311\ \text{MW}}{2} = 29{,}01 \cdot 10^{12}\ \text{J}$$

$$W_{p,I} = \Delta t \cdot \frac{P_{I,\min} + P_{I,\max}}{2} = 28800\ \text{s} \cdot \frac{825{,}2\ \text{MW} + 1537\ \text{MW}}{2} = 34{,}02 \cdot 10^{12}\ \text{J}$$

$$W_{p,diss} = \Delta t \cdot \frac{P_{diss,\min} + P_{diss,\max}}{2} = 28800\ \text{s} \cdot \frac{121{,}8\ \text{MW} + 226\ \text{MW}}{2} = 5{,}01 \cdot 10^{12}\ \text{J}$$

Diese Werte sind um zwei Größenordnungen höher als die Ergebnisse aus b). Das heißt, die Vorgehensweise in 6.7b) ist wenig geeignet, um eine solche Speicherkapazität zu berechnen.

6.7e) Wärme speichern

Die maximale Temperatur stellt sich am Ausgang des Verdichters ein, wenn dieser auf den maximalen Druck von 87 bar verdichtet. Wir hatten in 6.7d) 1229 K oder 954 °C ermittelt. Da immer eine gewisse Temperaturdifferenz benötigt wird, damit die Wärme auch fließt (Lufttemperatur höher als der Speicher beim Beladen), können wir ca. 925 °C abschätzen. Wenn, wie in 6.7d) angenommen, zuerst nur auf 21 bar verdichtet wird, steht zuerst nur Luft mit 792 K oder 519 °C zur Verfügung. Der Wärmespeicher wird also mit dem Druckanstieg in der Kaverne auch höher beladen.

6.7f) Speicher dimensionieren

Zuerst bestimmen wir die Wärmemenge, die gespeichert werden soll. Diese beträgt maximal

$$Q_{Luft} = m_{Luft} \cdot c_{p,Luft} \cdot \left(T_{\max'} - T_u\right)$$

$$Q_{Luft} = 46{,}71 \cdot 10^6 \text{ kg} \cdot 1006 \frac{\text{J}}{\text{kg} \cdot \text{K}} \cdot \left(954\,°\text{C} - 12\,°\text{C}\right) = 44{,}26 \cdot 10^{12} \text{ J}$$

Realistisch ist sie geringer, da die notwendige Temperaturdifferenz zwischen Luft und Speicher beim Beladen und beim Entladen die tatsächlich nutzbare Wärme deutlich verringert.

Nutzen wir jedoch diese idealen Temperaturen, dann bekommen wir für die Masse an Schamotte

$$m_{Schamotte} = \frac{Q_{Luft}}{c_{p,Schamotte} \cdot \left(T_{Sch,\max} - T_{Sch,\min}\right)}$$

$$m_{Schamotte} = \frac{44{,}26 \cdot 10^{12} \text{ J}}{850 \frac{\text{J}}{\text{kg} \cdot \text{K}} \cdot \left(954\,°\text{C} - 12\,°\text{C}\right)} = 55{,}28 \cdot 10^6 \text{ kg}$$

und als Volumen des Speichers (ohne Hülle, Fundamente usw.)

$$V_{schamotte} = \frac{m_{schamotte}}{\rho_{schamotte} \cdot \left(1 - 0{,}3\right)} = \frac{55 \cdot 10^6 \text{ kg}}{2000 \frac{\text{kg}}{\text{m}^3} \cdot \left(1 - 0{,}3\right)} = 39300 \text{ m}^3$$

Das entspricht einem Würfel mit 34 m Kantenlänge.

Problem 6.8: Lokales Wärmenetz

In dieser Problemstellung geht es im Kern um die Auslegung einer Wärmepumpe. Gleichzeitig werden viele weitere kleine Themen angesprochen.

6.8a) Die Skizze

Bild 6.5 gibt eine Übersicht.

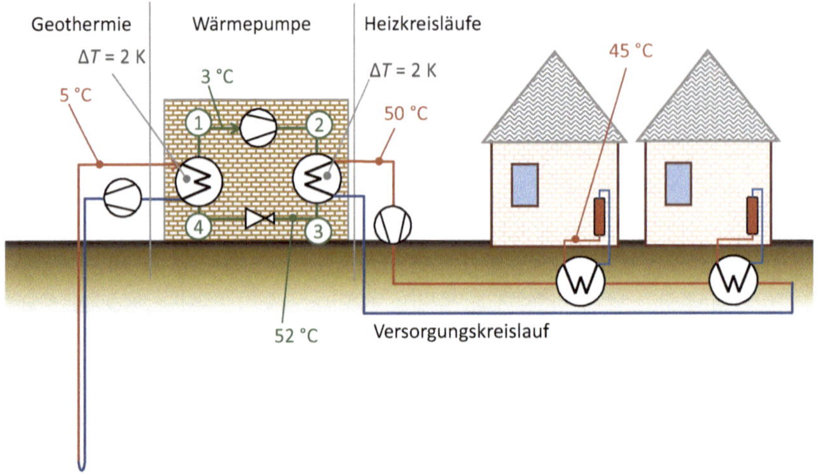

Bild 6.5 Skizze der Wärmeversorgung und der vorgegebenen Temperaturen bei einer Wärmeversorgung aus Geothermie

6.8b) Die Temperaturen

Die Temperatur in Zustand 1 ist immer noch geringer als die der zuführenden geothermischen Wärme, denn die Wärme soll aus dem Geothermiekreislauf in das Kältemittel der Wärmepumpe fließen (siehe Bild 6.5). Angegeben ist ein minimaler Temperaturunterschied im Wärmetauscher von 2 K, sodass ϑ_1 = 3 °C.

Umgekehrt muss die Temperatur in Zustand 3 höher sein als der Versorgungskreislauf für die Siedlung, damit die Wärme von der Wärmepumpe in den Kreislauf fließt. Angegeben ist ein Temperaturunterschied von 2 K, sodass ϑ_3 = 52 °C.

6.8c) Vergleichsprozess

Bild 6.6 zeigt einen Lösungsvorschlag, bei dem ein eher geringes Druckverhältnis verwirklicht ist.

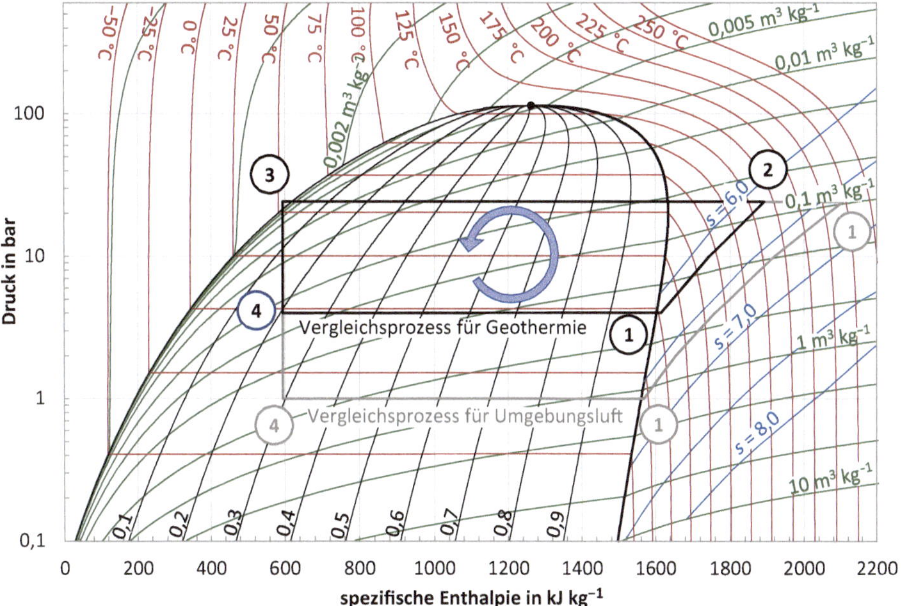

Bild 6.6 Vorschlag für den Vergleichsprozess der Wärmepumpe bei geothermisch zugeführter Wärme

6.8d) Zustände des Vergleichsprozesses

In Tabelle 6.3 sind die von mir aus Bild 6.6 ermittelten Zustände eingetragen. Beachten Sie, dass Sie gegebenenfalls andere spezifische Enthalpien ablesen, wenn Sie z. B. ein log p-h Diagramm aus der Software CoolPack verwenden. Zum Teil werden dort andere Nullpunkte der spezifischen Enthalpie verwendet.

Tabelle 6.3 Zustände der Wärmepumpe für Geothermie

Zustand	p	ϑ	h
1	4 bar	3 °C	1616 kJ kg^{-1}
2	24 bar	141 °C	1893 kJ kg^{-1}
3	24 bar	52 °C	594 kJ kg^{-1}
4	4 bar	1 °C	594 kJ kg^{-1}

6.8e) Leistungsziffer

Aus den Zustandsdaten in Tabelle 6.3 bekommen wir folgendes Ergebnis:

$$\varepsilon = \frac{h_1 - h_4}{h_2 - h_1} = \frac{1616\,\frac{\text{kJ}}{\text{kg}} - 594\,\frac{\text{kJ}}{\text{kg}}}{1893\,\frac{\text{kJ}}{\text{kg}} - 1616\,\frac{\text{kJ}}{\text{kg}}} = 3{,}69$$

Da wir hier eine Wärmepumpe betrachten, interessiert uns Folgendes eigentlich mehr:

$$\text{COP} = \frac{-(h_3 - h_2)}{h_2 - h_1} = \frac{1893\,\frac{\text{kJ}}{\text{kg}} - 594\,\frac{\text{kJ}}{\text{kg}}}{1893\,\frac{\text{kJ}}{\text{kg}} - 1616\,\frac{\text{kJ}}{\text{kg}}} = 4{,}69$$

Auch wenn Ihre spezifischen Enthalpien andere Zahlenwerte aufweisen, so sollten Ihre Ergebnisse hier wieder ähnlich werden, da die Differenzen der spezifischen Enthalpien unabhängig von der gewählten Darstellung (also dem Nullpunkt der Enthalpie) sind.

6.8f) Massenstrom des Kältemittels

Der Massenstrom des Kältemittels folgt aus dem benötigten Wärmestrom mit

$$\dot{m}_{R717} = \frac{\dot{Q}_{23}}{h_3 - h_2} = \frac{-40\ \text{MW}}{594\,\frac{\text{kJ}}{\text{kg}} - 1893\,\frac{\text{kJ}}{\text{kg}}} = 30{,}79\,\frac{\text{kg}}{\text{s}}$$

Die Vorzeichen ergeben sich aus der Perspektive des Kältemittels im Vergleichsprozess.

Die benötigte elektrische Anschlussleistung können wir eigentlich nicht bestimmen, da wir nicht den Wirkungsgrad der Energiewandlungskette von der Elektrizität bis zur am Kältemittel verrichteten Kompressionsleistung kennen. Wenn wir dies hier als ideal ansetzen, dann wäre

$$P_{komp} = \dot{m}_{KM} \cdot (h_2 - h_1) = 30{,}79\,\frac{\text{kg}}{\text{s}} \cdot \left(1893\,\frac{\text{kJ}}{\text{kg}} - 1616\,\frac{\text{kJ}}{\text{kg}}\right) = 8{,}529\ \text{MW}$$

Dies hätten wir auch einfacher aus

$$P_{komp} = \frac{-\dot{Q}_{23}}{\text{COP}} = \frac{40\ \text{MW}}{4{,}69} = 8{,}529\ \text{MW}$$

ermitteln können.

6.8g) Aus Umgebungsluft

In der Kombination von benötigter höherer Temperaturdifferenz zwischen Luft und Kältemittel und der deutlich geringeren Temperatur der Umgebungsluft folgt jetzt $\vartheta_1 = -30\,°\text{C}$. Dadurch muss der Kompressor mit einem höheren Druckverhältnis arbeiten, um die deutlich höhere Temperaturspreizung zu überwinden. Auch für diesen Vergleichsprozess finden Sie einen Lösungsvorschlag in Bild 6.6 und die damit verbundenen Zustandsgrößen in Tabelle 6.4.

Daraus bekommen wir einen deutlich geringeren

$$\text{COP}_{Luft} = \frac{-(h_3 - h_2)}{h_2 - h_1} = \frac{2107\,\frac{\text{kJ}}{\text{kg}} - 594\,\frac{\text{kJ}}{\text{kg}}}{2107\,\frac{\text{kJ}}{\text{kg}} - 1569\,\frac{\text{kJ}}{\text{kg}}} = 2{,}81$$

und entsprechend steigt der Leistungsbedarf des Kompressors auf

$$P_{komp} = \frac{-\dot{Q}_{23}}{\text{COP}} = \frac{40\ \text{MW}}{2{,}81} = 14{,}23\ \text{MW}$$

an.

Tabelle 6.4 Zustände der Wärmepumpe für Umgebungsluft

Zustand	p	ϑ	h
1	1 bar	−30 °C	1569 kJ kg^{-1}
2	24 bar	222 °C	2107 kJ kg^{-1}
3	24 bar	52 °C	594 kJ kg^{-1}
4	1 bar	−34 °C	594 kJ kg^{-1}

6.8h) Wärmespeicher auslegen

Der benötigte Wärmebedarf von

$$Q_{speicher} = \dot{Q}_{speicher} \cdot \Delta t = 10\ \text{MW} \cdot \left(12 \cdot 3600\ \text{s}\right) = 432 \cdot 10^9\ \text{J}$$

ist einfach zu ermitteln. Der Speicher mit Wasser als Speichermedium kann nur über fühlbare Wärme funktionieren. Dazu kommt, dass der Speicher seine Wärme durchgängig bei einer Temperatur von 52 °C oder höher an den Wärmekreislauf abgeben muss. Die Gleichung für die fühlbare Wärme

$$Q_{speicher} = V_{speicher} \cdot \rho_{Wasser} \cdot c_{p,Wasser} \cdot \Delta T_{speicher}$$

können wir nach konstanten und variablen Werten sortieren:

$$V_{speicher} \cdot \Delta T_{speicher} = \frac{Q_{speicher}}{\rho_{Wasser} \cdot c_{p,Wasser}} = \frac{432 \cdot 10^9\ \text{J}}{1000\ \frac{\text{kg}}{\text{m}^3} \cdot 4200\ \frac{\text{J}}{\text{kg} \cdot \text{K}}} = 102900\ \text{m}^3\ \text{K}$$

Das heißt, das Volumen und der Temperaturbereich des Speichers sind umgekehrt proportional zueinander:

- Eine geringe Temperaturvariation ΔT wäre energetisch sinnvoll, da die Wärmeverluste an die Umgebung geringer sind, also die Wärme länger im Speicher gehalten werden kann.
- Eine geringe Temperaturvariation ΔT wäre energetisch sinnvoll, da es einfacher ist, die Wärme bei niedrigerer Temperatur in den Speicher einzulagern (gegebenenfalls wäre der COP der benötigten Wärmepumpe höher).
- Die Kosten eines Speichers werden mit dem Volumen zunehmen.

Für ein $\Delta T = 20$ K würde z. B. ein Volumen von

$$V_{speicher} = \frac{102900\ \text{m}^3\ \text{K}}{\Delta T_{speicher}} = \frac{102900\ \text{m}^3\ \text{K}}{20\ \text{K}} = 5145\ \text{m}^3$$

benötigt. Dies wäre ein Wasserbecken mit 5 m Tiefe und einer Grundfläche von 1000 m^2 (also vergleichbar mit einer Tiefgarage über zwei Stockwerke).

Problem 6.9: Ammoniakabscheidung

In dieser Problemstellung ist der Vergleichsprozess nicht der wirklich anspruchsvolle Teil des Problems. Dieser verbirgt sich im Haber-Bosch-Prozess, doch auch dort geht es um die Eigenschaften von Ammoniak.

6.9a) Vergleichsprozess

Diese Teilproblemstellung ist sehr allgemein gehalten, d. h., wir müssen aus den gegebenen Daten zuerst relevante Informationen entnehmen. Kühlwasser, so lernen wir, steht mit 20 °C zur Verfügung. Das ist demnach unsere Temperatur ϑ_3 = 20 °C. Das Prozessgas soll auf eine Temperatur von −25 °C abgekühlt werden. Damit können wir auch ϑ_1 = −25 °C festlegen.

Erklärung im Detail: Typischerweise werden die Zustände 1 und 3 durch äußere Randbedingungen vorgegeben. Manchmal gibt es auch eine Randbedingung für den Zustand 2, insbesondere dann, wenn das Kältemittel dort eine bestimmte Temperatur nicht übersteigen darf.

Die Zustandsänderung 2 → 3 beschreibt die Abgabe der Wärme an die Umgebung. In einer technischen Anlage ist die Umgebung das Fluid, mit dem in einem Wärmetauscher das Kältemittel abgekühlt wird. Typische Fluide, mit denen die Wärme abgeführt wird, sind Luft oder Kühlwasser. Reale Wärmetauscher brauchen immer eine Temperaturdifferenz, damit Wärme fließen kann. In unserem Fall wissen wir, dass das gekühlte Medium (Prozessgas) 20 °C erreicht. Damit können wir hier annehmen, dass dies auch für unser Kältemittel gilt.

Die Zustandsänderung 4 → 1 beschreibt, wie das Kältemittel Wärme aufnimmt - in unserem Fall aus dem Prozessgas, das bis auf −25 °C abgekühlt werden soll. Hier gilt die gleiche Überlegung wie eben, mit dem einen Unterschied, dass das zu kühlende Medium jetzt eine höhere Temperatur haben muss als das Kältemittel, damit die Wärme vom Medium auf das Kältemittel übergehen kann. Durch geschickte Anordnung des Wärmetauschers kann man die Nassdampftemperatur in Zustand 4 dafür nutzen. Dadurch ist es technisch gut möglich, dass das Kältemittel in Zustand 1 die Zieltemperatur des Mediums hat. Damit legen wir auch ϑ_1 = −25 °C fest.

In Zustand 1 benötigen wir einen Druck des Kältemittels, bei dem es eindeutig als Gas vorliegt und einen gewissen Abstand zur Sättigungslinie aufweist. Dieser Abstand berücksichtigt, dass wir eine gewisse Toleranz gegenüber Schwankungen im Prozess oder Messfehlern benötigen. Bei Ammoniak entspricht der Temperatur −25 °C ein Druck bei Sättigung von 1,515 bar (siehe Siedetabelle von Ammoniak), d. h., wir benötigen einen Druck, der deutlich niedriger ist. Dies wäre z. B. 1,0 bar.

Zustand 3 sollte im Bereich Flüssigkeit außerhalb der Siedelinie liegen. Damit muss der Druck in Zustand 3 höher sein als der Druck am Siedepunkt bei 20 °C. Dieser beträgt 8,574 bar (siehe Siedetabelle von Ammoniak).

Für sehr große Kältemaschinen gibt es technische Lösungen, bei denen sich Zustand 3 direkt auf der Siedelinie befindet. Insgesamt wird vermieden, das Kältemittel mehr als notwendig zu verdichten. Daher werden in großen Anlagen typischerweise Turbopumpen eingesetzt, mit denen über ihre Drehzahl der Druck geregelt werden kann. Wir legen hier beherzt p_3 = 10 bar fest, allerdings wäre ein etwas höherer Druck auch in Ordnung.

Jetzt tragen wir diese Werte in das log p-h Diagramm ein und können mit dem Wissen um den Vergleichsprozess die anderen beiden Zustände direkt erschließen. Einen Lösungsvorschlag finden Sie in Bild 6.7.

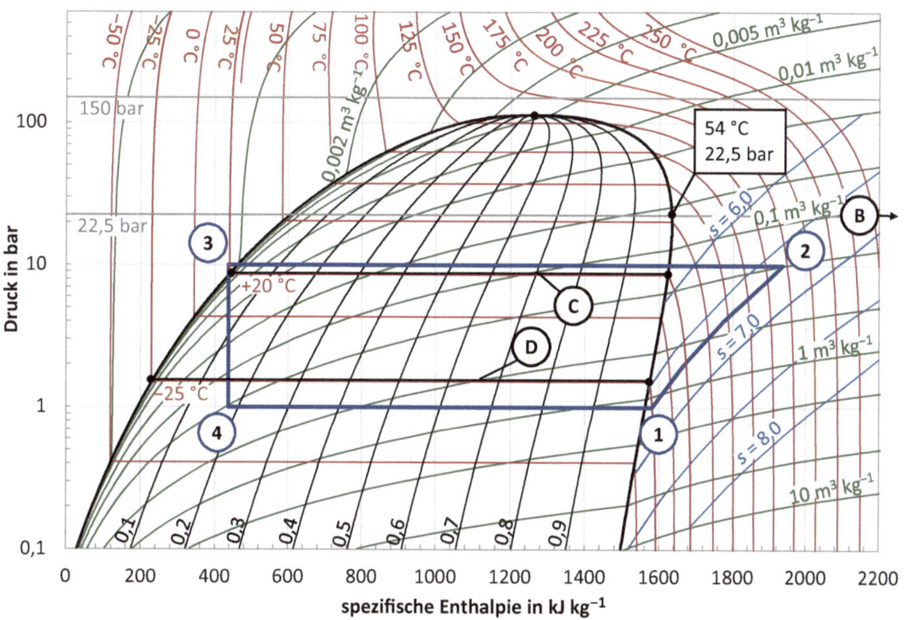

Bild 6.7 Lösungsvorschlag für den Vergleichsprozess

6.9b) Zustände des Vergleichsprozesses

Beim Eintragen der Zustände in das Diagramm kommt es immer zu geringen Ungenauigkeiten. Auch beim Ablesen kommen wir schnell zu etwas unterschiedlichen Werten. Daher sind diese Angaben immer mit einem gewissen Fehler behaftet. Einen Lösungsvorschlag finden Sie in Tabelle 6.5.

Tabelle 6.5 Zustandsgrößen des Vergleichsprozesses: Lösungsvorschlag

Zustand	p	ϑ	h
1	1,0 bar	−25 °C	1580 kJ kg^{-1}
2	10,0 bar	+150 °C	1937 kJ kg^{-1}
3	10,0 bar	+20 °C	437 kJ kg^{-1}
4	1,0 bar	−34 °C	437 kJ kg^{-1}

Dies ist eine Erklärung, wie die Werte zustande kommen und wo sich Fehler einschleichen können:

Zustand 1 war bereits vorgegeben, d.h., wir suchen die Isobare (y-Achse) und die Isotherme. In unserem Fall liegt −25 °C genau zwischen zwei vorhandenen Isothermen.

Zustand 3 war auch bereits vorgegeben. Auch hier suchen wir die Isobare (y-Achse) und die Isotherme, von der wir wissen, dass sie im Bereich der Flüssigkeit senkrecht verläuft (Annahme der inkompressiblen Flüssigkeit).

Zustand 2 liegt auf derselben Isobaren wie Zustand 3. Damit ist die Zustandsänderung 2 → 3 eine Waagerechte im Diagramm. Die Verbindung von Zustand 1 zu Zustand 2 ist die isentrope Kompression, d.h., wir benötigen eine Isentrope, die durch den Zustand 1 verläuft. Diese tragen wir von Hand ein, wobei wir sie möglichst ähnlich zu den nächstliegenden führen. Der Schnittpunkt dieser Linie mit der waagerechten Isobare ist dann unser Zustand 2.

Zustand 4 liegt am Schnittpunkt der Isenthalpe 3 → 4 (also einer senkrechten Linie, da die x-Achse ja die Enthalpie-Achse ist) mit der waagerechten Isobare durch den Zustand 1.

Das **Ablesen der Enthalpie** benötigt senkrechte Verbindungen von den Zuständen zur x-Achse. Hier entlang der Isothermen nach unten zu gehen, ist ein grober Fehler.

Den **Dampfgehalt** des Nassdampfes in Zustand 4 können wir auch ablesen. Er beträgt etwa 0,18. Das bedeutet, dass in diesem Zustand 18% des Kältemittels Ammoniak als Gas und 82% als Flüssigkeit vorliegen.

6.9c) Leistungsziffer

Dies ist der einfache Teil und das Ziel des vorherigen. Es gilt für den Lösungsvorschlag aus Tabelle 6.5:

$$\varepsilon = \frac{h_1 - h_4}{h_2 - h_1} = \frac{1580\,\frac{\text{kJ}}{\text{kg}} - 437\,\frac{\text{kJ}}{\text{kg}}}{1937\,\frac{\text{kJ}}{\text{kg}} - 1580\,\frac{\text{kJ}}{\text{kg}}} = 3{,}20$$

Wir müssen hier so vorgehen, denn nahezu alle Zustandsänderungen bei diesem Vergleichsprozess enthalten Phasenänderungen. Damit genügt es nicht, nur die fühlbare Wärme zu berücksichtigen ($c_p \cdot \Delta T$), sondern die latente Wärme (also die Verdampfungsenthalpie r) muss mitberücksichtigt sein. Dies machen wir ganz automatisch, wenn wir mit den spezifischen Enthalpien rechnen.

6.9d) Diskussion

Diese Frage ist schwierig, Es geht hier um Ihr Verständnis der Zustände bei Sättigung. Als Möglichkeit können Sie die Zustände bei +20 °C und -25 °C vergleichen.

Das Konzept, das wir hier benötigen, ist der Partialdruck. Bei einer Mischung von idealen Gasen kann man die Zusammensetzung durch die Partialdrücke beschreiben. Zusammen ergeben diese den gesamten Druck. Dabei sind die Partialdrücke beim idealen Gas identisch mit der volumetrischen Zusammensetzung und diese ist identisch mit der Zusammensetzung beschrieben durch die Stoffmengen. Die 150 bar Druck setzen sich aus den Partialdrücken der Bestandteile des Prozessgases zusammen. 15 % des Prozessgases (hier Volumenanteile oder Stoffmengenanteile) sind Ammoniak. Das entspricht 22,5 bar. Den Rest des Drucks teilen sich Wasserstoff und Stickstoff entsprechend der Reaktionsgleichung: Ein Teil Stickstoff auf drei Teile Wasserstoff entspricht also 31,9 bar für N_2 und 95,6 bar für H_2.

Im Prozess wollen wir möglichst viel vom Ammoniak ausschleusen (Purge), bevor wir die Ausgangsstoffe wieder verdichten, etwas Frischgas hinzufügen und alles erneut bei 400 °C durch den Haber-Bosch-Reaktor schicken. Dafür sehen wir uns einige Zustände an. Sie finden diese Zustände auch im log p-h Diagramm in Bild 6.7 eingetragen:

Zustand (B): Bei 150 bar und 400 °C am Ausgang des Haber-Bosch-Reaktors befindet sich unser Zustand auf der 22,5-bar-Isobaren in Bild 6.7 rechts außerhalb. Die Isothermen reichen in diese Darstellung bei 22,5 bar nur bis 260 °C. Dort liegt Ammoniak nur als Gas vor, und zwar als ziemlich ideales Gas.

Abkühlen: Kühlt man dieses Gemisch isobar ab, so erreicht man für den konstanten Partialdruck von Ammoniak bei etwa 54 °C die Sättigungslinie. Kühlt man reines Ammoniak jetzt weiter ab, so erfolgt als Nächstes die Kondensation bis zur Siedelinie. Doch in unserem Falle liegt ein Gemisch vor. Dadurch kondensiert nicht das gesamte Ammoniak aus, sondern immer nur so viel, dass der Sättigungsdruck an Ammoniak bei dieser Temperatur in der Prozessatmosphäre erhalten bleibt. Das ist wie mit feuchter Luft, wo der Anteil des Wasserdampfes von der Temperatur abhängt - und zwar entspricht dieser Partialdruck des Wasserdampfes in feuchter Luft immer gerade dem Sättigungsdruck bei der Temperatur. Daher liegt bei 54 °C und 22,5 bar Partialdruck des Ammoniaks noch kein Ammoniak als Flüssigkeit vor.

Zustand (C): Kühlen wir weiter ab, dann sehen wir sofort Kondensation. Bei 20 °C beträgt der Sättigungsdruck des Ammoniaks 8,574 bar (siehe Siedetabelle). Das heißt, mit unserem Gemisch liegen dann etwa

$$y_{\mathrm{NH_3},gas}\left(20\,°\mathrm{C}\right)=\frac{p_{sat,\mathrm{NH_3}}\left(20\,°\mathrm{C}\right)}{p_{part,\mathrm{NH_3}}}=\frac{8{,}574\ \mathrm{bar}}{22{,}5\ \mathrm{bar}}=38\,\%$$

des Ammoniaks als Gas und bereits

$$y_{\mathrm{NH_3},liq}\left(20\,°\mathrm{C}\right)=1-\frac{p_{sat,\mathrm{NH_3}}\left(20\,°\mathrm{C}\right)}{p_{part,\mathrm{NH_3}}}=1-\frac{8{,}574\ \mathrm{bar}}{22{,}5\ \mathrm{bar}}=62\,\%$$

als Flüssigkeit vor.

Zustand (D): Bei −25 °C beträgt der Dampfdruck des Ammoniaks noch 1,515 bar (siehe Siedetabelle), d. h., noch etwa 6,7 % des Ammoniaks liegen in der Gasphase vor, während 93,3 % flüssig sind.

Um eine möglichst hohe Ausbeute im Prozess zu erhalten, ist es sinnvoll, möglichst viel des Ammoniaks jeweils auszuschleusen (Purge). Daher wird die Temperatur so weit abgesenkt.

Zusammenfassung: Was haben Sie hier gelernt?

- Das log p-h Diagramm gilt nur für reine Stoffe.
- Wenn Mischungen vorliegen, spielen weitere Effekte eine große Rolle.
- Der Siededruck ist zugleich ein Dampfdruck, wenn sich der Stoff im Gleichgewicht mit einer gasförmigen Umgebung befindet (Beispiel feuchte Luft).

6.9e) Kühlleistung

Wir müssen die Hinweise und Ergebnisse aus 6.9d) hier erneut verwenden. Der Gasstrom setzt sich aus den angegebenen Komponenten zusammen, die wir alle einzeln behandeln können. Wir müssen aber die Kondensation des Ammoniaks mitberücksichtigen.

Massenströme: In einem ersten Schritt berechnen wir die Massenströme, die durch die Kältemaschine fließen und abgekühlt werden. Wir wissen, dass wir bei Nennleistung einen Ammoniak-Massenstrom von

$$\dot{m}_{\mathrm{NH_3}} = 2000000\,\frac{\mathrm{kg}}{\mathrm{d}} = \frac{2000000\ \mathrm{kg}}{24\cdot 3600\ \mathrm{s}} = 23{,}15\,\frac{\mathrm{kg}}{\mathrm{s}}$$

vorliegen haben. Dies entspricht 15 % des Stoffmengenstroms des Prozessgases in der Prozessgasschleife. Um also den gesamten Strom an Prozessgas zu berechnen, den wir benötigen, um die Kühlleistung der Kältemaschine zu bekommen, ermitteln wir zuerst die Stoffmengenströme:

$$\dot{n}_{\mathrm{NH_3}} = \frac{\dot{m}_{\mathrm{NH_3}}}{M_{\mathrm{NH_3}}} = \frac{23{,}15\,\frac{\mathrm{kg}}{\mathrm{s}}}{17{,}03\,\frac{\mathrm{kg}}{\mathrm{kmol}}} = 1{,}359\,\frac{\mathrm{kmol}}{\mathrm{s}}$$

Damit folgt für das Prozessgas selbst:

$$\dot{n}_{PG} = \frac{\dot{n}_{NH_3}}{0{,}15} = \frac{1{,}359\,\frac{\mathrm{kmol}}{\mathrm{s}}}{0{,}15} = 9{,}062\,\frac{\mathrm{kmol}}{\mathrm{s}}$$

Wir wissen, dass von den 85 %, die nicht Ammoniak sind, weiterhin ein Teil Stickstoff und drei Teile Wasserstoff sind. Die Prozessgase haben gerade dieses Mischungsverhältnis, da dies für die Reaktionsgleichung benötigt wird. Damit sind die Stoffmengenströme folgende:

$$\dot{n}_{\mathrm{H_2}} = \frac{3}{4}\cdot 0{,}85\cdot \dot{n}_{PG} = \frac{3}{4}\cdot 0{,}85\cdot 9{,}062\,\frac{\mathrm{kmol}}{\mathrm{s}} = 5{,}777\,\frac{\mathrm{kmol}}{\mathrm{s}}$$

$$\dot{n}_{\mathrm{N_2}} = \frac{1}{4}\cdot 0{,}85\cdot \dot{n}_{PG} = \frac{1}{4}\cdot 0{,}85\cdot \dot{n}_{PG}\cdot 9{,}062\,\frac{\mathrm{kmol}}{\mathrm{s}} = 1{,}926\,\frac{\mathrm{kmol}}{\mathrm{s}}$$

Wir erhalten folgende Massenströme:

$$\dot{m}_{H_2} = \dot{n}_{H_2} \cdot M_{H_2} = 5{,}777\,\frac{\text{kmol}}{\text{s}} \cdot 2{,}016\,\frac{\text{kg}}{\text{kmol}} = 11{,}65\,\frac{\text{kg}}{\text{s}}$$

$$\dot{m}_{N_2} = \dot{n}_{N_2} \cdot M_{N_2} = 1{,}926\,\frac{\text{kmol}}{\text{s}} \cdot 28{,}01\,\frac{\text{kg}}{\text{kmol}} = 53{,}94\,\frac{\text{kg}}{\text{s}}$$

Damit beträgt der gesamte Massenstrom des Prozessgases

$$\dot{m}_{PG} = \dot{m}_{H_2} + \dot{m}_{N_2} + \dot{m}_{NH_3} = 11{,}65\,\frac{\text{kg}}{\text{s}} + 53{,}94\,\frac{\text{kg}}{\text{s}} + 23{,}15\,\frac{\text{kg}}{\text{s}} = 88{,}74\,\frac{\text{kg}}{\text{s}}$$

Wärmestrom: Im zweiten Schritt berechnen wir daraus nun Wärmeströme.

Wir listen noch einmal den Strom auf, der jetzt von 20 °C auf -25 °C isobar abgekühlt wird. Er setzt sich aus den folgenden Teilen zusammen:

- Teil I - Wasserstoff mit 11,65 kg s^{-1}: Es tritt kein Phasenwechsel auf.
- Teil II - Stickstoff mit 53,94 kg s^{-1}: Es tritt kein Phasenwechsel auf.
- Teil III - Ammoniak mit 23,15 kg s^{-1}: Bei +20 °C liegt 38 % des Ammoniaks als Gas vor und bei -25 °C liegt noch 6,7 % als Gas vor, d. h., es treten Phasenwechsel auf.

Damit können wir für jeden einzelnen dieser Massenströme den damit verbundenen Wärmestrom berechnen, den er jeweils abgeben muss.

Für Wasserstoff gilt:

$$\dot{Q}_{ab,H_2} = \dot{m}_{H_2} \cdot c_{p,H_2} \cdot (T_D - T_C) = 11{,}65\,\frac{\text{kg}}{\text{s}} \cdot 14{,}20\,\frac{\text{kJ}}{\text{kg} \cdot \text{K}} \cdot (-25\,°\text{C} - 20\,°\text{C})$$

$$\dot{Q}_{ab,H_2} = -7{,}444\ \text{MW}$$

Für Stickstoff gilt:

$$\dot{Q}_{ab,N_2} = \dot{m}_{N_2} \cdot c_{p,N_2} \cdot (T_D - T_C) = 53{,}94\,\frac{\text{kg}}{\text{s}} \cdot 1{,}039\,\frac{\text{kJ}}{\text{kg} \cdot \text{K}} \cdot (-45\ \text{K}) = -2{,}522\ \text{MW}$$

Für flüssiges Ammoniak benötigen wir zuerst die spezifische Wärmekapazität. Diese ist

$$c_{p,NH_3,liq} = \frac{c_{p,NH_3,liq,M}}{M_{NH_3}} \frac{78\,\frac{\text{kJ}}{\text{kmol} \cdot \text{K}}}{17{,}03\,\frac{\text{kg}}{\text{kmol}}} = 4{,}58\,\frac{\text{kJ}}{\text{kg} \cdot \text{K}}$$

Beim Ammoniak müssen wir drei separate Varianten berücksichtigen. Der Anteil des Ammoniaks, der bei 20 °C flüssig ist, bleibt beim weiteren Abkühlen flüssig. Dies sind 62 %.

$$\dot{Q}_{ab,NH_3,liq \to liq} = \dot{m}_{NH_3,liq \to liq} \cdot c_{p,NH_3,liq} \cdot (T_D - T_C)$$

$$\dot{Q}_{ab,NH_3,liq \to liq} = 0{,}62 \cdot 23{,}15\,\frac{\text{kg}}{\text{s}} \cdot 4{,}580\,\frac{\text{kJ}}{\text{kg} \cdot \text{K}} \cdot (-45\ \text{K}) = -2{,}958\ \text{MW}$$

Der Anteil des Ammoniaks, der bei -25 °C gasförmig ist, war dies bereits bei 20 °C. Dies sind 6,7 % und damit

$$\dot{Q}_{ab,\mathrm{NH_3},gas\rightarrow gas} = \dot{m}_{\mathrm{NH_3},gas\rightarrow gas} \cdot c_{p,\mathrm{NH_3},gas} \cdot \left(T_D - T_C\right)$$

$$\dot{Q}_{ab,\mathrm{NH_3},gas\rightarrow gas} = 0{,}067 \cdot 23{,}15\,\frac{\mathrm{kg}}{\mathrm{s}} \cdot 2{,}056\,\frac{\mathrm{kJ}}{\mathrm{kg}\cdot\mathrm{K}} \cdot \left(-45\ \mathrm{K}\right) = -0{,}144\ \mathrm{MW}$$

Jetzt verbleibt der Anteil des Ammoniaks, der einen Phasenwechsel durch das Abkühlen erfährt. Dieser Anteil liegt am Eingang in den Kondensator als gesättigter Dampf und am Ausgang als siedende Flüssigkeit vor. Hier dürfen wir keine Wärmekapazität verwenden, da sich mit der Phasenänderung die Wärmekapazität verändert und die Kondensationsenthalpie r entnommen werden muss. Daher lesen wir die spezifischen Enthalpien der beiden Zustände in der Siedetabelle ab und erhalten h'_C = 1479 kJ kg^{-1} sowie h'_D = 87,0 kJ kg^{-1}. Das Einsetzen ergibt

$$\dot{Q}_{ab,\mathrm{NH_3},gas\rightarrow liq} = \dot{m}_{\mathrm{NH_3},gas\rightarrow liq} \cdot \left(h''_D - h'_C\right)$$

$$\dot{Q}_{ab,\mathrm{NH_3},gas\rightarrow liq} = 0{,}313 \cdot 23{,}15\,\frac{\mathrm{kg}}{\mathrm{s}} \cdot \left(87{,}0\,\frac{\mathrm{kJ}}{\mathrm{kg}} - 1479\,\frac{\mathrm{kJ}}{\mathrm{kg}}\right) = -10{,}086\ \mathrm{MW}$$

In Summe sind dies

$$\dot{Q}_{ab} = \dot{Q}_{ab,\mathrm{H_2}} + \dot{Q}_{ab,\mathrm{N_2}} + \dot{Q}_{ab,\mathrm{NH_3},liq\rightarrow liq} + \dot{Q}_{ab,\mathrm{NH_3},gas\rightarrow liq} + \dot{Q}_{ab,\mathrm{NH_3},gas\rightarrow gas} = -23{,}16\ \mathrm{MW}$$

Analyse der Stoffströme: Als dritten Schritt müssen wir unser Ergebnis noch einmal hinterfragen.

Direkt nach dem Haber-Bosch-Reaktor liegt in Zustand **(B)** ein Prozessgas vor, in dem Ammoniak nur als Gas vorliegt. Das Prozessgas wird abgekühlt, und in **(C)** liegt ein Zustand vor, bei dem Ammoniak bereits gasförmig und flüssig sein kann. Der Anteil des Ammoniaks, der hier als Gas vorliegt, umfasst die Anteile $\mathrm{NH}_{3,gas\rightarrow liq}$ und $\mathrm{NH}_{3,gas\rightarrow gas}$ aus Tabelle 6.6.

Tabelle 6.6 Resultierende Stoffströme in Zustand (D) des Haber-Bosch-Prozesses

Stoffstrom	Volumenanteil	Massenstrom in kg s^{-1}	Massenanteil	Wärmestrom in MW
N_2	0,2125	57,81	0,6028	-2,703
H_2	0,6375	12,49	0,1385	-7,979
$NH_{3,ges}$	0,1500	24,81	0,2586	-14,138
$NH_{3,liq}$	0,1400	23,15	0,2413	-13,984
$NH_{3,liq\rightarrow liq}$	0,0930	14,35	0,1603	-3,174
$NH_{3,gas\rightarrow liq}$	0,0470	7,25	0,0810	-10,810
$NH_{3,gas\rightarrow gas}$	0,0100	1,55	0,0173	-0,154
Summe	1,0000	95,11	1,0000	-24,820

Die Kältemaschine kühlt den Strom weiter ab, und in **(D)** liegt nur noch ein geringer Anteil des Ammoniaks als Gas vor (der Anteil $\mathrm{NH}_{3,gas\rightarrow gas}$ in Tabelle 6.6).

In einem nächsten Prozessschritt (hier als Trommel dargestellt) wird der flüssige Anteil des Ammoniaks entnommen. Dies ist der Strom **(F)**. Er umfasst die Anteile $NH_{3,liq} = NH_{3,gas \to liq} + NH_{3,liq \to liq}$ aus Tabelle 6.6 und ist damit die Ausbringung, die wir hier erzeugen:

$$\dot{m}_{NH_3,liq} = \dot{m}_{NH_3,liq \to liq} + \dot{m}_{NH_3,gas \to liq} = 0{,}62 \cdot 23{,}15 \frac{kg}{s} + 0{,}313 \cdot 23{,}15 \frac{kg}{s} = 21{,}60 \frac{kg}{s}$$

Der gasförmige Anteil des Prozessgases strömt aus der Trommel **(E)**. Er wird dann verdichtet und zurück in den Reaktor geführt. Dieser Gasstrom setzt sich aus den Anteilen $N_2 + H_2 + NH_{3,gas \to gas}$ in Tabelle 6.6 zusammen.

Von den vorangehend mühsam identifizierten Massenströmen des Ammoniaks kann nur der flüssige in der Trommel entnommen werden. Das Ammoniak, das noch in der Gasphase vorliegt, kehrt mit den anderen Prozessgasen zurück zum Haber-Bosch-Reaktor.

Korrektur: Die reale Ausbringung von 21,60 kg s^{-1} ist damit deutlich geringer als die tatsächlich vorgegebene von 23,15 kg s^{-1}. Wir machen diesen Fehler, da wir ursprünglich einfach angenommen haben, dass wir 100 % des Ammoniaks entnehmen können. So haben wir die Problemstellung bis hierhin berechnet. Jetzt müssen wir für diese Abweichung noch die notwendigen Korrekturen vornehmen. Alle Massenströme sind tatsächlich um den Faktor

$$korr = \frac{\dot{m}_{NH_3,proc}}{\dot{m}_{NH_3,liq}} = \frac{23{,}15 \frac{kg}{s}}{21{,}60 \frac{kg}{s}} = 1{,}072$$

größer. Damit ist auch der Wärmestrom, den die Kältemaschine entnehmen soll, um diesen Faktor größer.

Um die vorgegebenen 23,15 kg s^{-1} flüssiges Ammoniak entnehmen zu können, fließen aus dem Haber-Bosch-Reaktor in die Kältemaschine **(D)** damit folgende Mengen:

- 12,49 kg s^{-1} Wasserstoff: Dieser Strom fließt durch den Kompressor zurück in den Haber-Bosch-Reaktor.
- 57,81 kg s^{-1} Stickstoff: Dieser Strom fließt durch den Kompressor zurück in den Haber-Bosch-Reaktor.
- 24,81 kg s^{-1} Ammoniak: Von diesem Strom werden 23,15 kg s^{-1} verflüssigt und der Trommel entnommen (Purge). Die verbleibenden 1,66 kg s^{-1} fließen mit dem Wasserstoff und dem Stickstoff durch den Kompressor zurück in den Haber-Bosch-Reaktor.

Nennleistung: Damit müssen wir auch unseren Wärmestrom entsprechend korrigieren. Er beträgt 26,82 MW. Dies ist der Wärmestrom, der von der Kältemaschine bei Nennleistung entnommen werden muss. Es ist also die Nennleistung der Kältemaschine selbst.

6.9f) Massenstrom an Kältemittel

Dies ist wieder ein Systemwechsel – eben war es noch das Prozessgas, jetzt das Kältemittel. Das Kältemittel entnimmt die Wärme aus dem Prozessgas in der Zustandsänderung 4 → 1 des Vergleichsprozesses. Für diese Zustandsänderung ist

$$\dot{Q}_{41} = \dot{m}_{KM} \cdot (h_1 - h_4) = \dot{Q}_{ab,corr}$$

Dies lösen wir auf nach der gesuchten Größe und erhalten

$$\dot{m}_{KM} = \frac{\dot{Q}_{41}}{h_1 - h_4} = \frac{24{,}82\ \text{MW}}{1580\ \frac{\text{kJ}}{\text{kg}} - 437\ \frac{\text{kJ}}{\text{kg}}} = 21{,}71\ \frac{\text{kg}}{\text{s}}$$

Der Massenstrom des Kältemittels ist damit vergleichbar mit dem des Ammoniaks als Produkt. Wie schon die Berechnung der Kondensationswärme des Ammoniaks zeigt, bindet der Phasenübergang beim Ammoniak recht viel latente Wärme.

6.9g) Leistung des Kompressors

Reales Gas: Für das reale Gas ist dies die isentrope Kompression 1 → 2 des Vergleichsprozesses. Die dort benötigte Leistung, die dem Ammoniak zugefügt werden muss, beträgt

$$P_{12,real} = \dot{m}_{KM} \cdot (h_2 - h_1) = 21{,}71\ \frac{\text{kg}}{\text{s}} \cdot \left(1937\ \frac{\text{kJ}}{\text{kg}} - 1580\ \frac{\text{kJ}}{\text{kg}}\right) = 7{,}750\ \text{MW}$$

Ideales Gas: Für das ideale Gas gehen wir systematisch vor. Die Drücke entnehmen wir aus dem Vergleichsprozess bzw. aus Tabelle 6.5. Zuerst benötigen wir die Temperatur des idealen Gases nach der Kompression. Diese beträgt

$$T_{2,id} = T_1 \cdot \left(\frac{p_2}{p_1}\right)^{\frac{\kappa-1}{\kappa}} = 248{,}15\ \text{K} \cdot \left(\frac{10\ \text{bar}}{1\ \text{bar}}\right)^{\frac{1{,}31-1}{1{,}31}} = 427{,}9\ \text{K} = 154{,}8\ °\text{C}$$

Hier verwenden wir die Zustandsgleichung des idealen Gases. Wir müssen selbstverständlich alle Temperaturen in Kelvin einsetzen.

Damit erhalten wir für die Leistung

$$P_{12,ideal} = \dot{m}_{KM} \cdot c_{p,\text{NH}_3,gas} \cdot (T_2 - T_1)$$

$$P_{12,ideal} = 21{,}71\ \frac{\text{kg}}{\text{s}} \cdot 2{,}056\ \frac{\text{kJ}}{\text{kg} \cdot \text{K}} \cdot (427{,}9\ \text{K} - 248{,}15\ \text{K}) = 8{,}023\ \text{MW}$$

Die etwas höhere Leistung beim idealen Gas korrespondiert mit der etwas höheren Temperatur.

Anhand des log p-h Diagramms können wir gut erkennen, dass ein solches Ergebnis zu erwarten war. Ideales Gas erkennen wir daran, dass eine isotherme Zustandsänderung zugleich isenthalp abläuft. Im Diagramm sind Isenthalpen senkrechte Linien, da ja die x-Achse die Enthalpie angibt. Im Druck- und Temperaturbereich, in dem die Kompression abläuft, sind die Isothermen nahezu senkrecht.

Achtung: Dies ist die einzige Zustandsänderung bei diesem Vergleichsprozess, für die wir die Näherung des idealen Gases überhaupt verwenden dürfen. Alle anderen Zustandsänderungen enthalten Phasenänderungen.

6.9h) Wärmestrom

Diese Zahl benötigen wir für den zweiten Wärmetauscher im Kältekreislauf (den ersten haben wir ja schon vorangehend dimensioniert) und für den daran hängenden nächsten Kühlkreislauf. Zu diesem Wert führen mehrere Wege. Einer ist folgender:

$$\dot{Q}_{23} = \dot{m}_{KM} \cdot (h_3 - h_2) = 21{,}71\,\frac{\text{kg}}{\text{s}} \cdot \left(437\,\frac{\text{kJ}}{\text{kg}} - 1937\,\frac{\text{kJ}}{\text{kg}}\right) = -32{,}57\text{ MW}$$

Ein zweiter Weg wäre, eine Energiebilanz des Vergleichsprozesses aus

$$P_{12} + \dot{Q}_{23} + \Delta H_{34} + \dot{Q}_{41} = P_{12} + \dot{Q}_{23} + \dot{Q}_{41} = 0$$

aufzustellen. In diese Gleichung haben wir bereits unser Wissen über den Vergleichsprozess hineingesteckt, also dass die beiden Wärmetauscher ideal isobar sind und dass der Kompressor ideal isentrop arbeitet. Daraus erhalten wir

$$\dot{Q}_{23} = -P_{12} - \dot{Q}_{41} = -7{,}750\text{ MW} - 24{,}820\text{ MW} = -32{,}57\text{ MW}$$

als benötigten Wärmestrom.

7 Chemische Reaktionen

Problem 7.1: Oxyfuel

Diese Problemstellung ist ziemlich eindeutig formuliert. Sie führt erst einmal in recht einfacher Art und Weise durch die relevanten Methoden.

7.1a) Sauerstoffbedarf

Der Sauerstoffbedarf folgt aus

$$1 \cdot C_m H_n O_o + \left(m + \frac{n}{4} - \frac{o}{2} \right) \cdot O_2 = m \cdot CO_2 + \frac{n}{2} \cdot H_2O$$

Speziell für Methan ist $m = 1$, $n = 4$ und $o = 0$. Damit werden 2 O_2 Moleküle je CH_4 Molekül benötigt, d. h.:

$$1 \cdot C_1 H_4 O_0 + \left(1 + \frac{4}{4} - \frac{0}{2} \right) \cdot O_2 = 1 \cdot CH_4 + 2 \cdot O_2 = 1 \cdot CO_2 + \frac{4}{2} \cdot H_2O$$

Der Sauerstoffbedarf bei Normbedingung folgt aus dem Volumenstrom des Methans, den wir daher zuerst berechnen mit

$$\dot{V}_{N,CH_4} = \frac{\dot{m}_{CH_4} \cdot R_{CH_4} \cdot T_N}{p_N} = \frac{0{,}20\ \frac{kg}{s} \cdot 518{,}3\ \frac{J}{kg \cdot K} \cdot 273{,}15\ K}{101325\ Pa} = 0{,}2794\ \frac{Nm^3}{s}$$

Der Volumenstrom des Sauerstoffs bei stöchiometrischer Bedingung ist - wie die Reaktionsgleichung zeigt - genau doppelt so groß wie der des Methans

$$\dot{V}_{N,O_2} = 2 \cdot \dot{V}_{N,CH_4} = 0{,}5589\ \frac{Nm^3}{s}$$

da genau zwei Moleküle Sauerstoff je Molekül Methan benötigt werden und da beim idealen Gas das Verhältnis der Stoffmengen gleich dem Verhältnis der Volumina ist.

7.1b) Massenstrom an Sauerstoff

Der Massenstrom des Sauerstoffs beträgt unter Annahme des idealen Gases

$$\dot{m}_{O_2} = \frac{p_N \cdot \dot{V}_{O_2}}{R_{O_2} \cdot T_N} = \frac{101325\ \text{Pa} \cdot \dot{V}_{O_2}}{259{,}8\ \frac{\text{J}}{\text{kg} \cdot \text{K}} \cdot 273{,}15\ \text{K}} = 0{,}7980\ \frac{\text{kg}}{\text{s}}$$

Damit wären bei vorgemischter Verbrennung die Volumenanteile bzw. die Raumanteile der Edukte

$$r_{CH_4} = \frac{\dot{V}_{CH_4}}{\dot{V}_{CH_4} + \dot{V}_{O_2}} = \frac{\dot{V}_{CH_4}}{\dot{V}_{CH_4} + 2 \cdot \dot{V}_{CH_4}} = \frac{1}{3} = 0{,}3333$$

$$r_{O_2} = \frac{\dot{V}_{O_2}}{\dot{V}_{CH_4} + \dot{V}_{O_2}} = \frac{2 \cdot \dot{V}_{CH_4}}{\dot{V}_{CH_4} + 2 \cdot \dot{V}_{CH_4}} = \frac{2}{3} = 0{,}6667$$

und die Massenanteile

$$\mu_{CH_4} = \frac{\dot{m}_{CH_4}}{\dot{m}_{CH_4} + \dot{m}_{O_2}} = \frac{0{,}20\ \frac{\text{kg}}{\text{s}}}{0{,}20\ \frac{\text{kg}}{\text{s}} + 0{,}7980\ \frac{\text{kg}}{\text{s}}} = 0{,}2004$$

$$\mu_{O_2} = \frac{\dot{m}_{O_2}}{\dot{m}_{CH_4} + \dot{m}_{O_2}} = \frac{0{,}7980\ \frac{\text{kg}}{\text{s}}}{0{,}20\ \frac{\text{kg}}{\text{s}} + 0{,}7980\ \frac{\text{kg}}{\text{s}}} = 0{,}7996$$

Vorgemischte Verbrennung wird aus Sicherheitsgründen selten eingesetzt, da immer die Gefahr eines Rückschlags im Brenner besteht.

Eine andere Möglichkeit, hier zum Ergebnis zu kommen, ist die Berechnung über die Stoffmengenanteile aus 7.1a). Diese entsprechen beim idealen Gas den Volumenanteilen.

7.1c) Abgas bei Normbedingung

Dies ist eine böse Fangfrage. Bei Normalbedingung ist das Wasser nahezu vollständig auskondensiert. Das Abgas besteht fast nur aus CO_2 und hat damit denselben Volumenstrom wie das Methan. Bei der vollständigen Verbrennung wird aus jedem C-Atom ein CO_2 Molekül.

7.1d) Abgas bei 1000 °C

Jetzt setzt sich der Abgasstrom aus jeweils einem Anteil CO_2 und zwei Anteilen H_2O zusammen (siehe 7.1a). Das heißt, speziell in diesem Fall ist der Stoffmengenstrom der Edukte Methan und Sauerstoff gleich dem Stoffmengenstrom der Produkte Kohlendioxid und Wasser. Damit ist bei gleicher Temperatur und gleichem Druck (und nur dann!) auch der Volumenstrom der Produkte gleich dem der Edukte.

$$\dot{V}_{Abgas} = 1 \cdot \dot{V}_{CO_2} + 2 \cdot \dot{V}_{H_2O} = 3 \cdot \dot{V}_{CH_4} = 3 \cdot \frac{0{,}20\ \frac{\text{kg}}{\text{s}} \cdot 518{,}3\ \frac{\text{J}}{\text{kg} \cdot \text{K}} \cdot 1.273\ \text{K}}{101325\ \text{Pa}} = 3{,}907\ \frac{\text{m}^3}{\text{s}}$$

Der Massenstrom der Produkte ist identisch mit dem Massenstrom der Edukte

$$\dot{m}_{Abgas} = \dot{m}_{CO_2} + \dot{m}_{H_2O} = \dot{m}_{CH_4} + \dot{m}_{O_2} = 0{,}9980\,\frac{kg}{s}$$

denn bei chemischen Reaktionen gilt durchgängig Massenerhaltung.

7.1e) Spezifische Wärmekapazität und Isentropenexponent

Für beide Zustandsgrößen benötigen wir die Massenanteile der Produkte im Abgas. Diese Berechnung haben wir in 7.1d) geschickt vermieden und müssen sie daher hier nachholen. Die Stoffmengenanteile (dies folgt aus der Reaktionsgleichung) sind

$$y_{CO_2} = \frac{\dot{n}_{CO_2}}{\dot{n}_{CO_2} + \dot{n}_{H_2O}} = \frac{1}{1+2} = 0{,}3333$$

$$y_{H_2O} = \frac{\dot{n}_{H_2O}}{\dot{n}_{CO_2} + \dot{n}_{H_2O}} = \frac{2}{1+2} = 0{,}6667$$

Hier haben wir nicht die tatsächlichen Stoffmengenströme eingesetzt, sondern nur noch die Verhältnisse. Zu jedem Molekül CO_2 werden in dieser Reaktion zwei Moleküle H_2O bei vollständiger Verbrennung gebildet.

Damit erhalten wir folgende Massenanteile:

$$\mu_{CO_2} = \frac{y_{CO_2} \cdot M_{CO_2}}{\sum_i y_i \cdot M_i} = \frac{y_{CO_2} \cdot M_{CO_2}}{y_{CO_2} \cdot M_{CO_2} + y_{H_2O} \cdot M_{H_2O}}$$

$$\mu_{CO_2} = \frac{0{,}3333 \cdot 44{,}01\,\frac{kg}{kmol}}{0{,}3333 \cdot 44{,}01\,\frac{kg}{kmol} + 0{,}6667 \cdot 18{,}02\,\frac{kg}{kmol}} = 0{,}5497$$

$$\mu_{H_2O} = \frac{0{,}6667 \cdot 18{,}02\,\frac{kg}{kmol}}{0{,}3333 \cdot 44{,}01\,\frac{kg}{kmol} + 0{,}6667 \cdot 18{,}02\,\frac{kg}{kmol}} = 0{,}4503$$

Die hier gesuchten Zustandsgrößen der spezifischen Wärmekapazität berechnen wir aus den Massenanteilen, d. h.:

$$c_{v,Abgas} = \mu_{CO_2} \cdot c_{v,CO_2} + \mu_{H_2O} \cdot c_{v,H_2O} = 1{,}192\,\frac{kJ}{kg \cdot K}$$

$$c_{p,Abgas} = \mu_{CO_2} \cdot c_{p,CO_2} + \mu_{H_2O} \cdot c_{p,H_2O} = 1{,}504\,\frac{kJ}{kg \cdot K}$$

Der Isentropen-Koeffizient selbst ist keine solche Zustandsgröße und muss daher aus dem Verhältnis der spezifischen Wärmekapazitäten bestimmt werden.

$$\kappa = \frac{c_{p,Abgas}}{c_{v,Abgas}} = \frac{1504 \, \frac{\text{J}}{\text{kg} \cdot \text{K}}}{1192 \, \frac{\text{J}}{\text{kg} \cdot \text{K}}} = 1{,}276$$

Wie zu erwarten, liegt der Zahlenwert zwischen dem für Wasser und dem für Kohlendioxid.

7.1f) Adiabate Verbrennungstemperatur

Kann der gesamte Heizwert des Methans zur Erwärmung der Produkte eingesetzt werden, so ist der zugeführte Verbrennungs-Wärmestrom gleich dem isobar übertragenen Wärmestrom:

$$\dot{Q}_{verbrennung} = \dot{m}_{\text{CH}_4} \cdot H_{I,\text{CH}_4} = \dot{m}_{Abgas} \cdot c_{p,Abgas} \cdot \Delta T_{Abgas}$$

Daraus bekämen wir eine Temperaturerhöhung um

$$\Delta T_{Abgas} = \frac{\dot{m}_{\text{CH}_4} \cdot H_{I,\text{CH}_4}}{\dot{m}_{Abgas} \cdot c_{p,Abgas}} = \frac{0{,}20 \, \frac{\text{kg}}{\text{s}} \cdot 50{,}0 \, \frac{\text{MJ}}{\text{kg}}}{0{,}9980 \, \frac{\text{kg}}{\text{s}} \cdot 1504 \, \frac{\text{J}}{\text{kg} \cdot \text{K}}} = 6654 \text{ K}$$

Dieser Temperaturanstieg wird aus mehreren Gründen nicht beobachtet:

- Wir haben die Zunahme der spezifischen Wärmekapazität der Produkte mit der Temperatur vernachlässigt. Diese ist über diesen weiten Temperaturbereich relevant, und die Temperatur läge allein dadurch eher bei 5500 K.
- Durch die signifikante Bildung von Radikalen ab einer Temperatur oberhalb von etwa 2000 °C wird ein Teil der chemischen Energie in diesen instabilen Atomen und Molekülen gebunden, anstatt in fühlbare Wärme übertragen. Radikale in den heißen Reaktionszonen, insbesondere von Oxyfuel-Flammen, sind eine Form von latenter Wärme, denn beim Abkühlen bilden sich wieder stabile Moleküle und dadurch wird diese chemische Energie freigesetzt.

Tatsächlich stellt sich ausgehend von Normbedingung eine maximale Temperatur von etwa 3100 °C ein, wobei das Abgas dann zusätzlich etwa 20 % an den Radikalen ·O, ·H, ·OH, ·CH enthält (der Punkt „·“ zeigt an, dass diese Moleküle offene Bindungen haben).

Problem 7.2: Schutzgasatmosphäre

Die komplette Problemstellung wird mit dem Modell des idealen Gases gerechnet, was passend und zulässig ist. Tabelle 7.1 fasst einige Ergebnisse zusammen. Da diese Berechnungen mit mehreren Gasen usw. schnell unübersichtlich werden können, lohnt es sich eigentlich immer, alle relevanten Zahlenwerte, Zwischenergebnisse und Endergebnisse in einer Tabelle zusammenzufassen. Grundsätzlich macht es Sinn, solche Berechnungen gleich in einem Tabellenkalkulationsprogramm durchzuführen, was in Klausuren leider schlecht zu realisieren ist.

Tabelle 7.1 Ergebnisse zum Abgasstrom

	Phenol	CO	Toluol	N_2	Summe	Gemisch
r_i	0,0190	0,0064	0,0165	0,9581	1	-
y_i	0,0190	0,0064	0,0165	0,9581	1	-
M_i in kg Kmol^{-1}	94,11	28,01	92,14	28,03	-	30,34
μ_i	0,0589	0,0059	0,0501	0,8852	1	-
$H_{I,i}$ in MJ Kg^{-1}	32,4	10,1	41,0	0	-	4,02
$c_{p,i}$ in J Kg^{-1} K^{-1}	1430	1045	1860	1039	-	1103
R_i in J Kg^{-1} K^{-1}	88,34	296,8	90,22	296,8	-	274,3

7.2a) Stoffmengenanteile

Die Stoffmengenanteile y_i sind beim idealen Gas identisch mit den Volumenanteilen r_i (siehe Tabelle 7.1).

7.2b) Massenanteile

Die Massenanteile können wir aus den Molmassen berechnen, denn es gilt

$$M_{Mi} = \sum_i M_i \cdot y_i = 30{,}31 \frac{\text{kg}}{\text{kmol}}$$

und damit erhalten wir die Massenanteile der einzelnen Gase aus

$$\mu_i = y_i \cdot \frac{M_i}{M_{Mi}}$$

Ergebnisse finden Sie in Tabelle 7.1.

7.2c) Heizwert

Der Heizwert ist eine spezifische Zustandsgröße des Gemisches und wir verwenden die Massenanteile, um ihn zu berechnen:

$$H_{I,Mi} = \sum_i H_{I,i} \cdot \mu_i = 4{,}024 \frac{\text{MJ}}{\text{kg}}$$

Dabei ist der Heizwert von Stickstoff 0, da der Stickstoff bei üblichen Verbrennungsbedingungen nicht nennenswert mit dem Sauerstoff in der Luft reagiert.

7.2d) Spezifische Wärmekapazität

Die spezifische Wärmekapazität ist eine weitere spezifische Zustandsgröße des Systems:

$$c_{p,Mi} = \sum_i c_{p,i} \cdot \mu_i = 1{,}103 \frac{\text{kJ}}{\text{kg} \cdot \text{K}}$$

Auch sie wird mit den Massenanteilen bestimmt.

7.2e) Massenstrom

Um den Massenstrom des Gases berechnen zu können, benötigen wir z. B. die spezielle Gaskonstante des Gemisches. Diese können wir aus der allgemeinen Gaskonstante und der Molmasse zu

$$R_{Mi} = \frac{R}{M_{Mi}} = \frac{8314\,\frac{\text{J}}{\text{kmol}\cdot\text{K}}}{30{,}31\,\frac{\text{kg}}{\text{kmol}}} = 274{,}3\,\frac{\text{kJ}}{\text{kg}\cdot\text{K}}$$

bestimmen. Dann folgt aus der Zustandsgleichung des idealen Gases

$$\dot{m}_{Mi} = \frac{p_{Mi}\cdot\dot{V}_{Mi}}{R_{Mi}\cdot T_{Mi}} = \frac{110000\ \text{Pa}\cdot 1200\,\frac{\text{m}^3}{3600\ \text{s}}}{274{,}3\,\frac{\text{J}}{\text{kg}\cdot\text{K}}\cdot 398{,}2\ \text{K}} = 0{,}3357\,\frac{\text{kg}}{\text{s}}$$

als Massenstrom.

7.2f) Wärmestrom

Der Wärmestrom aus einer vollständigen Verbrennung folgt aus

$$\dot{Q} = \dot{m}_{Mi}\cdot H_{I,Mi} = 0{,}3357\,\frac{\text{kg}}{\text{s}}\cdot 4{,}024\,\frac{\text{MJ}}{\text{kg}} = 1{,}351\ \text{MW}$$

Dieses Ergebnis ist nicht ganz exakt, da sich der Heizwert auf 25 °C bezieht.

7.2g) Vorheizen

Zum isobaren Vorheizen wird ein Wärmestrom von

$$\dot{Q}_{Vor} = \dot{m}_{Mi}\cdot c_{p,Mi}\cdot\Delta T = 0{,}3357\,\frac{\text{kg}}{\text{s}}\cdot 1103\,\frac{\text{J}}{\text{kg}\cdot\text{K}}\left(220\ ^\circ\text{C} - 125\ ^\circ\text{C}\right) = 35.177\ \text{W}$$

benötigt. Das heißt, der Brennwert des Gases genügt für das Erwärmen, falls eine chemische Reaktion aufrechterhalten werden könnte.

Problem 7.3: Katalytische Abgasreinigung

Auch in dieser Problemstellung wird das Modell des idealen Gases genutzt. Die Ergebnisse sind in Tabelle 7.2 zusammengefasst.

Tabelle 7.2 Ergebnisse zur katalytischen Abgasreinigung

	CO_2	H_2O	N_2	O_2	Summe	Abgas
$\dot{n}_i$ in mol s^{-1}	2,614	1,363	25,69	0,852	30,52	-
y_i	0,08565	0,04466	0,84174	0,0279	1,0	-
M_i in kg $Kmol^{-1}$	44,01	18,02	28,03	32,00	-	29,06
$\dot{m}_i$ in kg s^{-1}	0,1150	0,02456	0,7201	0,02726	0,8869	-
μ_i	0,1297	0,0277	0,8119	0,0307	1,0	-
$c_{p,i}$ in J Kg^{-1} K^{-1}	816,9	1858	1039	1004	-	1032

7.3a) Volumenstrom

Der Volumenstrom bei Normbedingung und unter Verwendung des Modells des idealen Gases beträgt

$$\dot{V}_{N,P} = \dot{V}_P \cdot \frac{T_N}{T} \cdot \frac{p}{p_N} = \frac{1200\ \text{m}^3}{3600\ \text{s}} \cdot \frac{273{,}15\ \text{K}}{398{,}15\ \text{K}} \cdot \frac{110000\ \text{Pa}}{101325\ \text{Pa}} = 0{,}2483\ \frac{\text{Nm}^3}{\text{s}}$$

Diese Angabe benötigen wir für das Weitere nicht unbedingt. Wir hätten auch mit dem Volumenstrom des Prozessgases rechnen können. Doch oft werden Gasströme bei Normbedingung angegeben, sodass wir uns hier eine gute Basis schaffen.

7.3b) Mindestsauerstoffbedarf

Wir benötigen für alle brennbaren Gase im Gemisch jeweils den dazugehörigen Mindestsauerstoffbedarf, um dann mit diesen Werten den für das Gemisch zu ermitteln. Das Vorgehen ist für alle Komponenten des Gemisches identisch.

Phenol: Wir stellen zuerst die Reaktionsgleichung auf. Aus dieser können wir direkt die benötigte Information entnehmen, da Reaktionsgleichungen immer Stoffmengen beschreiben. Für Phenol ist

$$C_6H_6O_1 + \left(6 + \frac{6}{4} - \frac{1}{2}\right) \cdot O_2 = 1 \cdot C_6H_6O_1 + 7 \cdot O_2 = 6 \cdot CO_2 + 3 \cdot H_2O$$

Damit lesen wir die benötigte Stoffmenge an Sauerstoff je Stoffmenge an Phenol ab. Bei Phenol sind es 7 mol Sauerstoff je 1 mol Phenol.

Kohlenmonoxid: Auch für dieses einfache Molekül gilt die allgemeine Formel

$$C_1H_0O_1 + \left(1 + \frac{0}{4} - \frac{1}{2}\right) \cdot O_2 = 1 \cdot C_1O_1 + \frac{1}{2} \cdot O_2 = 1 \cdot CO_2 + 0 \cdot H_2O$$

Bei Kohlendioxid benötigen wir 1 mol Sauerstoff je 2 mol CO.

Toluol: Bei Toluol liegt kein Sauerstoff im Brennstoff vor. Daher ist

$$1 \cdot C_7H_8O_0 + \left(7 + \frac{8}{4} - \frac{0}{2}\right) \cdot O_2 = C_7H_8 + 9 \cdot O_2 = 7 \cdot CO_2 + 4 \cdot H_2O$$

Für Toluol sind es 9 mol Sauerstoff je 1 mol Toluol.

Stickstoff: Stickstoff reagiert nicht mit Luft. Um es trotzdem einmal gezeigt zu haben, wird

$$N_2 + C_0H_0O_0 + \left(0 + \frac{0}{4} - \frac{0}{2}\right) \cdot O_2 = N_2 + 0 \cdot O_2 = N_2 + 0 \cdot CO_2 + 0 \cdot H_2O$$

Hier ist es notwendig, den Stickstoff auf der Seite der Edukte (links) und der Produkte (rechts) zu ergänzen, damit dies eine Gleichung bleibt.

Sauerstoffbedarf: Aus diesen Daten und den Stoffmengenanteilen y_i der Bestandteile des Abgases (Lösung zu Problem 7.2 in Tabelle 7.1) können wir jetzt den Mindestsauerstoffbedarf des Prozessgases bestimmen. Dieser beträgt

$$l_{O_2,\min} = \sum_i \left(m_i + \frac{n_i}{4} + \frac{o_i}{2}\right) \cdot y_i - y_{O_2,B}$$

$$l_{O_2,\min} = \left(7 \cdot 0{,}019 + \frac{1}{2} \cdot 0{,}0064 + 9 \cdot 0{,}0165\right) - 0 = 0{,}2847$$

Wir benötigen damit 0,2847 mol Sauerstoff für 1 mol Prozessgas. Dieses geringe Verhältnis ergibt sich, da unser Prozessgas so viel Stickstoff enthält.

7.3c) Luftstrom

Jetzt können wir den benötigten Luftstrom bestimmen, denn das stöchiometrische Luftverhältnis bei $\lambda = 1$ beträgt

$$l_{Luft,\min} = \frac{1}{0{,}21} \cdot l_{O_2,\min} = \frac{0{,}2847}{0{,}21} = 1{,}356$$

Mit der angegebenen Luftzahl wird

$$l_{Luft} = \lambda \cdot l_{Luft,\min} = 1{,}27 \cdot 1{,}356 = 1{,}722$$

Wir benötigen also 1,722 mol Luft je 1 mol Prozessgas für die vorgesehene Reaktion. Damit beträgt der Norm-Volumenstrom der Luft

$$\dot{V}_{N,Luft} = l_{Luft} \cdot \dot{V}_{N,P} = 1{,}722 \cdot 0{,}2483 \, \frac{\mathrm{Nm^3}}{\mathrm{s}} = 0{,}4276 \, \frac{\mathrm{Nm^3}}{\mathrm{s}}$$

für den optimalen Prozess.

7.3d) Abgas

In diesem Teil der Problemstellung müssen wir sauber Buch führen, wobei wir die Werte aus 7.3b) zusammentragen können. Dies machen wir in Tabelle 7.2.

In 7.3b) beziehen sich die Angaben in den Reaktionsgleichungen auf Stoffmengen. Daher benötigen wir für alles Weitere den Stoffmengenstrom des Prozessgases aus der Zustandsgleichung des idealen Gases mit

$$\dot{n}_P = \frac{p_N \cdot \dot{V}_{N,P}}{R \cdot T_N} = \frac{101325 \, \mathrm{Pa} \cdot 0{,}2483 \, \dfrac{\mathrm{Nm^3}}{\mathrm{s}}}{8314 \, \dfrac{\mathrm{J}}{\mathrm{kmol \cdot K}} \cdot 273{,}15 \, \mathrm{K}} = 11{,}08 \, \frac{\mathrm{mol}}{\mathrm{s}}$$

Kohlendioxid: Bereits in 7.3b) haben wir für die vollständige Verbrennung Folgendes ermittelt:

- Aus einem Molekül Phenol werden sechs Moleküle CO_2.
- Aus einem Molekül Kohlendioxid wird ein Molekül CO_2.
- Aus einem Molekül Toluol werden sieben Moleküle CO_2.

Aus den Stoffmengenströmen der Brenngase können wir damit den Stoffmengenstrom an CO_2 im Abgas bestimmen. Die einzelnen Stoffmengenströme ergeben sich über den Prozessgasstrom und die Stoffmengenanteile y_i (aus Problem 7.2, siehe Tabelle 7.1). Die Stoffmengenanteile müssen wir noch mit dem Koeffizienten m_i (**Achtung:** Hier hat m die Bedeutung des Anteils der C-Atome im Molekül und nicht die Bedeutung von Masse) multiplizieren und erhalten

$$\dot{n}_{CO_2} = \dot{n}_P \cdot \sum_i y_{i,P} \cdot m_i = 11{,}08\,\frac{\text{mol}}{\text{s}} \cdot \left(0{,}019 \cdot 6 + 0{,}0064 \cdot 1 + 0{,}0165 \cdot 7\right) = 2{,}614\,\frac{\text{mol}}{\text{s}}$$

Wasser: Bereits in 7.3b) haben wir für die vollständige Verbrennung Folgendes ermittelt:

- Aus einem Molekül Phenol werden drei Moleküle H_2O.
- Aus einem Molekül Toluol werden vier Moleküle H_2O.

Aus den Stoffmengenströmen der Brenngase können wir damit den Stoffmengenstrom an H_2O im Abgas bestimmen. **Achtung:** Hier hat der Faktor n in der Summe die Bedeutung des Anteils der H-Atome im Molekül und steht nicht für die Stoffmenge.

$$\dot{n}_{H_2O} = \dot{n}_P \cdot \sum_i y_{i,P} \cdot \frac{n_i}{2} = 11{,}08\,\frac{\text{mol}}{\text{s}} \cdot \left(0{,}019 \cdot 3 + 0{,}0064 \cdot 0 + 0{,}0165 \cdot 4\right) = 1{,}363\,\frac{\text{mol}}{\text{s}}$$

Stickstoff: Im Prozessgas und in der zugeführten Luft ist N_2 enthalten, dieser reagiert aber nicht. Damit erhalten wir

$$\dot{n}_{N_2} = \dot{n}_{N_2,P} + \dot{n}_{N_2,Luft} = \dot{n}_P \cdot y_{N_2,P} + \dot{n}_P \cdot 0{,}79 \cdot l_{Luft}$$

$$\dot{n}_{N_2} = 11{,}08\,\frac{\text{mol}}{\text{s}} \cdot \left(0{,}9581 + 0{,}79 \cdot 1{,}722\right) = 25{,}69\,\frac{\text{mol}}{\text{s}}$$

Sauerstoff: Dies erscheint auf den ersten Blick komplexer, da Sauerstoff auch im Brennstoff (Phenol) vorliegt. Diesen Anteil haben wir jedoch bereits bei der Berechnung des Luftbedarfs berücksichtigt, und dieser Sauerstoff ist bereits im CO_2 enthalten.

Damit müssen wir nur den Sauerstoff bestimmen, der in der Luft enthalten ist, die nicht mit dem Brennstoff reagiert:

$$\dot{n}_{O_2} = \dot{n}_P \cdot 0{,}21 \cdot \left(l_{Luft} - l_{Luft,\text{min}}\right) = 11{,}08\,\frac{\text{mol}}{\text{s}} \cdot 0{,}21 \cdot \left(1{,}722 - 1{,}356\right) = 0{,}8516\,\frac{\text{mol}}{\text{s}}$$

Aus diesen Berechnungen erhalten wir die Zusammensetzung des Abgases aus Tabelle 7.2. Dort sind auch gleich die Stoffmengenanteile eingetragen, die wir aus

$$y_i = \frac{\dot{n}_i}{\dot{n}_P} = \frac{\dot{n}_i}{\sum_i \dot{n}_i}$$

bestimmen.

7.3e) Spezifische Wärmekapazität

Die spezifische Wärmekapazität ist über die Massenanteile zu berechnen. Daher bestimmen wir zuerst die Massenströme der Komponenten aus den Stoffmengenströmen mit

$$\dot{m}_i = \dot{n}_i \cdot M_i$$

und daraus die Massenanteile

$$\mu_i = \frac{m_i}{m_{Abgas}} = \frac{m_i}{\sum_i m_i}$$

Die Werte finden Sie in Tabelle 7.2. Mit diesen Massenanteilen folgt die spezifische Wärmekapazität des Abgases mit

$$c_{p,A} = \sum_i \mu_i \cdot c_{p,i} = 1{,}032 \frac{\text{kJ}}{\text{kg} \cdot \text{K}}$$

Dieser Wert ist nur unwesentlich geringer als der von reinem Stickstoff.

7.3f) Temperaturerhöhung

Wir benötigen den Wärmestrom aus der Verbrennung des Prozessgases. Diesen erhalten wir aus dem Massenstrom und dem Heizwert des Prozessgases. Beides haben wir in Problem 7.2 bestimmt (siehe Tabelle 7.1) und erhalten

$$\Delta T = \frac{\dot{Q}_{kat}}{\dot{m}_{Abgas} \cdot c_{p,A}} = \frac{\dot{m}_P \cdot H_{I,P}}{\dot{m} \cdot c_{p,A}} = \frac{0{,}3357 \frac{\text{kg}}{\text{s}} \cdot 4{,}024 \cdot 10^6 \frac{\text{J}}{\text{kg}}}{0{,}8869 \frac{\text{kg}}{\text{s}} \cdot 1032 \frac{\text{J}}{\text{kg} \cdot \text{K}}} = 1476 \text{ K}$$

Dies ist eine recht hohe Reaktionstemperatur. Eine der Ursachen dafür ist, dass für die Reaktion verhältnismäßig wenig Luft benötigt wird.

7.3g) Diskussion

Wenn wir das Abgas aus dem Katalysator in einem Wärmetauscher nutzen, um die Luft und das kühle Prozessgas vorzuwärmen, dann haben wir ausreichend Wärme und brauchen nicht zu heizen. Nur um den Prozess zu starten, werden (typischerweise elektrische) Vorheizer benötigt.

Die spezifische Wärmekapazität des Gemisches würden wir in der Praxis mit der von Stickstoff abschätzen, denn das Gas besteht vorrangig aus Stickstoff. Doch da dies hier eine Übung ist, machen wir es ordentlich, auch um einmal zu zeigen, welchen Fehler wir gemacht hätten.

Problem 7.4: Wasserstoff-Direktverbrenner

In dieser Problemstellung müssen wir einige Methoden nutzen: Verbrennung, Gemische, Zustandsänderungen des idealen Gases und auch den Otto-Vergleichsprozess. Die Musterlösung ist daher streckenweise recht umfangreich geraten.

7.4a) Zustand 2

Hier geht es um die Zustandsänderung 1 → 2 von Zustand 1 (der Luft im Zylinder nahe dem unteren Totpunkt, so wie sie vom Turbolader und Ladeluftkühler bereitgestellt wird) zu Zustand 2 über eine isentrope Kompression der im Zylinder eingeschlossenen Luft. Mit der isentropen Verdichtung von Luft stellt sich als Druck

$$p_2 = p_1 \cdot \left(\frac{V_1}{V_2}\right)^{\kappa} = p_1 \cdot \varepsilon^{\kappa} = 3{,}0\ \text{bar} \cdot 10^{1{,}4} = 75{,}4\ \text{bar}$$

und als Temperatur

$$T_2 = T_1 \cdot \left(\frac{V_1}{V_2}\right)^{\kappa-1} = T_1 \cdot \varepsilon^{\kappa-1} = 313\ \text{K} \cdot 10^{1{,}4-1} = 786\ \text{K} = 513\ °\text{C}$$

ein. An dieser Stelle wird das Gemisch im Zylinder gezündet und es kommt zu einem isochoren Druckanstieg.

- Benzin hat nur eine geringe Auswirkung auf die Eigenschaften des Gemisches, daher wird hier üblicherweise Luft verwendet.
- Wasserstoff ist ein zweiatomiges Gas und hat daher einen Isentropenexponenten $\kappa \cong 1{,}40$. Deshalb verändert Wasserstoff in der zu verdichtenden Luft nicht diese Berechnung.

Allerdings nimmt Wasserstoff einen nicht unerheblichen Anteil des Volumens im Zylinder ein. Diesen Effekt haben wir hier erst einmal vernachlässigt. Er fließt dann ab 7.4e) implizit mit in die Berechnung ein.

7.4b) Benzin und Druck

Wir setzen beherzt ein und erhalten als Reaktionsgleichung

$$C_9H_{20} + \left(9 + \frac{20}{4}\right) \cdot \left(O_2 + \frac{0{,}79}{0{,}21} N_2\right) = 9 \cdot CO_2 + \frac{20}{2} H_2O + 27{,}8 \cdot N_2$$

Hier stehen links die Edukte und rechts die Produkte der chemischen Reaktion. Die Gleichung beschreibt das Verhältnis von Stoffmengen als mol pro 1 mol Brennstoff. Das Verhältnis der Stoffmengen ist damit

$$\frac{n_{Produkte}}{n_{Edukte}} = \frac{n_{CO_2} + n_{H_2O} + n_{N_2}}{n_{C_9H_{20}} + n_{O_2} + n_{N_2}} = \frac{9 + 10 + 27{,}8}{1 + 14 + 27{,}8} = \frac{46{,}8}{42{,}8} = 1{,}09$$

Bei der chemischen Reaktion (2 → A) nimmt der Druck allein durch die Änderung der Zusammensetzung zu - und zwar auf

$$p_A = p_2 \cdot \frac{n_A}{n_2} = 75{,}4\ \text{bar} \cdot 1{,}09 = 82{,}2\ \text{bar}$$

Nehmen wir hier die isochore Zustandsänderung an, die beim Otto-Vergleichsprozess die Wärmezufuhr am oberen Totpunkt beschreibt, ist

$$T_A = T_2 \cdot \frac{p_A}{p_2} = 786\ \text{K} \cdot 1{,}09 = 857\ \text{K} = 584\ °\text{C}$$

die erwartete Temperatur nach der chemischen Reaktion, aber bevor die frei gewordene Wärme aus der chemischen Reaktion dem Gas zugeführt wurde (und ja, das ist eine sehr künstliche, aber zulässige Trennung).

7.4c) Wasserstoff und Druck

Packen wir auch hier die gesamte Methode aus, so ergibt sich als Reaktionsgleichung

$$\text{C}_0\text{H}_2 + \left(0 + \frac{2}{4}\right) \cdot \left(\text{O}_2 + \frac{0{,}79}{0{,}21} \cdot \text{N}_2\right) = 0 \cdot \text{CO}_2 + \frac{2}{2} \cdot \text{H}_2\text{O} + 1{,}881 \cdot \text{N}_2$$

Das Verhältnis der Stoffmengen wird entsprechend

$$\frac{n_{Produkte}}{n_{Edukte}} = \frac{n_{\text{CO}_2} + n_{\text{H}_2\text{O}} + n_{\text{N}_2}}{n_{\text{H}_2} + n_{\text{O}_2} + n_{\text{N}_2}} = \frac{0 + 1 + 1{,}881}{1 + 0{,}5 + 1{,}881} = \frac{2{,}881}{3{,}381} = 0{,}852$$

Damit nimmt der Druck allein durch die Änderung der Zusammensetzung bei der vollständigen chemischen Reaktion (2 → A) ab - und zwar auf

$$p_A = p_2 \cdot \frac{n_A}{n_2} = 75{,}4\ \text{bar} \cdot 0{,}852 = 64{,}1\ \text{bar}$$

Entsprechend verringert sich auch die Temperatur auf

$$T_A = T_2 \cdot \frac{p_A}{p_2} = 786\ \text{K} \cdot 0{,}852 = 670\ \text{K} = 397\ °\text{C}$$

Dies sind signifikante Unterschiede gegenüber der Reaktion mit Benzin.

7.4d) Benzin und Zustand 3

Der Druckanstieg, der mit der Verbrennung von Benzin einhergeht, soll hier für die Reaktion vom Zwischenzustand (A → 3) in den Zustand nach der vollständigen chemischen Reaktion mit Wärmeaufnahme abgeschätzt werden.

Spezifische Wärme: Der Heizwert der Brennstoffe bezieht sich auf die Masse des Brennstoffs. Daher werden wir zuerst den Massenanteil des Brennstoffs bestimmen, um so die zugeführte spezifische Wärme zu erhalten. Aus der spezifischen Wärmekapazität des Abgases folgt dann die Temperaturerhöhung.

Bei Benzin wird für die stöchiometrische Mischung 1 mol C_9H_{20} mit

$$n_{Luft} = \left(m + \frac{n}{4}\right) \cdot \left(1 + \frac{0{,}79}{0{,}21}\right) n_{Benzin} = \left(9 + \frac{20}{4}\right) \cdot \left(1 + \frac{0{,}79}{0{,}21}\right) \cdot n_{Benzin} = 66{,}7 \cdot n_{Benzin}$$

gemischt. Damit hat das Gemisch die folgenden Stoffmengenanteile:

$$y_{Luft} = \frac{n_{Luft}}{n_{Luft} + n_{Benzin}} = \frac{66{,}7\ \text{mol}}{66{,}7\ \text{mol} + 1\ \text{mol}} = 0{,}9852$$

$$y_{Benzin} = \frac{n_{Benzin}}{n_{Luft} + n_{Benzin}} = \frac{1\ \text{mol}}{66{,}7\ \text{mol} + 1\ \text{mol}} = 0{,}0148$$

Wir erhalten als Molmasse des Gemisches

$$M_G = M_{Luft} \cdot y_{Luft} + M_{Benzin} \cdot y_{Benzin}$$

$$M_G = 28{,}96\,\frac{\text{kg}}{\text{kmol}} \cdot 0{,}9852 + 128{,}3\,\frac{\text{kg}}{\text{kmol}} \cdot 0{,}0148 = 30{,}43\,\frac{\text{kg}}{\text{kmol}}$$

und damit als Massenanteile

$$\mu_{Luft} = y_{Luft} \cdot \frac{M_{Luft}}{M_G} = 0{,}9852 \cdot \frac{28{,}96\,\frac{\text{kg}}{\text{kmol}}}{30{,}43\,\frac{\text{kg}}{\text{kmol}}} = 0{,}9376$$

$$\mu_{Benzin} = y_{Benzin} \cdot \frac{M_{Benzin}}{M_G} = 0{,}0148 \cdot \frac{128{,}3\,\frac{\text{kg}}{\text{kmol}}}{30{,}43\,\frac{\text{kg}}{\text{kmol}}} = 0{,}0624$$

Das heißt, die Wärme, die dem Gemisch durch die Verbrennung zugeführt wird, beträgt

$$q_{zu} = H_{I,Benzin} \cdot \mu_{Benzin} = 41\,\frac{\text{MJ}}{\text{kg}} \cdot 0{,}0624 = 2{,}56\,\frac{\text{MJ}}{\text{kg}}$$

Beim Heizwert bezieht sich die Masse allein auf den Brennstoff. Bei dieser Berechnung übertragen wir diese Wärme auf die Masse des Gemisches. Da die Masse bei der Verbrennung erhalten bleibt, bezieht sich diese Wärme auch auf die Masse des Abgases.

Wärmekapazität des Abgases: Als Nächstes benötigen wir die spezifische Wärmekapazität des Abgases. Wir beginnen wieder mit den Stoffmengenanteilen bei Verbrennung von Benzin:

$$y_{CO_2} = \frac{n_{CO_2}}{n_{CO_2} + n_{H_2O} + n_{N_2}} = \frac{9\ \text{mol}}{9\ \text{mol} + 10\ \text{mol} + 27{,}8\ \text{mol}} = 0{,}192$$

$$y_{H_2O} = \frac{n_{H_2O}}{n_{CO_2} + n_{H_2O} + n_{N_2}} = \frac{10\ \text{mol}}{9\ \text{mol} + 10\ \text{mol} + 27{,}8\ \text{mol}} = 0{,}214$$

$$y_{N_2} = \frac{n_{N_2}}{n_{CO_2} + n_{H_2O} + n_{N_2}} = \frac{27{,}8\ \text{mol}}{9\ \text{mol} + 10\ \text{mol} + 27{,}8\ \text{mol}} = 0{,}594$$

Daraus folgt die Molmasse des ausreagierten Gemisches

$$M_A = M_{CO_2} \cdot y_{CO_2} + M_{H_2O} \cdot y_{H_2O} + M_{N_2} \cdot y_{N_2}$$

$$M_A = 44{,}01 \frac{\text{kg}}{\text{kmol}} \cdot 0{,}192 + 18{,}02 \frac{\text{kg}}{\text{kmol}} \cdot 0{,}214 + 28{,}01 \frac{\text{kg}}{\text{kmol}} \cdot 0{,}594 = 28{,}94 \frac{\text{kg}}{\text{kmol}}$$

und damit folgen als Massenanteile

$$\mu_{CO_2} = y_{CO_2} \cdot \frac{M_{CO_2}}{M_A} = 0{,}192 \cdot \frac{44{,}01 \frac{\text{kg}}{\text{kmol}}}{28{,}94 \frac{\text{kg}}{\text{kmol}}} = 0{,}292$$

$$\mu_{H_2O} = y_{H_2O} \cdot \frac{M_{H_2O}}{M_A} = 0{,}214 \cdot \frac{18{,}02 \frac{\text{kg}}{\text{kmol}}}{28{,}94 \frac{\text{kg}}{\text{kmol}}} = 0{,}133$$

$$\mu_{N_2} = y_{N_2} \cdot \frac{M_{N_2}}{M_A} = 0{,}594 \cdot \frac{28{,}01 \frac{\text{kg}}{\text{kmol}}}{28{,}94 \frac{\text{kg}}{\text{kmol}}} = 0{,}575$$

Wir kennen die adiabate Verbrennungstemperatur beider Varianten und erwarten daher etwa eine Temperatursteigerung um 2100 K, für Benzin also etwa von 600 °C auf 2700 °C. Damit lässt sich aus den Daten für gemittelte temperaturabhängige spezifische Wärmekapazitäten

$$\overline{c\Big|_{T_1}^{T_2}} = \frac{\vartheta_2 \cdot \overline{c\Big|_0^{T_2}} - \vartheta_1 \cdot \overline{c\Big|_0^{T_1}}}{\vartheta_2 - \vartheta_1}$$

und der Formel zur Berechnung der mittleren spezifischen Wärmekapazität für unseren Fall aus den tabellierten Werten eine geeignete spezifische Wärmekapazität des Abgases bestimmen.

Mit

$$\overline{c_A\Big|_0^{600\,°\text{C}}} = \sum_i \mu_i \cdot \overline{c_i\Big|_0^{600\,°\text{C}}}$$

$$\overline{c_{v,A}\Big|_0^{600\,°\text{C}}} = 0{,}292 \cdot 0{,}853 \frac{\text{kJ}}{\text{kg} \cdot \text{K}} + 0{,}133 \cdot 1{,}545 \frac{\text{kJ}}{\text{kg} \cdot \text{K}} + 0{,}575 \cdot 0{,}778 \frac{\text{kJ}}{\text{kg} \cdot \text{K}} = 0{,}902 \frac{\text{kJ}}{\text{kg} \cdot \text{K}}$$

$$\overline{c_{p,A}\Big|_0^{600\,°\text{C}}} = 0{,}292 \cdot 1{,}042 \frac{\text{kJ}}{\text{kg} \cdot \text{K}} + 0{,}133 \cdot 2{,}006 \frac{\text{kJ}}{\text{kg} \cdot \text{K}} + 0{,}575 \cdot 1{,}075 \frac{\text{kJ}}{\text{kg} \cdot \text{K}} = 1{,}189 \frac{\text{kJ}}{\text{kg} \cdot \text{K}}$$

und

$$\overline{c_A\Big|_0^{2700\,°\text{C}}} = \sum_i \mu_i \cdot \overline{c_i\Big|_0^{2700\,°\text{C}}}$$

$$\overline{c_{v,A}\Big|_0^{2700\,°\text{C}}} = 0{,}292 \cdot 1{,}091 \frac{\text{kJ}}{\text{kg} \cdot \text{K}} + 0{,}133 \cdot 2{,}136 \frac{\text{kJ}}{\text{kg} \cdot \text{K}} + 0{,}575 \cdot 0{,}921 \frac{\text{kJ}}{\text{kg} \cdot \text{K}} = 1{,}132 \frac{\text{kJ}}{\text{kg} \cdot \text{K}}$$

$$\overline{c_{p,A}\Big|_0^{2700\,°\text{C}}} = 0{,}292 \cdot 1{,}279 \frac{\text{kJ}}{\text{kg} \cdot \text{K}} + 0{,}133 \cdot 2{,}597 \frac{\text{kJ}}{\text{kg} \cdot \text{K}} + 0{,}575 \cdot 1{,}218 \frac{\text{kJ}}{\text{kg} \cdot \text{K}} = 1{,}419 \frac{\text{kJ}}{\text{kg} \cdot \text{K}}$$

erhalten wir

$$\overline{c_{v,A}\Big|_{600\,°C}^{2700\,°C}} = \frac{2700\,°C \cdot 1{,}132\,\frac{kJ}{kg \cdot K} - 600\,°C \cdot 0{,}902\,\frac{kJ}{kg \cdot K}}{2700\,°C - 600\,°C} = 1{,}198\,\frac{kJ}{kg \cdot K}$$

$$\overline{c_{p,A}\Big|_{600\,°C}^{2700\,°C}} = \frac{2700\,°C \cdot 1{,}419\,\frac{kJ}{kg \cdot K} - 600\,°C \cdot 1{,}189\,\frac{kJ}{kg \cdot K}}{2700\,°C - 600\,°C} = 1{,}485\,\frac{kJ}{kg \cdot K}$$

Aus diesen beiden Wärmekapazitäten lässt sich der Isentropenexponent mit

$$\kappa = \frac{\overline{c_{p,A}\Big|_{600\,°C}^{2600\,°C}}}{\overline{c_{v,A}\Big|_{600\,°C}^{2600\,°C}}} = \frac{1{,}485\,\frac{kJ}{kg \cdot K}}{1{,}198\,\frac{kJ}{kg \cdot K}} = 1{,}239$$

bestimmen.

Zustandsänderung: Endlich können wir die Änderung der Temperatur bestimmen, die sich ergibt, wenn die Reaktionswärme das Abgas erwärmt (wir sind hier im Otto-Vergleichsprozess, in dem die Wärmezufuhr isochor erfolgt).

$$\Delta T_{A3} = \frac{q_{zu}}{\overline{c_{v,A}\Big|_{T_A}^{T_3}}} = \frac{q_{zu}}{\overline{c_{v,A}\Big|_{600\,°C}^{2600\,°C}}} = \frac{2{,}56 \cdot 10^6\,\frac{J}{kg}}{1198\,\frac{J}{kg \cdot K}} = 2137\,K$$

Dieses Ergebnis ist im Rahmen der möglichen Genauigkeit ausreichend gut, denn wir sind mit einer Temperaturänderung von 2100 K gestartet. Zum Abschluss berechnen wir die Temperatur

$$T_3 = T_A + \Delta T_{A3} = 856\,K + 2137\,K = 2993\,K$$

und den Druck

$$p_3 = p_A \cdot \frac{T_3}{T_A} = 82{,}2\,bar \cdot \frac{2993\,K}{856\,K} = 287\,bar$$

in Zustand 3 des Vergleichsprozesses.

7.4e) Wasserstoff und Zustand 3

Der Druckanstieg, der mit der Verbrennung von Wasserstoff in der Zustandsänderung vom Zwischenzustand (A → 3) zur vollständigen Reaktion einhergeht, soll abgeschätzt werden.

Spezifische Wärme: Der Heizwert der Brennstoffe bezieht sich auf die Masse des Brennstoffs. Daher werden wir zuerst den Massenanteil des Brennstoffs bestimmen, um so die zugeführte spezifische Wärme zu erhalten. Aus der spezifischen Wärmekapazität des Abgases folgt dann die Temperaturerhöhung.

Bei Wasserstoff gilt für die stöchiometrische Mischung von 1 mol H_2

$$n_{Luft} = \left(m + \frac{n}{4}\right) \cdot \left(1 + \frac{0,79}{0,21}\right) \cdot n_{H_2} = \left(0 + \frac{2}{4}\right) \cdot \left(1 + \frac{0,79}{0,21}\right) \cdot n_{H_2} = 2,381 \cdot n_{H_2}$$

Damit hat das Gemisch die folgenden Stoffmengenanteile:

$$y_{Luft} = \frac{n_{Luft}}{n_{Luft} + n_{H_2}} = \frac{2,381\,\text{mol}}{2,381\,\text{mol} + 1\,\text{mol}} = 0,7042$$

$$y_{H_2} = \frac{n_{H_2}}{n_{Luft} + n_{H_2}} = \frac{1\,\text{mol}}{2,381\,\text{mol} + 1\,\text{mol}} = 0,2958$$

Hier ermitteln wir, dass nun 30 % des im Zylinder eingeschlossenen und verdichteten Gases Wasserstoff ist. Durch den Übergang zu Wasserstoff reduzieren wir also die Leistungsdichte des Arbeitsgases und müssen deutlich zusätzlichen Aufwand aufbringen, um den Wasserstoff zu komprimieren.

Wir erhalten als Molmasse des Gemisches

$$M_G = M_{Luft} \cdot y_{Luft} + M_{H_2} \cdot y_{H_2}$$

$$M_G = 28,96\,\frac{\text{kg}}{\text{kmol}} \cdot 0,7042 + 2,016\,\frac{\text{kg}}{\text{kmol}} \cdot 0,2958 = 20,99\,\frac{\text{kg}}{\text{kmol}}$$

und damit folgen als Massenanteile

$$\mu_{Luft} = y_{Luft} \cdot \frac{M_{Luft}}{M_G} = 0,7042 \cdot \frac{28,96\,\frac{\text{kg}}{\text{kmol}}}{20,99\,\frac{\text{kg}}{\text{kmol}}} = 0,9716$$

$$\mu_{H_2} = y_{H_2} \cdot \frac{M_{H_2}}{M_G} = 0,2958 \cdot \frac{2,016\,\frac{\text{kg}}{\text{kmol}}}{20,99\,\frac{\text{kg}}{\text{kmol}}} = 0,0284$$

Das heißt, die Wärme, die dem Gemisch durch die Verbrennung zugeführt wird, beträgt

$$q_{zu} = H_{I,H_2} \cdot \mu_{H_2} = 120\,\frac{\text{MJ}}{\text{kg}} \cdot 0,0284 = 3,408\,\frac{\text{MJ}}{\text{kg}}$$

Insgesamt gleicht der höhere Brennwert des Wasserstoffes den geringeren Massenanteil der stöchiometrischen Mischung gut aus, und es wird letztendlich mehr auf das Gemisch bezogene Wärme frei als bei Benzin.

Wärmekapazität des Abgases: Als Nächstes benötigen wir die spezifische Wärmekapazität des Abgases. Wir beginnen mit den Stoffmengenanteilen des Abgases:

$$y_{H_2O} = \frac{n_{H_2O}}{n_{H_2O} + n_{N_2}} = \frac{1\,\text{mol}}{1\,\text{mol} + 1,881\,\text{mol}} = 0,3471$$

$$y_{N_2} = \frac{n_{N_2}}{n_{H_2O} + n_{N_2}} = \frac{1,881\,\text{mol}}{1\,\text{mol} + 1,881\,\text{mol}} = 0,6529$$

Daraus folgt die Molmasse des ausreagierten Gemisches

$$M_A = M_{H_2O} \cdot y_{H_2O} + M_{N_2} \cdot y_{N_2}$$

$$M_G = 18{,}02\,\frac{\text{kg}}{\text{kmol}} \cdot 0{,}3471 + 28{,}01\,\frac{\text{kg}}{\text{kmol}} \cdot 0{,}6529 = 24{,}54\,\frac{\text{kg}}{\text{kmol}}$$

und damit folgen als Massenanteile

$$\mu_{H_2O} = y_{H_2O} \cdot \frac{M_{H_2O}}{M_A} = 0{,}3471 \cdot \frac{18{,}02\,\frac{\text{kg}}{\text{kmol}}}{24{,}54\,\frac{\text{kg}}{\text{kmol}}} = 0{,}2549$$

$$\mu_{N_2} = y_{N_2} \cdot \frac{M_{N_2}}{M_A} = 0{,}6529 \cdot \frac{28{,}01\,\frac{\text{kg}}{\text{kmol}}}{24{,}54\,\frac{\text{kg}}{\text{kmol}}} = 0{,}7452$$

Wir kennen die adiabate Verbrennungstemperatur beider Varianten und erwarten daher etwa eine Temperatursteigerung um 2200 K von 400 °C auf 2600 °C. Damit lässt sich mit den Daten für temperaturabhängige mittlere spezifische Wärmekapazitäten

$$\overline{c}\Big|_{T_1}^{T_2} = \frac{\vartheta_2 \cdot \overline{c}\Big|_0^{T_2} - \vartheta_1 \cdot \overline{c}\Big|_0^{T_1}}{\vartheta_2 - \vartheta_1}$$

und der Formel zur Berechnung der spezifischen Wärmekapazität für unseren Fall eine geeignete spezifische Wärmekapazität bestimmen.

Mit

$$\overline{c_A}\Big|_0^{400\,°\text{C}} = \sum_i \mu_i \cdot \overline{c_i}\Big|_0^{400\,°\text{C}} = \mu_{H_2O} \cdot \overline{c_{H_2O}}\Big|_0^{400\,°\text{C}} + \mu_{N_2} \cdot \overline{c_{N_2}}\Big|_0^{400\,°\text{C}}$$

$$\overline{c_{v,A}}\Big|_0^{400\,°\text{C}} = 0{,}2549 \cdot 1{,}484\,\frac{\text{kJ}}{\text{kg}\cdot\text{K}} + 0{,}7452 \cdot 0{,}759\,\frac{\text{kJ}}{\text{kg}\cdot\text{K}} = 0{,}944\,\frac{\text{kJ}}{\text{kg}\cdot\text{K}}$$

$$\overline{c_{p,A}}\Big|_0^{400\,°\text{C}} = 0{,}2549 \cdot 1{,}945\,\frac{\text{kJ}}{\text{kg}\cdot\text{K}} + 0{,}7452 \cdot 1{,}055\,\frac{\text{kJ}}{\text{kg}\cdot\text{K}} = 1{,}282\,\frac{\text{kJ}}{\text{kg}\cdot\text{K}}$$

und

$$\overline{c_A}\Big|_0^{2600\,°\text{C}} = \sum_i \mu_i \cdot \overline{c_i}\Big|_0^{2600\,°\text{C}}$$

$$\overline{c_{v,A}}\Big|_0^{2600\,°\text{C}} = 0{,}2549 \cdot 2{,}116\,\frac{\text{kJ}}{\text{kg}\cdot\text{K}} + 0{,}7452 \cdot 0{,}918\,\frac{\text{kJ}}{\text{kg}\cdot\text{K}} = 1{,}223\,\frac{\text{kJ}}{\text{kg}\cdot\text{K}}$$

$$\overline{c_{p,A}}\Big|_0^{2600\,°\text{C}} = 0{,}2549 \cdot 2{,}577\,\frac{\text{kJ}}{\text{kg}\cdot\text{K}} + 0{,}7452 \cdot 1{,}215\,\frac{\text{kJ}}{\text{kg}\cdot\text{K}} = 1{,}562\,\frac{\text{kJ}}{\text{kg}\cdot\text{K}}$$

erhalten wir

$$\overline{c_{v,A}\Big|_{400\,°C}^{2600\,°C}} = \frac{2600\,°C \cdot 1{,}223\,\frac{kJ}{kg \cdot K} - 400\,°C \cdot 0{,}944\,\frac{kJ}{kg \cdot K}}{2600\,°C - 400\,°C} = 1{,}274\,\frac{kJ}{kg \cdot K}$$

$$\overline{c_{p,A}\Big|_{400\,°C}^{2600\,°C}} = \frac{2600\,°C \cdot 1{,}562\,\frac{kJ}{kg \cdot K} - 400\,°C \cdot 1{,}282\,\frac{kJ}{kg \cdot K}}{2600\,°C - 400\,°C} = 1{,}613\,\frac{kJ}{kg \cdot K}$$

Damit beträgt der Isentropenexponent dieses Abgases

$$\kappa = \frac{\overline{c_{p,A}\Big|_{400\,°C}^{2600\,°C}}}{\overline{c_{v,A}\Big|_{400\,°C}^{2600\,°C}}} = \frac{1{,}613\,\frac{kJ}{kg \cdot K}}{1{,}274\,\frac{kJ}{kg \cdot K}} = 1{,}266$$

Zustandsänderung: Endlich können wir die Änderung der Temperatur bestimmen, die sich ergibt, wenn die Reaktionswärme das Abgas erwärmt (wir sind hier im Otto-Vergleichsprozess, bei dem die Wärmezufuhr isochor erfolgt):

$$\Delta T_{A3} = \frac{q_{zu}}{\overline{c_{v,A}\Big|_{T_A}^{T_3}}} = \frac{q_{zu}}{\overline{c_{v,A}\Big|_{400\,°C}^{2600\,°C}}} = \frac{3{,}401 \cdot 10^6\,\frac{J}{kg}}{1274\,\frac{J}{kg \cdot K}} = 2670\,K$$

Jetzt müssten wir eine Iteration dranhängen, um mit der neuen Temperaturänderung noch die neue spezifische Wärme zu bestimmen. Dieses Ergebnis stellt jedoch nur eine ungenaue Schätzung dar, da durch die hohe Temperatur und trotz des hohen Drucks Dissoziation auftritt, die unser Ergebnis deutlich beeinflussen kann. Daher lassen wir es gut sein. Zum Abschluss berechnen wir die Temperatur

$$T_3 = T_A + \Delta T_{A3} = 670\,K + 2670\,K = 3340\,K$$

und den Druck

$$p_3 = p_A \cdot \frac{T_3}{T_A} = 64{,}1\,bar \cdot \frac{3340\,K}{670\,K} = 320\,bar$$

in Zustand 3 des Vergleichsprozesses.

7.4f) Wärmezufuhr

Konkret könnte dann über Wasserstoff eine spezifische Wärme von 2,56 MJ Kg^{-1} statt der jetzt ermittelten 3,41 kg^{-1} zugeführt werden. Dies wirkt sich an mehreren Stellen aus:

- Es wird etwa 25 % weniger Brennstoff benötigt. Dadurch verringert sich entsprechend der Wasserstoffanteil im Gemisch.
- Folglich erwarten wir einen etwas höheren Druck und eine höhere Temperatur in Zustand A (dicke Daumen-Schätzung: 25 % geringerer Einfluss und damit ca. 68 bar und ca. 700 K).
- Die Temperaturerhöhung durch die Zuführung dieser Wärme an das Abgas verringert sich deutlich.

Wenn wir nur die Zustandsänderung A → 3 - also 7.4e) - berücksichtigen (und unser vorangehend ermitteltes c_v verwenden, wäre

$$\Delta T_{A3,mager} = \frac{q_{zu}}{c_{v,A}\Big|_{T_A}^{T_3}} = \frac{2{,}54\cdot 10^6\ \frac{\text{J}}{\text{kg}}}{1274\ \frac{\text{J}}{\text{kg}\cdot\text{K}}} = 1994\ \text{K}$$

und damit wäre

$$T_{3,mager} = T_A + \Delta T_{A3,mager} = 700\ \text{K} + 1994\ \text{K} = 2694\ \text{K}$$

$$p_{3,mager} = p_A \cdot \frac{T_{3,mager}}{T_A} = 68\ \text{bar}\cdot\frac{2694\ \text{K}}{700\ \text{K}} = 262\ \text{bar}$$

Diese Werte liegen deutlich unter denen für Benzin.

7.4g) Verdichten

Die Zustandsänderung 1 → 2 ist isentrop. Daher benötigen wir jeweils eine spezifische Wärmekapazität.

Vergleichsprozess: Im Vergleichsprozess rechnen wir mit reiner Luft und erhalten

$$w_{p,12,VP} = c_{p,Luft}\cdot(T_2 - T_1) = 1{,}004\ \frac{\text{kJ}}{\text{kg}\cdot\text{K}}\cdot(786\ \text{K} - 313\ \text{K}) = 474{,}9\ \frac{\text{kJ}}{\text{kg}}$$

Benzin: Hier fehlt die Angabe zu c_p von gasförmigem Benzin. Sie ist auch nicht einfach zu erhalten. Für große gasförmige Moleküle mit vielen Atomen wird $\kappa < 1{,}2$. Aus der Molmasse unseres Benzinmodells können wir daher Folgendes abschätzen:

$$c_{p,C_9H_{20}} = R_{C_9H_{20}}\cdot\frac{\kappa_{C_9H_{20}}}{\kappa_{C_9H_{20}} - 1} = \frac{R}{M_{C_9H_{20}}}\cdot\frac{\kappa_{C_9H_{20}}}{\kappa_{C_9H_{20}} - 1} \cong \frac{8314\ \frac{\text{J}}{\text{kmol}\cdot\text{K}}}{128{,}25\ \frac{\text{kg}}{\text{kmol}}}\cdot\frac{1{,}2}{1{,}2-1} = 389\ \frac{\text{J}}{\text{kg}\cdot\text{K}}$$

Damit wird

$$c_{p,G,Benzin} = \mu_{Luft}\cdot c_{p,Luft} + \mu_{Benzin}\cdot c_{p,Benzin}$$

$$c_{p,G,Benzin} = 0{,}9376\cdot 1{,}004\ \frac{\text{kJ}}{\text{kg}\cdot\text{K}} + 0{,}0624\cdot 0{,}389\ \frac{\text{kJ}}{\text{kg}\cdot\text{K}} = 0{,}966\ \frac{\text{kJ}}{\text{kg}\cdot\text{K}}$$

Folglich wäre

$$w_{p,12,Benzin} = c_{p,G,Benzin}\cdot(T_2 - T_1) = 0{,}966\ \frac{\text{kJ}}{\text{kg}\cdot\text{K}}\cdot(786\ \text{K} - 313\ \text{K}) = 457\ \frac{\text{kJ}}{\text{kg}}$$

Wasserstoff: Hier sind die Daten bekannt. Insbesondere die Temperatur T_2 ändert sich gegenüber der Temperatur aus 7.4a) nicht, da sich der Isentropenexponent nicht ändert. Wir erhalten

$$c_{p,G,H_2} = \mu_{Luft}\cdot c_{p,Luft} + \mu_{H_2}\cdot c_{p,H_2}$$

$$c_{p,G,H_2} = 0{,}9716\cdot 1{,}004\ \frac{\text{kJ}}{\text{kg}\cdot\text{K}} + 0{,}0284\cdot 14{,}20\ \frac{\text{kJ}}{\text{kg}\cdot\text{K}} = 1{,}379\ \frac{\text{kJ}}{\text{kg}\cdot\text{K}}$$

und

$$w_{p,12,H_2} = c_{p,G,H_2} \cdot (T_2 - T_1) = 1{,}379 \frac{kJ}{kg \cdot K} \cdot (786\,K - 313\,K) = 652 \frac{kJ}{kg}$$

Zusammenfassend: Die benötigte Arbeit, um ein Luft-Benzin-Gemisch zu verdichten, ist etwas geringer als die für reine Luft, während der Aufwand für Wasserstoff deutlich höher wird. Dies ist auch darauf zurückzuführen, dass mit Wasserstoff als Brennstoff deutlich mehr Moleküle bezogen auf die Masse zu verdichten sind.

7.4h) Expansion

Benzin: Mit dem in 7.4d) schon bestimmten Isentropenexponenten erhalten wir für die ideale isentrope Expansion 3 → 4

$$T_4 = T_3 \cdot \left(\frac{v_3}{v_4}\right)^{\kappa-1} = T_3 \cdot \left(\frac{1}{\varepsilon}\right)^{\kappa-1} = 2993\,K \cdot \left(\frac{1}{10}\right)^{1{,}239-1} = 1726\,K$$

Der Restdruck beträgt

$$p_4 = p_3 \cdot \left(\frac{v_3}{v_4}\right)^{\kappa} = p_3 \cdot \left(\frac{1}{\varepsilon}\right)^{\kappa} = 287\,bar \cdot \left(\frac{1}{10}\right)^{1{,}239} = 16{,}55\,bar$$

Also wird bei der Expansion eine Arbeit von

$$w_{p,34,Benzin} = c_{p,A} \cdot (T_4 - T_3) = 1485 \frac{J}{kg \cdot K} \cdot (1726\,K - 2993\,K) = -1{,}881 \frac{MJ}{kg}$$

verrichtet. Der Wirkungsgrad des Vergleichsprozesses erreicht

$$\eta_{Benzin} = \frac{-w_{Benzin}}{q_{zu,Benzin}} = \frac{-w_{12} - w_{34}}{q_{zu,Benzin}} = \frac{-0{,}457 \frac{MJ}{kg} + 1{,}881 \frac{MJ}{kg}}{2{,}56 \frac{MJ}{kg}} = 0{,}556$$

Wasserstoff: Mit dem in 7.4e) schon bestimmten Isentropenexponenten erhalten wir für die ideale isentrope Expansion des Abgases

$$T_4 = T_3 \cdot \left(\frac{v_3}{v_4}\right)^{\kappa-1} = T_3 \cdot \left(\frac{1}{\varepsilon}\right)^{\kappa-1} = 3340\,K \cdot \left(\frac{1}{10}\right)^{1{,}266-1} = 1810\,K$$

Der Restdruck beträgt in Zustand 4

$$p_4 = p_3 \cdot \left(\frac{v_3}{v_4}\right)^{\kappa} = p_3 \cdot \left(\frac{1}{\varepsilon}\right)^{\kappa} = 320\,bar \cdot \left(\frac{1}{10}\right)^{1{,}266} = 17{,}34\,bar$$

Also wird bei der isentropen Expansion 3 → 4 eine Arbeit von

$$w_{p,34,H_2} = c_{p,A} \cdot (T_4 - T_3) = 1613 \frac{J}{kg \cdot K} \cdot (1810\,K - 3340\,K) = -2{,}468 \frac{MJ}{kg}$$

verrichtet.

Der Wirkungsgrad des Vergleichsprozesses erreicht

$$\eta_{H_2} = \frac{-w_{H_2}}{q_{zu,H_2}} = \frac{-w_{12} - w_{34}}{q_{zu,H_2}} = \frac{-0{,}6523\,\frac{MJ}{kg} + 2{,}468\,\frac{MJ}{kg}}{3{,}408\,\frac{MJ}{kg}} = 0{,}533$$

Das ist ein eher geringer Unterschied. Dieser ergibt sich aufgrund der vergleichsweise sehr hohen spezifischen Wärmekapazität vom Wasserstoff und vom Abgas.

7.4i) Diskussion

Wir haben folgende Kernaussagen gefunden:

- Sehr kleine Brennstoffmoleküle sind nachteilig, da sie eine höhere Arbeit bei der Verdichtung benötigen als massive Brennstoffmoleküle.
- Die Reaktion mit Wasserstoff führt zur Abnahme der Stoffmenge bei der chemischen Reaktion und damit zu einem Nachassen des Drucks. Bei langkettigen Kohlenwasserstoffen kommt es zu einer Zunahme der Stoffmenge und damit zu einer Drucksteigerung.
- Wasserstoff erreicht bei stöchiometrischer Mischung eine höhere Temperatur und damit einen höheren Druck. Wie hoch diese Temperatur tatsächlich ist, können wir hier nicht ermitteln, da wir die Dissoziation der Abgasmoleküle nicht berücksichtigen können. Dies ist damit eine wichtige Fehlerquelle bzw. Unsicherheit in unserem Ergebnis.
- Der Wirkungsgrad des Motors geht ausgehend von unseren Berechnungen mit Wasserstoff als Brennstoff leicht zurück. Dies ist unabhängig davon, ob der Wasserstoff in die angesaugte Luft gegeben wird oder separat nahe am oberen Totpunkt eingedüst werden soll. Eine Einspritzung von flüssigem Wasserstoff setzt voraus, dass auch die Einspritzdüse selbst noch 14 K hat.

Was wir nicht angesprochen haben, was aber von Belang ist:

- Wasserstoff ist wesentlich klopffester als Benzin, d. h., die Kompression kann zu deutlich höherem Druck hin erfolgen und damit kann der Wirkungsgrad gegenüber Benzin deutlich gesteigert werden. Die stöchiometrische Mischung von Wasserstoff in Luft zündet etwa bei 575 °C.
- Wasserstoff reagiert deutlich schneller als Benzin. Der Temperaturanstieg und der Druckaufbau bei der Verbrennung laufen schneller ab und belasten daher Kolben, Pleuel und Kurbelwelle deutlich stärker.
- Wasserstoff-Luft-Gemische sind über einen weiten Konzentrationsbereich hin zündfähig. Auf diese Weise ist es möglich, die Leistung über die Variation der Wasserstoffmenge im Gemisch zu regeln.

Damit wird deutlich, dass es nicht einfach so möglich ist, Benzin durch Wasserstoff zu ersetzen, sondern dass einige weitergehenden technischen Anpassungen notwendig sind. Es werden also spezielle Verbrennungsmotoren für Wasserstoff benötigt, die dann ähnlich leistungsstark sein können. Ob sie auch über einen vergleichbaren Wirkungsgrad verfügen können, wäre zu diskutieren.

8 Wärmeübertragung

Problem 8.1: Zwischenspeicher

Diese Problemstellung ist so gestaltet, dass Sie nur die Wärmeleitung berücksichtigen müssen. Dabei werden Ihnen sehr viele Möglichkeiten gegeben, die Gleichungen der Wärmeleitung anzuwenden. Dieses Beispiel wurde von einer interessanten Bachelorarbeit inspiriert.

8.1a) Diskussion

Innen leiten Wasser und Stahl die Wärme wesentlich besser als Luft, d. h., die Luftschicht oberhalb des Wasserspiegels stellt eine gute Isolierung dar. Die Wärmeleitung von außen nach innen ist aufgrund der Isolierung gering.

8.1b) Form des Tanks

Gesucht wird die Form mit der geringsten Oberfläche, die mit Wasser benetzt ist. Grundsätzlich wäre dies im vollständig gefüllten Zustand eine Kugel, bei nicht vollständig gefülltem Tank ist die Form dann abhängig vom Füllstand. Verwendet wird aus fertigungstechnischen Gründen eher ein Zylinder mit einem Klöpperboden. Dies kann hier ganz ordentlich durch einen einfachen Zylinder angenähert werden.

8.1c) Tank dimensionieren

Die Bestimmung der günstigsten Abmessungen ist ein Optimierungsproblem, das immer nur für einen speziellen Füllstand gelöst werden kann. Über den gesamten Bereich gibt es keine passende Lösung. Allerdings ist es sinnvoll, für den maximalen Füllstand zu optimieren, da so die Oberfläche maximal ist, durch die Wärme fließen kann. Dazu muss die Oberfläche des Tanks minimiert werden. Diese ist bei vorgegebenem Volumen

$$V = \frac{\pi}{4} \cdot d^2 \cdot h$$

oder aufgelöst nach der Höhe

$$h = \frac{V}{d^2} \cdot \frac{4}{\pi}$$

Damit ist die vom Wasser benetzte Oberfläche (Boden und Seitenwand)

$$O=\frac{\pi}{4}\cdot d^2+\pi\cdot d\cdot h=\frac{\pi}{4}\cdot d^2+\pi\cdot d\cdot\frac{V}{d^2}\cdot\frac{4}{\pi}=\frac{\pi}{4}\cdot d^2+4\cdot\frac{V}{d}$$

Das Minimum erhalten wir als Nullstelle der ersten Ableitung dieser Funktion nach dem Durchmesser

$$0=\frac{dO}{dd}=\frac{d}{dd}\left(\frac{\pi}{4}\cdot d^2+4\cdot\frac{V}{d}\right)=\frac{\pi}{2}\cdot d-4\cdot\frac{V}{d^2}$$

Das Auflösen dieser Funktion ergibt den Durchmesser des Tanks von

$$d_{\min}=\left(\frac{8}{\pi}\cdot V\right)^{\frac{1}{3}}=\left(\frac{8}{\pi}\cdot 10\ \mathrm{m}^3\right)^{\frac{1}{3}}=2{,}942\ \mathrm{m}$$

Daraus folgt als Höhe

$$h=\frac{V}{d^2}\cdot\frac{4}{\pi}=\frac{10\ \mathrm{m}^3}{(2{,}942\ \mathrm{m})^2}\cdot\frac{4}{\pi}=1{,}471\ \mathrm{m}$$

Die Höhe und der Radius des Tanks sind für diesen optimalen Fall also gerade gleich.

8.1d) Geometrie

Nein, die Isolierschicht ist ausreichend dünn, um dies als ebenes Problem zu rechnen.

8.1e) Wärmestrom

Wir rechnen unter der Annahme ebener Flächen. Zuerst benötigen wir die Oberfläche, die sich aus der Zylinderwand und dem Boden zusammensetzt:

$$O=\frac{\pi}{4}\cdot d^2+\pi\cdot d\cdot h=\frac{\pi}{4}\cdot(2{,}942\ \mathrm{m})^2+\pi\cdot 2{,}942\ \mathrm{m}\cdot 1{,}471\ \mathrm{m}=20{,}39\ \mathrm{m}^2$$

Das heißt, wir gehen davon aus, dass sich oberhalb des Wassers im Tank immer noch eine Luftschicht befindet, die isolierend wirkt. Daraus bestimmen wir die jeweiligen Wärmeleitungswiderstände

$$R_{Stahl}=\frac{d_{Stahl}}{A\cdot\lambda_{Stahl}}=\frac{0{,}0030\ \mathrm{m}}{20{,}39\ \mathrm{m}^3\cdot 15\ \frac{\mathrm{W}}{\mathrm{m}\cdot\mathrm{K}}}=9{,}809\cdot 10^{-6}\ \frac{\mathrm{K}}{\mathrm{W}}$$

$$R_{XPS}=\frac{d_{XPS}}{A\cdot\lambda_{XPS}}=\frac{0{,}050\ \mathrm{m}}{20{,}39\ \mathrm{m}^3\cdot 0{,}030\ \frac{\mathrm{W}}{\mathrm{m}\cdot\mathrm{K}}}=0{,}08174\ \frac{\mathrm{K}}{\mathrm{W}}$$

$$R_{PP}=\frac{d_{PP}}{A\cdot\lambda_{PP}}=\frac{0{,}0020\ \mathrm{m}}{20{,}39\ \mathrm{m}^3\cdot 0{,}22\ \frac{\mathrm{W}}{\mathrm{m}\cdot\mathrm{K}}}=445{,}9\cdot 10^{-6}\ \frac{\mathrm{K}}{\mathrm{W}}$$

und erhalten so den Wärmestrom bei maximaler Temperaturdifferenz zwischen Halle und Wasser:

$$\dot{Q} = \frac{\Delta T_{ges}}{R_{ges}} = \frac{\Delta T_{ges}}{\sum_i R_i} = \frac{35\,°\text{C} - 5\,°\text{C}}{9{,}809 \cdot 10^{-6}\,\frac{\text{K}}{\text{W}} + 0{,}08174\,\frac{\text{K}}{\text{W}} + 445{,}9 \cdot 10^{-6}\,\frac{\text{K}}{\text{W}}} = 365{,}0\,\text{W}$$

Dies ist ein recht geringer Wärmestrom.

8.1f) Temperaturen

Das Einsetzen der entsprechenden Werte ergibt folgende Temperaturen:

$$T_{PP/XPS} = T_{aussen} - \dot{Q} \cdot R_{PP} = 35\,°\text{C} - 365\,\text{W} \cdot 445{,}9 \cdot 10^{-6}\,\frac{\text{K}}{\text{W}} = 34{,}84\,°\text{C}$$

$$T_{XPS/Stahl} = \dot{Q} \cdot R_{PP} + T_{innen} = 365\,\text{W} \cdot 9{,}809 \cdot 10^{-6}\,\frac{\text{K}}{\text{W}} + 5\,°\text{C} = 5{,}004\,°\text{C}$$

Die wesentliche Isolation wird durch das XPS verursacht, und insbesondere die Stahlwand kann als isotherm angesehen werden.

8.1g) Verweildauer

Um das zu ermitteln, bestimmen wir zuerst den Wärmestrom ohne Isolierung. Dieser beträgt

$$\dot{Q} = \frac{\Delta T_{ges}}{R_{ges}} = \frac{\Delta T_{ges}}{R_{Stahl} + R_{PP}} = \frac{35\,°\text{C} - 5\,°\text{C}}{9{,}809 \cdot 10^{-6}\,\frac{\text{K}}{\text{W}} + 445{,}9 \cdot 10^{-6}\,\frac{\text{K}}{\text{W}}} = 65830\,\text{W}$$

Wie praktisch, dass wir schon die Wärmewiderstände in 8.1e) berechnet haben. Mit diesem Wärmestrom erhöht sich die Temperatur des Wassers in 2 h um (ρ = 1000 kg m^{-3}, c_p = 4,2 kJ kg^{-1} K^{-1}):

$$\Delta T = \frac{\dot{Q} \cdot t}{c_p \cdot m} = \frac{\dot{Q} \cdot t}{c_p \cdot V \cdot \rho} = \frac{65830\,\text{W} \cdot 7200\,\text{s}}{4200\,\frac{\text{J}}{\text{kg} \cdot \text{K}} \cdot 10\,\text{m}^3 \cdot 1000\,\frac{\text{kg}}{\text{m}^3}} = 11{,}29\,\text{K}$$

Eine Isolierung wird benötigt. Die vorhandene ist jedoch überdimensioniert.

8.1h) Isolierung dimensionieren

Wir benötigen den maximal zulässigen Wärmestrom, mit dem das Wasser gerade noch im zulässigen Temperaturbereich von ΔT = 3 K bleibt:

$$\dot{Q}_{\text{max}} = \frac{c_p \cdot V \cdot \rho \cdot \Delta T_{Zeit}}{\Delta t} = \frac{4200\,\frac{\text{J}}{\text{kg} \cdot \text{K}} \cdot 10\,\text{m}^3 \cdot 1000\,\frac{\text{kg}}{\text{m}^3} \cdot 3\,\text{K}}{24 \cdot 3600\,\text{s}} = 1458\,\text{W}$$

Wir vernachlässigen jetzt den Stahl und das Polypropylen (PP). Dann erhalten wir für die Dicke der Isolierung

$$d_{XPS} = \frac{\lambda \cdot A \cdot \Delta T_{ges}}{\dot{Q}} = \frac{0{,}030\,\frac{\text{W}}{\text{m} \cdot \text{K}} \cdot 20{,}39\,\text{m}^2 \cdot 30\,\text{K}}{1458\,\text{W}} = 0{,}0126\,\text{m} = 12{,}6\,\text{mm}$$

Die vorgesehenen 50 mm sind also auch für eine längere Betriebspause geeignet.

Problem 8.2: Todesstern

In dieser Problemstellung steht die Strahlung im Vordergrund. Gleichzeitig sehen wir uns mit durchaus etwas Ironie an, wie realistisch die fortgeschrittene „Technologie" in Kinosagen gestaltet sein kann. Spoiler: So jedenfalls wird unsere Zukunft nicht aussehen.

8.2a) Umgebungstemperatur

Unter der Annahme, dass es sich um sehr fortgeschrittene Technologie handelt und daher ein Carnot-Wirkungsgrad erreicht werden kann und alle Aggregate in ihrem Inneren nahezu ideale Prozesse ablaufen lassen, bestimmen wir den Carnot-Wirkungsgrad für die Umgebungsbedingungen des Todessterns.

Die nutzbare Umgebungstemperatur hängt vom Abstand zum nächsten Stern ab. Weit entfernt von Strahlenquellen ist sie die Temperatur des Mikrowellenhintergrundes von etwa 3 K (oder genauer 2,725 K). Auf der Erdumlaufbahn beträgt diese Temperatur gemittelt über eine Kugel und bei hoher Emissivität ε etwa 255 K. Dies ist die mittlere Temperatur auf dem Mond, also ohne Atmosphäre.

8.2b) Reaktor auslegen

Wirkungsgrad: Damit liegt der Wirkungsgrad zwischen

$$\eta_{Erde} = 1 - \frac{T_u}{T_{zu}} = 1 - \frac{255\ \text{K}}{2273\ \text{K}} = 0{,}8878$$

und

$$\eta_{All,perfect} = 1 - \frac{T_{bgrd}}{T_{zu}} = 1 - \frac{3\ \text{K}}{2273\ \text{K}} = 0{,}9987$$

Es ist technisch gesehen für die Planetenzerstörung nicht notwendig, den Todesstern ins Planetensystem hineinzubewegen, da der Laserstrahl nicht aus großer Nähe abgefeuert werden muss und da die Position von Planeten lange im Voraus bekannt ist. Allerdings sieht es im Film natürlich besser aus, wenn der Todesstern sehr nahe am Opfer verharrt.

Da real für Wärmeübertragung im Raumschiff ein gewisser Temperaturgradient benötigt wird und bei sehr niedrigen Temperaturen Material sehr unangenehme Eigenschaften bekommt, sind für die Carnot-Maschine 50 K eher realistisch. Dann wäre

$$\eta_{All} = 1 - \frac{T_{bgrd}}{T_{zu}} = 1 - \frac{50\ \text{K}}{2273\ \text{K}} = 0{,}9780$$

Nennleistung: Die benötigte Nennleistung berechnet sich aus der gesamten Abstrahlung der Sonne über eine Woche, die innerhalb von 5 min abgestrahlt werden soll.

$$\dot{Q}_{nenn} = \frac{\dot{Q}_{sol} \cdot 7\ \text{d}}{5\ \text{min}} = \frac{0{,}3846 \cdot 10^{27}\ \text{W} \cdot 7 \cdot 24 \cdot 60\ \text{min}}{5\ \text{min}} = 775{,}4 \cdot 10^{27}\ \text{W}$$

Hierbei gehen wir dezent davon aus, dass der Laser verlustfrei arbeitet.

8.2c) Brennstoffbedarf

Eine gewisse Speicherung von Energie im Reaktor vor der Entnahme ist denkbar, wie auch eine etwas verzögerte Abgabe von Wärme nach dem Zerstören. Die Wärme benötigt einige Zeit, um vom Reaktorkern bis zur Oberfläche transportiert zu werden. Dies vernachlässigen wir aber.

Der benötigte Wärmestrom aus der Kernspaltung des Urans bei Nennleistung beträgt

$$\dot{Q}_{zu} = \frac{P_{nenn}}{\eta} = \frac{775{,}4 \cdot 10^{27}\ \mathrm{W}}{0{,}9780} = 792{,}8 \cdot 10^{27}\ \mathrm{W}$$

Der dafür benötigte Umsatz an Uran beträgt mit dem „Heizwert“ der Kernspaltung

$$\dot{m}_{\mathrm{U}^{235}} = \frac{\dot{Q}_{zu}}{H_{spalt,{}^{235}\mathrm{U}}} = \frac{792{,}8 \cdot 10^{27}\ \mathrm{W}}{78 \cdot 10^{12}\ \frac{\mathrm{J}}{\mathrm{kg}}} = 10{,}16 \cdot 10^{15}\ \frac{\mathrm{kg}}{\mathrm{s}}$$

Für eine Planetenzerstörung wird damit eine Masse von

$$m_{Planet} = \dot{m}_{{}^{235}\mathrm{U}} \cdot \Delta t = 10{,}16 \cdot 10^{15}\ \frac{\mathrm{kg}}{\mathrm{s}} \cdot 300\ \mathrm{s} = 3{,}048 \cdot 10^{18}\ \mathrm{kg}$$

an Uran für die Kernspaltung benötigt. Uran hat eine Dichte von $\rho_{\mathrm{U}} = 19\,200\ \mathrm{kg\ m^{-3}}$. Damit entspricht diese benötigte Masse einem Volumen von

$$V_{{}^{235}\mathrm{U}} = \frac{m_{{}^{235}\mathrm{U}}}{\rho_{{}^{235}\mathrm{U}}} = \frac{3{,}048 \cdot 10^{18}\ \mathrm{kg}}{19200\ \frac{\mathrm{kg}}{\mathrm{m}^3}} = 158{,}8 \cdot 10^{12}\ \mathrm{m}^3 = 158800\ \mathrm{km}^3$$

Dies wäre ein Würfel mit folgenden Kantenlängen:

$$x = \left(V_{{}^{235}\mathrm{U}}\right)^{\frac{1}{3}} = \left(158800\ \mathrm{km}^3\right)^{\frac{1}{3}} = 54{,}15\ \mathrm{km}$$

Oh, dieses Volumen nimmt einen erheblichen Teil des Raumschiffs ein ...

Dazu kommt eine beeindruckende Logistik, die diese Masse an Uran zum Raumschiff bringt und sie nach Verbrauch wieder entsorgt (z.B. darf reines ^{235}U nicht in großer Masse eng gelagert werden, da dann die kritische Masse überschritten wird und es spontan mit einer Kettenreaktion loslegt).

Es scheint also doch kein Kernspaltungsreaktor zu sein.

8.2d) Oberflächentemperatur

Abwärme: Die abzugebende Abwärme des Reaktors aus der Planetenzerstörung beträgt dann

$$\dot{Q}_{ab} = \dot{Q}_{zu} - P_{nenn} = \frac{P_{nenn}}{\eta} - P_{nenn} = P_{nenn} \cdot \left(\frac{1}{\eta} - 1\right)$$

$$\dot{Q}_{ab} = 775{,}4 \cdot 10^{27}\ \mathrm{W} \cdot \left(\frac{1}{0{,}9780} - 1\right) = 17{,}44 \cdot 10^{27}\ \mathrm{W}$$

Falls wir die gesamte Oberfläche des Raumschiffs für die Abstrahlung dieser Abwärme verwenden können, so ist diese

$$O = \pi \cdot d^2 = \pi \cdot (200000\ \text{m})^2 = 125{,}7 \cdot 10^9\ \text{m}^2$$

Damit ergibt sich die benötigte Oberflächentemperatur des Todessterns bei Nennleistung des Reaktors zu

$$T = \left(\frac{\dot{Q}_{ab}}{\sigma \cdot \varepsilon \cdot O} + T_u^4 \right)^{\frac{1}{4}} = \left(\frac{17{,}44 \cdot 10^{27}\ \text{W}}{5{,}67 \cdot 10^{-8}\ \frac{\text{W}}{\text{m}^2 \cdot \text{K}^4} \cdot 1{,}0 \cdot 125{,}7 \cdot 10^9\ \text{m}^2} + (3\ \text{K})^4 \right)^{\frac{1}{4}} = 1251000\ \text{K}$$

Der Todesstern würde also bei dieser Nennleistung des Reaktors mit einem wirklich spektakulär hellen Lichtblitz verdampfen.

8.2e) Kühlelemente dimensionieren

Kühlelemente würden als große abstrahlende Flächen gestaltet werden, die selbst weder den Todesstern noch sich gegenseitig bestrahlen können. Die abstrahlende Fläche beträgt für eine maximale Temperatur von 2000 °C (hell weißglühend)

$$O = \frac{\dot{Q}_{ab}}{\sigma \cdot \varepsilon \cdot \left(T_{ab}^4 - T_u^4\right)} = \frac{17{,}44 \cdot 10^{27}\ \text{W}}{5{,}67 \cdot 10^{-8}\ \text{W} \cdot 1{,}0 \cdot \left((2273\ \text{K})^4 - (3\ \text{K})^4\right)} = 11{,}52 \cdot 10^{21}\ \text{m}^2$$

Diese Fläche entspricht bei beidseitiger Abstrahlung grob 10 % der Fläche, die die Erde mit ihrer Umlaufbahn (der Radius der Umlaufbahn beträgt $149{,}6 \cdot 10^6$ km) umschreibt. Aufgrund dieser notwendigen Kühlelemente wäre es recht anspruchsvoll, das Raumschiff durch ein Planetensystem zu manövrieren.

Über die benötigte Geschwindigkeit und den Massenstrom des Kühlmittels können Sie an dieser Stelle nachdenken. Auch dies stellt technisch eine Herausforderung dar (Pumpenleistung, Reibungsverluste in den Rohrleitungen usw.).

Aufgrund seiner Masse würde das Raumschiff eigentlich auch die Umlaufbahnen im Planetensystem stören und schon auf diese Weise für Chaos sorgen ...

■ Problem 8.3: Brennt es im Container?

Vordergründig geht es in dieser Problemstellung darum, erzwungene und freie Konvektion zu erkennen und die Gleichungen anzuwenden. In 8.3c) und 8.3d) erfahren Sie darüber hinaus noch einiges zum unterschiedlichen Temperaturverhalten und dem iterativen Vorgehen bei solchen Problemen. ■

8.3a) Wärmestrom fahrend

Der Container wird an beiden Seiten und an der Oberseite vom Fahrtwind überstrichen. Es liegt daher für diese drei Oberflächen erzwungene Konvektion vor. Die überströmte Oberfläche beläuft sich auf

$$O = 3 \cdot b \cdot l = 3 \cdot 8' \cdot 20' = 3 \cdot 8 \cdot 12 \cdot 25{,}4\ \text{mm} \cdot 20 \cdot 12 \cdot 25{,}4\ \text{mm} = 44{,}59\ \text{m}^2$$

Ausgehend von der Filmtemperatur

$$\vartheta_f = \frac{\vartheta_C + \vartheta_u}{2} = \frac{61\ °\text{C} + 18\ °\text{C}}{2} = 39{,}5\ °\text{C}$$

tragen wir folgende Stoffwerte aus einer Tabelle zusammen:

$$\nu = 17{,}2 \cdot 10^{-6}\ \frac{\text{m}^2}{\text{s}}$$

$$\lambda = 0{,}02735\ \frac{\text{W}}{\text{m} \cdot \text{K}}$$

$$\text{Pr} = 0{,}7056$$

$$L = 20' = 20 \cdot 12 \cdot 25{,}4\ \text{mm} = 6{,}096\ \text{m}$$

Die Reynolds-Zahl ermitteln wir daraus zu

$$\text{Re} = \frac{c \cdot L}{\nu} = \frac{80\ \frac{\text{km}}{\text{h}} \cdot 6{,}096\ \text{m}}{17{,}2 \cdot 10^{-6}\ \frac{\text{m}^2}{\text{s}}} = \frac{80 \frac{1000\ \text{m}}{3600\ \text{s}} \cdot 6{,}096\ \text{m}}{17{,}2 \cdot 10^{-6}\ \frac{\text{m}^2}{\text{s}}} = 7876000$$

und erhalten so als Nußelt-Zahl für turbulente erzwungene Konvektion

$$\text{Nu}_{turb} = \frac{0{,}037 \cdot \text{Re}^{0{,}8} \cdot \text{Pr}}{1 + 2{,}443 \cdot \text{Re}^{-0{,}1} \cdot \left(\text{Pr}^{2/3} - 1\right)} = 9578$$

Wir erhalten somit

$$\alpha = \frac{Nu \cdot \lambda}{L} = \frac{9578 \cdot 0{,}02735 \cdot \frac{\text{W}}{\text{m} \cdot \text{K}}}{6{,}096\ \text{m}} = 42{,}97\ \frac{\text{W}}{\text{m}^2 \cdot \text{K}}$$

Der vom Container abgegebene Wärmestrom beträgt dann etwa

$$\dot{Q} = \alpha \cdot O \cdot \Delta T = 42{,}97\ \frac{\text{W}}{\text{m}^2 \cdot \text{K}} \cdot 44{,}59\ \text{m}^2 \cdot \left(61\ °\text{C} - 18\ °\text{C}\right) = 82390\ \text{W}$$

Das ist ein recht hoher Wärmestrom, der eine aktive Wärmequelle benötigt.

8.3b) Diskussion

Die Annahme ist erst einmal gerechtfertigt, da die Stirnflächen des Containers zwischen den Waggons eher im Windschatten liegen und die Unterseite des Containers durch den darunterliegenden Waggon geschützt wird. Allerdings werden wir an den windgeschützten Oberflächen deutlich höhere Temperaturen erwarten.

8.3c) Temperatur stehend

Vorarbeit: Diese Problemstellung ist nicht direkt lösbar. Wir benötigen zuerst die Filmtemperatur, um die Stoffwerte abzulesen. Da wir aber nach der Oberflächentemperatur gefragt werden, ist auch die Filmtemperatur für uns unbekannt. Die Vorgehensweise wird daher iterativ: Wir schätzen eine Oberflächentemperatur und berechnen damit den Wärmestrom. Aus der Abweichung zwischen dem berechneten und dem vorgegebenen Wärmestrom wird dann eine neue Temperatur geschätzt. Dies machen wir etwa drei bis vier Runden lang, bis das Ergebnis einigermaßen konstant bleibt. Hierfür kann ein Tabellenkalkulationsprogramm genutzt werden, das wir aber leider nicht in der Klausur verwenden dürfen. Wir müssen hier also eine Temperatur raten, um mit der Berechnung zu starten. Ich beginne mit $T_C = 100\,°C$.

Jetzt liegt freie Konvektion vor, d. h., die vier Seitenflächen des Containers sind als senkrecht frei überströmte Flächen zu berechnen und die Dachfläche als ebene Fläche. Die Stoffwerte für beide Flächen sind dann bei der Filmtemperatur

$$\vartheta_f = \frac{\vartheta_C + \vartheta_u}{2} = \frac{100\,°C + 18\,°C}{2} = 59\,°C \cong 60\,°C$$

abzulesen mit

$$\Delta T = 82\,°C$$

$$\beta = \frac{1}{T_f} = \frac{1}{\vartheta_f + 273{,}15\,K} = 0{,}003011\,\frac{1}{K}$$

$$g = 9{,}81\,\frac{m}{s^2}$$

$$v = 19{,}22 \cdot 10^{-6}\,\frac{m^2}{s}$$

$$\Pr = 0{,}7035$$

Seitenflächen: Die senkrecht frei überströmten vier Seitenflächen des Containers lösen wir zuerst. Die gesamte Fläche beträgt

$$O_{Seite} = 2 \cdot 8' \cdot 8' + 2 \cdot 8' \cdot 20' = 41{,}62\,m^2$$

und die charakteristische Länge ist die Höhe des Containers $L = 8' = 2{,}419$ m. Daraus folgt die Graßhoff-Zahl:

$$Gr = \frac{g \cdot \beta \cdot L^3 \cdot \Delta T}{v^2} = \frac{9{,}81\,\frac{m}{s^2} \cdot \frac{0{,}003011}{K} \cdot (2{,}419\,m)^3 \cdot 82\,K}{\left(19{,}22 \cdot 10^{-6}\,\frac{m^2}{s}\right)^2} = 92810000000$$

So recht beurteilen können wir diese Zahl nicht. Wir können nur hoffen, dass wir wirklich alles richtig eingegeben haben. Weiter benötigen wir

$$f_1(\Pr) = \left(1 + \left(\frac{0{,}492}{\Pr}\right)^{9/16}\right)^{-16/9} = 0{,}3456$$

um damit die Nußelt-Zahl zu berechnen:

$$\mathrm{Nu} = \left(0{,}825 + 0{,}387 \cdot \left(\mathrm{Gr} \cdot \mathrm{Pr} \cdot f_1(\mathrm{Pr})\right)^{1/6}\right)^2 = 457{,}8$$

Daraus folgt

$$\alpha = \frac{\mathrm{Nu} \cdot \lambda}{L} = \frac{457{,}8 \cdot 0{,}02880 \, \dfrac{\mathrm{W}}{\mathrm{m} \cdot \mathrm{K}}}{2{,}419 \mathrm{~m}} = 5{,}450 \, \frac{\mathrm{W}}{\mathrm{m}^2 \cdot \mathrm{K}}$$

und damit als Wärmestrom

$$\dot{Q}_{seite} = \alpha \cdot O \cdot \Delta T = 5{,}450 \, \frac{\mathrm{W}}{\mathrm{m}^2 \cdot \mathrm{K}} \cdot 41{,}62 \mathrm{~m}^2 \cdot 82 \mathrm{~K} = 18600 \mathrm{~W}$$

Dachfläche: Für die Dachfläche erhalten wir

$$O_{Dach} = 8' \cdot 20' = 14{,}86 \mathrm{~m}^2$$

und als charakteristische Länge

$$L = \frac{a \cdot b}{2 \cdot a + 2 \cdot b} = \frac{8' \cdot 20'}{2 \cdot 8' + 2 \cdot 20'} = 0{,}8709 \mathrm{~m}$$

Daraus folgt die Graßhoff-Zahl

$$\mathrm{Gr} = \frac{g \cdot \beta \cdot L^3 \cdot \Delta T}{v^2} = \frac{9{,}81 \, \dfrac{\mathrm{m}}{\mathrm{s}^2} \cdot \dfrac{0{,}003011}{\mathrm{K}} \cdot (0{,}8709 \mathrm{~m})^3 \cdot 82 \mathrm{~K}}{\left(19{,}22 \cdot 10^{-6} \, \dfrac{\mathrm{m}^2}{\mathrm{s}}\right)^2} = 4331000000$$

und damit die Nußelt-Zahl

$$\mathrm{Nu} = \left(0{,}825 + 0{,}387 \cdot \left(\mathrm{Gr} \cdot \mathrm{Pr} \cdot f_1(\mathrm{Pr})\right)^{1/6}\right)^2 = 173{,}4$$

Daraus folgt

$$\alpha = \frac{\mathrm{Nu} \cdot \lambda}{L} = \frac{173{,}4 \cdot 0{,}02880 \, \dfrac{\mathrm{W}}{\mathrm{m} \cdot \mathrm{K}}}{0{,}8709 \mathrm{~m}} = 5{,}734 \, \frac{\mathrm{W}}{\mathrm{m}^2 \cdot \mathrm{K}}$$

und damit als Wärmestrom

$$\dot{Q}_{Dach} = \alpha \cdot O \cdot \Delta T = 5{,}734 \, \frac{\mathrm{W}}{\mathrm{m}^2 \cdot \mathrm{K}} \cdot 14{,}86 \mathrm{~m}^2 \cdot 82 \mathrm{~K} = 6987 \mathrm{~W}$$

Summe: Der gesamte Wärmestrom, den der Waggon abgibt, beträgt damit

$$\dot{Q} = \dot{Q}_{Seite} + \dot{Q}_{Dach} = 18600 \mathrm{~W} + 6987 \mathrm{~W} = 25587 \mathrm{~W}$$

Das Ergebnis bedeutet, dass wir die Temperatur deutlich unterschätzt haben.

Die beiden Wärmeübergangskoeffizienten von Seite und Dach sind nahezu identisch. Daher können wir für den nächsten Iterationsschritt die Temperaturdifferenz aus

$$\Delta T = \frac{\dot{Q}_{Ziel}}{\bar{\alpha}\cdot\left(O_{Seite}+O_{Dach}\right)} = \frac{82390\ \text{W}}{\frac{5{,}450\ \frac{\text{W}}{\text{m}^2\cdot\text{K}}+5{,}734\ \frac{\text{W}}{\text{m}^2\cdot\text{K}}}{2}\cdot\left(41{,}62\ \text{m}^2+14{,}86\ \text{m}^2\right)} = 260\ \text{K}$$

bestimmen. Diese Temperatur ist nicht das Ergebnis, da sich alle Zustandsgrößen der Filmtemperatur mit dieser verändern. Das Ergebnis weiterer Iterationen liegt etwa bei 220 K.

8.3d) Strahlung

Die Strahlung hängt nur von der Oberflächentemperatur ab. Sie ist nicht abhängig davon, ob sich der Waggon bewegt oder ob er steht. Die abstrahlende Oberfläche umfasst die vier Seiten und das Dach:

$$O = 41{,}62\ \text{m}^2 + 14{,}86\ \text{m}^2 = 56{,}48\ \text{m}^2$$

Für die Emissivität ε von Lacken im hier relevanten Temperaturbereich listet der VDI-Wärmeatlas Werte zwischen 0,92 und 0,95.

Rollend: Damit ist der abgestrahlte Wärmestrom des rollenden Waggons folgender:

$$\dot{Q} = O\cdot\sigma\cdot\varepsilon\cdot\left(T^4 - T_u^4\right)$$

$$\dot{Q} = 56{,}48\ \text{m}^2\cdot 5{,}67\cdot 10^{-8}\ \frac{\text{W}}{\text{m}^2\cdot\text{K}}\cdot 0{,}95\cdot\left(\left(334\ \text{K}\right)^4-\left(291\ \text{K}\right)^4\right) = 16040\ \text{W}$$

Damit wäre der tatsächliche vom rollenden Waggon abgegebene Wärmestrom etwa 98 000 W. Wir können bei diesen Berechnungen Strahlung nicht immer gut vernachlässigen.

Stehend: Der abgegebene Wärmestrom des stehenden Waggons beträgt mit der abgeschätzten Temperatur

$$\dot{Q} = 56{,}48\ \text{m}^2\cdot 5{,}67\cdot 10^{-8}\ \frac{\text{W}}{\text{m}^2\cdot\text{K}}\cdot 0{,}95\cdot\left(\left(490\ \text{K}\right)^4-\left(291\ \text{K}\right)^4\right) = 153600\ \text{W}$$

Dieser Wert übersteigt deutlich den in 8.3c) zugrunde gelegten Wärmestrom. Das heißt, in diesem Temperaturbereich dominiert bereits Strahlung den Wärmetransport und wir müssten also Strahlung bei der Iteration immer mitberücksichtigen. Bereits für die grob geschätzte Oberflächentemperatur des Waggons wäre

$$\dot{Q} = 56{,}48\ \text{m}^2\cdot 5{,}67\cdot 10^{-8}\ \frac{\text{W}}{\text{m}^2\cdot\text{K}}\cdot 0{,}95\cdot\left(\left(373\ \text{K}\right)^4-\left(291\ \text{K}\right)^4\right) = 37070\ \text{W}$$

und damit würde sich unter der Bedingung eines insgesamt konstanten Wärmestroms bei Fahrt oder beim Stehen eine deutlich niedrigere Temperatur für die Situation des stehenden Waggons ergeben als der nur aus Konvektion berechnete Wert.

Problem 8.4: Klausur schreiben?

Der Einstieg in diese Problemstellung ist wirklich böse. Kein Wunder, dass Panik im Hörsaal ausbricht und alle schwitzen, wenn so eine Aufgabe in der Klausur drankommt: Das haben Sie vermutlich so nicht in Ihrer Thermodynamik-Vorlesung gelernt. Im Folgenden geht es darum, alle drei Formen von Wärmeübertragung anzuwenden.

8.4a) Einstrahlung

Die gegebenen Informationen müssen wir zu einem Bild von dem zusammensetzen, was hier gerade passiert. Die Strahlung der Sonne erreicht Darmstadt oberhalb der Atmosphäre mit einer Intensität von 1367 W m^{-2}. Bis zum Erdboden gelangen davon noch 60 % oder 820 W m^{-2}.

Würde die Sonne genau im Zenit stehen, also senkrecht von oben scheinen, dann wäre dies der Wärmestrom, der das Dach erreicht. Da die Sonne aber 50° über dem Horizont steht oder 40° von der Flächensenkrechten des Daches abweicht, wird sich der Wärmestrom auf dem Dach entsprechend verringern. Der auf die Fläche bezogene Wärmestrom, der das Dach erreicht, beträgt

$$q = I_{boden} \cdot \cos\beta = 820\,\frac{\mathrm{W}}{\mathrm{m}^2} \cdot \cos(40°) = 628\,\frac{\mathrm{W}}{\mathrm{m}^2}$$

Diese Bedingungen sind recht typisch für eine Klausur am Vormittag und im Sommersemester.

8.4b) Absorption

Das Dach des Hörsaals absorbiert damit einen Wärmestrom von

$$\dot{Q}_{zu} = A_{Dach} \cdot \varepsilon_{Dach} \cdot q = 144\ \mathrm{m}^2 \cdot 0{,}90 \cdot 628\,\frac{\mathrm{W}}{\mathrm{m}^2} = 81390\ \mathrm{W}$$

und reflektiert den Rest der eingestrahlten Wärme.

8.4c) Abstrahlung

Nicht angegeben ist die Umgebungstemperatur der Atmosphäre für Strahlung. Diese Strahlungstemperatur der Atmosphäre lässt sich z. B. mit einer Thermokamera ganz gut bestimmen. Der Wert kann an sehr klaren Tagen deutlich von der Lufttemperatur abweichen. Da wir keinen eigenen Wert haben, rechnen wir einmal mit der gegebenen Lufttemperatur:

$$\dot{Q}_{ab} = A_{Dach} \cdot \varepsilon_{Dach} \cdot \sigma \cdot \left(T_{Dach}^4 - T_{Luft}^4\right)$$

$$\dot{Q}_{ab} = 144\ \mathrm{m}^2 \cdot 0{,}90 \cdot 5{,}67 \cdot 10^{-8}\,\frac{\mathrm{W}}{\mathrm{m}^2 \cdot \mathrm{K}^4} \cdot \left((340\ \mathrm{K})^4 - (301\ \mathrm{K})^4\right) = 37\,880\ \mathrm{W}$$

Könnte das Dach seine gesamte Wärme (mit seiner Umgebungstemperatur von 3 K) ins All abstrahlen, dann wäre

$$\dot{Q}_{abinsAll} = 144\ \text{m}^2 \cdot 0{,}90 \cdot 5{,}67 \cdot 10^{-8}\ \frac{\text{W}}{\text{m}^2 \cdot \text{K}^4} \cdot \left((340\ \text{K})^4 - (3\ \text{K})^4 \right) = 98198\ \text{W}$$

Der zweite Fall ist attraktiv zur Temperierung von Gebäuden, und es werden gerade Farben und Beschichtungen entwickelt, die dies zumindest in Regionen mit klarem Himmel ermöglichen sollen. Im Rhein-Main-Gebiet mit seiner eher schwülen Wärme funktioniert dies nur sehr bedingt.

Zusammenfassend stellen die 37 880 W den minimalen Wert dar. Oft wird das Dach etwas mehr abstrahlen können. Dieser minimale Wert entspricht etwa 50 % des eingestrahlten Wärmestroms.

8.4d) Konvektion

Es ist unklar, ob freie oder erzwungene Konvektion vorliegt. Daher müssen wir beides berechnen. Die benötigten gemeinsamen Daten sind bei der Filmtemperatur

$$T_f = \frac{T_{Dach} + T_{Luft}}{2} = \frac{67\ °\text{C} + 28\ °\text{C}}{2} = 47{,}5\ °\text{C} \simeq 50\ °\text{C}$$

aus Tabellen zusammengesucht mit

$$\nu = 18{,}22 \cdot 10^{-6}\ \frac{\text{m}^2}{\text{s}}$$

$$\text{Pr} = 0{,}7045$$

$$\lambda = 0{,}02808\ \frac{\text{W}}{\text{m} \cdot \text{K}}$$

Freie Konvektion: Für die reine freie Konvektion und eine quadratische Dachfläche ist die charakteristische Länge

$$L_{frei} = \frac{a \cdot b}{2 \cdot a + 2 \cdot b} = \frac{a}{4} = \frac{12\ \text{m}}{4} = 3\ \text{m}$$

und

$$\beta = \frac{1}{T_f} = \frac{1}{320{,}7\ \text{K}} = \frac{0{,}003118}{\text{K}}$$

Damit erhalten wir die Graßhoff-Zahl

$$\text{Gr} = \frac{g \cdot \beta \cdot L^3 \cdot \Delta\vartheta}{\nu^2}$$

$$\text{Gr} = \frac{9{,}81\ \frac{\text{m}}{\text{s}^2} \cdot 0{,}003118\ \frac{1}{\text{K}} \cdot (3\ \text{m})^3 \cdot 39\ \text{K}}{\left(18{,}22 \cdot 10^{-6}\ \frac{\text{m}^2}{\text{s}}\right)^2} = 97\,020\,000\,000$$

und den Wert

$$f_2 = \left(1+\left(\frac{0,322}{\text{Pr}}\right)^{11/20}\right)^{-20/11} = 0,4023$$

Auch unklar ist, ob die freie Konvektion noch laminar oder schon turbulent abläuft. Daher bestimmen wir beide Nußelt-Zahlen:

$$\text{Nu}_{frei,lam} = 0,766 \cdot (\text{Gr} \cdot \text{Pr} \cdot f_2)^{1/5} = 93,78$$

$$\text{Nu}_{frei,turb} = 0,150 \cdot (\text{Gr} \cdot \text{Pr} \cdot f_2)^{1/3} = 452,8$$

Falls freie Konvektion dominiert, wäre sie also turbulent, da diese Nußelt-Zahl deutlich größer ist.

Erzwungene Konvektion: Wir gehen davon aus, dass der Wind entlang einer der Kanten des Raumes streicht. Damit ist die charakteristische Länge gerade die Seitenlänge des Raumes:

$$L_{zw} = 12\ \text{m}$$

Die Reynolds-Zahl beträgt

$$\text{Re} = \frac{c \cdot L}{\nu} = \frac{2,0\ \frac{\text{m}}{\text{s}} \cdot 12\ \text{m}}{18,22 \cdot 10^{-6}\ \frac{\text{m}^2}{\text{s}}} = 1317000$$

Damit erhalten wir als Nußelt-Zahl

$$\text{Nu}_{zw} = \frac{0,037 \cdot \text{Re}^{0,8} \cdot \text{Pr}}{1+2,443 \cdot \text{Re}^{-0,1} \cdot \left(\text{Pr}^{2/3}-1\right)} = 2341$$

Wärmestrom: Der Vergleich der Nußelt-Zahlen zeigt, dass hier auch bei diesem leichten Lüftchen schon erzwungene turbulente Konvektion deutlich dominiert. Wir erhalten

$$\alpha = \frac{\text{Nu}_{zw} \cdot \lambda}{L} = \frac{2341 \cdot 0,02808\ \frac{\text{W}}{\text{m} \cdot \text{K}}}{12\ \text{m}} = 5,478\ \frac{\text{W}}{\text{m}^2 \cdot \text{K}}$$

und damit

$$\dot{Q}_{konv} = \alpha \cdot A \cdot \Delta T = 5,478\ \frac{\text{W}}{\text{m}^2 \cdot \text{K}} \cdot 144\ \text{m}^2 \cdot 39\ \text{K} = 30760\ \text{W}$$

Das heißt, das Dach gibt etwa 25 % des eingestrahlten Wärmestroms über Konvektion an die Umgebung ab.

8.4e) Wärmestrom

Achtung: Dies ist eine böse Falle! Es sind keine Angaben zum Wärmedurchgang des Daches gegeben. Das heißt, wir sind nicht in der Lage, dies abzuschätzen. Doch wir können annehmen, dass es sich um ein stationäres Fließsystem handelt. Dann können wir über den ersten Hauptsatz argumentieren, dass der Wärmestrom, der weder durch Konvektion noch durch Strahlung an die Umgebung abgegeben wird, in den Raum fließen muss.

$$\dot{Q}_{raum} = \dot{Q}_{sol} - \dot{Q}_{em} - \dot{Q}_{konv} = 81390\ \text{W} - 37880\ \text{W} - 30760\ \text{W} = 12750\ \text{W}$$

Dieser Wert hängt kritisch davon ab, wie sich das Wetter entwickelt.

8.4f) Körperwärme

Die Student:innen geben einen Wärmestrom von

$$\dot{Q}_{studs} = N_{studs} \cdot \dot{Q}_{stu} = 60 \cdot 150\ \text{W} = 9000\ \text{W}$$

an den Raum ab.

8.4g) Im Raum

Da die Student:innen einen kühlen Kopf bewahren wollen - also ihre Körpertemperatur konstant halten -, wird die zugeführte Wärme die Luft im Raum erwärmen. Es befinden sich beim Start der Klausur

$$m_{Luft} = \frac{p \cdot V}{R_{Luft} \cdot T} = \frac{101000\ \text{Pa} \cdot 576\ \text{m}^3}{287{,}2\ \frac{\text{J}}{\text{kg} \cdot \text{K}} \cdot 301\ \text{K}} = 673{,}0\ \text{kg}$$

im Raum. Die Aufheizrate bestimmen wir mit

$$\dot{Q}_{zu} = \frac{dQ_{zu}}{dt} = \frac{d\left(m \cdot c_p \cdot \Delta T\right)}{dt} = m \cdot c_p \cdot \frac{dT}{dt}$$

bzw. aufgelöst nach dem Anstieg der Temperatur

$$\frac{dT}{dt} = \frac{\dot{Q}_{zu}}{m \cdot c_p} = \frac{\dot{Q}_{studs} + \dot{Q}_{raum}}{m \cdot c_p} = \frac{9000\ \text{W} + 11630\ \text{W}}{673{,}0\ \text{kg} \cdot 1004\ \frac{\text{J}}{\text{kg} \cdot \text{K}}} = 0{,}03053\ \frac{\text{K}}{\text{s}} = 1{,}8\ \frac{\text{K}}{\text{min}}$$

Es wird also sehr schnell unerträglich heiß. Durch die beiden geöffneten Fenster und die geöffnete Tür erfolgt jedoch ein gewisser Luftaustausch. Hinzu kommt, dass wir hier beherzt angenommen haben, dass sich die Luft im Raum gleichmäßig erwärmt. Tatsächlich wird sich jedoch oben unter der Decke ein stabiles und isolierendes, sehr warmes Luftpolster ausbilden und die Oberflächentemperatur der Dachpappe wird so weit ansteigen, dass sich eingestrahlter Wärmestrom und abgegebene Wärmeströme etwa ausgleichen.

■ Problem 8.5: Drehrohrofen

8.5a) Freie Konvektion

Wir rechnen dies als freie Konvektion um ein waagerechtes Rohr. Das Ergebnis wird nicht sehr genau sein, da die geforderte Randbedingung, dass das Rohr weit entfernt von anderen Oberflächen sein soll, nicht gegeben ist. Der Drehrohrofen ist zwar frei gelagert, aber nicht ausreichend weit entfernt vom Erdboden, damit die Randbedingungen voll gelten.

Mit der Umgebungstemperatur von 10 °C bekommen wir als Filmtemperatur

$$\vartheta_f = \frac{\vartheta_{Ofen} + \vartheta_u}{2} = \frac{90\ °C + 10\ °C}{2} = 50\ °C$$

und tragen damit als Zustandswerte der Grenzschicht zusammen:

$$\nu = 18{,}22 \cdot 10^{-6}\ \frac{m^2}{s}$$

$$\lambda = 0{,}02808\ \frac{W}{m \cdot K}$$

$$\beta = \frac{1}{T} = \frac{0{,}003119}{K}$$

$$Pr = 0{,}7045$$

Die charakteristische Länge ist der halbe Umfang des Rohres - die Länge, die von der Strömung überströmt wird:

$$L = \frac{\pi}{2} \cdot d = \frac{\pi}{2} \cdot 5\ m = 7{,}854\ m$$

Daraus bestimmen wir zuerst die Graßhoff-Zahl:

$$Gr = \frac{g \cdot \beta \cdot L^3 \cdot \Delta T}{\nu^2} = \frac{9{,}81\ \frac{m}{s^2} \cdot 0{,}003119\ \frac{1}{K} \cdot (7{,}854\ m)^3 \cdot 80\ K}{\left(18{,}22 \cdot 10^{-6}\ \frac{m^2}{s}\right)^2} = 3{,}572 \cdot 10^{12}$$

Dann bestimmen wir den Geometrie-Faktor

$$f_3(Pr) = \left(1 + \left(\frac{0{,}559}{Pr}\right)^{9/16}\right)^{-16/9} = 0{,}3262$$

und damit die Nußelt-Zahl für diese Geometrie:

$$Nu = \left(0{,}752 + 0{,}387 \cdot \left(Gr \cdot Pr \cdot f_3(Pr)\right)^{1/6}\right)^2 = 1459$$

Mit diesen Daten können wir dann die Wärmeübergangszahl für diese Geometrie

$$\alpha = \frac{Nu \cdot \lambda_{fluid}}{L} = \frac{1459 \cdot 0{,}02808\ \frac{W}{m \cdot K}}{7{,}854\ m} = 5{,}216\ \frac{W}{m^2 \cdot K}$$

und

$$\dot{Q} = \alpha \cdot O \cdot \Delta T = \alpha \cdot (\pi \cdot d \cdot l) \cdot \Delta T = 5{,}216\ \frac{W}{m^2 \cdot K} \cdot (\pi \cdot 5\ m \cdot 50\ m) \cdot 80\ K = 327\,700\ W$$

als Verlustwärmestrom vom Ofen an die Umgebung berechnen.

8.5b) Wärmestrom in der Isolierung

Bevor wir hier losrechnen, sollten wir zwei Dinge festlegen:

- Benötigen wir die zylindrische Geometrie? Die Ausmauerung nimmt etwa 20% des Radius ein. Das macht schon einen Unterschied und wir rechnen lieber zylindrisch. Am besten vergleichen Sie einmal beide Varianten.
- Nehmen wir die Stahlhülle mit? Erfahrungsgemäß ist die Wärmeleitfähigkeit von Stahl deutlich höher als die von Ofenisolierungen. Die Temperatur im Stahl variiert nur sehr wenig von innen nach außen. Daher lohnt sich dieser Aufwand kaum.

Damit berechnen wir die beiden Wärmeleitwiderstände der Ofenausmauerung

$$R_{\lambda,L} = \frac{1}{2\cdot\pi\cdot l\cdot\lambda_L}\cdot\ln\frac{r_{a,L}}{r_{i,L}} = \frac{1}{2\cdot\pi\cdot 50\text{ m}\cdot 0{,}36\,\frac{\text{W}}{\text{m}\cdot\text{K}}}\cdot\ln\frac{2{,}5\text{ m}}{2{,}1\text{ m}} = 1.542\cdot 10^{-6}\,\frac{\text{K}}{\text{W}}$$

$$R_{\lambda,M} = \frac{1}{2\cdot\pi\cdot l\cdot\lambda_M}\cdot\ln\frac{r_{a,M}}{r_{i,M}} = \frac{1}{2\cdot\pi\cdot 50\text{ m}\cdot 3{,}8\,\frac{\text{W}}{\text{m}\cdot\text{K}}}\cdot\ln\frac{2{,}1\text{ m}}{1{,}8\text{ m}} = 129{,}1\cdot 10^{-6}\,\frac{\text{K}}{\text{W}}$$

mit denen wir dann den Wärmestrom ermitteln können:

$$\dot{Q}_\lambda = \frac{\Delta T}{R_\lambda} = \frac{\Delta T}{R_{\lambda,L}+R_{\lambda,M}} = \frac{1200\,^\circ\text{C}-90\,^\circ\text{C}}{1542\cdot 10^{-6}\,\frac{\text{K}}{\text{W}}+129{,}1\cdot 10^{-6}\,\frac{\text{K}}{\text{W}}} = 664\,200\text{ W}$$

Die beiden Ergebnisse aus 8.5a) und 8.5b) weichen deutlich voneinander ab.

8.5c) Diskussion

Die Frage ist, ob wir Effekte vergessen haben und wie wir gegebenenfalls die beiden Ergebnisse miteinander verknüpfen können.

Strahlung im Ofeninneren: Im Ofen dominiert bei 1200 °C die Wärmeübertragung durch Strahlung. Dadurch ist der Innenraum des Ofens nahezu homogen auf einer Temperatur und insbesondere die Wände haben dann auch diese Temperatur. Dort brauchen wir daher die konvektive Wärmeübertragung nicht mehr zu berücksichtigen. Um dies zu illustrieren, berechnen wir die Brutto-Strahlung an der Ofeninnenwand – also den Wärmestrom, den die Wand abstrahlt:

$$\dot{q}_{rad} = \frac{\dot{Q}_{rad}}{O} = \varepsilon\cdot\sigma\cdot T_{innen}^4 = 0{,}9\cdot 5{,}67\cdot 10^{-8}\,\frac{\text{W}}{\text{m}^2\cdot\text{K}^4}\cdot(1473\text{ K})^4 = 240\,200\,\frac{\text{W}}{\text{m}^2}$$

Dieser Wert ist deutlich größer als der vom Ofeninneren aus nach außen fließende Wärmestrom.

Außentemperatur: Die 90 °C Außentemperatur der Ofenwand scheinen zu niedrig angesetzt. Wir müssten dort die konvektive Wärmeübertragung mit in die Berechnung einbeziehen. Dies lässt sich erreichen, wenn wir die konvektive Wärmeübertragung außen als zusätzlichen Wärmeleitungswiderstand formulieren:

$$R_{konv} = \frac{1}{\alpha\cdot O} = \frac{1}{\alpha\cdot\pi\cdot d\cdot l} = \frac{1}{5{,}216\,\frac{\text{W}}{\text{m}^2\cdot\text{K}}\cdot\pi\cdot 5\text{ m}\cdot 50\text{ m}} = 244{,}1\cdot 10^{-6}\,\frac{\text{K}}{\text{W}}$$

Daraus folgt als Wärmestrom

$$\dot{Q}_\lambda = \frac{\Delta T}{R_\lambda} = \frac{\Delta T}{R_{konv} + R_{\lambda,L} + R_{\lambda,M}}$$

$$\dot{Q}_\lambda = \frac{1200\ °\text{C} - 10\ °\text{C}}{244{,}1 \cdot 10^{-6}\ \frac{\text{K}}{\text{W}} + 1542 \cdot 10^{-6}\ \frac{\text{K}}{\text{W}} + 129{,}1 \cdot 10^{-6}\ \frac{\text{K}}{\text{W}}} = 621300\ \text{W}$$

Dieses Ergebnis liegt nahe an dem aus der Wärmeleitung in 8.5b). Wir bekämen damit folgende Temperaturen:

$$\Delta T_M = R_{\lambda,M} \cdot \dot{Q} = 129{,}1 \cdot 10^{-6}\ \frac{\text{K}}{\text{W}} \cdot 621300\ \text{W} = 80\ \text{K}$$

$$\Delta T_L = R_{\lambda,L} \cdot \dot{Q} = 1542 \cdot 10^{-6}\ \frac{\text{K}}{\text{W}} \cdot 621300\ \text{W} = 958\ \text{K}$$

$$\Delta T_{konv} = R_{konv} \cdot \dot{Q} = 244{,}1 \cdot 10^{-6}\ \frac{\text{K}}{\text{W}} \cdot 621300\ \text{W} = 152\ \text{K}$$

Demnach sind die Temperaturen außen am Stahlrohr 162 °C und innen am Übergang zwischen Feuerleichtstein und Magnesitstein 1120 °C.

Wir sind also mit einer ungenauen Schätzung gestartet. Eigentlich müssten wir im nächsten Schritt die Berechnung aus 8.5a) mit der neuen Filmtemperatur wiederholen. Dies wird sich jedoch aufgrund der weiteren Ungenauigkeiten kaum lohnen.

8.5d) Strahlung

Um zu wissen, ob Strahlung hier bereits mitberücksichtigt werden sollte, müssen wir sie berechnen. Rostiger Stahl hat eine Emissivität von 0,8, sodass der Wärmestrom außen am Ofen

$$\dot{Q}_{rad} = O \cdot \varepsilon \cdot \sigma \cdot \left(T_{Rohr}^4 - T_u^4\right)$$

$$\dot{Q}_{rad} = \pi \cdot 5\ \text{m} \cdot 50\ \text{m} \cdot 0{,}8 \cdot 5{,}67 \cdot 10^{-8}\ \frac{\text{W}}{\text{m}^2 \cdot \text{K}^4} \cdot \left((435\ \text{K})^4 - (283\ \text{K})^4\right) = 1047000\ \text{W}$$

beträgt. Die Aussage ist eindeutig: Wir müssen auch die Strahlung mitberücksichtigen. Für die ursprünglich geschätzte Oberflächentemperatur wäre

$$\dot{Q}_{rad} = \pi \cdot 5\ \text{m} \cdot 50\ \text{m} \cdot 0{,}8 \cdot 5{,}67 \cdot 10^{-8}\ \frac{\text{W}}{\text{m}^2 \cdot \text{K}^4} \cdot \left((363\ \text{K})^4 - (283\ \text{K})^4\right) = 390000\ \text{W}$$

Das heißt, der gesamte Wärmeverlust durch freie Konvektion und Strahlung bei 90 °C Oberflächentemperatur des Rohres beträgt

$$\dot{Q}_{ges} = \dot{Q}_{konv} + \dot{Q}_{rad} = 327700\ \text{W} + 390000\ \text{W} = 717700\ \text{W}$$

Da dieser Wert etwas größer ausfällt als der Wärmestrom durch die Ofenauskleidung, sollte die reale Temperatur an der Ofenoberfläche noch etwas niedriger sein. Berücksichtigen wir jedoch die Nähe des Erdbodens, weitere Lager usw., so ist unsere erste Schätzung ziemlich gut für diese Temperatur.

8.5e) Brennstoff

Der Massenstrom an Kohle, der den Wärmeverlust des Ofens an die Umgebung ausgleicht, beträgt dann etwa

$$\dot{m}_{Kohle} = \frac{\dot{Q}}{H_{I,Kohle}} = \frac{621300\ \text{W}}{25\ \dfrac{\text{MJ}}{\text{kg}}} = 0{,}025\ \frac{\text{kg}}{\text{s}} = 89\ \frac{\text{kg}}{\text{h}}$$

Es wird erheblich mehr Brennstoff für das Aufheizen der Rohstoffe und für die chemische Reaktion im Ofen benötigt. Dazu kommt der hohe Aufwand für das Erwärmen der Verbrennungsluft auf die Reaktionstemperatur und der Abgasverlust.

8.5f) Wintersturm

Die Geometrie ist eindeutig: Es handelt sich um einen quer angeströmten Zylinder. Was fehlt, ist eine Temperatur der Oberfläche. Wir erwarten, dass diese etwas geringer sein wird, da mehr Wärme konvektiv abgegeben wird. Eine erste Schätzung wäre, die Temperaturdifferenz zwischen Drehrohrofen und Umgebung erst einmal konstant zu halten, also mit 74 °C als Oberflächentemperatur zu rechnen.

Dann ist die Filmtemperatur

$$\vartheta_f = \frac{\vartheta_{Wand} + \vartheta_u}{2} = \frac{74\ °\text{C} + (-6\ °\text{C})}{2} = 34\ °\text{C}$$

und die Stoffwerte der Grenzschicht betragen

$$\nu = 19{,}35 \cdot 10^{-6}\ \frac{\text{m}^2}{\text{s}}$$

$$\lambda = 0{,}0270\ \frac{\text{W}}{\text{m} \cdot \text{K}}$$

$$\text{Pr} = 0{,}7062$$

Die charakteristische Länge ist weiterhin die Überströmlänge aus 8.5a) mit 7,854 m und die Reynolds-Zahl beträgt

$$\text{Re} = \frac{c \cdot L}{\nu} = \frac{20\ \dfrac{\text{m}}{\text{s}} \cdot 7{,}854\ \text{m}}{19{,}35 \cdot 10^{-6}\ \dfrac{\text{m}^2}{\text{s}}} = 8118000$$

Dies ist sehr eindeutig turbulent und wir erhalten als Nußelt-Zahl

$$\text{Nu}_{turb} = \frac{0{,}037 \cdot \text{Re}^{0,8} \cdot \text{Pr}}{1 + 2{,}443 \cdot \text{Re}^{-0,1} \cdot \left(\text{Pr}^{2/3} - 1\right)} = 9815$$

Daraus folgt

$$\alpha = \frac{\text{Nu} \cdot \lambda_{fluid}}{L} = \frac{9815 \cdot 0{,}0270\ \dfrac{\text{W}}{\text{m} \cdot \text{K}}}{7{,}854\ \text{m}} = 33{,}74\ \frac{\text{W}}{\text{m}^2 \cdot \text{K}}$$

und als Wärmestrom

$$\dot{Q} = \alpha \cdot A \cdot \Delta T = 33{,}74 \frac{\mathrm{W}}{\mathrm{m}^2 \cdot \mathrm{K}} \cdot \pi \cdot 5\ \mathrm{m} \cdot 50\ \mathrm{m} \cdot 80\ \mathrm{K} = 2120000\ \mathrm{W}$$

Mit unserer Schätzung der Oberflächentemperatur haben wir jetzt sehr deutlich danebengelegen. Sie wird niedriger liegen. Damit wird der Beitrag der Wärmestrahlung zu vernachlässigen sein.

Da sich die Wärmeübergangszahl α nur wenig mit der Temperatur verändert, können wir zumindest eine Temperatur abschätzen. Dafür verwenden wir den Wärmestrom aus der Wärmeleitung und bekommen folgendes Ergebnis:

$$\Delta T \cong \frac{\dot{Q}_\lambda}{\alpha \cdot A} = \frac{612300\ \mathrm{W}}{33{,}74 \frac{\mathrm{W}}{\mathrm{m}^2 \cdot \mathrm{K}} \cdot \pi \cdot 5\ \mathrm{m} \cdot 50\ \mathrm{m}} = 23\ \mathrm{K}$$

Die mittlere Oberflächentemperatur des Drehrohrofens beträgt damit bei Sturm noch etwa 17 °C.

Problem 8.6: Klausur im Zelt

Diese Problemstellung ist von einer tatsächlich so stattgefundenen Klausur mit arg frierenden Student:innen in einem echten Zelt inspiriert. Inhaltlich sollen Sie über den *k*-Wert nachdenken. Ein Zelt ist eine extreme Variante eines Gebäudes, denn bei richtigen Gebäuden geht die Gebäudehülle deutlich stärker in den Wert mit ein als eine Zeltplane.

8.6a) Geometrie und Eigenschaften

Im ersten Schritt geht es um die Geometrie, also die Flächen.

Dach: Bei der Dachneigung beläuft sich die Strecke von der Traufe bis zum Giebel des Zeltes auf

$$x = \frac{b}{2} \cdot \frac{1}{\cos\alpha} = \frac{25{,}0\ \mathrm{m}}{2} \cdot \frac{1}{\cos 25°} = 13{,}3\ \mathrm{m}$$

Die Dachfläche beträgt damit

$$A_D = 2 \cdot l \cdot x = 2 \cdot 35{,}0\ \mathrm{m} \cdot 13{,}3\ \mathrm{m} = 931\ \mathrm{m}^2$$

Giebelseiten: Der Giebel hat eine Höhe von

$$g = h + \sqrt{x^2 - \left(\frac{b}{2}\right)^2} = 3{,}0\ \mathrm{m} + \sqrt{(13{,}3\ \mathrm{m})^2 - \left(\frac{25{,}0\ \mathrm{m}}{2}\right)^2} = 7{,}5\ \mathrm{m}$$

und damit ist die Fläche der Giebelseiten

$$A_G = 2 \cdot b \cdot \frac{h+g}{2} = 2 \cdot 25{,}0\ \text{m} \cdot \frac{3{,}0\ \text{m} + 7{,}5\ \text{m}}{2} = 263\ \text{m}^2$$

Lange Seiten: Die beiden langen Seiten haben eine Fläche von

$$A_S = 2 \cdot l \cdot h = 2 \cdot 35{,}0\ \text{m} \cdot 3{,}0\ \text{m} = 210\ \text{m}^2$$

Material: An dieser Stelle sollen Sie schätzen, d.h., sich gegebenenfalls an Ihren letzten Bierzeltbesuch erinnern oder etwas Geeignetes im Internet suchen. Die Seitenwände sind aus Acrylglas. Dies wird etwa 3 mm stark sein. Als Zeltplane für den dauerhaften Einsatz ist PVC in einer Materialstärke etwa ab 700 g m^{-2} typisch, also etwa 1 bis 2 mm Materialstärke.

Als Wärmeleitfähigkeit lässt sich Folgendes recherchieren:

- Acrylglas bzw. Polymethylmethacrylat hat eine Wärmeleitfähigkeit von $\lambda = 0{,}19\ \text{W}\ \text{m}^{-1}\ \text{K}^{-1}$.
- PVC bzw. Polyvinylchlorid hat eine Wärmeleitfähigkeit von etwa $\lambda = 0{,}14\ \text{W}\ \text{m}^{-1}\ \text{K}^{-1}$. Hochwertige Zeltplanen haben zusätzlich Gewebe eingearbeitet, z.B. aus Nylon, sodass dies ein Schätzwert bleibt.

8.6b) Seitenwände

Wir beginnen mit der Wärmedurchgangszahl für die Seitenwände, da wir hier schon alles beisammenhaben. Wir suchen

$$k = \frac{1}{\frac{1}{\alpha_{innen}} + \frac{d}{\lambda} + \frac{1}{\alpha_{aussen}}}$$

Die Wärmeübergangskoeffizienten könnten wir bestimmt in einer Tabelle ablesen, berechnen sie hier jedoch. Für unsere Berechnung gehen wir von Windstille aus, also freier Konvektion. Eigentlich brauchen wir für innen und für außen eine eigene Filmtemperatur, im Rahmen der angestrebten Genauigkeit genügt es jedoch, wenn wir für 10 °C die benötigten Zustandswerte der Luft verwenden.

$$\beta = 0{,}003543 \qquad \text{Pr} = 0{,}7095$$

$$\nu = 14{,}40 \cdot 10^{-6}\ \frac{\text{m}^2}{\text{s}} \qquad \lambda_{Luft} = 0{,}02512\ \frac{\text{W}}{\text{m} \cdot \text{K}}$$

Lange Seiten: Daraus folgt als Graßhoff-Zahl für die innen wie außen überstrichene Höhe von $L = h$ 3,0 m und für die innen und außen symmetrische Temperaturdifferenz von $\Delta T = 9$ K

$$\text{Gr}_S = \frac{g \cdot \beta \cdot L_S^3 \cdot \Delta T}{\nu^2} = \frac{9{,}81\ \frac{\text{m}}{\text{s}^2} \cdot 0{,}003543\ \frac{1}{\text{K}} \cdot (3{,}0\ \text{m})^3 \cdot 9\ \text{K}}{\left(14{,}40 \cdot 10^{-6}\ \frac{\text{m}^2}{\text{s}}\right)^2} = 40{,}73 \cdot 10^9$$

Wir dürfen innen und außen eine symmetrische Temperaturdifferenz ansetzen, da wir hier mit unserer Geometrie der freien Konvektion an einer senkrechten Wand keine weitergehende Unterscheidung zwischen innen und außen vornehmen.

Der Geometrie-Faktor beträgt

$$f_1(\mathrm{Pr}) = \left(1 + \left(\frac{0{,}469}{\mathrm{Pr}}\right)^{9/16}\right)^{-16/9} = 0{,}3544$$

Damit lautet die Nußelt-Zahl für die senkrechte Wand

$$\mathrm{Nu}_S = \left(0{,}752 + 0{,}387 \cdot \left(\mathrm{Gr}_S \cdot \mathrm{Pr} \cdot f_1(\mathrm{Pr})\right)^{1/6}\right)^2 = 353$$

Mit diesen Daten können wir dann die Wärmeübergangszahl für diese Geometrie berechnen:

$$\alpha_S = \frac{\mathrm{Nu}_S \cdot \lambda_{fluid}}{L_S} = \frac{353 \cdot 0{,}02512 \dfrac{\mathrm{W}}{\mathrm{m \cdot K}}}{3{,}0\ \mathrm{m}} = 2{,}96 \frac{\mathrm{W}}{\mathrm{m^2 \cdot K}}$$

Giebel: Auf den Giebelseiten verändert sich die überströmte Länge. Wir rechnen hier mit dem Mittelwert

$$L_G = \frac{h+g}{2} = \frac{3{,}0\ \mathrm{m} + 7{,}5}{2} = 5{,}25\ \mathrm{m}$$

Als Graßhoff-Zahl erhalten wir

$$\mathrm{Gr}_G = \frac{g \cdot \beta \cdot L_G^3 \cdot \Delta T}{\nu^2} = \frac{9{,}81 \dfrac{\mathrm{m}}{\mathrm{s}^2} \cdot 0{,}003543 \dfrac{1}{\mathrm{K}} \cdot (5{,}25\ \mathrm{m})^3 \cdot 9\ \mathrm{K}}{\left(14{,}40 \cdot 10^{-6} \dfrac{\mathrm{m}^2}{\mathrm{s}}\right)^2} = 218{,}3 \cdot 10^9$$

Damit beläuft sich die Nußelt-Zahl für die Giebel auf

$$\mathrm{Nu}_G = \left(0{,}752 + 0{,}387 \cdot \left(\mathrm{Gr}_G \cdot \mathrm{Pr} \cdot f_1(\mathrm{Pr})\right)^{1/6}\right)^2 = 606$$

und die Wärmeübergangszahl für diese Geometrie beträgt

$$\alpha_G = \frac{\mathrm{Nu}_G \cdot \lambda_{fluid}}{L_G} = \frac{606 \cdot 0{,}02512 \dfrac{\mathrm{W}}{\mathrm{m \cdot K}}}{5{,}25\ \mathrm{m}} = 2{,}90 \frac{\mathrm{W}}{\mathrm{m^2 \cdot K}}$$

Dieser Wert ist im Rahmen unserer Genauigkeit hier identisch mit dem für die Seiten.

Wärmedurchgangszahl: Damit erhalten wir als Wärmedurchgangszahl für die Seiten

$$k_S = \frac{1}{\alpha_{S,innen} + \frac{d_S}{\lambda_{Acryl}} + \alpha_{S,aussen}}$$

$$k_S = \frac{1}{\frac{1}{2{,}96\,\frac{\mathrm{W}}{\mathrm{m}^2\cdot\mathrm{K}}} + \frac{0{,}003\,\mathrm{m}}{0{,}19\,\frac{\mathrm{W}}{\mathrm{m}\cdot\mathrm{K}}} + \frac{1}{2{,}96\,\frac{\mathrm{W}}{\mathrm{m}^2\cdot\mathrm{K}}}} = 1{,}446\,\frac{\mathrm{W}}{\mathrm{m}^2\cdot\mathrm{K}}$$

und für die Giebel

$$k_G = \frac{1}{\frac{1}{2{,}96\,\frac{\mathrm{W}}{\mathrm{m}^2\cdot\mathrm{K}}} + \frac{0{,}002\,\mathrm{m}}{0{,}14\,\frac{\mathrm{W}}{\mathrm{m}\cdot\mathrm{K}}} + \frac{1}{2{,}96\,\frac{\mathrm{W}}{\mathrm{m}^2\cdot\mathrm{K}}}} = 1{,}449\,\frac{\mathrm{W}}{\mathrm{m}^2\cdot\mathrm{K}}$$

Hier dominiert jeweils der Widerstand der konvektiven Wärmeübertragung.

Wenn wir Wikipedia vertrauen können, dann ist unser Ergebnis deutlich zu klein. Woher das kommen kann, das diskutiert das nächste Problem.

8.6c) Das Dach

Das Zeltdach ist um 20° geneigt. Damit stellt sich hier eine Zwischenform zwischen Konvektion an senkrechter und an waagerechter Fläche ein. Im Lehrbuch ist für diesen Zwischenbereich keine eigene Gleichung angegeben. Falls Sie in die Fachliteratur[1] geschaut haben, dann haben Sie dort gegebenenfalls noch eine Lösung für steil geneigte Ebenen gefunden. Diese Lösung ist für unser Problem jedoch nicht gut geeignet.

Wärmeübergangszahl: Für eine erste Schätzung nehmen wir daher eine waagerechte Fläche an. Dann ist die charakteristische Länge für jede der beiden Dachhälften

$$L_D = \frac{l\cdot x}{2\cdot l + 2\cdot x} = \frac{35{,}0\,\mathrm{m}\cdot 13{,}3\,\mathrm{m}}{2\cdot 35{,}0\,\mathrm{m} + 2\cdot 13{,}3\,\mathrm{m}} = 4{,}82\,\mathrm{m}$$

Damit folgt als Graßhoff-Zahl

$$\mathrm{Gr}_G = \frac{g\cdot\beta\cdot L_G^3\cdot\Delta T}{\nu^2} = \frac{9{,}81\,\frac{\mathrm{m}}{\mathrm{s}^2}\cdot 0{,}003543\,\frac{1}{\mathrm{K}}\cdot(4{,}82\,\mathrm{m})^3\cdot 9\,\mathrm{K}}{\left(14{,}40\cdot 10^{-6}\,\frac{\mathrm{m}^2}{\mathrm{s}}\right)^2} = 169\cdot 10^9$$

und als Faktor

$$f_2(\mathrm{Pr}) = \left(1 + \left(\frac{0{,}322}{\mathrm{Pr}}\right)^{11/20}\right)^{-20/11} = 0{,}4034$$

[1] VDI-Wärmeatlas oder *Marek, R./Nitsche, K.:* Praxis der Wärmeübertragung. Carl Hanser Verlag, München 2019

Die Nußelt-Zahl beträgt

$$\mathrm{Nu}_D = 0{,}150 \cdot \left(\mathrm{Gr}_G \cdot \mathrm{Pr} \cdot f_2(\mathrm{Pr})\right)^{1/3} = 546$$

und die Wärmeübergangszahl für diese Geometrie ist folgende:

$$\alpha_G = \frac{\mathrm{Nu}_G \cdot \lambda_{fluid}}{L_G} = \frac{546 \cdot 0{,}02512 \dfrac{\mathrm{W}}{\mathrm{m \cdot K}}}{4{,}82\ \mathrm{m}} = 2{,}85 \frac{\mathrm{W}}{\mathrm{m^2 \cdot K}}$$

Wärmedurchgangszahl: Damit erhalten wir als Wärmedurchgangszahl für das Dach

$$k_D = \frac{1}{\dfrac{1}{2{,}85 \dfrac{\mathrm{W}}{\mathrm{m^2 \cdot K}}} + \dfrac{0{,}002\ \mathrm{m}}{0{,}14 \dfrac{\mathrm{W}}{\mathrm{m \cdot K}}} + \dfrac{1}{2{,}85 \dfrac{\mathrm{W}}{\mathrm{m^2 \cdot K}}}} = 1{,}397 \frac{\mathrm{W}}{\mathrm{m^2 \cdot K}}$$

Dieser Wert ist nahezu identisch mit denen der Seiten des Zeltes.

8.6d) Wärmebedarf

Daraus ergibt sich als benötigter Heizwärmestrom für die angegebene Bedingung

$$\dot{Q}_{Heiz} = k \cdot A \cdot \Delta T = \left(k_S \cdot A_S + k_G \cdot A_G + k_D \cdot A_D\right) \cdot \Delta T$$

$$\dot{Q}_{Heiz} = \left(1{,}45 \frac{\mathrm{W}}{\mathrm{m^2 \cdot K}} \cdot 210\ \mathrm{m^2} + 1{,}45 \frac{\mathrm{W}}{\mathrm{m^2 \cdot K}} \cdot 263\ \mathrm{m^2} + 1{,}40 \frac{\mathrm{W}}{\mathrm{m^2 \cdot K}} \cdot 931\ \mathrm{m^2}\right) \cdot 18\ \mathrm{K}$$

$$\dot{Q}_{Heiz} = 35800\ \mathrm{W}$$

8.6e) Diskussion

Um die Heizung auszulegen, benötigen wir die Bedingung, bis zu der die Nennleistung der Heizung den Anforderungen genügt. Ausgehend von dem bestimmten k-Wert ließe sich festlegen, welche Temperaturdifferenz die Heizung maximal bereitstellen soll. 18 °C während einer Klausur ist recht unangenehm. Da werden vielen die Finger klamm. Daher wird sicher eine größere Leistung benötigt.

Für die Bestimmung des k-Wertes haben wir freie Konvektion verwendet. Die Nußelt-Zahl und damit die Wärmeübergangszahl α steigen für die Außenseite deutlich an, wenn es windig ist. Dann dürfen wir auch keine symmetrischen Bedingungen mehr verwenden. Dies illustriert 8.6f).

8.6f) Bei Wind

Jetzt liegt erzwungene Konvektion vor, wobei die zwei Seiten und die zwei Dachflächen überströmt werden. Für die Giebelseiten gehen wir von freier Konvektion aus (was nicht stimmt, aber keinen sehr großen Fehler verursacht).

Die charakteristische Länge ist die überströmte Länge des Zeltes $L = l = 35{,}0$ m, und die Reynolds-Zahl hat den Wert

$$\mathrm{Re} = \frac{L \cdot c}{\nu} = \frac{35{,}0\ \mathrm{m} \cdot 10\ \dfrac{\mathrm{m}}{\mathrm{s}}}{14{,}40 \cdot 10-6\ \dfrac{\mathrm{m}^2}{\mathrm{s}}} = 24{,}31 \cdot 10^6$$

Dies ist eindeutig sehr turbulent. Die neue Nußelt-Zahl außen beträgt

$$\mathrm{Nu}_{D,a} = \frac{0{,}037 \cdot \mathrm{Re}^{0{,}8} \cdot \mathrm{Pr}}{1 + 2{,}443 \cdot \mathrm{Re}^{-0{,}1} \cdot \left(\mathrm{Pr}^{2/3} - 1\right)} = 33399$$

und die Wärmeübergangszahl außen

$$\alpha_G = \frac{\mathrm{Nu}_G \cdot \lambda_{fluid}}{L_G} = \frac{33400 \cdot 0{,}02512\ \dfrac{\mathrm{W}}{\mathrm{m} \cdot \mathrm{K}}}{35{,}0\ \mathrm{m}} = 23{,}97\ \frac{\mathrm{W}}{\mathrm{m}^2 \cdot \mathrm{K}}$$

wird etwa um den Faktor 10 größer.

Wärmedurchgangszahl: Damit erhalten wir als neue Wärmedurchgangszahl für das Dach und die Seiten

$$k_D = \frac{1}{\dfrac{1}{23{,}97\ \dfrac{\mathrm{W}}{\mathrm{m}^2 \cdot \mathrm{K}}} + \dfrac{0{,}002\ \mathrm{m}}{0{,}14\ \dfrac{\mathrm{W}}{\mathrm{m} \cdot \mathrm{K}}} + \dfrac{1}{2{,}85\ \dfrac{\mathrm{W}}{\mathrm{m}^2 \cdot \mathrm{K}}}} = 2{,}46\ \frac{\mathrm{W}}{\mathrm{m}^2 \cdot \mathrm{K}}$$

Innen verwenden wir auch weiterhin den bereits vorangehend ermittelten Wert für die Wärmeübergangszahl α, da sich dort nichts verändert hat.

Allein durch den Wind verändert sich unser Heizbedarf auf

$$\dot{Q}_{Heiz} = \left(2{,}46\ \frac{\mathrm{W}}{\mathrm{m}^2 \cdot \mathrm{K}} \cdot 210\ \mathrm{m}^2 + 1{,}45\ \frac{\mathrm{W}}{\mathrm{m}^2 \cdot \mathrm{K}} \cdot 263\ \mathrm{m}^2 + 2{,}46\ \frac{\mathrm{W}}{\mathrm{m}^2 \cdot \mathrm{K}} \cdot 931\ \mathrm{m}^2\right) \cdot 18\ \mathrm{K}$$

$$\dot{Q}_{Heiz} = 57\,400\ \mathrm{W}$$

Ausblick: Nicht berücksichtigt haben wir die sich einstellende Temperaturschichtung im Zelt. Warme Luft steigt auf und kalte Luft fällt vom Zeltdach hinab, d. h., eine aktive Luftführung wäre sinnvoll. Nicht berücksichtigt sind Verluste durch Undichtigkeiten im Zelt. Dies spielt gerade bei Wind eine Rolle. Nicht berücksichtigt ist Regen: Dieser kühlt die Temperatur der Zeltplane auf Umgebungstemperatur ab.

Wenn wir in dem Zelt den Winter hindurch Klausuren anbieten wollen und wenn wir einen Wert von $k \cong 6$ (siehe Wikipedia) verwenden, wäre eine Heizleistung von 200 kW oder mehr angemessen. Auch dann werden noch Alternativen für kalte und windige Tage benötigt.

Problem 8.7: Fenster stehen unter Denkmalschutz

In dieser Problemstellung wird ein sehr offen gestaltetes Problem behandelt, d. h., Ihr Ergebnis hängt davon ab, wie konkret Sie die Randbedingungen beschreiben. Die Musterlösung ist daher auch eher ein Hinweis, wie das Ergebnis aussehen kann. Dabei ist die Lösung so gestaltet, dass sie ein annehmbares Ergebnis erreicht. Gleichzeitig macht sie Abwägungen und Abweichungen deutlich. Das Beispiel ist vom Campus Dieburg der Hochschule Darmstadt inspiriert.

8.7a) Wärmedurchgangszahl

Wir können das Problem als Wärmedurchgang durch eine ebene Wand beschreiben und ermitteln dafür die einzelnen Widerstände in der Heizsaison. Für die beiden konvektiven Beiträge bestimmen wir die Wärmeübergangskoeffizienten α. Innen beschreiben wir als freie Konvektion an einer senkrechten Fläche. Außen sollten wir den Wind mitberücksichtigen.

Wärmeleitung: Wir recherchieren eine Wärmeleitfähigkeit für Architekturglas. Diese beträgt etwa λ_{Glas} = 0,76 W m^{-1} K^{-1} und damit wird

$$R_{Glas} = \frac{d_{Glas}}{\lambda_{Glas} \cdot A} = \frac{1}{A} \cdot \frac{0{,}004 \text{ m}}{0{,}76 \frac{\text{W}}{\text{m} \cdot \text{K}}} = \frac{1}{A} \cdot 5{,}26 \cdot 10^{-3} \frac{\text{m}^2 \cdot \text{K}}{\text{W}}$$

Konvektion innen: Für unsere Methode beginnen wir mit der Festlegung der Filmtemperatur. Durch die „bollernden" Heizkörper steigt warme Luft auf. Diese vermischt sich jedoch schnell mit der kalten Luft der Grenzschicht der Glasscheibe und der kühleren Innenluft. Meine Schätzung wäre, dass im Mittel etwa 40 °C im aufsteigenden Luftstrom vorliegen und die Glasscheibe eine Temperatur von 10 °C hat. Dann liegt die Filmtemperatur bei

$$\vartheta_{f,innen} = \frac{\vartheta_{Glas} + \vartheta_{Luft,innen}}{2} = \frac{10 \text{ °C} + 40 \text{ °C}}{2} = 25 \text{ °C}$$

Mit dieser Angabe lesen wir folgende Stoffwerte der Luft bei Filmtemperatur ab:

$$\beta = 0{,}00336$$

$$\nu = 15{,}8 \cdot 10^{-6} \frac{\text{m}^2}{\text{s}}$$

$$\text{Pr} = 0{,}708$$

$$\lambda_{Luft} = 0{,}0262 \frac{\text{W}}{\text{m} \cdot \text{K}}$$

Daraus folgt als Graßhoff-Zahl für die überstrichene Höhe von $L = h = 3{,}0$ m und für die Temperaturdifferenz von $\Delta T = 30$ K

$$\mathrm{Gr}_S = \frac{g \cdot \beta \cdot L_S^3 \cdot \Delta T}{\nu^2} = \frac{9{,}81\,\frac{\mathrm{m}}{\mathrm{s}^2} \cdot 0{,}00336\,\frac{1}{\mathrm{K}} \cdot (3{,}0\ \mathrm{m})^3 \cdot 30\ \mathrm{K}}{\left(15{,}8 \cdot 10^{-6}\,\frac{\mathrm{m}^2}{\mathrm{s}}\right)^2} = 107 \cdot 10^9$$

Der Geometrie-Faktor beträgt

$$f_1(\mathrm{Pr}) = \left(1 + \left(\frac{0{,}469}{\mathrm{Pr}}\right)^{9/16}\right)^{-16/9} = 0{,}3541$$

Damit beträgt die Nußelt-Zahl für die senkrechte Wand

$$\mathrm{Nu}_S = \left(0{,}752 + 0{,}387 \cdot \left(\mathrm{Gr}_S \cdot \mathrm{Pr} \cdot f_1(\mathrm{Pr})\right)^{1/6}\right)^2 = 481$$

Daraus erhalten wir die Wärmeübergangszahl für diese Geometrie und innen

$$\alpha_S = \frac{\mathrm{Nu}_S \cdot \lambda_{fluid}}{L_S} = \frac{481 \cdot 0{,}0262\,\frac{\mathrm{W}}{\mathrm{m} \cdot \mathrm{K}}}{3{,}0\ \mathrm{m}} = 4{,}20\,\frac{\mathrm{W}}{\mathrm{m}^2 \cdot \mathrm{K}}$$

bzw. als Widerstand

$$R_{innen} = \frac{1}{\alpha_{innen} \cdot A} = \frac{1}{A} \cdot 0{,}238\,\frac{\mathrm{m}^2 \cdot \mathrm{K}}{\mathrm{W}}$$

Konvektion außen: Eine einfache Möglichkeit wäre die Annahme, dass die konvektive Wärmeübertragung innen und außen vergleichbar ist. Dies wäre der Fall für einen identischen Temperaturgradienten (also eine Außentemperatur von −20 °C, da wir die Glastemperatur auf +10 °C festgelegt haben) und freie Konvektion, also Windstille. Der Wärmeübertragungskoeffizient außen würde einen leicht anderen Wert annehmen als der innen, da die Zustandswerte der Luft bei der Filmtemperatur außen leicht von denen innen abweichen. Außen liegt jedoch häufig Wind vor, sodass wir hier für die angegebene mittlere Windgeschwindigkeit die Nußelt-Zahl ermitteln, um zu sehen, ob sie signifikant größer ist als die der freien Konvektion.

Wir verwenden als Filmtemperatur 0 °C, wobei +5 °C oder +10 °C im Rahmen unserer Genauigkeit durchaus auch in Ordnung wären, und erhalten damit folgende Zustandsgrößen der Luft:

$$\nu = 13{,}50 \cdot 10^{-6}\,\frac{\mathrm{m}^2}{\mathrm{s}}$$

$$\mathrm{Pr} = 0{,}7110$$

$$\lambda_{Luft} = 0{,}02436\,\frac{\mathrm{W}}{\mathrm{m} \cdot \mathrm{K}}$$

In der Problemstellung war eine mittlere Windgeschwindigkeit vorgegeben, und die charakteristische Länge ist die überströmte Strecke, also die Breite der Scheibe von 5,0 m. Daraus folgt:

$$\mathrm{Re} = \frac{L \cdot c}{\nu} = \frac{5{,}0\ \mathrm{m} \cdot 4{,}0\ \frac{\mathrm{m}}{\mathrm{s}}}{13{,}50 \cdot 10^{-6}\ \frac{\mathrm{m}^2}{\mathrm{s}}} = 1481000$$

Es liegen also eindeutig turbulente Bedingungen vor. Die Nußelt-Zahl beträgt

$$\mathrm{Nu} = \frac{0{,}037 \cdot \mathrm{Re}^{4/5} \cdot \mathrm{Pr}}{1 + 2{,}443 \cdot \mathrm{Re}^{-1} \cdot \left(\mathrm{Pr}^{2/3} - 1\right)} = 2582$$

Dieser Wert ist signifikant größer als der für freie Konvektion, sodass wir ihn hier weiterverwenden. Damit beträgt der Wärmeübergangskoeffizient

$$\alpha_{außen} = \frac{\mathrm{Nu}_{außen} \cdot \lambda}{L} = \frac{2582 \cdot 0{,}02436\ \frac{\mathrm{W}}{\mathrm{m} \cdot \mathrm{K}}}{5{,}0\ \mathrm{m}} = 12{,}6\ \frac{\mathrm{W}}{\mathrm{m}^2 \cdot \mathrm{K}}$$

und der Widerstand beläuft sich auf

$$R_{außen} = \frac{1}{\alpha_{außen} \cdot A} = \frac{1}{A} \cdot 0{,}0795\ \frac{\mathrm{m}^2 \cdot \mathrm{K}}{\mathrm{W}}$$

Wärmedurchgangszahl: Aus diesen Ergebnissen erhalten wir

$$k = \frac{1}{\frac{1}{\alpha_{außen}} + \frac{d}{\lambda_{Glas}} + \frac{1}{\alpha_{innen}}} = \frac{1}{\frac{1}{12{,}6\ \frac{\mathrm{W}}{\mathrm{m}^2 \cdot \mathrm{K}}} + \frac{0{,}004\ \mathrm{m}}{0{,}76\ \frac{\mathrm{W}}{\mathrm{m} \cdot \mathrm{K}}} + \frac{1}{4{,}20\ \frac{\mathrm{W}}{\mathrm{m}^2 \cdot \mathrm{K}}}} = 3{,}10\ \frac{\mathrm{W}}{\mathrm{m}^2 \cdot \mathrm{K}}$$

Dies ist ein recht hoher *k*-Wert. Gleichzeitig ist er deutlich geringer als der Literaturwert von 5,9 W m^{-2} K^{-1}. Für den Literaturwert wird insbesondere innen ein größerer Wärmeübergangskoeffizient benötigt als unser Wert. Der Unterschied der beiden Werte entsteht vermutlich vorrangig durch eine andere Berechnung der konvektiven Wärmeübertragung im Innenraum:

- Der *k*-Wert aus der Literatur soll sich auf die mittlere Raumtemperatur beziehen, nicht auf eine ungenaue Schätzung eines Heizungsluftstroms.
- Auch im Innenraum liegt durch die Beheizung eine Luftströmung vor, d. h., es ist zumindest eine Mischung aus freier und erzwungener Konvektion.
- Nicht berücksichtigt haben wir den Rahmen, die Einbaulage und weitere relevante Effekte.

8.7b) Wärmestrom und Temperaturen

Der Wärmestrom beträgt

$$\dot{Q} = A \cdot k \cdot \Delta T = 3\ \mathrm{m} \cdot 5\ \mathrm{m} \cdot 3{,}10\ \frac{\mathrm{W}}{\mathrm{m}^2 \cdot \mathrm{K}} \cdot \left(40\ °\mathrm{C} - 0\ °\mathrm{C}\right) = 1860\ \mathrm{W}$$

Hier verwenden wir die vermutete Temperatur der über dem Heizkörper aufsteigenden Warmluft als Raumtemperatur.

Damit erhalten wir als Temperatur der Scheibe außen

$$T_{außen} = T_u + \frac{\dot{Q}}{\alpha_{außen} \cdot A} = 0\,°C + \frac{1860\ W}{12{,}6\ \frac{W}{m^2 \cdot K} \cdot 15\ m^2} = 9{,}84\ °C$$

und als Temperatur der Scheibe innen

$$T_{innen} = T_{innen} - \frac{\dot{Q}}{\alpha_{innen} \cdot A} = 40\ °C - \frac{1860\ W}{4{,}20\ \frac{W}{m^2 \cdot K} \cdot 15\ m^2} = 10{,}48\ °C$$

Zur Überprüfung bestimmen wir die Temperaturdifferenz in der Glasscheibe aus der Wärmeleitung im Glas:

$$\Delta T_{Glas} = \frac{\dot{Q} \cdot d_{Glas}}{\lambda_{Glas} \cdot A} = \frac{1860\ W \cdot 0{,}004\ m}{0{,}76\ \frac{W}{m \cdot K} \cdot 15\ m^2} = 0{,}65\ K$$

Das ist im Rahmen der Rundungsgenauigkeiten passend. Die Schätzung der Temperaturen für die Bestimmung der Wärmeübergangskoeffizienten war damit angemessen genau.

8.7c) Diskussion

Hier geht es um die Frage, ob wir in 8.7a) nur ein exemplarisches Beispiel berechnet haben oder ob wir dies verallgemeinern dürfen: Gilt α oder k nur für einen Fall oder dürfen Sie diese ausgehend von Mittelwerten der Umgebungsbedingungen auch mitteln?

Mathematische Formulierung: Um es einmal mathematisch zu formulieren: Es geht um die Frage, ob wir

$$\bar{\dot{Q}} = \int_{c=0}^{c=\max} \dot{Q}(c) \cdot dc = \int_{c=0}^{c=\max} \mathrm{Nu} \cdot \frac{A}{L} \cdot \lambda \cdot \Delta T \cdot dc = \frac{A}{L} \cdot \lambda \cdot \Delta T \cdot \int_{c=0}^{c=\max} \mathrm{Nu}(c) \cdot dc$$

schreiben dürfen. Soweit ist dies auch offensichtlich, da wir jetzt alles aus dem Integral gezogen haben, was nicht direkt von der Geschwindigkeit abhängt. Spannender wird der nächste Schritt, also die Frage, ob ein Mittelwert der Nußelt-Zahl über eine Funktion berechnet werden kann, bei der ein Mittelwert der Reynolds-Zahl eingesetzt wird.

$$\overline{\mathrm{Nu}} = \int_{c=0}^{c=\max} \mathrm{Nu}(c) \cdot dc \overset{?}{\cong} f\left(\overline{\mathrm{Re}}\right) = f\left(\int_{c=0}^{c=\max} \mathrm{Re}(c) \cdot dc\right)$$

Für unsere konkrete Geometrie wäre zu klären, ob Folgendes gilt:

$$\overline{\mathrm{Nu}} = \int_{c=0}^{c=\max} \frac{0{,}037 \cdot \left(\frac{L \cdot c}{\nu}\right)^{0,8} \cdot \mathrm{Pr}}{1 + 2{,}443 \cdot \left(\frac{L \cdot c}{\nu}\right)^{-1} \cdot \left(\mathrm{Pr}^{2/3} - 1\right)} dc \overset{?}{\cong} \frac{0{,}037 \cdot \left(\frac{L \cdot \bar{c}}{\nu}\right)^{0,8} \cdot \mathrm{Pr}}{1 + 2{,}443 \cdot \left(\frac{L \cdot \bar{c}}{\nu}\right)^{-1} \cdot \left(\mathrm{Pr}^{2/3} - 1\right)}$$

Diese Frage lösen wir nicht algebraisch. Das ist nicht das Lernziel in der angewandten Thermodynamik.

Diskussion: Um zu klären, ob wir mit einer mittleren Reynolds-Zahl bzw. mit einer mittleren Windgeschwindigkeit rechnen dürfen, sehen wir uns den mit einem Tabellenkalkulationsprogramm berechneten Verlauf der Nußelt-Zahl als Funktion der Windgeschwindigkeit an. Ein Beispiel finden Sie im Lehrbuch bei der ausführlichen Analyse der Dampflokomotive der Baureihe DR 53 (Bild 16.13 und Bild 16.14). Oder wir verwenden Bild 8.1. Darin ist die Nußelt-Zahl ganz konkret für unser Problem als Funktion der Windgeschwindigkeit dargestellt. Etwa ab 3 m s^{-1} verläuft Nu fast linear mit der Windgeschwindigkeit. Wie das Ergebnis zur DR 53 zeigt, ist dies gut zu verallgemeinern. Bei deutlich turbulenter erzwungener Konvektion ist der Wärmestrom fast linear abhängig von der Strömungsgeschwindigkeit.

Daher können wir problemlos mit einer mittleren Geschwindigkeit die mittlere Wärmeübergangszahl berechnen und nur einen geringen Fehler erwarten (dies wäre anders, wenn der Zusammenhang potenziell oder exponentiell wäre). Wir können also aus der mittleren Windgeschwindigkeit eine mittlere Wärmeübergangszahl bestimmen.

Mittlere Windgeschwindigkeit: Die mittlere Windgeschwindigkeit in Deutschland variiert 10 m über dem Grund etwa zwischen 3 m s^{-1} in Tälern und 5,5 m s^{-1} nahe der Küste (*https://globalwindatlas.info*). Diese mittlere Windgeschwindigkeit ist das Ergebnis der zeitlichen Integration über Windstille bis hin zu schweren Stürmen an jedem Ort. Die in der Problemstellung angegebene Windgeschwindigkeit von 4,0 m s^{-1} ist etwa der Mittelwert.

Wir haben etwa den mittleren *k*-Wert einer einfach verglasten Scheibe ermittelt. Gleichzeitig sehen wir, dass dieser *k*-Wert eigentlich vom Standort und von der dortigen mittleren Windgeschwindigkeit abhängt.

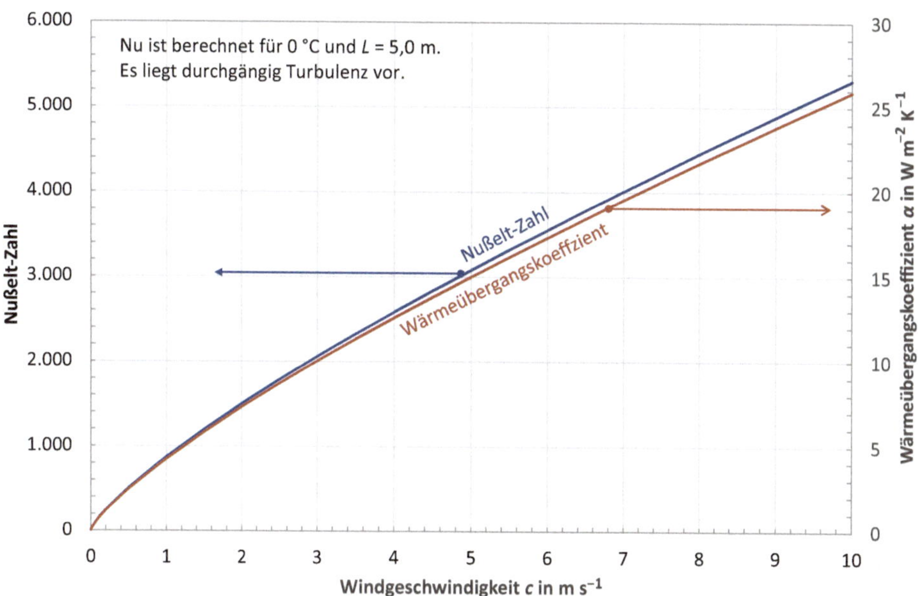

Bild 8.1 Verlauf der Nußelt-Zahl für eine überströmte ebene Fläche als Funktion der Geschwindigkeit der strömenden Luft

8.7d) Heizbedarf

Jetzt benötigen wir eine mittlere Differenz zwischen Innen- und Außentemperatur für den Heizzeitraum (September bis April). Die mittlere Außentemperatur beträgt für diesen Zeitraum in Deutschland maximal etwa 8 °C (Rhein-Main Gebiet) und deutlich weniger in Gebirgslagen. Als Schätzung nehme ich 5 °C. Für unsere denkmalgeschützten Fenster wird die mittlere Lufttemperatur innen am Fenster in der Heizsaison 30 °C nicht wesentlich unterschreiten.

Mittlerer Wärmestrom: Damit beträgt der Heizwärmebedarf für die historischen Fenster mit unserem *k*-Wert

$$\dot{Q}_{hist} = k \cdot A \cdot \Delta T = 3{,}10 \frac{\text{W}}{\text{m}^2 \cdot \text{K}} \cdot 3\ \text{m} \cdot 500\ \text{m} \cdot 25\ \text{K} = 140\ \text{kW}$$

Verwenden wir stattdessen den Literaturwert und nehmen an, dass sich dieser auf die mittlere Raumtemperatur von dann etwa 20 °C bezieht, beträgt der Wärmeverlust

$$\dot{Q}_{hist} = k \cdot A \cdot \Delta T = 5{,}9 \frac{\text{W}}{\text{m}^2 \cdot \text{K}} \cdot 3\ \text{m} \cdot 500\ \text{m} \cdot 15\ \text{K} = 133\ \text{kW}$$

Über eine klassische Heizsaison von 210 Tagen wäre der Wärmebedarf allein aufgrund der Fenster folgender:

$$Q = \dot{Q} \cdot \Delta t = 140\ \text{kW} \cdot 210\ \text{d} = 2{,}54 \cdot 10^{12}\ \text{J} = 706000\ \text{kWh}$$

Diskussion: Auch diese Frage greift wieder auf unser Argument aus 8.7c) zurück. An mehreren Stellen geht die Temperaturdifferenz in unsere Berechnung ein. Da diese fast linear das Ergebnis beeinflusst, dürfen wir auch hier mit Mittelwerten rechnen, anstatt die Integration auszuführen. Im Detail finden Sie dazu Hinweise im VDI-Wärmeatlas.

8.7e) Moderne Fenster

Hier sind zwei Effekte zu berücksichtigen:

1. Der *k*-Wert der Fenster verringert sich deutlich. Für moderne Mehrscheiben-Isolierglasfenster werden *k*-Werte um 1,0 angegeben.
2. Der deutlich geringere Wärmeverlust durch die großen Glasscheiben macht den Einsatz von Heizkörpern direkt vor den Fenstern obsolet. Dadurch muss keine sehr warme Luft direkt vor den kalten Fenstern aufsteigen, sondern die Raumluft mit ihrer Zieltemperatur stellt jetzt die Berechnungsgrundlage für den Wärmestrom dar.

Berücksichtigen wir beides, so erhalten wir

$$\dot{Q}_{hist} = k \cdot A \cdot \Delta T = 1{,}0 \frac{\text{W}}{\text{m}^2 \cdot \text{K}} \cdot 3\ \text{m} \cdot 500\ \text{m} \cdot 15\ \text{K} = 22{,}5\ \text{kW}$$

Das heißt, der Heizbedarf reduziert sich geschätzt um den Faktor 6.

Umgekehrt legt der Denkmalschutz hier den weiteren Einsatz fossiler Brennstoffe fest. Nur mit diesen lässt sich der beeindruckende Wärmebedarf geeignet bereitstellen und nur für diese Wärmequelle ist das Gebäude seinerzeit geplant worden. Erst mit dem Einbau moderner Fenster wäre die Umstellung auf regenerative Wärmebereitstellung über Wärmepumpen sinnvoll. Dies ermöglicht die Reduktion der Vorlauftemperatur im Heizsystem und die Reduktion der benötigten Wärme.

Der Denkmalschutz als Schutzgut wäre in unserem Beispiel für eine jährliche Emission von

$$m_{CO_2} = \frac{M_{CO_2}}{M_{CH_4}} \cdot m_{CH_4} = \frac{M_{CO_2}}{M_{CH_4}} \cdot \frac{Q_{hist}}{H_{I,CH_4}} = \frac{44{,}01\ \dfrac{\text{kg}}{\text{kmol}}}{16{,}04\ \dfrac{\text{kg}}{\text{kmol}}} \cdot \frac{2{,}54 \cdot 10^{12}\ \text{J}}{50 \cdot 10^{6}\ \dfrac{\text{J}}{\text{kg}}} = 140\ \text{t}$$

an Kohlendioxid verantwortlich.

Literaturverzeichnis

Das ergänzende Lehrbuch *Angewandte technische Thermodynamik* (ISBN 978-3-446-47034-7) enthält ein umfangreicheres Literaturverzeichnis, in das Sie bei Interesse einen zusätzlichen Blick werfen können.

Bücher und Artikel

Albert, A. (Hrsg.): Schneider Bautabellen für Ingenieure. Mit Berechnungshinweisen und Beispielen. Reguvis, Köln 2022

Biggs, J./Tang, C.: Teaching for Quality Learning at University. McGraw Hill, Maidenhead 2021

Calder, B.: Architecture. From Prehistory to Climate Emergency. Pelican 2021

Chatterjee, S./Parsapur, R. K./Huang, K.-W.: Limitations of Ammonia as a Hydrogen Energy Carrier for the Transportation Sector. In: ACS Energy Letters, 6, 2021, pp. 4390–4394. *https://pubs.acs.org/doi/10.1021/acsenergylett.1c02189*

Dickson, G./Goyet, C. (Hrsg.): Handbook of methods for the analysis of the various parameters of the carbon dioxide system in sea water. 2. ORNL/CDIAC-74. 1994

Gilfillan, D./Marland, G./Boden, T./Andres, R.: Global, regional, and national fossil-fuel CO_2 emissions: 1751 – 2017. CDIAC-FF, Research Institute for Environment, Energy, and Economics, Appalachian State University, ESS-DIVE repository. Dataset. 2022. DOI: 10.15485/1712447

IPCC – The Intergovernmental Panel on Climate Change: IPCC Sixth Assessment Report. Working Group 1: The Physical Science Basis. AR 6, WG 1. *https://www.ipcc.ch/report/ar6/wg1*

Lesch H./Forstner, U.: Wie Bildung gelingt. Ein Gespräch. WGB, Darmstadt 2021

Linow, S.: Energie – Klima – Ressourcen. Quantitative Methoden zur Lösungsbewertung von Energiesystemen. Carl Hanser Verlag, München 2019

Linow, S.: Angewandte technische Thermodynamik. Carl Hanser Verlag, München 2022

Linow, S./Bijma, J./Gerhards, C./Hickler, T./Kammann, C./Reichelt, F./Scheffran, J.: Kurzimpuls – Perspektiven auf negative CO_2-Emissionen. Diskussionsbeiträge der Scientists for Future, 12, 2022. *https://doi.org/10.5281/zenodo.7392348*

Nölle, G.: Technik der Glasherstellung. Deutscher Verlag für Grundstoffindustrie, Stuttgart 1997

Pólya, G.: How to solve it. Princeton University Press 1945. Siehe auch: *https://en.wikipedia.org/wiki/How_to_Solve_It*

Schuckmann, K./Le Traon, P. Y./Smith, N. et al. (Hrsg.): Copernicus marine service ocean state report. Journal of Operational Oceanography, 11, 2018. *https://www.tandfonline.com/doi/full/10.1080/1755876X.2018.1489208*

Sharqawy, M. H., Lienhard, J. H., Zubair, S. M.: Thermophysical properties of seawater: a review of existing correlations and data. In: Desalination and Water Treatment. 16, 2010, pp. 354 – 380

Stull, R.: Meteorology for Scientists & Engineers. 3rd Edition. University of British Columbia 2011. *https://www.eoas.ubc.ca/books/Practical_Meteorology/mse3.html*

Szargut, J.: Exergy Method. Technological and ecological applications. WIT Press, Southampton 2005

Warren, S. G.: Optical properties of ice and snow. In: Philosophical Transactions A, 377, 2019

Normen

DIN EN ISO 10077-1: Wärmetechnisches Verhalten von Fenstern, Türen und Abschlüssen - Berechnung des Wärmedurchgangskoeffizienten - Teil 1: Allgemeines

DIN EN ISO 10077-2:2018-01: Wärmetechnisches Verhalten von Fenstern, Türen und Abschlüssen - Berechnung des Wärmedurchgangskoeffizienten - Teil 2: Numerisches Verfahren für Rahmen

Internetquellen

Andasol-Kraftwerk. *https://solarpaces.nrel.gov/project/andasol-3*

Global Solar Atlas. Photovoltaik-Daten. *https://globalsolaratlas.info/map*

Global Wind Atlas. Winddaten. *https://globalwindatlas.info/en*

Miller, R.: Build competence, not literacy. 15. August 2021. *https://robm.me.uk/2021/08/competence-not-literacy.*

Temperaturverteilung in den Ozeanen: Temperature of Oceanic Water | Oceans | Geography. *https://www.geographynotes.com/oceanography/temperature-of-oceanic-water-oceans-geography/2626*

Thermophysikalische Daten wichtiger Fluide: Thermophysical Properties of Fluid Systems. NIST Chemistry WebBook, SRD 69. *https://webbook.nist.gov/chemistry/fluid*

Wasserstoff-Tankstelle der Infraserv GmbH & Co. Höchst KG, Frankfurt am Main: Wasserstoffversorgung für Brennstoffzellenzüge. Emissionsfrei in die Zukunft. *https://www.infraserv.com/de/unternehmen/nachhaltigkeit/wasserstoffversorgung-brennstoffzellenzuege*

Wikipedia (was wäre ich ohne Wikipedia ...)

Zalm, B. van der: Performance calculations for the Rolls Royce Merlin 24 aircraft engine. 3. April 2022. *https://aircraftinvestigation.info/airplanes/RR_Merlin_24.html*